铁路环境监测与管理规划

任福民　许兆义　尹守迁
李德生　王　勐　汝宜红　编著

北京交通大学出版社
·北京·

内 容 简 介

本书针对"十二五"铁路发展新形势下的主要环境污染物排放的新特点，借助新思维、新工具，结合我国近年来在铁路交通环境监测与规划管理领域的发展，分析铁路运输方式的总体环境目标和具体环境目标，以及主要环境因素识别和环境监测指标设定，分别从污染源、路局和总公司三个层次构建了铁路主要污染物排放总量核定体系。从铁路环境监测与管理规划、铁路中小站区污水治理、铁路内燃机车尾气排放治理、铁路固体废弃物理化污染特性及治理技术、铁路建设碳排放评价技术五个方面进行了阐述。使用SPSS 20.0 软件工具，将数理统计方法在铁路环境保护领域成功地应用和实践，丰富了铁路运输方式的环境监测与管理规划理论及方法，提出了减排管理规划和治理措施。

图书在版编目（CIP）数据

铁路环境监测与管理规划/任福民等编著. — 北京：北京交通大学出版社，2015.6

ISBN 978-7-5121-2329-8

Ⅰ.① 铁… Ⅱ.① 任… Ⅲ.① 铁路运输-环境监测-研究 ② 铁路运输-环境管理-研究 Ⅳ.① X731

中国版本图书馆 CIP 数据核字（2015）第 175830 号

责任编辑：陈跃琴 陈可亮
出版发行：北京交通大学出版社　　　　　　电话：010-51686414
　　　　　北京市海淀区高梁桥斜街 44 号　　邮编：100044
印 刷 者：北京泽宇印刷有限公司
经　　销：全国新华书店
开　　本：185×260　　印张：18.75　　字数：468 千字
版　　次：2015 年 6 月第 1 版　　2015 年 6 月第 1 次印刷
书　　号：ISBN 978-7-5121-2329-8/X·9
印　　数：1～800 册　　定价：46.00 元

本书如有质量问题，请向北京交通大学出版社质监组反映。对您的意见和批评，我们表示欢迎和感谢。

投诉电话：010-51686043，51686008；传真：010-62225406；E-mail：press@bjtu.edu.cn。

序

我国经济社会发展处于重要战略机遇期,铁路旅客运输和货物运输需求将继续保持快速增长。铁路将进入项目投产运营高峰期,铁路运输行业能源消耗和产生的环境影响具有新的特点。为实现铁路环保规划要求的"铁路力争实现增产不增污"的目标,很有必要针对铁路发展新形势下的主要环境污染物排放的新特点,对铁路主要环境污染源和污染物进行筛选和识别,分析铁路主要环境污染物的类别、环境危害、排放规律,提出减排管理规划和治理措施。

污染减排是国内外改善环境质量、解决区域性环境问题的重要手段。总量控制是指以控制一定时段和一定区域污染物排放总量为核心的环境管理体系。有效的污染源调查是获得污染责任主体、污染物排放总量与排污路径的基本手段,也是编制污染源排放清单的基础。通过有效地建立污染源调查与排污总量核定技术体系,使调查获得的污染源排污清单能够覆盖绝大部分区域或行业排污总量。

环境监测是环保管理最为重要的基础性和前沿性工作,是铁路环保管理工作中的重要组成部分,它既是环境管理工作的重要手段,又是量化反映环境管理水平的"标尺"。环境监测数据能够及时反映排污状况和变化趋势,也是环保统计、排污申报核定、排污费征收、环境执法、目标责任考核的依据。上级领导对环境污染源的投资治理、监督管理决策都离不开环境监测基础数据的支持,每一项环境管理措施的优劣成败都要依靠环境监测来验证。因此,环境管理必须依靠环境监测,环境监测也必须为环境管理服务。

本书作者从事交通环境规划及管理的教学和科研工作多年,在教学科研方面积累了一些素材和数据,在吸取国内外大量相关的研究成果之后,编写出《铁路环境监测与管理规划》一书,作为交通环境规划与管理案例教学及研究性教学载体,有利于探讨、丰富交通环境规划理论,推动交通环境规划与管理实践的发展。

本书作者所在的科研团队,是由北京交通大学、中国铁道科学研究院、西南交通大学的科研人员和上海铁路局、北京铁路局的环境管理人员组成。本书的内容是作者所在科研团队对近十多年来从事铁路环境保护科研和管理工作的总结。本书借助新思维、新工具,结合我国近年来在铁路交通环境监测与规划管理领域的发展和实践活动,分析铁路运输方式的总体环境目标和具体环境目标,以及主要环境因素识别和环境监测指标设定,分别从污染源、路局和总公司三个层次构建了铁路主要污染物排放总量核定体系,以检验污染源调查的准确性、有效性与排污总量的合理性。从铁路环境监测与管理规划(总体)、铁路中小站区污水治理(废水)、铁路内燃机车尾气排放治理(废气)、铁路固体废弃物理化污染特性及治理技术(固废)、铁路建设碳排放评价技术(碳排放)五个方面,系统地阐述了交通环境监测与管理规划的理论基础,丰富了铁路运输方式的环境监测与管理规划理论与方法,提出了减排管理规划和治理措施,提出了铁路主要污染物控制的管理、对策及建议。

为确保铁路主要污染物排放指标考核能正常、有序地实施，本书建立了一套科学适用的（有效的）、透明的、可操作的研究铁路主要污染物排放数据分布规律的统计分析方法及模式。使用 SPSS 20.0 软件工具，将数理统计方法在铁路环境保护领域成功地应用和实践，也是本书的一大创新点。通过分析近 5 年我国铁路运输行业主要污染物排放的总体情况，以及对各铁路局同一年度数据横向比较和对同一铁路局不同年度数据纵向比较，展开铁路主要污染物排放量与总换算运输周转量之间规律的研究。提出用 COD 排放量等指标均除以总换算运输周转量构成单位运输量的各种主要污染物的排污系数，作为铁路主要污染物监测管理体系指标，通过频数分析和 K-Means 快速聚类法确定上级部门监管铁路主要污染物排放的警戒上限值。结合铁路"十二五"发展规划及环保规划目标，预测"十二五"铁路污染物排放趋势。

本书系统地论述了铁路交通环境监测与管理规划的基本概念、基本知识和基本理论，注重阐明基本理论与方法并界定研究范围；理清铁路交通环境监测与规划理论、方法、技术与实践的关系，明确铁路交通环境监测与管理规划的基本思路；提出铁路交通环境监测与管理规划的技术要点和要求，明确铁路交通环境规划实施管理的关键环节和具体做法。以图文并茂的形式生动地描述了铁路环境监测与管理规划的程序和执行环境管理的做法，力图通过对交通环境规划新技术方法的分析，给读者新的思考视角和方法学启示，书中的示例也有助于理论方法的阐释。

全书体现了作者所在科研团队十多年来在铁路环境和管理规划领域的实践，具有一定学术水平，也可从一个侧面反映近年来我国在铁路环境和管理规划领域的成绩。本书作者所在科研团队所负责的"铁路主要污染物监测控制管理体系研究"项目获得 2014 年度中国铁道学会科技进步三等奖，"铁路建设和运营减排低碳考核、监测、评价技术研究"项目获得 2014 年度中国铁道科学研究院科技进步三等奖，"铁路内燃机车柴油低温流动改进剂研究"项目获得 2003 年度中国物流学会技术进步三等奖，"铁路机车柴油多效添加剂研究"项目获得 2000 年度北京铁路局科技进步一等奖。

本书全面、翔实，科学性、实用性、可读性和指导性强，可作为交通领域相关专业、环境科学与管理等专业的本科生教学使用，也适合于交通领域、环境管理工作人员阅读使用。

南开大学环境科学与工程学院教授、

城市交通污染防治研究中心主任

冯志钧

2015. 4. 19

前　言

环境规划学是正在发展中的环境科学分支；交通环境规划与管理是正在为解决交通领域新出现的环境问题，借助新思维、新工具而不断丰富和创新的前沿学科。作者在教学实践中深刻体会到环境评价及规划案例在交通环境规划领域的重要性。作者从事交通环境规划及管理的教学和科研工作多年，在教学科研方面积累了一些经验、心得和素材，并在吸取国内外大量相关的研究成果之后，编写出《铁路环境监测和管理规划》一书。本书可以作为交通环境规划与管理案例教学及研究性教学载体，有利于探讨、丰富交通环境规划理论，推动交通环境规划与管理的实践发展。

本书借助新思维、新工具，结合我国近年来在铁路交通环境监测与规划管理的发展和实践活动，分析铁路运输方式的总体环境目标和具体环境目标，以及主要环境因素识别和环境监测指标设定。分别从污染源、路局和总公司三个层次构建了铁路主要污染物排放总量核定体系，以检验污染源调查的准确性、有效性与排污总量的合理性。从铁路环境监测与管理规划（总体）、铁路中小站区污水治理（废水）、铁路内燃机车尾气排放治理（废气）、铁路固体废弃物理化污染特性及治理技术（固废）、铁路建设碳排放评价技术（碳排放）五个方面对铁路环境保护的科研成果进行总结，系统地阐述了交通环境监测与管理规划的理论基础，丰富了铁路运输方式的环境监测与管理规划理论及方法，提出了减排管理规划和治理措施，以及铁路主要污染物控制管理对策建议。

第 1 章内容是铁路环境监测与管理规划研究。通过对国家近年来在环境监测方面的标准、规范、管理办法等文件进行全面梳理，提出以石油类、COD_{Cr}、氨氮、BOD_5、LAS、P、SO_2、NO_x、烟尘等组成具有铁路行业特征的污染物监测指标；提出铁路环境监测站监测因子和频次的建议；提出用主要污染物排放量指标均除以总换算运输周转量，构成单位运输量的各种主要污染物的排污系数，作为铁路主要污染物监测管理体系指标；提出铁路主要污染物控制管理对策建议。本章由北京交通大学任福民、李进、李德生、郝慧明、陶若虹、陈蕊和上海铁路局尹守迁、丁巍、王心峰等共同完成。

第 2 章内容是铁路中小站区污水治理研究。通过对国内外中小站区生活污水处理工艺、设施、出水水质和运行成本的现状分析，提出对污水处理工艺按地区、车站规模、污水排放量及排放径路进行分类；根据各铁路站段所在地的气候、位置、水质、水量特点，提出适宜处理铁路中小站区生活污水的处理技术（技术条件及组合方案）。本章由北京交通大学任福民、李德生、燕艳和中国铁道科学研究院范英宏、侯世全及神华集团李占文共同完成。

第 3 章内容是铁路内燃机车尾气排放治理研究。通过内燃机车尾气对北京地区车站、隧道、检修机务段大气环境的影响进行监测分析，并且根据颗粒物富集原理，对其产生原因进行了分析；在此基础上提出控制内燃机车的污染排放措施，以改善北京市铁路站场的大气环境质量；并对通过燃料改质降低内燃机车尾气排放进行了深入的研究。本章由北京交通大学任福民、许兆义、刘建华和北京铁路局王同政、卢世权等共同完成。

第4章内容是铁路固体废弃物理化污染特性及治理技术研究。应用理化分析方法，测定垃圾的组成，分析垃圾中 C、H、O、N、S 的含量，测定了垃圾的水分、可燃成分和灰分含量的3组分构成及发热量；通过对铁路固体废弃物衍生燃料的制备、燃烧和污染特性展开全方位研究，为探索旅客列车垃圾的减量化、无害化、资源化途径提供技术支持。本章由北京交通大学任福民、许兆义、汝宜红、王勋、中国铁道科学研究院陈泽昊、张洁瑜及西南交通大学欧阳峰共同完成。

第5章内容是铁路建设碳排放评价技术研究。依据生命周期评价理论，初步界定了铁路建设生命周期 CO_2 排放的评价范围；对铁路建设 CO_2 排放来源进行了分析，确定了其主要的数据来源；提出了铁路建设生命周期 CO_2 排量的评价框架和方法，对实现 CO_2 减排工作有重要价值和指导意义。本章由北京交通大学任福民、王勋、陶若虹、李德生、李进、郭鑫楠和中国铁道科学研究院谢汉生、黄茵等共同完成。

第6章内容是总结与展望，由北京交通大学任福民完成。

1.1、1.2 和 1.6 节分别由陶若虹、陈蕊和尹守迁撰写，2.1、2.4 节分别由李德生和李占文撰写，3.2、3.3 节分别由高明、于敏撰写，4.1 节由汝宜红撰写，5.2、5.3 节分由王勋和郭鑫楠撰写，全书其他内容由任福民撰写并统稿。

作者感谢南开大学环境科学与工程学院博士生导师、南开大学城市交通污染防治研究中心主任毛洪钧教授（国家"千人计划"海外引进人才）在百忙之中审阅书稿并为本书作序。作者感谢多年来给予自己鼓励和帮助的各位领导和老师。北京交通大学校长宁滨教授2000年6月亲自出席本人承担相关科研项目的鉴定工作。北京交通大学土建学院领导张顶立院长、魏庆朝书记、杨庆山副院长、张鸿儒副院长、高亮副院长、研究生科王勋副教授对本书的出版给予了鼓励和支持。北京交通大学经管学院汝宜红教授1996年引导作者进入铁路环境领域进行科学研究。北京交通大学土建学院原院长许兆义教授1999年招收本人攻读博士学位，为本人的铁路环境科研付出了大量心血，本人所取得的成绩和许兆义教授的辛勤培养密不可分。原铁道部科技司王学杰副巡视员、北京城市排水集团有限责任公司蒋勇副总经理、美国德克萨斯南方大学（South Texas University）理学院院长于雷教授、辛辛那提大学（University of Cincinnati）吕鸣鸣教授对本人的科研给予了支持和鼓励。北京交通大学土建学院李进教授、王锦教授、姚宏教授、周艳岩副教授、于晓华副教授、赵宗升副教授、田秀君副教授、北京交通大学机电学院刘建华高工对本人的工作提供了帮助。研究生姚思雨同学对本书的文本做了大量工作。北京交通大学出版社陈可亮老师、郝建芳老师对本书的编辑工作认真尽责。本人历届毕业的研究生吕伟、周玉松、吕志敏、张玉磊、牛牧晨、高明、郭鑫楠、刘鲲、李占文、燕艳、操升敏、岳峰、徐晓辉、梁锐、郝慧明、王政、姚思雨、李素君、门正宇等在科研工作中做了大量艰苦工作，是这本书科研课题的具体实践者。科研合作单位中铁十五局集团彭跃立局长助理、中铁十一局集团周明进处长给予了作者真诚的帮助。中国铁道科学研究院、成都铁路局、哈尔滨铁路局、北京铁路局、沈阳铁路局、广铁集团、上海铁路局、中铁十五局集团、中铁十一局集团为作者调研提供了方便，在此一并致谢。

任福民

2015/03/06

目　　录

第 1 章

铁路环境监测与管理规划研究

1.1 铁路主要环境污染源与主要污染物处理现状

现阶段，我国经济社会发展处于重要战略机遇期，铁路旅客运输和货物运输需求将继续保持快速增长。铁路将进入项目投产运营高峰期，铁路运输行业能源消耗和产生的环境影响具有新的特点。为实现铁路环保规划要求的"铁路力争实现增产不增污"目标，很有必要针对铁路发展新形势下的主要环境污染物排放的新特点，通过对铁路运输企业现场调研，对铁路主要环境污染源和污染物进行筛选和识别，分析铁路主要环境污染物的类别、环境危害、排放规律，提出减排管理规划和治理措施。

污染减排是国内外改善环境质量，解决区域性环境问题的重要手段。总量控制是指以控制一定时段和一定区域污染物排放总量为核心的环境管理体系。有效的污染源调查是获得污染责任主体、污染物排放总量与排污路径的基本手段，是编制污染源排放清单的基础。通过有效地建立污染源调查与排污总量核定技术体系，使调查获得的污染源排污清单能够覆盖绝大部分区域或行业排污总量。

结合我国近年来在铁路交通环境监测与规划管理的发展和实践活动，分析铁路运输方式的总体环境目标和具体环境目标，及主要环境因素识别和环境监测指标设定，分别从污染源、路局和总公司三个层次构建了铁路主要污染物排放总量核定体系，以检验污染源调查的准确性、有效性与排污总量的合理性。

首先根据不同类型污染源的排放特征建立规范的污染源调查技术方法，在此基础上分别通过污染源排污总量核定、区域排污总量核定与行业排污总量核定检验污染源调查的准确性、有效性与排污总量的合理性，实现与总量分配层次结构的对应。

在污染源层次，主要根据污染源类型与特征的不同，以调查监测结果为基础，分别采用物料平衡、产污排污系数、特征值分析、相关数据对比及经验模型等方法核算或校核单个污染源的排污总量。

在铁路局层次，主要以铁路局宏观统计数据为依据，通过典型调查监测或一般经验获得的特征参数核算或核定铁路局的排污总量。

在总公司层次，主要通过识别地区间差异特征、分析污染负荷构成比例及其变化趋势来研究排污总量的合理性，从而核定全路污染物的排放总量。

总量分配与总量监控在总公司、铁路局层次的控制对象是污染物排放总量。

1.1.1 铁路废水污染物排放来源及处理方法

按照污染源固定还是流动，铁路污染物可分为固定污染源污染物和流动污染源污染物。固定污染源污染物包括铁路站段生产和生活产生的废水、废气、固体废物、噪声等；流动污染源污染物包括列车行驶途中产生的废水、废气、固体废物、噪声、电磁污染等。

按照污染物排放类型，铁路污染物可分为废水、废气、固体废物、噪声等。

中国铁路总公司下属16个铁路局和2个铁路（集团）公司分布在全国各地，各铁路局及铁路公司主要由机务段、车务段、工务段、电务段、车辆段等单位组成。其中，产生生产污水的单位主要集中在机务段、车辆段，而车务段、工务段、电务段以排放生活污水为主。

铁路行业水环境污染源的特点为：污染源点多，排放污水量小，污染因子少。

铁路行业的污水排放期可分为施工期和运营期。其中，运营期主要产生生产污水和生活污水。

铁路生产污水主要包括：机车维修清洗、客货车辆清洗、油罐车清洗产生的废水；生产、生活锅炉等产生的废水；锅炉湿法除尘除渣、脱硫脱硝产生的废水；各站段产生的生活污水；旅服公司（洗衣厂）列车卧具等洗涤废水；列车运行过程中集便器产生的污水等。

1. 铁路废水来源

铁路废水可分为固定污染源废水和流动污染源废水。

铁路固定污染源废水由两部分组成：生产废水和生活污水。

生产废水主要来自车辆段、机务段、旅行服务公司及客车厂的车辆和机车部件的检修清洗、卧具洗涤及客车维修等。

生活污水主要来自车站、车务段、房产生活段和疗养院等地的生活区污水、食堂污水、淋浴污水、游泳馆用水及采暖锅炉用水等。

铁路流动污染源废水主要是旅客列车的集便器污水及乘客洗漱用水，其中集便器污水是主要流动废水源。列车密闭式厕所通常采用真空式、循环式、喷射式及自动开闭式等形式，污物通过密闭式厕所排至车厢底部的集便器，列车到达终点后在车辆段整备、检修时由地面污物接收设施接收。

2. 铁路废水中的主要污染物及指标

铁路废水中的污染物种类见表1-1。

表1-1 铁路废水中主要污染物

污染源		废水中主要污染物
机务段	内燃	SS、石油类、酸、铅、铬、COD、BOD_5
	电力	SS、石油类、碱、镉、镍、COD、BOD_5
车辆段		SS、石油类、铬、砷、镍、COD、BOD_5、有机磷化物、挥发酚、氯化物
车务段		SS、COD、BOD_5
旅服公司		COD、BOD_5、LAS
客车厂		石油类、COD、BOD_5
房产生活段		SS、COD、BOD_5
物资供应段		SS、COD、BOD_5

污染源	废水中主要污染物
疗养院	SS、COD_{Cr}、氨氮
列车移动污水	有机物、氨氮、SS

注：SS，Suspended Solid，固体悬浮物浓度；COD，Chemical Oxygen Demand，化学需氧量；BOD_5，Biochemical Oxygen Demand，五日生化需氧量；LAS，Linear Alklybezene Sulfonates，直链烷基苯磺酸钠；COD_{Cr}，Chemical Oxygen Demand，用重铬酸钾检测的化学需氧量。

3. 铁路中小站区污水排放及处理工艺

铁路生活污水主要来自车站旅客、职工及机务段、车辆段职工餐饮、洗浴、排便产生的生活污水和列车运行过程中产生的集便污水。我国幅员辽阔，环境条件变化比较大，南北方、东西部地理环境差异性显著，因此各地污水排放量和水质也存在较大差异。南方地区气温高，水源充沛，职工洗浴水排放量较大；北方地区气候冷凉干旱，水源供给常常发生困难，因此餐饮、洗浴、卫生间污水排放量相对较小。在小型车站，由于职工定员少，污水排放量往往也很小。根据这些特点，铁路行业采用的常规处理工艺主要有 SBR（Sequencing Batch Reactor，间歇式活性污泥法）、生物接触氧化、MBR（Membrane Bio-Reactor，膜生物反应器）、人工湿地生态处理系统等，用不同的处理措施来确保污水排放达到相关排放标准要求。

随着铁路行业的发展，车站人员设置减少，车站工作人员集中，车站污水表现出如下特性。① 污水量少。铁路上设置了很大一部分的小型车站，这些小型车站用水量少，一般从几吨到几十吨居多，用水集中在某几栋建筑内，所产生的污水量少；② 一般远离城市中心。污水无法接入市政管网，小型车站没有设置市政排水管道，新增生活污水必须就近处理、就近排放。

而当前铁路车站在管理上，要求尽量采用节能环保，无人值守技术的工艺及设备，这便使得车站污水处理工艺的选择显得尤为关键：① 当前对污水处理达标排放标准日趋严格；② 如何选择合适的工艺在达标排放的情况下又能够使能耗少，并且实现无人值守或极少的人管理。

一般认为铁路沿线中小站段生活污水水质标准如下（未经处理）：

COD_{Cr}：检出范围 22.5～323 mg/L，均值 154.5 mg/L；

BOD_5：检出范围 16～117 mg/L，均值 55.5 mg/L；

SS：检出范围 16.7～155 mg/L，均值 88 mg/L。

在仅经化粪池处理的生活污水的主要污染物中，SS 已能达到《污水综合排放标准》（GB 8978—1996）的二级排放标准，但 COD_{Cr}、BOD_5 的均值都不能满足上述二级排放标准的要求。

4. 铁路含油污水排放及处理工艺

由于在机务、车辆检修作业过程中，受检修工艺等多种因素的制约，形成的生产污水中油的浓度变化范围比较大。内燃机务段排放的生产污水中最低含油浓度仅为 2.1 mg/L，低于《污水综合排放标准》（GB 8978—1996）一级标准值，最高含油浓度则高达 1 778 mg/L。

机务段、车辆段排放的生产污水主要是含油污水，同时它们也是目前铁路行业中排放生产污水比较大的单位。根据配属机车、车辆规模及检修能力不同，污水排放量有所不同，这两个单位生产污水排放量一般在 $100 \sim 350 \ m^3/d$（立方米每天）。

目前铁路机务段、车辆段的含油污水处理工艺比较成熟，一般多采用"隔油—沉淀—气浮"的处理工艺。具体工艺流程如图 1-1 所示。

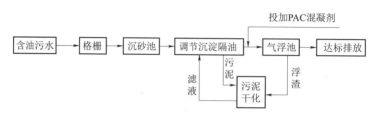

图 1-1　"隔油—沉淀—气浮"的处理工艺

含油污水通过隔栅可除去较大的杂物，经过沉砂池后可去除水中较大颗粒的悬浮物（一般可达 30% 以上），污水进入平流式调节沉淀隔油池可除去 60%～70% 的漂浮油和大部分的 SS，再经过气浮池可以去除剩余的绝大部分石油类和 SS。在石油类和 SS 达到排放标准要求时，一般情况下 COD_{Cr} 和 BOD_5 也会随之降低，基本能够满足相应标准的要求。上述处理工艺一般情况下能够满足《污水综合排放标准》（GB 8978—1996）二级标准要求，管理较好的设施可以达到一级排放标准要求。目前部分机务段、车辆段根据需求和环境条件，在上述处理工艺的基础上，增加了"砂滤—消毒"处理工艺，使出水水质达到《铁路回用水水质标准》（TB/T 3007—2000）要求。

5. 铁路货车污水来源

货车车辆段主要污染源是轮对的煮洗、冲洗及台车的冲洗，由于冲洗采用洗涤剂，容易形成乳化油。与其类似，客车车辆段在清洗客车外表时使用清洗剂，也容易造成污水中阴离子表面活性剂（LAS）超标。

由于罐车主要装运油类，石油类又是各种烃类的混合物，因此铁路洗刷油罐站车辆段所排放的污水中主要污染物为石油类、挥发酚、硫化物、SS、COD_{Cr}、石油类等。这类污染物含油量波动大，受洗刷罐车的种类和洗刷方式因素的影响，乳化程度高低不一。

货车洗刷污水是唯一具有铁路运输行业独特性质的污水，对车体造成污染的货品主要是牲畜排泄物、农药、化工产品等。货洗污水的排放量主要与车体污染程度、运输货物的种类、气候条件、清洗工艺等因素有关。货洗污水水质比较复杂，尤其是洗刷化工类、牲畜车辆产生的高浓度有机污水处理起来比较困难。

1.1.2　铁路主要废气来源及处理方法

1. 铁路废气来源及污染物种类

铁路行业排放废气的污染源主要分为流动污染源及固定污染源。流动污染源包括干线上行驶的内燃机车、编组场（站）作业的内燃机车；固定污染源包括铁路沿线站段使用的各种型号的锅炉。

（1）固定污染源的废气来源

铁路固定污染源产生的废气主要为生产、生活锅炉燃煤和段内内燃机车燃油产生的废气。废气的来源单位如下所列。

机务段：废气产生来源主要是内燃机车燃油及段内锅炉燃煤。

车辆段：废气产生来源主要是段内锅炉燃煤。

车站：废气主要是针对封闭的大型车站。由于停靠站内的牵引内燃机的燃油，废气不易扩散和稀释；段内锅炉燃煤也较容易产生废气。

（2）流动污染源的废气来源

铁路流动废气污染源主要是内燃机车运行过程中燃烧柴油产生的废气，废气成分中包含对人体和环境有害的物质。

（3）燃煤废气的污染物种类

锅炉燃烧产生烟气中的污染物有烟尘、SO_2、NO_x、CO、CO_2 及少量的氟化物和氯化物。它们所占的比例取决于煤炭中的矿物质组成，其中主要污染物是烟尘、SO_2 和 NO_x。锅炉燃煤产生的烟气排放量大，排气温度高，但气态污染物浓度一般较低。

锅炉燃烧煤炭后的烟气所造成的大气污染物属于还原性（烟煤型），其中受控排放污染物属于气溶胶类的是锅炉烟尘，属于气体状态类的有 SO_2、NO_x、碳氢化合物等。其主要物质为一次、二次污染混合气体（SO_2、NO_x、CO_x）、颗粒物、硫酸雾、硫酸盐等。

（4）燃油废气的污染物种类

锅炉燃油和内燃机燃油废气中的主要污染物为：一氧化碳（CO）、碳氢化合物（HC）、氮氧化合物（NO_x）、二氧化硫（SO_2）、碳烟颗粒物质、醛类物质。

氮氧化合物（NO_x）：生成于气缸中的高温高压条件之下，其主要成分为一氧化氮和少部分氧化氮，其中氧化氮是剧毒物质。

二氧化硫（SO_2）：由于柴油中含有硫而产生，其在废气中的浓度取决于柴油中硫的含量。

烟尘颗粒物质：一种固体和流体的聚合体，它最初是由气缸内燃烧生成的碳微粒，进一步组成大量烧结物的同时结合了几种其他物质而产生，其中包含有机物和无机物，成为柴油废气的组成成分。

一氧化碳（CO）、碳氢化合物（HC）和醛类物质：在柴油燃烧不充分的情况下产生。

2. 铁路废气现有处理方法

铁路废气的来源主要包括内燃机燃油产生的废气和锅炉燃煤、燃油产生的废气。其各自的处理方法如下。

（1）内燃机燃油废气的处理方法

内燃机燃油产生的废气，采用改进内燃机燃烧的方法改善内燃机车排放。

（2）锅炉燃煤废气的处理方法

锅炉废气处理是指锅炉燃煤时所产生的废气在对室外排放前进行的净化处理，以达到锅炉大气污染物排放标准的工作，主要内容为废气脱硫。废气脱硫技术归纳起来可分为三大类：燃烧前脱硫，如洗煤、微生物脱硫、选用低硫煤；燃烧中脱硫，如燃煤中添加固硫剂；燃烧后脱硫，即烟气脱硫。

FGD（Flue Gas Desulfurization，烟气除硫）技术按脱硫后产物的含水量大小可分为湿法、半干法和干法；按脱硫剂是否再生可分为再生法和不可再生法；按脱硫产物是否回收可分为回收法和抛弃法。其中湿法脱硫技术又包括湿法石灰石、石灰烟气脱硫技术、氨法烟气脱硫技术、双碱法脱硫工艺。

① 湿法石灰石、石灰烟气脱硫技术：该法是利用石灰石或以石灰石作为吸收剂吸收烟

气中的二氧化硫，生成半水亚硫酸钙或石膏。

② 氨法烟气脱硫技术：采用氨作为二氧化硫的吸收剂。氨与二氧化硫反应生成亚硫酸铵和亚硫酸氢铵，随着亚硫酸氢铵比例的增加，需补充氨，而亚硫酸铵会从脱硫系统中结晶出来。

③ 双碱法脱硫工艺：该法先用可溶性的碱性清液作为吸收剂，然后再用石灰乳或石灰对吸收液进行再生。

目前铁路典型站段广泛采用湿法脱硫技术和干式多管陶瓷除尘器除尘的燃后脱硫技术。燃煤锅炉废气处理流程如图1-2所示。燃油锅炉废气一般不经处理直接排放。

图1-2 铁路典型站段燃煤锅炉废气处理流程图

1.1.3 铁路固体废物来源及处理方法

1. 铁路固体废物来源

铁路行业的固体废物主要来源于工业固体废物和生活固体废物。工业固体废物是指机务段、车辆段检修机车车辆过程中产生的废弃钢铁切削材料、各种边角余料、锅炉炉渣等。废棉纱、废涂料桶、含油污泥、废润化油、废蓄电池等危险固废物由专门的处置单位处置。铁路固体废弃物处置路线与排放标准如图1-3所示。

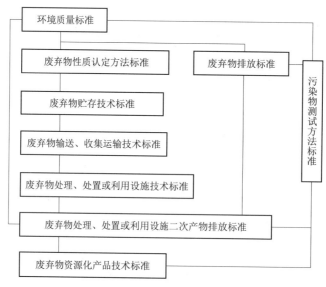

图1-3 铁路固体废弃物处置路线与排放标准

铁路生活固体废物来源主要包括车站旅客候车、到站旅客列车和车站职工产生的生活垃圾。

固体废物源产生量分析要解决的问题包括：在什么背景条件下产生废弃物，废弃物产生的影响因素是什么，用什么样的模型可以描述废弃物产生与主要影响因素之间的关系。其分析的主要步骤如下。

① 产生过程分析：主要解决固体废物产生的背景问题。

② 产生影响因素分析：对于工业固体废物产生的影响因素，主要采用分行业、以原料—产品的工艺分类为主线进行分析，分析结果为原料、生产工艺、生产管理与技术水平差异对固体废物产生量的影响。

③ 产生量定量分析：固体废物产生量定量分析是将固体废物产生的主要影响因素与产生量之间的关系予以定量表达的过程，主要采用统计分析或核算的方法。

固体废物特性分析实质上是对固体废物的组成与理化特性进行分析的过程，这些分析均隐含特定的管理目标要求。因而可以按照如判断其是否属危险废物，判断其资源化利用潜力，判断其可处理性质等要求，对相关的分析指标进行分类。

2. 铁路固体废物处理方法

目前我国铁路站段固体废物的处理方法包括以下四种方式：① 市政垃圾系统统一处理，主要是针对距城市较近，且城市垃圾处理设施较完善的铁路站段；② 简易焚化，将固体废物焚烧减量后进行简易填埋；③ 固体废物由站段集中进行简易填埋处理或直接堆埋；④ 废棉纱、废涂料桶、含油污泥、废润化油、废蓄电池等危险固体废物由专门的处置单位处置。铁路典型站段固定污染源和流动污染源产生的固体废物均统一回收，交由专业部门处理。

1.1.4　铁路噪声、振动和电磁污染的来源及防治

1. 铁路噪声来源及典型站段噪声污染防治

国内外研究证明，高速运行的列车给环境带来的问题主要有振动、噪声、电磁波干扰等，其中振动和噪声对周围环境影响最大。

铁路的噪声可分为固定污染源噪声和流动污染源噪声两大类。典型站段受固定污染源噪声影响的单位主要包括车站、车辆段、机务段和房产生活段等。其中，车站噪声主要由列车和机动车辆产生的交通噪声及车站内候车乘客活动产生的社会噪声组成。车辆段、机务段噪声主要是厂内机器设备运转产生的工业噪声，及水阻试验产生的噪声。房产生活段噪声主要由周围建筑机械产生的建筑噪声及锅炉房噪声组成。

流动污染源噪声主要是列车运行过程中与铁轨相互作用产生的摩擦噪声及鸣笛、接触网接触噪声等。流动噪声源噪声的产生与其机理和部位相关，按噪声机理大致可分为轮轨噪声（主要是由车轮与钢轨之间的振动引起，与车轮和钢轨的表面状态有直接关系）、空气动力噪声（主要产生于车体结构本身，车辆高速运行时，车头形状的不同、车体表面的凹凸不平如侧窗、车体连接部、受电弓的特殊结构等均产生空气动力噪声）、结构建筑物噪声（主要是由于车轮与钢轨间的振动，经由轨道传向建筑物而产生的第二次振动声）、集电系统噪声（凡在列车运行时受电弓引发的声音，统称为集电系统噪声）。

铁路固定污染源噪声的防治主要依靠噪声控制技术的发展和政府管理部门的监管。铁路流动噪声污染防治一般采用声源控制、声传播途径控制及受声点防护三种方式。声源控制主要有铺设无缝钢轨、封闭线路、控制随机鸣笛等措施；水阻试验产生的噪声可用建筑进行隔离；声传播途径控制主要为设置隔声屏障，种植绿化林带等措施；受声点防护主要是铁路线路尽量绕开噪声敏感地区，市区规划远离铁路线等方法。

在铁路边界噪声的监测中，经常遇到铁路边界的界定。监测点位有无代表性和背景噪声

如何扣除，背景噪声的修正和测点距轨面相对高度，测点与轨道的地面状况等问题，都是铁路边界噪声测量工作中不可忽视的。

1）铁路边界噪声测量

按照《铁路边界噪声限值及其测量方法》（GB 12525—1990），对铁路边界产生的噪声进行监测。测量仪器采用积分声级计，在无雨、无雪，风力小于 5.5 m/s 的气候条件下开展测量，同时要求仪器戴风罩。

测量时间为昼间、夜间各选在接近机车车辆运行平均密度的某一个小时，用其分别代表昼间、夜间的测量值。必要时，昼间或夜间可分别进行全时段测量。用积分声级计读取一小时的等效声级，同时记录机车车辆数、线路股数、测点与轨道之间的地面覆盖状况如树木、灌木、草地等信息数据。

2）监测点位的设置

在铁路边界即距铁路外侧轨道中心线 30 m 处布设监测点位。测点原则上选择在铁路边界高于地面 1.2 m 处，距反射物距离不小于 1 m。

3）噪声背景值测量

噪声背景值测量是在无机车车辆通过时测点的环境噪声。在铁路边界噪声限值及其测量方法中，只对背景值的修正做了如下规定：背景值噪声应比铁路噪声低 10 dB（A）以上，若两者差值小于 10 dB（A）则应按表 1-2 进行扣除背景修正。

表 1-2　扣除背景噪声修正值　　　　　　　　　　　　　单位：dB（A）

差值	3	4~6	7~9
修正值	-3	-2	-1

标准方法中，表 1-2 只明确规定了计算差值的修正，而如何测量背景噪声，监测人员有不同的看法。第一种认为铁路边界噪声属于线源，对于建设项目就应确定若干噪声测量断面，在各个断面上距声源不同距离处布设一组测量点（如 30 m、60 m、120 m、240 m、480 m），全部点位都需测量背景噪声；第二种认为超过国家标准的监测点需要测量背景噪声，不超过国家标准的监测点不测背景噪声；第三种认为属于噪声污染纠纷的需要测量，不属于的可以不测；第四种认为所有的监测都不测背景噪声。在监测方法上，可选择在本功能区 240 m 和 480 m 处与周边环境接近时段测背景噪声，其他地段的 30~120 m 处不测背景噪声。

4）铁路噪声预测模式

（1）比例预测模式

适用于预测铁路线路噪声和铁路改、扩建工程，及远离铁路噪声的影响。

比例预测模型的应用条件是：列车通过速度、噪声辐射特性与铁路干线两侧建筑物分布状况与机车鸣笛位置基本不变，这些因素主要受铁路噪声的影响。

比例预测公式：

$$\text{Leq}_2 = \text{Leq}_1 + 10\text{Leq}[(KA_2+B_2/KA_1+B_1)\times(1-K_3)\times100.1\Delta L+K_3N_2/N_1] \qquad (1-1)$$

式中，Leq_1：改、扩建前某预测点的等效声级，dB（A）；

　　　Leq_2：改、扩建后某预测点的等效声级，dB（A）；

N_1：改、扩建前列车日通过列数；

N_2：改、扩建后列车日通过列数；

A_1：改、扩建前客运列车日通过总长度，m；

A_2：改、扩建后客运列车日通过总长度，m；

B_1：改、扩建前货运列车日通过总长度，m；

B_2：改、扩建后货运列车日通过总长度，m；

ΔL：改、扩建前后路轨的轮轨噪声辐射声级差，dB（A）；

K，K_3：噪声辐射能量比。

（2）模式预测法

模式预测法线源公式：

$$L_P = L_0 - 10L_g(r/r_0 - \Delta L) \tag{1-2}$$

式中，L_P：线声源在预测点产生的声级，dB（A）；

L_0：线声源参考位置 r_0 处的声级，dB（A）；

r：预测点与线源直接的垂直距离，m；

r_0：测量参考声级处与线声源之间的垂直距离，m；

ΔL：各种衰减量，包括空气吸收、声屏障或遮挡物、地面效应等引起的衰减量；

L_g：常用对数算符。

铁路边界噪声监测点位的合理设置与背景值的扣除，直接影响监测数据的准确性及合理性。在实际监测中合理地应用上述方法，进行铁路边界噪声测量和模式预测，可将铁路各类声源和复杂的列车运行编组作为作业系统，以简化为线源进行计算，其监测数据的代表性、准确性可大大提高。预测和评价列车通过时附近地区是否存在噪声污染，应以《铁路边界噪声限值及其测量方法》（GB 12525—1990）为准，限值只适用于铁路边界（距铁路外侧轨道中心 30 m 处）的噪声评价。

《铁路边界噪声限值及其测量方法》（GB 12525—1990）修改方案：

既有铁路及改、扩建既有铁路边界铁路噪声按表 1-3 的规定执行。其中，既有铁路是指 2010 年 12 月 31 日前已建成运营的铁路或环境影响评价文件已通过审批的铁路建设项目。

表 1-3　既有铁路边界铁路噪声限值（等效声级 Leq）　　　　　单位：dB（A）

时段	噪声限值
昼间	70
夜间	70

新建铁路（含新开廊道的增建铁路）边界铁路噪声按表 1-4 的规定执行。其中，新建铁路是指自 2011 年 1 月 1 日起环境影响评价文件通过审批的铁路建设项目（不包括改、扩建既有铁路建设项目）。

表 1-4　新建铁路边界铁路噪声限值（等效声级 Leq）　　　　　单位：dB（A）

时段	噪声限值
昼间	70
夜间	60

昼间和夜间时段的划分按《中华人民共和国环境噪声污染防治法》的规定执行，或按铁路所在地人民政府根据环境噪声污染防治需要所做的规定执行。

2. 铁路振动来源及影响

据有关资料，列车运行速度由 150 km/h 增加到 250 km/h 时，轮轨的垂向加速度增加了 2 倍，这直接导致铁路两侧环境振动的增加。日本新干线的实际结果显示：由于振动受到许多因素的影响，受振点的振级变化范围很大，如距线路中心 20 m 处，列车速度大于 160 km/h 时，振动为 70～95 dB。我国在 1989 年颁布了《城市区域环境振动标准》（GB 10070—1988），该标准规定距铁路外轨 30 m 处的铁路干线两侧昼夜不得超过 80 dB 的铅垂 Z 振级。

随着我国铁路运输系统，尤其是高速铁路的迅速发展，铁路列车运行及建设中引起的环境振动污染也越来越受到人们的关注。有统计表明，除工厂、企业和建筑工程之外，交通系统引起的环境振动（主要是建筑物的振动）是公众反映中最强烈的。因此在规划和施工中，振动污染将成为一个重要的考虑因素。

1）振动污染的产生

当列车行驶在轨道上时，列车本身设备因为转动机械产生振动。此外，由钢轨的变形、磨耗引起的轨道不平顺及轮轨之间的相互作用力，使车辆产生振动；车轮又以一定的动态接触力作用在轨道结构上，造成轨道结构振动。列车运行产生的振动由地表土壤等介质通过横波、纵波和表面波三种波的形式向四周传播，对其周围环境产生各种影响。

轨道交通系统振动对环境和周边建筑物的影响一般通过以下方式进行：由运行列车对轨道的冲击作用产生振动，并通过结构（隧道基础和衬砌或桥梁的墩台及其基础）传递到周围的地层，进而通过土介质向四周传播，进一步诱发附近地下结构及建筑物（包括其结构和室内家具）的二次振动和噪声。

可能造成的不利影响主要有：① 机车和客车的平稳性降低，达不到规定的舒适度要求；② 过大的振动加速度会造成轨道部件，尤其是钢轨和道床的提前损伤，甚至破坏；③ 钢轨的高频振动是地铁噪声的主要根源；④ 贴近地铁隧道或直接建在地铁隧道上面的建筑物过大的振动会影响建筑的使用性和适应性。

2）振动的控制标准

根据《城市区域环境振动标准》（GB 10070—1988）将城市各区域划分为不同的功能区，不同功能区采用不同的振动限值，具体划分和振动限值见表 1-5。

表 1-5　城市功能区振动控制限值

单位：dB

使用地带范围	昼间	夜间
特殊住宅区	65	65
居民、文教区	70	67
混合区、商业中心区	75	72
工业集中区	75	72
交通干线道路两侧	75	72
铁路干线两侧	80	80

以此振动标准为依据，在规划中要根据轨道交通路线上的功能区分布并在充分分析影响

该路段振动产生因素的基础上，采取合理的运行方式和减振措施，以达到满足环境污染控制的要求。

3）振动污染的影响因素

（1）列车速度影响

列车速度效应是影响铁路环境振动的重要因素之一。列车在轨道上行驶时，车轮的垂直动载荷比静态时要大，且随着列车速度的增加和轨道的不平顺将急剧增加，引起轨道和道床的振动加速度急增，致使铁路两侧环境振动具有明显的速度效应。

在高速铁路环境振动特性研究中发现：对于 350 km/h 的客运专线，高速动车组运行时铁路环境振动主频出现在 40 Hz 左右；对于 250 km/h 的客运专线，高速动车组运行时铁路环境振动主频出现在 25 Hz 左右；货物列车运行所产生的铁路环境振动主频大多出现在 12.5 Hz 左右。可见，列车引起的地面振动随车速的提高而增大。

（2）距离影响

日本 Erichi Taniguehi 等的研究表明，位于地下 2 m 深处振动加速度值为地表的 20% ～ 50%，4 m 深处为地表的 10%～30%。可见在车辆运行产生的环境振动中，表面波占主要地位。列车引起的地面振动以 5 Hz 以下的低频为主，振幅随与线路距离的增加而逐渐衰减，并在约 60 m 处出现第一次较大峰值，以后仍有峰值的出现，但幅度较小。一般情况下垂直振动大于水平振动。

（3）轨道、路基结构影响

在相同线路类型和地面土壤及地貌条件下，随着路堤高度的增加，环境振动值将降低。这是由于增加了弹性，提高了低频区的隔振效果，振动经衰减所致。由北京环形线试验结果可知，路堤高度由 0.5 m 增加到 3.5 m，30 m 处 Z 振级减小约 3 dB（土质为亚黏土）。并且在相同列车速度、距离等条件下，高架桥线路与路堤线路相比，铁路环境振动将大幅度降低。

无缝线路区段要比标准轨和道岔区段的 Z 振级小 2～5 dB，并与钢轨焊接质量有关，轨头凹凸不平顺直接影响环境振动。

（4）不同土质的影响

在机车车辆、轨道结构、行车速度等条件相同情况下，地面振动在很大程度上还取决于土壤性质及传播性能。例如，振动在砂土类硬土层中比亚黏土层中衰减快，在亚黏土层中又比淤泥质亚黏土地基中衰减快。我国沪宁线两侧土壤大部分为淤泥质亚黏土，且地下水位高，当地潮湿多雨，使地表土壤含水量较高，所以 30 m 处 Z 振级比京津线区段要高 3 dB 左右。

4）减振措施

铁路交通引起的环境振动的控制，主要包括三个方面：① 振源的控制；② 振动传播途径的控制；③ 受保护建筑的控制。为实现铁路交通的主动减振和达到环境要求，目前常采用的是轨道结构减振降噪措施。

（1）采用重轨

重型钢轨在受列车冲击时振动相对较小，随着钢轨重量的增加，钢轨的垂向刚度增大，因而采用重型钢轨可有效抑制钢轨的垂向振动。

（2）阻尼钢轨减振器

当列车通过钢轨顶面时，由于钢轨腰板的厚度较薄，轨腰将产生振动。为了最大限度地减小钢轨腹板振动，可将约束型复合高阻尼钢轨减振器镶嵌在钢轨轨腰来降低轮轨振动。采用钢轨阻尼技术可以使钢轨振动减弱，高频段振幅可衰减 15 dB（A）以上。而且较为经济，仅在钢轨轨腰处附加阻尼材料即可。同时，还有利于减轻钢轨的疲劳损伤，减轻工务部门的维修工作量。

（3）减振扣件

减振型扣件包括轨道减振器扣件和柔性扣件。前者又称为科隆蛋，为全弹性分开式三级减振，科隆蛋弹性扣件在减振要求较高地段采用。其承轨板与底座之间用减振橡胶硫化粘贴在一起，利用橡胶圈的剪切变形获得较低垂向刚度。轨道减振扣件的垂直刚度较低，而且不过度牺牲钢轨的横向稳定性。对于有砟轨道，其减振水平为 10～15 dB，当振动频率较高时可减振 25 dB。其缺点是随着时间的推移，轨道减振器的振动性能会下降，所以要提高橡胶弹性元件的耐久性、抗老化性等性能。

（4）增加轨道弹性

降低轨道刚度增加弹性是将软性材料垫入轨道下，使轨道（作为整体）的支撑刚度降低，达到减振的目的。

在进行铁路振动规划时，针对特定环境应采取不同的控制和预防措施，不能一概而论。在铁路穿越不同功能区时，应采取对应的规划方法，既要做到重返满足环境要求，也要考虑经济的合理性，使经济投入发挥最大效益。

3. 铁路电磁污染来源及影响

电磁对环境的影响已成为不容忽视的问题，其中的电磁污染源主要有以下四种：变电所产生的地磁干扰、接触网系统产生的电磁干扰、电力机务段产生的地磁干扰和一般性故障产生的地磁干扰。电气化铁路电磁辐射对铁路沿线居民收看电视及重要无线电设施有一定影响。高速铁路地磁波的干扰和影响主要有两方面：① 列车在高速行进中，受电弓与接触网导线之间的滑动而产生的无线电噪声辐射；② 由于接触网绝缘部件之间的金属连接部分遭到腐蚀或污染，导致接触不良而引起放电的无线电噪声辐射。

1.2 铁路环境监测管理体系的研究

1.2.1 环境监测概述

环境监测是环境科学的一个重要分支学科。环境监测是通过对影响环境质量因素的代表值的测定，确定环境质量（或污染程度）及其变化趋势。

环境监测的过程一般为：现场调查→监测计划设计→优化布点→样品采集→运送保存→分析测试→数据处理→综合评价等。

环境监测的对象包括：反映环境质量变化的各种自然因素，对人类活动与环境有影响的各种人为因素，及对环境造成污染危害的各种成分。

1. 环境监测及监测对象的特点

（1）环境监测的特点

① 环境监测的综合性。这是指监测手段的综合与监测对象的综合。环境监测手段包括化学、物理、生物、物理化学、生物化学及生物物理等一切可以表征环境质量的方法，其监

测对象包括空气、水体（江、河、湖、海及地下水）、土壤、固体废物、生物等客体。只有对这些客体进行综合分析，才能确切地说明环境质量状况。

② 环境监测的连续性。由于环境监测对象大多成分复杂、干扰因素多、变化大，且环境污染具有时空性等特点，因此监测网络、监测点位的选择一定要有科学性。与此同时，一旦监测点位的代表性得到确认，必须长期坚持监测。若要达到以上要求，必须尽可能地采取自动化、标准化和检测网络化等先进手段进行监测。

③ 环境监测的追踪性。环境监测包括监测目的的确定、监测计划的制订、采样、样品运送和保存、实验室测定到数据整理等过程，是一个复杂而又有联系的系统，任何一步的差错都将影响最终数据的质量。因此必须保证监测数据的准确性、精密性、代表性和可比性，也要求从采样到整理的各个环节中建立起环境监测的质量保证体系，起到时刻追踪的作用。

④ 环境监测的系统性。要完成环境监测工作，获得可靠的数据、资料，必须系统地把握住其一系列关键的基本环节，比如布点和采样、分析测试、数据整理和处理、监测质量保证等。环境监测类似于生产过程，必须解决工艺定型化、分析方法标准化、监测技术规范化等各个环节的问题。

此外，环境样品的组成极为复杂，随机变化明显，其浓度范围宽，性质各异，而且物质因素之间处于动态平衡状态。监测的数据应具有符合监测计划要求的时间和空间的代表性和完整性。

（2）监测对象的特性

环境监测的对象涉及自然与社会的各个方面，它既包括污染源与相关环境要素的因子、参数与变量，也包括追踪初级污染造成的环境影响。其具有以下特征。

① 多样性。企业的污染源及其污染物在各个部门、各个阶段、各个时序的分布是十分多样化的，对环境的直接影响和潜在影响也非常广泛。环境监测的对象不仅有基本化学污染物质，还应考虑能量污染因素及污染物不同的价态、状态等问题。同一种污染物还有可能广泛存在于不同的介质中，并且具有不同的形态。这些都是环境监测中不可忽视的因素。

② 变动性。污染物的不稳定性和环境条件的时空变化是产生监测对象变动性的根源。环境监测中选择合适的采样周期和具有代表性的采样地点，发展连续监视系统是非常重要的。

③ 代表性。根据环境保护管理工作的重点、难点和环境问题的热点、焦点，确定监测目的和重点，选择有代表性的、有针对性的监测对象，并且在整个监测过程中保持这种代表性；突出重点，兼顾一般，准确把握针对性，保证代表性。

④ 待测物含量低。环境污染物，特别是自然本底值的含量极微，属于痕量和超痕量分析范围。同时，监测区域变化大，给监测带来很大的困难。

⑤ 待测物的毒性大。污染物的毒性，是指它侵入机体后与其体液或组织发生化学和物理作用，在达到一定程度时产生的病理改变。

2. 环境监测的程序与方法

（1）环境监测的基本程序

环境监测就是环境信息的捕获—传递—解析—综合—控制的过程，在对监测信息进行解析综合的基础上，揭示监测数据的内涵，进而提出控制对策建议，并依法实施监督，从而达到直接有效地为环境管理和环境监督服务。环境监测一般工作程序如图1-4所示。

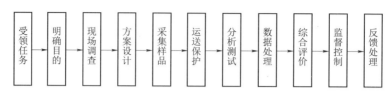

图 1-4　环境监测一般工作程序

（2）环境监测工作的组织实施

环境监测工作根据它的工作程序依次展开，而环境监测工作的组织管理就是按照程序规定的每一个环节来实施。当一项环境监测任务的目的和对象确定后，环境监测工作就要根据一套科学的程序来组织，包括：监测规划的拟订，技术方案的选择，监测网络的设计，质量保证和质量控制手段的建立，完整适用的采样和分析技术的选择，数据处理、分析、表达和评价方法的确立，信息的建立、输送及其利用等。

日常的环境监测计划就是根据这套程序来进行编制的。

① 确定环境监测任务。分为日常的常规监测（对外环境的排放口、装置内排放口等）、规划性监测、应急性监测、评价性监测、考核性监测等类型。

② 组成监测队伍，筹措监测条件。包括监测人员的上岗考核及监测队伍总体技术水平的评估、仪器设备的定时检验与校准、标准参考样品的准备等。

③ 选择科学、合理的技术方案。制订严格有序的监测计划（进行预调查，特别注意和生产运行工况的衔接及监测工作本身各个环节的连接）；确定监测分析的项目（根据监测任务的性质和要求、各种环境质量和污染物排放控制的标准和规范的规定，及公众反映的迫切性和可操作性等来进行选择）；确定采样方法（采样时段、采样技术与措施、采样部位、采样频率、样品的保存与运输等）；确定分析监测方法（方法的标准等级、适用范围以及方法的安全性、及时性、经济性、可操作性等）；确定质量保证、质量控制的程序和方法。

④ 撰写环境监测成果报告。主要包括：数据的筛选、处理与统计，调查时段相应生产装置运行情况的了解与汇总，调查时段相关环境要素的质量水平、波动情况及其相应分析，调查结论与建议。

⑤ 调查信息的保存、反馈及其利用。主要包括：数据库的建立，数据的网络化管理，统计结果的反馈（月报、年报及年鉴），局域网的信息发布。

3. 环境监测系统框架

环境监测系统根据环境标准系统和环境阶段性目标要求，设置不同的监控断面、监测手段，如自动流量监控、采样等，并对监测数据进行评价。

环境监测系统是环境保护工作的基础性技术支持。监测系统能力和水平代表着环境保护的能力和水平。目前重点是做好环境质量监测、污染物排放监测及生态环境质量监测等。为完成相关的监测任务，要设计好监测点位，规定相应的采样时间、频率等，按照相关的分析方法标准、规范开展分析化验，提出数据并进行评价。由于环境污染事故发生的风险不断增加，尤其应重视充分利用长期的监测数据开展预警工作，变常规环境质量管理为风险预警管理与常规管理相结合。

监测站位的选址、站房建设及相关的采样条件、道路，已经成为制约环境监测发展的"瓶颈"，迫切需要加强这方面的建设。监测点位的布设还应结合总量控制、上下游、行政区界等污染物传输情况进行，也可根据特定的目标设定监测点位以及背景参考点位、削减点位等。

现行的环境监测包括国家、省、市、县和企业等的监测，最终监测结果的主要成果就是环境质量报告书。

（1）环境质量监测

环境质量监测主要是根据环境质量标准和监测方法标准对水环境、空气环境、土壤环境、噪声环境、辐射环境等开展监测、分析、评价。其中最重要的是如何确定监测采样点位，以便客观、公正、准确地反映监测地区的环境质量。

（2）污染物排放监测

主要依据排放标准规定的污染因子开展相应的监测，对单位排放的污染因子中未包括在标准之内的特殊因子必须开展监测。监测污染物浓度的同时还要监测流量等其他参数，以便计算排放总量。根据污染物的毒性划分，第一类污染物必须在装置的排放口进行监测，其他类污染物可在厂界排放口（总排放口）进行监测。考虑到污染物对河流的影响，在监测厂界排放口污染物浓度和流量的同时，还应监测入河排放口处的污染物浓度和流量，依此确定某一污染源（排放口）对下游河流的贡献值和通量份额，也可判断其污染物的自然降解情况。

（3）环境监测数据处理与应用

环境监测数据的分析和有效利用，是环境监测的重要任务。除正常的环境质量报告书、专项环境质量监测报告外，通过例行的环境监测数据分析污染物的输送和降解规律，及环境质量变化预警更是尤为重要。对某一种污染物来说，其通过一定距离的自然降解是有规律的，对相邻两个监测站位，如中间没有瞬时的污染源增加或污染源没有发生变化，则可推断其监测数据有相关性，可以通过其相关性的变化来预警或判断有可能的新增污染进入。

通过监测数据对环境质量进行评价的方法有很多，如单因子指数法、综合污染指数法等。

随着环境突发事故的频频发生，环境风险评价显得尤为重要。环境风险评价应该成为日常环境管理的重中之重。风险评价的方法多种多样，依靠累计的环境质量监控数据进行环境风险管理，是最为简单易行、经济可靠的方法。

1.2.2 国内环境监测现状

1. 发展现状

经过三十多年的发展，我国初步建立了适应我国国情的环境监测体系，确立了行政上分级设立，业务和技术上上级指导下级的环境监测管理体制和网络运行机制，国家环境监测体系初步建立。

① 环境监测制度初步建立。先后颁布了《全国环境监测管理条例》《全国环境监测报告制度（暂行）》《环境监测质量保证管理规定（暂行）》《环境监测人员合格证制度（暂行）》《环境监测优质实验室评比制度（暂行）》《环境监测质量管理规定》《环境监测人员持证上岗考核制度》《主要污染物总量减排监测办法》《环境监测管理办法》等环境监测的法规制度，对加强环境监测管理，规范环境监测行为起到了重要的作用。

② 环境监测机构逐步完善。形成了由中国环境监测总站、省级环境监测站、地市级环

境监测站及区县级环境监测站组成的四级环境监测机构。

③ 环境监测能力大幅度提高。环境监测实验室条件、分析测试能力、现场分析能力、污染源监测能力、突发环境事件应急监测能力、监测信息管理传输能力、环境监测科研能力和人员素质等均得到大幅提升。

④ 环境监测网不断完善。现已初步建成了覆盖全国的国家环境监测网，已基本形成了国控、省控、市控三级为主的环境质量监测网。

⑤ 环境监测技术体系日趋规范。已建立了空气、地表水、噪声、固定污染源、生态、固体废物、土壤、生物、核与辐射9个环境要素的监测技术路线，颁布了水、空气、生物、噪声、放射性污染源等方面的监测技术规范及主要污染物排放总量监测技术规范。

⑥ 环境监测信息发布体系初步建立。环境保护部自2009年7月起对全国主要水系100个国控水质自动监测站的8项指标（水温、pH值、浊度、溶解氧、电导率、高锰酸盐指数、氨氮和总有机碳）的监测结果进行网上实时发布。2010年11月，113个环保重点城市空气质量实时发布系统投入运行。

1）主要问题

与环境保护任务需求相比，环境监测能力尚不能很好地满足环境管理需要，环境监测基本公共服务能力还不能满足公众需求。

（1）环境监测法规制度与技术体系尚需完善

迄今为止没有一部统一的、专门的环境监测法律法规，环境监测法律地位不明确，法律支撑体系不健全，监测管理依法行政的法律基础不牢。环境监测的技术路线、技术规范、评价标准与分析方法等技术体系尚不健全。

（2）环境监测整体能力还不适应新时期环境管理的需要

基层监测用房严重不足，实验室条件差，监测仪器设备和监测车辆难以满足需要。监测人员数量不足，高素质人才匮乏。监测运行经费难以有效保障，环境监测的综合能力急需提高。与全面实现"说得清环境质量现状及其变化趋势，说得清污染源状况，说得清潜在的环境风险"的要求尚存在一定差距。

（3）环境监测公共服务能力区域不均衡、供需不平衡

城乡之间及东、中、西部地区之间环境监测能力差异大，尤其是中、西部地区基层环境监测能力不强。农村环境监测体系尚未建立，环境监测公共服务能力参差不齐。环境质量评价结果与公众主观感受存在一定差异，难以全面、客观、准确反映环境质量状况。环境监测的广度和深度与公众的环境需求之间存在较大差距，难以满足政府基本公共服务的需要。

2）形势与需求

（1）环境监测在环境管理中的作用将日益显著

环保要有地位，监测首先要有声音。环境监测起着支撑决策及保障民生的重要作用。环境监测作为满足公众环境知情权的一种手段，将成为政府基本公共服务的重要内容。

（2）环境保护工作对环境监测提出了新的要求

"十二五"期间，环境保护工作将以削减主要污染物排放总量为主线，以解决危害群众健康和影响可持续发展的突出环境问题为重点，改善环境质量，防范环境风险，积极探索中国环保新道路。以保障总量控制目标实现为着力点，需要进一步加强污染源监督监测能力；以保障环境质量为切入点，满足公众环境知情权，需要不断增强环境质量监测能力；以防范

环境风险为目的，加强对重大环境风险源和重金属等有毒有害物质、微量有机污染物的监控，需要不断增强环境预警与应急监测能力；以保障核与辐射安全为目标，需要进一步完善国家辐射环境监测网络，增强核与辐射监测能力。

（3）公众对环境监测基本公共服务提出了新的要求

从客观反映环境质量的需求出发，环境监测网络布局需要进一步优化，环境质量评价方法需要进一步改进。从保障人体健康的需求出发，对细颗粒物、挥发性有机物、有毒有害物质等对人体健康影响较大因子的监测需要加强。从保障公众环境知情权的需求出发，环境质量监督考核和环境监测信息公开需要加强，加大公众参与和社会监督力度。

2. 国家环境监测有关管理规定、办法、规范

环境监测是环境保护工作的"哨兵""耳目"，是环境管理的重要组成部分，是环境保护工作中最为重要的基础性和前沿性工作。环境监测体系是污染物总量减排的三大支撑体系之一。通过建立先进的环境监测预警体系，才能实现对减排工作富有成效的客观评价，及对各项减排措施的科学验证。科学的减排指标体系必须依靠监测手段来度量，科学的减排考核体系也必须依靠监测数据来支撑。

近年来，国家和地方不断增加环境监测能力建设投入，各级环境监测机构的装备水平大幅提高，基础能力逐步完善。我国将强化环境监测管理，加快环境监测预警体系建设。建立先进的环境监测预警体系要做到数据准确，代表性强，方法科学，传输及时；做到全面反映环境质量状况和变化趋势，及时跟踪污染源污染物排放的变化情况，准确预警和及时响应各类环境突发事件，满足环境管理需要。

经过多年发展，环境保护法律法规体系日益健全和完善，环境保护各相关领域、各相关环境要素的污染防治基本都出台了相应的法律法规。

近年来各部门发布的国家环境监测有关管理规定、办法、规范如下：

①《环境监测管理办法》（国家环境保护总局，总局令〔2007〕第39号）；

②《污染源监测管理办法》（国家环境保护总局，环发〔1999〕246号）；

③《固定污染源监测质量保证与控制技术规范》（HJ/T 373—2007）；

④《环境监测质量管理规定》（国家环境保护总局，环发〔2006〕114号）；

⑤《环境监测人员持证上岗考核制度》（国家环境保护总局，环发〔2006〕114号）；

⑥《国家监控企业污染源自动监测数据有效性审核办法》（国家环境保护总局，环发〔2009〕88号）；

⑦《国家重点监控企业污染源自动监测设备监督考核规程》；

⑧《全国环境监测站建设标准》（国家环境保护总局，环发〔2007〕56号）；

⑨《地表水和污水监测技术规范》（HJ/T 91—2002）；

⑩《固定源废气监测技术规范》（HJ/T 397—2007）；

⑪《关于印发〈污染源自动监测设备比对监测技术规定（试行）〉的通知》（总站统字〔2010〕192号）；

⑫《地表水和污水监测技术规范》（HJ/T 91—2002）；

⑬《城镇污水处理厂污染物排放标准》（GB 19918—2002）；

⑭《水污染物排放总量监测技术规范》（HJ/T 92—2002）；

⑮《固定污染源烟气排放连续监测技术规范（试行）》（HJ/T 75—2007）；

⑯《突发环境事件应急监测技术规程》（HJ/T 589—2010）；

⑰《声环境质量标准》（GB 3096—2008）；

⑱《国控污染源排放口污染物排放量计算方法》。

（1）《环境监测管理条例（征求意见稿）》（环境保护部环办函〔2009〕394 号）

《全国环境监测管理条例》由当时的城乡建设环境保护部于 1983 年 7 月 21 日发布并生效，全文共七章三十三条。

为加强环境监测管理，规范环境监测行为，促进环境监测事业发展，加快建立先进的环境监测预警体系，环保部组织起草了《环境监测管理条例（征求意见稿）》（环境保护部环办函〔2009〕394 号）。2013 年 3 月，从全国人大环境与资源保护委员会可以了解到，该建议稿已经送交国务院，国务院法制办正在抓紧审查修改。即将由国务院颁布的《环境监测管理条例》，将正式替代原城乡建设环境保护部颁布的《全国环境监测管理条例》。

（2）《环境监测管理办法》（总局令〔2007〕第 39 号）

2007 年 7 月 25 日，国家环保总局颁布了《环境监测管理办法》（总局令〔2007〕第 39 号），并已于 2007 年 9 月 1 日开始实施。《环境监测管理办法》共 23 条，分别明确了制定的目的、依据、适用范围，规定了环境保护部门和环境监测机构的职责分工、标准规范的制定、环境信息发布、环境监测数据的法律效力、环境监测网的建设原则和管理主体、环境监测质量管理要求、企业的环境监测责任和义务、环境监测机构资格认定等。《环境监测管理办法》的出台对环境监测属性、定位、管理、规范、处罚等长期依靠行政指令规范的方面进行了全面梳理，为先进的环境监测预警体系建设提供了全方位的制度框架。

（3）《环境监测质量保证管理规定（暂行）》（1991 年颁布）和《固定污染源监测质量保证与控制技术规范》（HJ/T 373—2007）

环境监测必须要准确、系统地阐明环境质量的现状及变化趋势，准确、全面地获得污染物的排放状况及其对环境质量影响的环境信息，为环保执法和科学决策提供科学的依据。环境监测质量保证和质量控制技术是保证环境监测数据具有代表性、准确性、精密性、可比性和完整性的重要基础，是环境监测工作的重要组成部分。

3. 国内环境监测能力现状

1）环境监测能力建设现状

环境监测是环境保护的重要组成部分，在环境保护目标责任制、城市环境综合整治定量考核、环境影响评价等工作中肩负着重要的历史使命。

目前，我国已经初步建立了以常规监测、自动监测为基础的技术装备、技术标准、技术人才的环境监测体系，实施了地表水和污水、空气和废水、生物、噪声和污染源等环境监测技术规范，及污水主要污染物排放总量监测技术规范，建立了 400 多项环境监测方法标准、227 项环境监测标准样品和 20 余项环境监测仪器设备技术条件，出版了《环境水质监测质量保证工作手册》和《环境空气监测质量保证工作手册》。在环境监测网络建设上，形成了以国家、省、市、县四级监测站组成的国家级、省级、市级三级环境监测网络，建立了行政上以地方为主分级管理，业务和技术上垂直指导，信息上国家和地方互相补充，站点建设运行上合建共管与委托管理体制和网络运行机制。

环保部于 2007 年 4 月 23 日发布《全国环境监测站建设标准》的通知（环发〔2007〕56 号），规定了省、市、县三级环境监测机构人员标准及机构、监测经费、监测用房、基本仪器配置、应急环境监测仪器配置和专项监测仪器配置。该标准为最低配置标准，有能力的地区可以适当提高标准。

该标准实行分级设置，分为一级、二级、三级。一级标准为各省（自治区、直辖市）设置的环境监测站，由国家环保总局批准的各专业环境监测站执行；二级标准为各地级市（自治州）、直辖市所辖区（县）设置的环境监测站执行；三级标准为各地级市（自治州）所辖区、县（自治县）设置的环境监测站执行。

每个级别（按照国务院确定的东部、中部、西部区域划分方法）划分为东部地区、中部地区、西部地区三档，处于不同区域的环境监测站执行不同的标准。直辖市及其所辖区（县）环境监测站分别执行东部地区一级、二级标准。

全面实现"说得清环境质量现状及其变化趋势，说得清污染源状况，说得清潜在的环境风险"的要求。科学监测的内涵，是指以科学的态度，用严密的方法，依靠先进的监测方法、技术和手段及采用有效的组织管理，开展监测工作的过程。目的是保证监测数据的真实有效和检测结论的客观准确。现阶段，监测部门要做到以下六个方面。① 监测工作的计划性。② 监测方案的可行性。③ 操作程序的规范性。④ 检测技术的先进性，包括科学合理的技术路线、标准规范的分析方法、优良先进的仪器设备、自动便捷的检测手段和现代可靠的高新技术。⑤ 监测数据的有效性，包括检测样品的时空代表性、实验数据的科学准确性和监测行为的合法有效性。⑥ 检测结论的客观性。对环境质量现状及其变化趋势进行综合分析评价，是环境监测为环境管理与环境决策提供技术支持、技术服务和技术监督的最重要体现。

2）环境监测技术路线

环境监测是环境保护工作的基础，是环境立法、环境规划和环境决策的依据。环境监测的发展方向是否正确，环境监测的技术路线是否科学，环境监测的信息是否可靠，直接关系到环境管理的成败。监测是环境管理的重要手段之一，连续监测、定时监测和严格管理相结合，才能准确地反映环境质量状况，才能有针对性地加强监督管理。

环境监测的首要问题是制订出满足环境管理需要的科学先进而又切实可行的技术路线。调整完善乃至重新制订环境监测各要素的技术路线，对于我国环境监测工作的发展创新，满足新形势下环境管理的需要，具有十分重要的意义。

环境监测技术路线是指在一定的时期内，为完成一定的任务，达到一定的目标而采取的技术手段和途径。一要考虑现实的需求与长远的发展相结合的原则，二要考虑先进性与可行性相结合的原则，三要考虑技术路线完整性与监测手段、方法的多样性相结合的原则。最好的技术路线应该是技术上科学先进，操作上切实可行，经济上成本最优，时间上周期最短，完成的任务最多，达到的目标最高，获得的效益最大。

环境监测技术路线的结构要素包括开展监测工作的目的和欲达到的目标，要达到既定目的与目标所经历的时间，在既定的时间里欲达到既定目的和目标所采取的技术手段和途径，监测的项目与频率，所使用的设备及分析测试的方法等。

固定污染源监测技术路线主要包括以下几个方面。

首先，其目的为及时、准确地了解各类污染源排放污染物的种类、浓度及总量，清楚其对周围环境的污染负荷，掌握其对水、气、生态和人群健康的影响。为对适时监控污染源排放，防止污染事故发生，科学合理地收缴排污费用，落实区域、流域污染物排放总量控制计划及其对产业结构调整提供科学可靠的依据。

其次，其技术路线将重点城市的重点污染源以自动在线监测技术为主导，其他污染源以自动采样和流量监测同步与实验室分析为基础，以手工混合采样与实验室分析为辅助手段的浓度监测与总量监测相结合的技术路线。

其指标与频次如下。

（1）水污染源监测

监测项目（5+X）：

pH、化学需氧量（或TOC①）、氨氮、油类、悬浮物和不同行业排放的特征污染物。

监测频次：

① 废水排放量≥5 000 t/d（吨每天）的污染源，安装水质自动在线监测仪连续自动监测，随时监控。

② 废水排放量为1 000～5 000 t/d的主要污染源，安装等比例自动采样器及测流装置，监测频率每天一次。

③ 废水排放量<1 000 t/d的污染源，每月监测3～5次，水质、水量同步监测。

④ 生产不稳定的污染源，监测频次视生产周期和排污情况而定。

（2）大气污染源监测

监测项目（4+X）：

烟（粉）尘、二氧化硫、氮氧化物、黑度和不同行业排放的特征污染物。

监测频次：

① 电厂锅炉安装烟气自动连续测试装置，随时监控。

② 单机热负荷>30 t/h（21 MW）的工业及采暖锅炉"十五"期间必须逐步安装烟气连续测试装置，随时监控。自动监测仪器安装前，工业锅炉每季度监测1次，采暖锅炉每个采暖期监测2次。

③ 单机热负荷为10～30 t/h（7～21 MW）的工业及采暖锅炉2010年年底前必须逐步安装烟气连续测试装置。自动监测仪器安装前，工业锅炉每年监测2次，采暖锅炉每个采暖期监测1次。

④ 单机热负荷<10 t/h（7 MW）的工业及采暖锅炉至少每年监测1次。

⑤ 所有炉、窑、灶全程监测烟气黑度，每年监测4次。

最后，其方式方法如下：

采用污染源在线自动监测系统的，原则上由企业负责安装和运行维护，环境保护行政主管部门组织认定和监督。具备监测能力并经环境保护行政主管部门认定的企业监测站，可自行监测上报数据，并接受环保监测部门的监督和审核，也可委托具有相应资质的环境监测站进行监测。

监测方法按照国家和行业排放标准，根据有关环境监测技术规范进行。有国家标准方法的，一律采用国家标准方法。自动监测系统要符合国家环境保护部颁布的污染源自动监测系统技术条件的要求并按规定进行质量检定、校验。

---

① TOC，Total Organic Carbon，总有机碳。

3）污染源监测方案的制订

根据监测任务来源和目的的不同，环境监测一般分为环境质量监视性监测、污染源监督性监测、建设项目竣工环境保护验收监测和环境影响评价监测、环境仲裁监测、研究性监测和其他服务性监测等，包括环境空气、环境水质、环境噪声、环境土壤质量监测和污染源水、气、噪声、固体废物等各要素的监测内容。

污染源监测是指为确定污染源产生和排放污染物性质、种类、浓度、数量、排放规律及其排放去向进行的监测，主要包括污染源排放废气、废水、噪声、固体废物等监测内容。污染源监测点位一般设置在污染源排放口或污染源周边，点位布设方法应符合污染源监测相关的技术规范，能全面反映污染源排放污染物的状况。

监测方案是实施监测工作的依据，制订一个科学合理且能够满足监测目的需求的监测方案，是保证监测质量的前提。监测方案质量管理的主要环节有：监测方案编制的工作程序和要求、监测方案编制内容的质量要求、监测方案的审核和修改。

监测项目、监测周期、监测频次和监测方法的确定如下。

监测项目可根据排放污染物种类和污染物控制管理要求，参照环境质量标准和污染物排放标准，有针对性地选择。

监测周期应覆盖环境中污染物和污染源排放污染物的变化周期，监测频次应符合相关监测技术规范要求。

监测方法应首先采用国家或行业标准采样和分析方法。对建设项目环保验收监测应优先使用国家或地方颁布的环境质量标准和污染物排放标准中规定的监测方法；对国内尚未建立标准方法的，可采用国外现行的标准分析方法；对目前尚未建立标准方法的污染物的测试，可参考国内外已成熟但未上升为标准的分析方法，但需加以验证。

监测方法的日常管理如下。

（1）方法的选用原则

① 首先选用国家标准分析方法（GB 和 GB/T）和环境保护部标准分析方法（HJ/T）。

② 其次选用环保行业统一的分析方法。统一分析方法主要有《水和废水监测分析方法》（第四版）（含增补版）、《空气和废气监测分析方法》（第四版）（含增补版）中的 B 法和 C 法及《土壤元素近代分析方法》等。

（2）方法的实时更新

实验室应随时跟踪国家标准分析方法和国外标准分析方法的修订、颁布和实施信息，及时了解和掌握新标准的更新动态。其中，新方法是指实验室检测能力范围以外的方法，包括标准方法、统一方法和自建方法。实验室按照质量管理体系中新方法建立的程序进行新方法的建立和内部确认，通过实验室资质认定、实验室认可等评审得到方法的外部确认。

4）监测控制指标的选取方法

监测控制指标的选取方法，需结合地表水环境质量标准和污水综合排放标准，对标准中的相关因子进行分析，研究各类指标的代表性，选择合理的指标进入总量控制过程，进行总量分配。

依据《地表水环境质量标准》（GB 3838—2002）和《污水综合排放标准》（GB 8978—1996）所涉及的污染物因子进行分类。水污染物因子的分类方法有多种，以污染物因子对人类和环境的影响方式分类可以较好地作为总量分配的依据，依此将污染物因子分为以下几类。

① 非污染物因子。水温、pH、色度、溶解氧、粪大肠菌群等是在水环境质量标准中衡量水质状况的因子，但并非直接表征某种污染物含量，因此在排放标准中不存在总量控制指标。

② 氧平衡性因子，如 COD、BOD、TOC 等。这些指标反映了水体受还原性物质污染的程度，是有机物相对含量的综合指标之一。这些指标之间有一定的相关性，一般可综合表征水体的有机污染状态，故常选择其中一种至多种作为总量控制指标。

③ 营养化因子。氮指标（总氮、氨氮、硝酸盐氮等）、磷指标（总磷）、叶绿素 a 等是引起水体富营养化的主要因子。一般来说，在水体中控制住氮、磷这两项指标即可控制住富营养化态势。

④ 毒理性因子。重金属、氰化物、砷、有机磷、难降解"三致"（致突变效应、致畸效应、致癌效应）有机物等物质对人体有毒害作用，且多数是由工业、企业污染排放而来，在水体中的存在具有特殊性，工业、企业存在其特征污染时需要加以控制。

⑤ 其他因子。悬浮物、氟化物、锌、石油类、阴离子表面活性剂、硫化物以及集中式生活饮用水、地表水源地标准中的各类高分子有机物，作为质量控制因子。但由于其多数不是对人体有毒的物质，且在水体中浓度较低，部分因子是由于工业、企业的存在而偶然存在的，故一般不作为总量控制因子。仅当某水域或企业存在某种特殊污染而产生这些因子时，方才加以总量控制。污染物总量控制指标体系如表1-6所示。

表 1-6　总量控制指标体系

指标	自然保护区	饮用水源保护区	渔业用水区	工业用水区	景观娱乐用水区		农业用水区	
					接触性	非接触性	食用作物	经济作物
COD	√	√	√	√	√	√	√	√
氨氮	√	√	√	√	√	√	√	√
石油类	√		√				√	√
氰化物	√	√	√		√			
As	√	√	√		√			
Hg		√	√				√	
Cr（Ⅵ）		√	√				√	
Pb		√	√				√	
Cd		√	√				√	
TN								
TP								

注：√表示在上述区域中该项污染物指标需要考虑。

（1）总量控制因子筛选原则

根据以上分类，可将各类污染物因子按其对环境影响的敏感程度进行分级。其中，毒理性因子对人体危害最大，当水体因此类因子超标时应首先加以控制；氟化物、硫化物等物质在超过一定浓度后也会产生严重的环境危害，应作为次优先控制因子；氧平衡性因子是总量控制的常规因子；其他因子可根据情况酌情作为总量控制因子。

优先次序如下：

毒理性因子>特殊污染因子>氧平衡性因子>其他因子。

在实际应用中，使用以下原则供筛选。

① 水体的功能决定选择何种控制因子，如饮用水水源地和渔业用水、农灌用水及湖泊水体等可能需要引入营养化因子。

② 选择对水体具有一定强度以上贡献率，能够反映流域或区域污染水平的因子作为控制因子，即污染物排放量贡献率和水质贡献率都足够大。其中毒理性因子可仅考虑水质贡献率而定，如湘江的有色金属和重金属污染对水质的危害已足以将相关指标作为总量控制因子。

③ 同样的水质条件下，选择对自然界中人体、动植物、土壤等具有较大危害的因子作为控制因子。如当 COD 和汞皆超标 10 倍以上时，首先选择汞作为控制因子。

④ 选择被收入在《地表水环境质量标准》（GB 3838—2002）、《污水综合排放标准》（GB 8978—1996）之内的因子。无标准的因子暂时无法进行水质评价和污染物排放量评估。

⑤ 选择具有可靠的监测计量手段和在线监控方法的控制因子。

⑥ 选择具有切实可行的污染控制和削减措施的控制因子。

（2）我国总量控制因子筛选分析

根据中国环境监测总站 1995—2004 年全国环境质量变化趋势分析报告，全国各流域仍以有机污染为主，COD、BOD、高锰酸盐指数、氨氮、总氮、总磷、石油类等指标是主要超标因子。"三湖"（太湖、巢湖、滇池）主要污染指标是总氮和 COD。故氧平衡性因子、氮（总氮、氨氮）、磷、石油类等仍是我国目前水污染控制的首要因子。

我国对 COD、BOD_5、高锰酸盐指数、总磷、氨氮等指标均制定了环境监测方法标准和监测样品标准，是保证监测方法、监测结果准确的重要依据。对国控断面按月进行监测，监测指标包括 COD、高锰酸盐指数、BOD_5、氨氮、石油类、总氮、总磷、汞、铅、铜、锌、氟、硒、铬（六价）、锡、氰化物、挥发酚等指标。全国主要水系的 82 个自动监测断面可以监测水温、pH、浊度、溶解氧、电导率、高锰酸盐指数、氨氮和总有机碳 8 项指标。

（3）总量控制指标的建议

建议将总量控制基础指标体系由 COD、石油类、氨氮、氰化物、As、Hg、Cr（Ⅵ）、Pb、Cd、总氮和总磷 11 项指标来构成，分别涵盖了常规有机物污染物（COD、石油类、氨氮）、有毒污染物（氰化物、As）、重金属污染物（Hg、Cr（Ⅵ）、Pb、Cd）和营养水平指标（总氮、总磷）等主要类别。基础指标被分为必控指标和选控指标两类，其中必控指标主要依据不同水体的水环境功能和污染特征确定，具体方法如下。

① 自然保护区：从有效维持自然水体自净能力和自然景观，避免对水生生物产生毒害作用的需求出发，确定 COD、氨氮、石油类、氰化物、As 为必控指标。

② 饮用水源保护区：从维护人体健康需求与给水处理适用技术出发，确定 COD、氨氮、氰化物、As、Hg、Cr（Ⅵ）、Pb 和 Cd 为必控指标。

③ 渔业用水区：主要考虑石油类、氰化物、As 等对鱼类生长的有毒、有害作用以及重金属在食物链中的富集作用，确定 COD、氨氮、石油类、氰化物、As、Hg、Cr（Ⅵ）、Pb 和 Cd 为必控指标。

④ 工业用水区：确定 COD、氨氮为必控指标。

⑤ 景观娱乐用水区：主要考虑景观需求以及人体接触的毒害作用，对于接触性景观娱乐用水确定 COD、氨氮、氰化物、As 为必控指标；对于非接触性景观娱乐用水确定 COD、

氨氮为必控指标。

⑥ 农业用水区：主要考虑石油类对农作物呼吸作用的影响以及重金属在食物链中的富集作用，对于食用作物确定 COD、氨氮、石油类、Hg、Cr（Ⅵ）、Pb 和 Cd 为必控指标；对于经济作物确定 COD、氨氮、石油类为必控指标。

此外，为有效保护生态系统和景观环境，还应根据污染物的受纳水体类型确定必控指标。在受纳水体为河流时，总氮、总磷为选控指标；而当受纳水体为湖泊、水库、封闭性海湾等易发生富营养化的水体时，总氮、总磷则为必控指标。

5）国家重点监控企业污染源监测

环境保护部于 2012 年 2 月 6 日印发的《2012 年全国环境工作要点》（环发〔2012〕22 号）规定，国家重点监控企业污染源监督性监测任务和国家重点监控企业重金属监督性监测任务。

（1）监测范围

环境保护部印发的《2012 年国家重点监控企业名单》要求，直排海污染源监测按照总站准发的直排海污染源监测要求开展工作。

（2）监测内容

污染物排放状况监测：

国控企业污染源废水、废气污染物排放浓度及流量，废气无组织排放浓度。

自动监测设备比对监测：

对已通过环保部门验收的污染源自动监测设备，在进行污染物排放状况监督性监测同时开展比对监测。比对监测的内容执行《国家重点监控企业污染源自动监测数据有效性审核办法》（环发〔2009〕88 号）和《关于印发〈污染源自动监测设备比对监测技术规定（试行）〉的通知》（总站统字〔2010〕192 号）。

（3）监测项目

废水监测项目：

企业执行行业或地方排放标准的，按照行业或地方排放标准以及该企业环评报告书的规定确定监测项目；企业执行综合排放标准的，按照《地表水和污水监测技术规范》（HJ/T 91—2002）中表 6-2 所列项目和该企业环评报告书及批复的要求确定监测项目；城镇污水处理厂的监测项目执行《城镇污水处理厂污染物排放标准》（GB 19918—2002）（表 1 和表 2 的19 项为必测项目，表 3 项目为选测项目）。

废水监测项目均包括废水流量，对污水处理厂以及 COD、氨氮重点总量减排环保工程及纳入年度减排计划的重点项目，要同时监测 COD、氨氮等的去除效率。

废气监测项目：

企业执行行业或地方排放标准的，按照行业或地方排放标准以及该企业环评报告书及批复的规定确定监测项目；企业执行综合排放标准的，参照《建设项目环境保护设施竣工验收监测技术要求（试行）》（环发〔2000〕38 号）附录二和该企业环评报告书。

废气监测项目均包括流量、二氧化硫、氮氧化物总量减排重点环保工程设施，同时监测二氧化硫、氮氧化物等的去除效率。

（4）监测时间和频次

污染物排放监测应每季度至少 1 次，自动监测设备的比对监测应每季度 1 次，季节性生产企业生产期间至少每月监测 1 次。

每次监测时，污染物排放监测每个测点监测一天（连续生产企业）或一个生产周期（间歇性生产企业）。废水监测4~6次，在一天或一个生产周期内等时间间隔采样，获得各监测项目的日均浓度和日累计废水排放量。废气监测3次，获得各监测项目的小时平均浓度和小时废气排放量。每次比对监测的监测次数按照《污染源自动监测设备比对监测技术规定（试行）》（总站统字〔2010〕192号）执行。

（5）质量保证

① 按照《地表水和污水监测技术规范》（HJ/T 91—2002）、《水污染物排放总量监测技术规范》（HJ/T 92—2002）、《固定源废气监测技术规范》（HJ/T 397—2007）、《固定污染源监测质量控制和质量保证技术规范》（HJ/T 373—2007）的要求，对污染源监测的全过程进行质量控制和质量保证。按照《污染源自动监测设备比对监测技术规定（试行）》（总站统字〔2010〕192号）、《固定污染源烟气排放连续监测技术规范（试行）》（HJ/T 75—2007）等污染源自动监测技术规范（规定）的要求进行自动监测设备比对监测。

② 监测工作应该在稳定的生产状况下进行，监测期间应有专人负责监督并记录工况。每季度结束后，调查所监测企业的季度生产情况和平均工况，调查区间为上个季度第三个月11日起至本季度第三个月10日止。

③ 应严格按照污染物排放标准及国家环境保护监测分析方法标准开展监测。

④ 各省级监测站按照《关于印发〈国控重点污染源监测质量核查办法（试行）〉的通知》（总站统字〔2010〕191号）开展污染源监测质量核查监测。

1.2.3　铁路环境监测

1. 铁路环境监测作用

环境监测是环保管理最为重要的基础性和前沿性工作，是铁路环保管理工作中的重要组成部分，它既是环境管理工作的重要手段，又是量化反映环境管理水平的"标尺"。环境监测数据能够及时掌握排污状况和变化趋势，也是环保统计、排污申报核定、排污费征收、环境执法、目标责任考核的依据。上级领导对环境污染源的投资治理、监督管理决策都离不开环境监测基础数据的支持，每一项环境管理措施的优劣成败都要依靠环境监测来验证。因此，环境管理必须依靠环境监测，环境监测也必须为环境管理服务。

铁路环境监测工作主要分为三类。一是常规监督性监测。铁路环境监测站通过履行地区性的监测、监督和技术指导职责，定期向各服务单位和路局上报监测简报，为环保统计和管理提供基础信息和技术依据。二是应急监测。铁路环境监测站制定突发环境污染事故应急监测办法，定期实行应急监测演练，积极应对突发事件的监测工作。三是调查监测。随着铁路沿线居民对噪声、振动、辐射等问题投诉的持续增加，现场的环境调查评估监测任务也与日俱增，各环境监测站通过调查监测，分析评估铁路噪声对环境敏感点的影响情况，为妥善处理铁路噪声的投诉提供必要的依据。

环境监测是量化考核站段环保工作的重要环节，目前各铁路局对各环保重点单位实行环保目标责任状制度。考核制度中明确对环保主要污染指标实行总量和浓度控制，对于未能达到"达标排放"的单位给予年度考核。通过定期环境监测不但能有效掌控各单位主要污染物的排放规律，同时也能不断促进各单位在生产过程中注重污染预防，找到影响污染物排放浓度的关键环节，确保过程控制，从而实现达标排放。

铁路环境监测的基本任务是：开展铁路环境质量、污染源监测以及突发环境污染事故的应急监测，分析评价铁路环境质量；掌握铁路污染物来源、影响及变化趋势，为制定环保规划、开展污染防治、实施环境管理提供技术依据；为铁路环保执法提供技术监督，并为铁路环境保护和铁路建设环境保护管理提供技术服务。

铁路运输企业环境监测包括废水、废气、噪声、废渣等项目，铁路行业工业废水中污染物主要是按化学需氧量、石油类、氨氮、悬浮物、挥发酚等进行监测。铁路运输企业废气来源主要是一蒸吨及以上锅炉，包括燃料燃烧过程中二氧化硫排放量、烟尘排放量及钢轨焊接厂等粉尘排放量。

2. 铁路主要污染物排放监测现状

目前，铁路行业只对排放量较多的废水和废气污染物进行定期监测，噪声监测则是按需进行。污染物监测按监测对象不同，可分为污染物排放量的监测和指标浓度的监测；按监测技术划分，可分为人工、半自动化和自动化在线监测三种方式。

能够反映铁路行业污染物排放特征的主要是机车运转中造成的环境噪声，各部门工业废水和生活污水中化学需氧量、石油类、氨氮、悬浮物、挥发酚等指标，各部门使用锅炉，燃料燃烧过程中二氧化硫排放量、氮氧化物排放量、烟尘排放量及钢轨焊接厂粉尘排放量等。由于环境保护实行属地化管理，2012 年铁路各单位所在地已要求将氨氮和氮氧化物列入总量控制管理体系。

（1）铁路废水监测技术

废水指标浓度的监测采用人工定期采样方式，采样后按照国标使用化学方法检测。不同类型站段废水的检测指标及污染物的测定方法如表 1-7、表 1-8 所示，不同单位的人工定期采样时间、采样频率、采样地点也不同。

表 1-7　不同类型站段废水检测指标

站段类型	废水检测指标
机务、车辆系统	COD、石油类、pH 值、SS
旅行服务公司（洗衣厂）	pH 值、SS、COD$_{Cr}$、LAS
疗养院	pH 值、SS、COD$_{Cr}$、氨氮
货车洗刷所	pH 值、SS、COD$_{Cr}$、BOD$_5$、氨氮、铬、总磷、硫化物

表 1-8　废水中检测指标测定方法

污染物名称	符号	测定方法
化学需氧量	COD$_{Cr}$	水质　化学需氧量的测定　重铬酸盐法（GB 11914—1989）
悬浮物	SS	水质　悬浮物的测定　重量法（GB 11901—1989）
pH 值		水质　pH 值的测定　玻璃电极法（GB 6920—1986）
五日生化需氧量	BOD$_5$	水质　五日生化需氧量的测定　稀释与接种法（GB 7488—1987）
氨氮	NH$_3$-N	水质　氨氮测定　纳氏试剂比色法（GB 7479—1987）
阴离子表面活性剂	LAS	水质　阴离子表面活性剂的测定　亚甲蓝分光光度法（GB 7494—1987）

沈阳环保监测站废水监测人工定期采样时间为正常工作时间，采样频率为半年或一年一次，采样地点为废水总排放口。上海铁路局废水监测人工定期采样时间为正常工作时间，采

样频率为两个月一次，采样地点为处理前集水口和处理后排放口。

废水流量测量则采用半自动流量计，但每天需人工读取数据并记录，根据记录数据进行统计分析。上海铁路局机务段中水流量计只是简单记录并显示中水流量，没有远程传输和数据处理功能，因此每天需人工读取数据并整理。

（2）典型站段废气监测技术

铁路典型站段废气指标浓度的监测主要采用人工定期采样方式，针对新投入运营的大吨位集中供热锅炉房则采用在线监测方式。废气污染物检测指标包括烟尘、烟气中二氧化硫、烟尘黑度，指标的测定方法如表 1-9 所示。

表 1-9　废气中检测指标测定方法

污染物名称	符号	测定方法
烟尘	C	锅炉烟尘测试方法（GB 5468—1991）
烟气中二氧化硫	SO_2	固定污染源排气中 SO_2 的测定　定电位电解法（HJ/T 57—2000）
林格曼黑度		固定污染源排放烟气黑度的测定　林格曼烟气黑度图法（HJ/T 398—2007）

根据调研的实际情况，结合国家环保部对不同生产企业的要求，真实反映铁路企业环境污染状况，提出环境监测站监测因子和监测频次的建议。

3. 铁路主要污染物监测控制因子筛选分析

污染减排是改善环境质量，解决区域性环境问题的重要手段。总量控制是指以控制一定时段内、一定区域内排污单位排放污染物总量为核心的环境管理方法体系。1996 年起，我国对 12 种污染物实行全国总量控制，它们包括：COD、石油类、氰化物、砷、汞、铅、镉、铬（六价）、二氧化硫、烟尘、工业粉尘、工业固废。国家"十二五"规划要求二氧化硫排放量减排 8%，化学需氧量排放量减排 8%，氨氮排放量减排 10%，氮氧化物排放量减排 10%，均为约束性指标。铁道部自 2001 年起将石油类、COD、烟尘、二氧化硫等污染物排放量指标纳入年度计划，加大了对污染物排放量控制的管理，组织开展铁路运输企业环境污染物总量控制技术与应用研究，编制相关的管理办法，为今后在全路正式开展污染物排放总量控制考核奠定了基础。

根据调研的实际情况，结合国家环保部对不同生产企业的要求，真实反映铁路企业环境污染状况，综合考虑环境质量状况、污染治理现状、环境容量等因素，提出以石油类、COD_{Cr}、氨氮、BOD_5、LAS、P、二氧化硫、氮氧化物、烟尘等组成具有铁路行业特征的污染物控制评价指标体系，并提出环境监测站监测因子和监测频次的建议。

（1）水污染源监测项目（5+X）

pH、化学需氧量（或 TOC）、氨氮、石油类（或动植物油类）、悬浮物和不同行业排放的特征污染物。

（2）大气污染源监测项目（4+X）

烟（粉）尘、二氧化硫、氮氧化物、林格曼黑度和不同行业排放的特征污染物。

铁路企业及环境监测站监测项目、监测因子和频次的建议见表 1-10 和表 1-11。根据铁路企业生产作业污染源性质，在工业废水监测频次每季一次的基础上，增加一次总排口监测，监测因子包括 BOD_5、LAS、镉、挥发酚、铬（六价）、铬、铅、锌、铜、汞、色度、水温、浊度、溶解氧、高锰酸盐指数等项目；生活污水增加总磷、LAS、色度、水温、浊度、溶解氧、挥发酚、BOD$_5$、总余氯、粪大肠菌群等项目；锅炉烟（气）尘浓度增加林格曼黑度项目。噪声、振动监测主要为铁路沿线敏感点的测试和居民投诉监测。

表 1-10　铁路企业废水监测项目

类型	必测项目	选测项目
货车洗刷和洗车	pH、COD、悬浮物、石油类、挥发酚	BOD$_5$、重金属、总氮、总磷
宾馆、饭店、游乐场所及公共服务业	pH、COD、悬浮物、动植物油类、挥发酚、阴离子洗涤剂、氨氮、总氮、总磷	BOD$_5$、粪大肠菌群、总有机碳、硫化物
生活污水	pH、COD、悬浮物、动植物油类、挥发酚、总氮、氨氮、总磷、重金属	BOD$_5$、氯化物

表 1-11　环境监测站监测因子和频次建议

监测频次					监测因子				
工业废水	生活污水	工业废气	锅炉废气	噪声、振动	工业废水	生活污水	工业废气	锅炉废气	噪声、振动
1次/季	1次/季	2次/年	1次/季	2次/年	pH、COD、SS、石油类、氨氮	pH、COD、SS、氨氮、动植物油	根据所测单位实际情况而定	NO$_x$、SO$_2$、烟尘浓度	平均等效声级、铅直Z振级

各类污染源、污染物在其对应的国家行业排放标准中有规定的，或污染物综合排放标准中相应的控制项目明确规定了工艺过程和行业的，按规定进行监测。

未明确规定的，根据污染源特点和排放情况从上述项目中确定主要的监测因子。各路局可根据本地区产业结构特点和污染源监测需要，按照污染源行业和工艺特点，适当增加工艺性特征污染物监测项目。废水项目按照《地表水和污水监测技术规程》（HJ/T 91—2002）选择，废气项目参照《建设项目环境保护设施竣工验收监测技术要求（试行）》（国家环保总局环发〔2008〕38 号文附件）选择。

重金属类（Hg、Cd、Pb）和 As、P 监测项目，是指未过滤水样中的总浓度，Cr（或Cr^{6+}）、总氰化物（或氰化物）按照排放标准规定的控制项目分别监测。各类污染源因子环境监测信息汇总如表 1-12 所示。

表 1-12　污染源因子环境监测信息汇总

因子	监测分析方法	方法来源	检出限（未注明单位的为 mg/L）	仪器型号
pH	玻璃电极法	GB/T 6920—1986	0.01	PHS-3C
SS	重量法	GB/T 11901—1989	4	SARTORIUS
COD$_{Cr}$	重铬酸钾法	GB/T 11914—1989	10	
BOD$_5$	稀释与接种法	HJ 505—2009	2	YSI52
石油类	红外光度法	GB/T 16488—1996	0.1	IR-200A
动植物油	红外光度法	GB/T 16488—1996	0.1	IR-200A
氨氮	纳氏试剂分光光度法	GB/T 7479—1987	0.025	T6 型分光光度计
总磷	钼酸铵分光光度法	GB/T 11893—1989	0.01	T6 型分光光度计
氟化物	离子选择电极法	GB/T 7484—1987	0.05	AFS-930

因子	监测分析方法	方法来源	检出限（未注明单位的为 mg/L）	仪器型号
LAS	亚甲蓝分光光度法	GB/T 7494—1987	0.05	T6 型分光光度计
总汞	冷原子荧光法	GB/T 7468—1987	0.000 01	AFS-930
总砷	二乙氨基二硫代甲酸银分光光度法	GB/T 7485—1987	0.000 5	AFS-930
总铅	火焰原子吸收光度法	GB/T 7485—1987	0.2	WFX-130A
总铬	火焰原子吸收光度法	GB/T 7485—1987	0.05	WFX-130A
液体流量	采样方案设计技术规定	GB/T 12998—1991		
烟尘	固定污染源排气中颗粒物和气态污染物采样方法	GB/T 16157—1996	3.0 mg/m^3	崂应 3012H
二氧化硫	定电位电解法	HJ/T 57—2000	14 mg/m^3	KM9106
氮氧化物	定电位电解法	HJ/ 693—2014	10 mg/m^3	KM9106
烟气黑度	林格曼烟气黑度法	HJ/T 398—2007	0.5 级	
厂界噪声	工业企业厂界环境噪声排放标准	GB 12348—2008		
敏感点环境噪声	声环境质量标准	GB 3096—2008		
无组织废气颗粒物	重量法	GB/T 15432—1995	0.001 mg/m^3	KC-120H 智能中流量器
废气流量	固定源废气监测技术规范	HJ/T 397—2007		

1.2.4　铁路环境监测质量管理

环境监测质量保证和质量控制技术是保证环境监测数据具有代表性、准确性、精密性、可比性和完整性的重要基础，是环境监测工作的重要组成部分。

进入 21 世纪初，环境监测质量管理在原有从主要监测环节实施质控措施的基础上更加强调和注重监测质量管理的系统性、全面性，是监测全程序的质量管理与要求，各级环境监测机构也正是按照全程序质量管理的理念来实施环境监测的行为。

1. 环境质量

铁路环境质量，以"职工—运输—环境"系统为对象，研究运输经济和生产状态对环境质量的影响，以及环境质量的变化对职工健康和运输经济的反作用（环境质量恶化造成的损害等）。所以，这里所说的环境质量是指"环境活动"范围的环境质量，包括自然环境质量与运输环境质量。

自然环境由生物和非生物两部分组成。为了便于在环境质量管理中对自然环境进行研究，将其划分出大气环境质量、水环境质量及土地环境质量（土地及生物）。在铁路环保工作中也要按照环境性质划分出物理环境质量管理、化学环境质量管理及生物环境质量管理。

铁路运输环境质量，包括经济环境质量、文化环境质量、服务环境质量以及各站段、绿色通道的环境质量，在研究时可用量度、考核、总量控制的方法来提高铁路环境质量。

铁路各相关单位及路局，应对其自然环境质量和运输环境质量进行综合评价，得出一个总的结论。所以，单位或路局环境质量的总体表现就是综合环境质量。

2. 环境质量管理

环境质量管理按性质或环境要素可分为自然环境质量管理、社会质量环境管理及综合环境质量管理。

根据铁路运输的特征，可按照环境要素，将自然环境质量管理分为单要素（大气、水、噪声、土地）环境质量管理及综合环境质量管理。

环境质量的研究内容及工作内容是很广泛的，主要包括以下几个方面。

（1）环境指标体系

任何质量管理都需要首先解决"标准"问题，并建立起恰当的指标体系，否则质量评价、考核、管理便无法进行。

（2）环境质量标准

环境质量标准是环境管理的依据。它是从保护职工健康，促进生产运输良性循环出发，为获得最佳可行的环境效益与经济效益，在综合研究的基础上制定的技术准则，需全路共同遵守并赋予法律效力。化学环境质量标准规定了化学污染物在环境中的允许含量；物理环境质量标准规定了物理污染物在环境中的允许范围；生物环境质量标准现在研究的还很不够，只限于规定了生物污染物在环境中（水体、土地）的允许范围。至于铁路环境质量方面的研究则更加不足，尚缺乏具体的、统一的标准。为保证铁路环境质量标准的实现，还需要制定污染物排放标准、产品和工艺排污控制指标等。

为了有效地进行环境质量管理，维护一定的环境质量，应将各种环境标准，按其性质、功能和适用范围，全面规划、分类、分工从而形成一个科学的、符合铁路实际的环境标准体系。总结多年来的铁路环境工作经验，全路应建立起自己的环境标准体系。

（3）环境质量监控

环境质量监控是环境质量管理的主要环节，它包括区域环境质量监控和污染源监控，及污染事故监测分析。

对铁路而言，监控的主要目的是对区域性的大气、水、土壤等环境质量有所了解，在对噪声进行质量研究的基础上，监测、检测代表环境质量的各种数据，其中包括布点、采样、控测分析、数据处理等各个环节。依靠建立的监测网（最好是自动监测系统，主要靠各个监测局之间的协调合作），及时分析处理监测数据，掌握环境质量的现状及变化趋势。所谓控制，就是根据掌握的环境质量状况及趋势及时将信息反馈并发出警报和预报。

（4）污染源控制

在污染源和噪声污染源中，对沿线各站的固定烧煤锅炉污染源只做过一些不定期的调查和监测，还没有建立起环境质量控制指标和监控系统。

控制污染源主要问题是确定控制标准，一是国家的排放标准，二是区域环境控制标准，三是铁道部总量控制标准，也就是说应能完成"十二五"规划的目标标准。

（5）污染事故监测分析

污染事故监测分析即进行应急监测，确立各种紧急情况下的污染程度和范围，并检查分析原因，采取应急措施，为避免事故再次发生提供依据。

3. 环境质量监测评价

为了说明环境质量状况，使各局、站、段的环境质量以及同一地区不同时期的环境质量具有可比性，需要进行环境质量监测评价。

（1）先进性单要素的环境质量评价

为了反映及监测大气污染状况，可以选择烟尘、二氧化硫、氮氧化物三个评价参数。

（2）环境质量综合评价

在单要素（或单因素）环境质量评价的基础上，可以进行环境质量综合评价，如铁路局环境质量的综合指数，即可根据大气、水等要素的环境质量指数求出，然后划分等级。

（3）编写环境质量报告书

编写环境质量报告书是环境管理的主要内容。这是在大量环境调查、环境监测、环境质量检测评价等工作的基础上，所编写的反映环境质量现状、分析发展趋势、提出改善环境质量对策的文件。这是各级环境部门的一项重要任务（一次必要的环保总结）并以此来提高基层环保管理水平。

（4）环境质量报告书的作用

一是有利于弄清本区域的环境质量状况，为完成区域环境标准，制订污染源综合防治规划及开展环境科学技术研究提供依据。

二是有利于上级主管部门了解环境质量状况，有利于促进建立环保责任制，完善环保责任书性能，并将环保工作纳入议事日程。

三是通过报告书能够对监测评价结果进行分析，对应采取的环保政策的实施效果进行总结，并针对现在的问题提出新的方案。

四是为制订环保技术政策和下一年工作方针提供依据。

（5）环境质量报告书的编报原则

一是着眼于"职工—环境—生产—清洁—总量—控制"系统，从环境整体出发，以"生态—运输—绿色通道"理论为指导，正确分析运输生产、发展经济与环境质量的关系，不要局限于"三废"（废气、废水、废渣）、"三同时"（环保设施和主体工程同时设计、同时施工、同时投入使用）。尽管监测数据主要是污染源数据，但分析问题不能片面，要全面展开。

二是基本数据汇总，阐述本区域的环境特征，车辆部门和机务部门是不同的，要有针对性，要为上下级主管部门分析环境问题提供依据。

三是分析问题要抓住主要矛盾，要有预见性。首先要对主要问题的危害（损失）和产生原因做出比较准确的回答；其次对环境质量变化趋势要有预测分析；最后针对主要环境问题要提出恰当的对策。

4. 环境监测质量管理体系

1）管理体系的建立与运行

对于环境监测实验室来说，监测报告是其产品，而影响监测报告的要素有很多，如人员、设备、抽样、样品处置、环境条件、量值溯源、监测方法等。为了保证监测报告的质量，要以整体优化的要求处理好监测实施过程中各项要素间的协调与配合，这就需要进行质量管理。

管理体系包含硬件部分和软件部分，两者缺一不可。首先，一个实验室必须具备相应的监测条件，包括必要且符合要求的仪器设备、实验场所、办公设施、合格的监测人员等资源。然后通过与其相适应的组织机构，分析确定各监测工作的过程，分配协调各项监测工作的职责和接口，确定监测工作的程序及监测依据方法。通过体系文件（程序）的编制给出各项监测过程的工作流程和方法，使各项监测工作能够经济、有效、协调地进行，成为一个有机整体进而成为实验室的管理体系。

（1）管理体系的特性

组织机构是指实验室为实施其职能按一定格局设置的组织单元（部门），明确各组织单元（部门）的职责范围、隶属关系和相互联系方法，是其完成质量方针及目标的组织保证。管理体系要素职能分配表，是将监测实现过程各阶段的质量功能落实到相关领导、部门和人员身上，做到各项与质量有关的工作都能事事有人管，项项有部门负责。职能分配表在分配职能时应与体系文件中对岗位职责的规定保持一致，至少需要三个层次，分别为决策领导职能、执行职能、协同配合和监督职能。某环境监测站管理体系要素职能分配见表1–13。

表1–13　某环境监测站管理体系要素职能分配

		最高管理者	技术负责人	质量负责人	质量管理室	综合口业务室	水环境监测室	大气物理监测室	仪器分析室	生物生态监测室	技术室	办公室	内审员	监督员	授权签字人
管理要求	组织	●	■	■	▲							▲	▲	▲	
	管理体系	●	■	■	▲	▲	▲	▲	▲	▲		▲	▲	▲	
	文件控制		■	●	▲	▲	▲	▲	▲	▲		▲			
	分包		●	▲		■	▲	▲	▲	▲					
	服务和供应品采购		●	▲	■	▲	▲	▲	▲	▲		■			
	合同评审		●	▲		■	▲	▲	▲	▲					
	申诉和投诉			●	■	■	▲	▲	▲	▲				▲	
	纠正措施、预防措施和改进	●	■	■	▲	▲	▲	▲	▲	▲		▲		▲	
	记录		■	●	▲	▲	▲	▲	▲	▲		▲	▲		▲
	内部审核		▲	▲	■	▲	▲	▲	▲	▲			■	▲	
	管理评审	●	■	■	▲	▲	▲	▲	▲	▲			▲		
技术要求	人员		●			▲	▲	▲	▲	▲	■	▲		▲	
	设施和环境条件		●			▲	▲	▲	▲	▲	■	▲		▲	
	监测方法与方法的确认		●			▲	▲	▲	▲	■					
	仪器和设备		●			▲	▲	▲	▲	▲	■				
	量值溯源		●			▲	▲	▲	▲	▲	▲				
	采样和样品管理		●			▲	■	■	■	■		▲			
	监测结果的质量保证		●			▲	▲	▲	▲	▲				▲	▲
	监测报告		●			▲	■	■	■	■	■				●

图解：●——负责决策；■——负责组织实施；▲——参加实施。

（2）管理体系文件

环境监测管理体系文件的层次一般为四个层次，包括质量手册、程序文件、作业指导书及记录报告。

质量手册是第一层次文件，是一个将实验室资质认定评审准则转化为本实验室具体要求的纲领性文件。程序文件是第二层次文件，是为实施质量管理和技术活动的文件。作业指导书是第三层次文件，属于技术程序，它是指导、开展监测更为详细的文件，是为第一线业务人员所使用的。记录报告是第四层次文件，是管理体系有效运行的证实性文件。不同层次文件的作用各不相同，要求上下层次间相互衔接，不能矛盾。上层次文件应附有下层次支持文件的目录，下层次文件应比上层次文件更具体，更易操作。

　　2）监测全过程管理

　　环境监测项目管理是一种以环境监测质量、效率为中心，对环境监测项目整体进行的全过程、科学的管理。

　　污染源监测点位按照相关监测技术规范布设后，应通过污染源单位的认可，并报环境保护行政主管部门备案。

　　监测方法是环境监测工作的技术依据，正确的选择和应用监测方法是对环境监测人员和监测机构的基本要求。

　　（1）监测能力管理

　　监测能力是指检测机构经资质认定或实验室认可确认的具备相关能力的检测项目或参数，其体现了实验室环境监测硬件、软件能力水平的总和，主要包括人（监测人员）、机（仪器及设备）、料（试剂及材料）、法（监测方法）、环（设施及环境条件）、测（测量的溯源性）等要素。要形成某个项目的监测能力，除上述要素需符合相应的要求外，还应将其有机组合，按照质量体系要求运行，确保出具符合质量要求的监测数据。

　　（2）监测能力的持续保持

　　① 实验室通过不断完善质量体系，加强内部制度建设和执行，加强人员培训和考核，加强监测全过程的质量监督来保持实验室监测能力。

　　② 实验室每年的内审和管理评审都是评价监测能力持续保持情况的重要方式。

　　③ 通过参加质控考核、实验室间比对、能力验证等活动，来促进监测能力的持续保持。

　　（3）监测能力的扩项

　　实验室可以通过实验室资质认定（计量认证）、实验室认可等方法来扩充监测能力。

　　3）监测质量保证

　　监测质量保证和质量控制措施的确定应根据监测对象和监测项目制订监测全程序的质量保证计划和质量控制措施，质量保证和质量控制措施应包括对监测人员的要求，并涵盖采样、现场测试、样品保存运输、实验室分析、数据处理和结果报告等监测全过程，以符合相关技术规范要求。

　　质量控制措施包括实验室内部控制和外部控制两种方式，既要有精密度控制，又要有准确度控制。质量控制措施包括全程序空白和实验室空白测定、现场平行样和实验室平行样测定、标准样品测定、加标回收率测定、仪器间比对和实验室间比对等。质量控制措施可根据具体监测目的和监测性质进行选择，监测数据的质控率应不低于 10% ～20%。

　　监测报告质量保证应包括监测报告编制内容的质量要求、报告审核和报告修改环节。

　　监测报告分为监测数据报告和监测文字报告。监测数据报告一般仅给出监测数据结果，监测文字报告则要对监测结果做出全面的分析和评价。

　　监测数据报告应严格执行三级审核制度，审核内容包括：监测内容是否符合监测方案要求，监测方法是否现行有效，监测全过程是否符合相关技术规范，监测数据与原始记录是否一致，报告内容的完整性、准确性、规范性和数据的合理性是否符合要求等。

报告中应分别列出废水、废气、噪声、固体废物等监测结果和统计结果，对应执行标准、设计指标和参考标准进行达标评价和达标率分析，出现超标或不符合设计指标要求时应给出原因分析。对危险废物，应说明其处理、处置方式，并附接收单位的资质情况、双方的合同、危险废物转移联单等。环保行政管理部门对污染物排放总量有明确要求的，应根据各排污口的流量和污染物浓度，计算污染物年排放量和单位产品污染物排放量。

1.2.5 环境应急监测

应急监测方案是指在突发环境污染事故后，相关部门需要采取应急监测查明环境污染情况和污染范围。由环境监测部门编制的，有目的、有计划地用于指导监测工作有序开展的实施方案，是应急监测工作的重要环节，是对监测过程和方法做出详细规定的指导大纲。各级环境监测站在开展应急监测工作时，按照《突发环境事件应急监测技术规范》（HJ 589—2010）和应急监测预案的要求，应编制监测方案，按照方案开展应急监测工作。编制方案的基本思路应准确，编制过程要迅速，方案内容要能够有效地指导监测工作。方案中有关监测项目选择、布点、采样、现场监测、监测方法等各项技术环节依据《突发环境事件应急监测技术规范》，污染状况评价依据污染物排放国家标准、地方标准、环境质量标准及各类污染控制标准。

初步监测方案内容应包括监测断面（点位）、监测因子、监测方法和监测频次。初步监测方案的监测断面（点位）布设应重视对事故源、控制点和敏感点的布设。事故点的监测便于迅速确定污染物的种类和浓度，敏感点周围的监测便于相关部门采取有效的防范措施。监测因子应选择造成污染的主要化合物。如果事先不知道污染物的种类，则应根据事故现象初步判断确定一个大致的污染物类型。如图1-5所示为突发环境污染事故应急处置示意图。

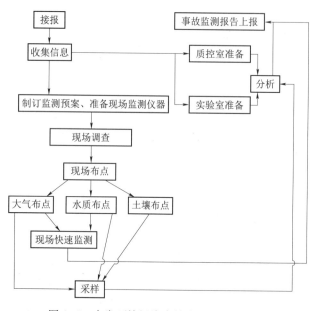

图1-5 突发环境污染事故应急处置示意图

监测中采取定性监测确定污染物种类。选择方法时应选择快速现场定性和定量方法。

总体方案是为全面开展应急监测制订的较为完整的方案，其在初步方案的基础上进行完善，应包括监测目的、监测内容（因子及频次）、执行标准、质量保证（分析方法、质保措施）及数据报送的要求等内容。

突发性事故引发环境污染事件应急监测方案主要如下。

根据事故发生的原因、主要污染物性质、发生的方式、事故表现形式等，将突发环境污染事故分为有毒有害物质污染事故、溢油污染事故、废水非正常排放污染事故、爆炸污染事故、放射性污染事故、剧毒农药污染事故等。

对于突发事故引发环境污染的应急监测方案，重在快速，还要兼顾多种类型的污染，在监测过程中应依据污染变化随时调整方案，为事故处置及时地提供技术支持。监测方案的编制要点在于：① 通过信息收集或现场快速分析尽快确定已知、未知污染物的类型和浓度范围；② 确认污染物的迁移、扩散途径，初步确定受污染的受体和范围；③ 依据监测技术规范布设监测点位，要注意点位的代表性和可行性；④ 依据污染事故的严重程度、污染阶段和污染受体确定合理的监测频次；⑤ 依据监测能力要素确定具体的监测方法和质控手段；⑥ 制订快速数据报告的形式、报送时间以及报送途径。

1.3　铁路主要污染物排放浓度的分布规律研究

1.3.1　研究方法

为确保铁路主要污染物排放指标考核能正常有序的实施，在课题研究中建立了一套科学适用的（有效的）、透明的、可操作的铁路主要污染物排放数据分布规律研究的统计分析方法及模式。

对铁路主要污染物排放的分析工作利用了铁道部计统中心《铁道节能环保统计信息系统》及铁路统计简报中的大量数据，以 SPSS 20.0（SPSS, Statistical Product and Service Solutions，"统计产品与服务解决方案"软件）为软件工具，运用统计分析中的描述性统计、聚类分析、非参数检验、相关分析、回归分析等方法，研究各路局铁路主要污染物排放情况，分析影响铁路主要污染物排放的主要因素，并对其定量规律进行识别。

分析数据主要来自铁道部统计中心铁统计〔2008〕248 号文件要求，铁路运输企业环境保护统计季报。

（1）频数分析方法

采用频数分析和描述性分析方法，以 SPSS 20.0 为软件工具，对铁路主要污染物排放数据的分布特征进行研究。

频数分析方法是根据样本的统计量去推测总体的特征，如果所选择的随机样本具有相当程度的代表性，调查所得数据即可用于推测总体的特性。从样本推测总体过程的成功与否，取决于抽样过程的严谨程度。

首先，要对铁路主要污染物排放数据调查值进行分类，使每个调研数据都划分到相应类别中。其次，记录各类别中各铁路主要污染物排放数据出现的次数，制成频数分布表，确定各分位值的铁路主要污染物排放数据。最后，通过频数分析得出变量取值的情况，把握数据的分布特征。其中的分位数是变量在不同百分点上的取值，分位数能够从一个侧面清楚地刻画变量的取值分布状态。

在 SPSS 数据填报完成后，即可得到量化的计算结果及多种图表分析，使结果更具直观性。铁路主要污染物排放数据频数分析法采用频数分布表和直方图的统计分析模式表达，用矩形图（又称直方图）的面积来表示频数分布的变化。分析时可以在直方图上附加正态分布曲线，便于与正态分布的比较。

（2）统计学方法

综合运用多种统计学方法，从不同角度对铁路主要污染物排放量与总运输周转量之间的规律展开研究。

应用统计学中单样本 K-S 检验和 K-Means 快速聚类法，确定上级部门监管铁路主要污染物排放的警戒上限值。

单样本 K-S 检验是一种非参数检验方法，该方法能够利用样本数据推断样本来自的总体是不是与其一类理论分布有显著差异，是一种拟合优度的检验方法，适用于探索连续型随机变量的分布。

聚类分析将研究对象分类，使得同一类对象间的相似性比与其他类对象的相似性更强。目的在于使类间对象的同质性最大化和类与类间对象的相似性更强。将聚类分析方法应用于铁路主要污染物排放的考核，可以提出不同的考核区间及警戒上限值。运用统计分析中的相关分析、回归分析等方法，研究分析铁路主要污染物排放量与总运输周转量之间的规律，并对其定量规律进行识别。

1.3.2　北京铁路局近三年主要污染物排放浓度的分布规律研究

北京铁路局机务段、车辆段、客运段等单位主要污染物排放浓度的分布规律见图1-6～图 1-9。

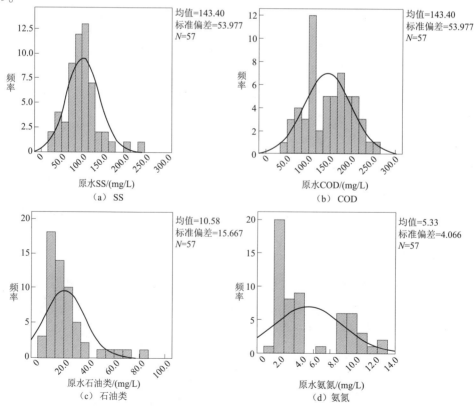

图 1-6　北京局机务段主要污染物原水浓度频数分布图

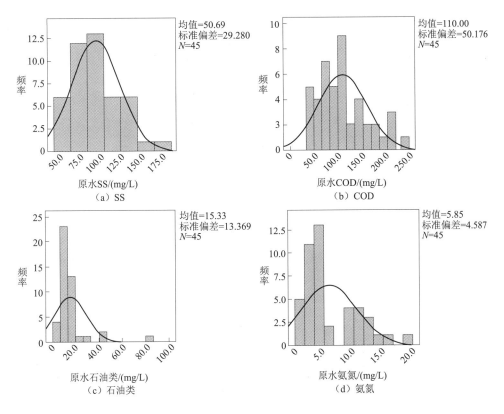

图 1-7　北京局车辆段主要污染物原水浓度频数分布图

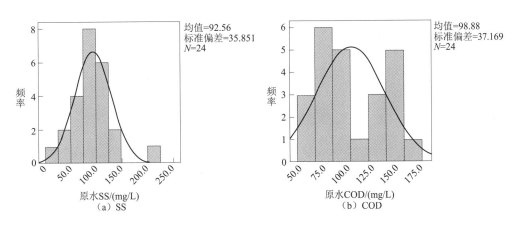

图 1-8　北京局客运段废水主要污染物原水浓度频数分布图（一）

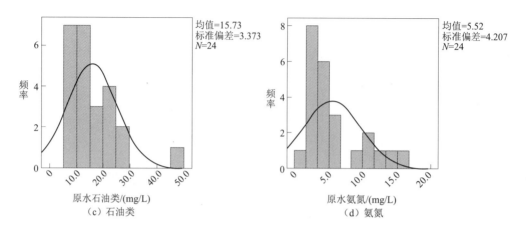

（c）石油类　　　　　　　　　　（d）氨氮

图 1-8　北京局客运段废水主要污染物原水浓度频数分布图（二）

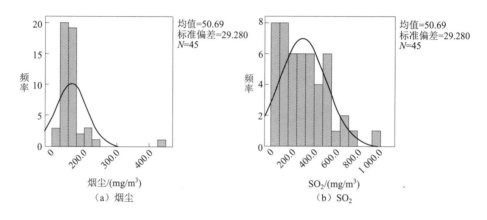

（a）烟尘　　　　　　　　　　（b）SO_2

图 1-9　北京局废气主要污染物排放浓度频数分布图

图中统计数据表明：

① 出口浓度符合 GB 8978—1996 三级排放标准要求，变化不大。大多数部门能够达到一级排放标准。

② 原水进口浓度、削减浓度变化趋势接近，是因为二者都减去了相同的出口浓度。因此进口浓度与削减浓度在考核时取其中一个即可。

③ 北京铁路局机务段、车辆段污水处理设施具有最高的污染物进口浓度。机务段 COD 进口浓度最大值为 252 mg/L；接近 50% 的机务段 COD 进口浓度在 143～252 mg/L 之间，符合 GB 8978—1996（或 GB 18918—2002）二级排放标准；接近 30% 的机务段 COD 进口浓度在 182 mg/L 以上。机务段石油类进口浓度最大值为 81.9 mg/L；接近 50% 的机务段石油类进口浓度在 18～81.9 mg/L 之间，高于 GB 8978—1996（或 GB 18918—2002）二级排放标准（10 mg/L）；接近 20% 的机务段石油类进口浓度在 28.0 mg/L 以上，在 GB 8978—1996（或 GB 18918—2002）三级排放标准（30 mg/L）以上。

车辆段 COD 进口浓度最大值为 239 mg/L，接近 50% 的车辆段 COD 进口浓度在 103～239 mg/L 之间，接近 30% 的车辆段 COD 进口浓度在 127 mg/L 以上。车辆段污水处理设施石油类进口浓度最大值为 85 mg/L，接近 50% 的车辆段石油类进口浓度在 11.9～85 mg/L 之间，接近 30% 的车辆段石油类进口浓度在 15.98 mg/L 以上。

客运段 COD 进口浓度最大值为 164 mg/L，接近 50% 的客运段 COD 进口浓度在 88.5～164 mg/L 之间，接近 30% 的客运段 COD 进口浓度在 129 mg/L 以上。客运段石油类进口浓度最大值为 46 mg/L，接近 50% 的客运段石油类进口浓度在 11.65～46 mg/L 之间，接近 30% 的客运段石油类进口浓度在 19.8 mg/L 以上。

也就是说，只是在 70%～100% 分位的部分，三种不同类型站段在 COD 及石油类进口浓度显示出区别。污水进口 COD 平均浓度最高与最低之间相差为 51.5～88 mg/L，污水进口石油类平均浓度最高与最低之间相差为 6.35～39 mg/L，其他污染物进口浓度具有相同的变化趋势和规律。

1.3.3　上海铁路局近三年主要污染物排放浓度的分布规律研究

上海铁路局机务段、车辆段、生活段等单位主要污染物排放浓度的分布规律见图 1-10～图 1-13。

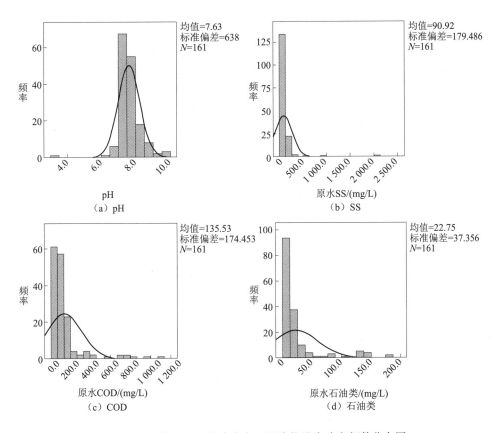

图 1-10　上海局机务段废水主要污染物进水浓度频数分布图

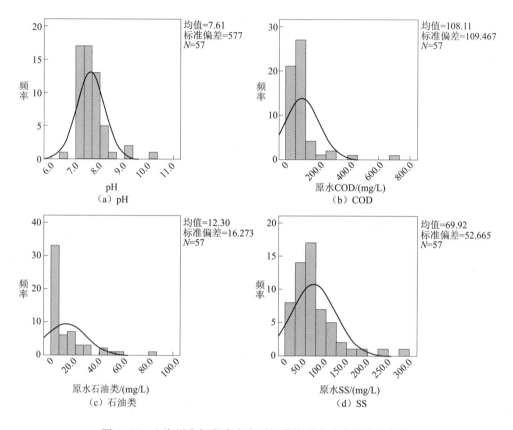

图 1-11 上海局车辆段废水主要污染物进水浓度频数分布图

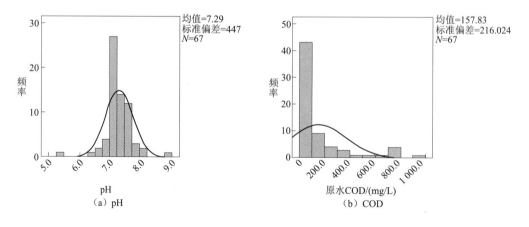

图 1-12 上海局生活污水主要污染物原水浓度频数分布图（一）

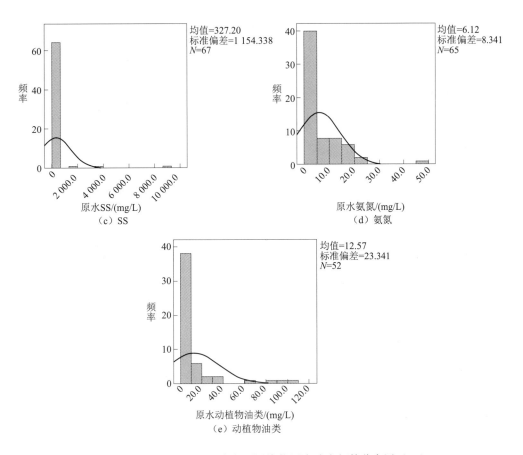

图 1-12　上海局生活污水主要污染物原水浓度频数分布图（二）

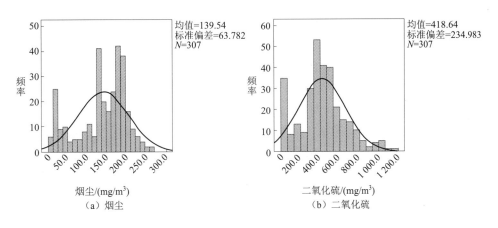

图 1-13　上海铁路局废气主要污染物排放浓度频数分布图（一）

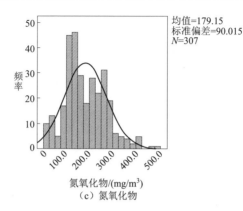

（c）氮氧化物

图1-13　上海铁路局废气主要污染物排放浓度频数分布图（二）

图中统计数据表明：

① 污水出口浓度符合 GB 8978—1996 三级排放标准要求，变化不大。大多数部门能够达到一级排放标准。

② 原水进口浓度、削减浓度变化趋势接近，是因为二者都减去了相同的出口浓度。因此进口浓度与削减浓度考核时取其中一个即可。

③ 上海铁路局机务段、车辆段污水处理设施具有最高的污染物进口浓度。机务段 COD 进口浓度最大值为 1 088 mg/L，接近50%的机务段 COD 进口浓度在80.3～1 088 mg/L 之间，接近30%的机务段 COD 进口浓度在 122.40 mg/L 以上。

机务段石油类进口浓度最大值为 184 mg/L。接近50%的机务段石油类进口浓度在11.2～184 mg/L 之间，高于 GB 8978—1996 （或 GB 18918—2002）二级排放标准 （10 mg/L）；接近15%的机务段石油类进口浓度在 35.08 mg/L 以上，超过 GB 8978—1996 （或 GB 18918—2002）三级排放标准 （30 mg/L）。

车辆段 COD 进口浓度最大值为 711 mg/L。接近50%的车辆段 COD 进口浓度在 93～711 mg/L之间，接近30%的车辆段 COD 进口浓度在 112 mg/L 以上。车辆段污水处理设施石油类进口浓度最大值为 82.7 mg/L。接近50%的车辆段石油类进口浓度在 5.8～82.7 mg/L之间，接近10%的车辆段石油类进口浓度在 34.88 mg/L 以上。

客运段 COD 进口浓度最大值为 120 mg/L。接近50%的客运段 COD 进口浓度在78.5～120 mg/L 之间，接近30%的客运段 COD 进口浓度在 129 mg/L 以上。客运段石油类进口浓度最大值为 24.3 mg/L。接近50%的客运段石油类进口浓度在 1.8～24.3 mg/L 之间，接近5%的客运段石油类进口浓度在 23.54 mg/L 以上。客运段氨氮类进口浓度最大值为37 mg/L。接近50%的客运段氨氮类进口浓度在 1.365～37 mg/L 之间，接近15%的客运段氨氮类进口浓度在 13.2 mg/L 以上。

生活污水 COD 进口浓度最大值为 922 mg/L。接近50%的生活污水 COD 进口浓度在61.1～922 mg/L 之间，接近30%的生活污水 COD 进口浓度在 129 mg/L 以上。生活污水氨氮类进口浓度最大值为 47.6 mg/L。接近50%的生活污水氨氮类进口浓度在 1.75～47.6 mg/L 之间，接近15%的生活污水氨氮类进口浓度为 14.85 mg/L 以上。

四种不同类型站段在 COD 及石油类进口浓度显示出的区别主要在70%～100%分位的部

分。污水进口 COD 平均浓度最高与最低之间相差为 1 078 mg/L，污水进口石油类平均浓度最高与最低之间相差为 184 mg/L。

1.3.4　结论

表 1-14、表 1-15 为北京、上海两大铁路局主要污染物排放特征，通过对二者分析比较可得到以下结论。

表 1-14　北京铁路局主要污染物排放特征　　　　单位：未注明均为 mg/L

序号	控制项目	浓度最大值	浓度 50% 分位值（均值）	浓度 80% 分位值	K-Means 快速聚类分析临界值
1	机务段原水 COD	252	143	198	191
2	机务段原水石油类	81.9	18	28.04	58.65
3	车辆段原水 COD	239	103	149.4	180.9
4	车辆段原水石油类	85	11.9	18.06	35.6
5	客车段原水 COD	164	88.5	142	107
6	客车段原水氨氮类	15.4	4.0	10.6	13.6
7	大气污染物废气处置前烟尘	680 mg/m³	120 mg/m³	140 mg/m³	165 mg/m³
8	大气污染物废气处置前二氧化硫	1 287 mg/m³	316.0 mg/m³	634 mg/m³	655.2 mg/m³

表 1-15　上海铁路局主要污染物排放特征　　　　单位：未注明均为 mg/L

序号	控制项目	浓度最大值	浓度 50% 分位值（均值）	浓度 80% 分位值	K-Means 快速聚类分析临界值
1	机务段原水 COD	1 088	80.33	156.6	359
2	机务段原水石油类	184	11.2	23.74	73.39
3	车辆段原水 COD	711	93	128.6	311
4	车辆段原水石油类	82.7	5.8	19.58	37.37
5	客车段原水 COD	120	78.2	106.8	137.7
6	客车段原水氨氮类	37	1.75	12.6	12.07
7	生活污水原水 COD	922	61.0	249.5	717.69
8	生活污水原水氨氮类	47.6	1.75	13.1	5.47
9	生活污水动植物油类	105.6	4.20	11.6	6.39
10	大气污染物废气处置前烟尘	269 mg/m³	115 mg/m³	192.98 mg/m³	192 mg/m³
11	大气污染物废气处置前二氧化硫	1 194 mg/m³	418.6 mg/m³	578 mg/m³	777 mg/m³
12	大气污染物废气处置前氮氧化物	478.8 mg/m³	156.0 mg/m³	261 mg/m³	370 mg/m³

① 按机务段、车辆段、客运段、生活段等区分研究，可以发现其污染物排放浓度具有不同特征。

② 上海局机务段和车辆段具有个别指标的最大值，但各指标平均值比北京局低，说明地域对主要污染物有较大影响。

③ 凡污染物排放浓度数据用频数分析方法统计的，在80%～100%分位数值的单位，要给予通报批评，主管部门应督导协助查找原因，确实实行清洁生产并将80%分位值作为警告的临界值。有些指标的频数分析方法将统计的80%分位值作为警告的临界值，并检查是否与K-Means快速聚类分析的结果一致。两者不一致时，采用K-Means快速聚类分析的结果更有利于考核，也更科学些。

④ 按频数分析方法或K-Means快速聚类分析方法对铁路主要污染物排放浓度考核，并统计得出考核区间。该指标考核设计由分析统计结果后提出，基本能够反映我国铁路现在的管理和运行水平。按照几个区间把全国铁路主要污染物排放进行统计考核，比较符合实际，且能作为铁路主要污染物排放浓度考核分段考核的依据。

⑤ 通过根据过去和现在所掌握的铁路主要污染物的信息资料，对铁路主要污染物领域未来可能发生的潜在变化和发展趋势，以及采取某种环境对策后可能产生的环境效益所进行的一种预先估计与判断，是对环境发展趋势进行定性定量相结合的轮廓描绘，为防止环境进一步恶化和改善环境提供对策依据。

除上海局机务段废水、生活废水原水最大值达到高浓度废水指标，其余均为中等浓度和低浓度废水指标。对于中等以上浓度污水，达到一级排放标准所需的处理功能为：生物除磷+化学除磷+硝化（反硝化）；达到二级排放标准所需的处理功能为：生物（或化学）除磷+硝化（反硝化）。对于低浓度污水，单独生物除磷效果较差，因此所需的处理功能为：生物除磷+化学除磷，一般不需要硝化处理。

1.4　近五年主要污染物排放总量分析与后三年预测

中国铁路"十二五"规划要求：到2015年铁路单位运输收入能耗下降10%，化学需氧量排放量降低10%，国家铁路（含控股合资公司）COD和SO_2排放量分别控制在2 280吨及40 298吨。"十二五"期间，铁路将进入项目投产运营高峰期，铁路运输行业能源消耗和产生的环境影响具有新的特点。为实现铁路"十二五"环保规划要求的"铁路力争实现增产不增污"目标，很有必要针对"十二五"铁路发展新形势下的主要环境污染物排放的新特点，提出减排管理规划和治理措施。

分析工作利用铁道部计统中心《铁道节能环保统计信息系统》及铁路统计简报中的大量数据，以SPSS 20.0为软件工具，运用统计分析中的描述性统计、聚类分析、非参数检验、相关分析、回归分析等方法，从不同角度对铁路主要污染物排放量与总运输周转量之间的规律展开研究。

数据来源为2008—2012年各路局上报的信息。在分析前，所有数据都经过预处理和筛查，数据可信度较高。数据覆盖了近5年各路局的总运输周转量。由于这些数据属于非抽样的普查数据，因此数据本身可以代表现阶段我国铁路运输行业主要污染物排放的总体情况。应用统计学中单样本K-S检验和K-Means快速聚类法来确定上级部门监管铁路主要污染物排放的警戒上限值。

1.4.1　铁路近五年主要污染物排放总量统计分析

根据铁道部统计中心数据，对近五年我国铁路运输行业主要污染物排放的总体情况进行分析，统计分析结果见表 1-16。

表 1-16　全路近五年主要污染物排放统计分析

铁道部合计	2008 年	2009 年	2010 年	2011 年	2012 年
总换算周转量/亿吨公里	32 890.42	33 118.06	34 706.62	39 020.43	38 999.41
工业废水排放量/万吨	4 628.7	4 365.8	4 078.0	4 140.7	3 984.1
COD/吨	2 305.5	2 214.4	2 169.2	2 195.9	2 143.4
石油类/吨	135.9	127.0	121.5	121.6	114.4
废气排放量/亿标立方米	593.6	597.0	591.6	579.8	570.5
二氧化硫排放量/吨	42 301.03	40 159.52	39 201.70	40 055.00	37 804.10
烟尘排放量/吨	50 231.27	50 084.79	50 015.40	49 708.70	47 137.50

从表 1-16 中可以看出，在 2008—2012 年，全路总换算周转量总体呈上升趋势，各污染物总体均呈逐年下降趋势。这表明清洁生产及节能减排效果显著。

2012 年全路工业废水排放量为 3 984.1 万吨，比上年减少 3.78%。2012 年全路工业废水中化学需氧量排放量为 2 143.4 吨，比上年减少 2.39%。2012 年全路工业废水中石油类排放量为 114.4 吨，比上年减少 5.92%。2012 年全路工业废气（标态）排放量为 570.5 亿立方米，比上年减少 1.60%。2012 年全路二氧化硫排放量为 37 804.10 吨，比上年减少 5.62%。2012 年全路烟尘排放量为 47 137.50 吨，比上年减少 5.17%。

分别以各路局同一年度数据和同一路局不同年度数据，从横向和纵向不同角度，对铁路主要污染物排放量与总运输周转量之间的规律展开研究。以各路局总换算周转量为横坐标，以各种污染物及环保指标为纵坐标作图，可知曲线的横、纵坐标之间都具有正相关的指数、幂指数或线性关系（见图 1-14）。

分析不同路局工业用水量与排水量之间的关系，排污总量与总折算运输周转量之间的关系，排污总量的年际变化规律，并根据全路工业污染源的行业分布特征，对比分析排水系数、污水产生系数、污染物平均浓度、单位总换算周转量排水量、单位总换算周转量排污量等特征值在不同地区间的差异，提出以废水排放量、COD 排放量、石油类排放量、NO_x 排放量、工业用水总量、工业新鲜用水量、工业重复用水量、重复用水系数等指标，除以总换算运输周转量构成的单位运输量排污系数，作为铁路主要污染物监测管理体系指标，通过频数分析和 K-Means 快速聚类法确定上级部门监管铁路主要污染物排放的警戒上限值。

在沈阳、哈尔滨、北京、上海、成都、广铁 6 个路局的工业污染源调查基础上，综合运用上述方法对排污数据进行校核，对可疑数据进行核实、修订，获得了准确的污染源排放清单数据。同时，通过建立行业内单位总换算周转量与生产用水量、污水排放量、污染物排放量的关系，得出了部分路局污染物排放系数，见表 1-17、表 1-18 和图 1-15。

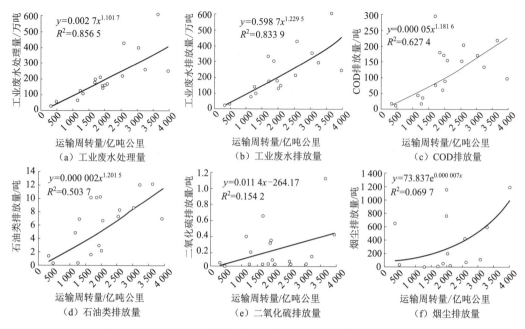

图 1-14　2012 年各种污染物及环保指标与总换算周转量的关系

表 1-17　2012 年部分铁路局排污系数估测结果

单位名称	总换算周转量/亿吨公里	调查排污总量数据					排污系数				
		废水/万吨	COD/吨	石油类/吨	二氧化硫/吨	烟尘/吨	废水/(吨/亿吨公里)	COD/(千克/亿吨公里)	石油类/(千克/亿吨公里)	二氧化硫/(千克/亿吨公里)	烟尘/(千克/亿吨公里)
哈尔滨局	1 682.89	336.795 6	296.2	10.2	6 350.4	25 859.2	2 037	176.0	6.046	3 773.5	15 366
沈阳局	3 636.36	608.201 9	218.7	12.1	11 133.5	10 504.8	1 672	60.19	3.327	3 061.7	2 888.8
北京局	3 246.54	295.1	133.9	12.1	1 242.3	601.1	958	41.24	3.727	383.58	185.15
上海局	3 045.27	351.532 3	170.2	8.6	281.5	115.1	1 154	55.89	2.824	92.438	37.796
成都局	2 069.27	144.956 0	156.2	6.6	59.0	17.5	700	60.98	3.189	28.512	8.457
广铁集团	2 585.04	429.539	204	8.2	137.3	63.4	1 661	38.68	3.172	53.113	24.526

表 1-18　铁路局主要污染物排污系数控制情况（2009—2011 年）

单位：千克/亿吨公里

单位名称	2009 年			2010 年			2011 年		
	COD	石油类	二氧化硫	COD	石油类	二氧化硫	COD	石油类	二氧化硫
哈尔滨铁路局	214.46	8.454 6	4 525	192.44	6.797	4 092.5	181.90	6.583 8	3 901.9
沈阳铁路局	69.525	4.840	3 501	66.01	3.736 5		59.20	3.088	
北京铁路局	44.612	3.892	439.79	42.534	4.335	401.92	38.57	4.085	365.52
上海铁路局	59.43	3.198 4	194.72	53.134	2.822 6	252.61	53.891	2.721 2	128.95
成都铁路局	86.588	4.167 7	66.57	79.241	3.520	40.689	79.201	3.828	29.30
广铁集团	82.986	4.041 7	86.76	76.57	4.733	81.80	70.76	3.835	64.97

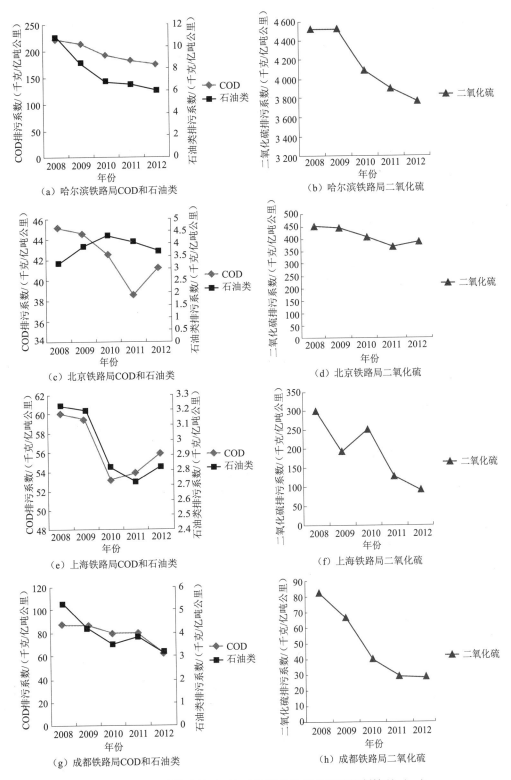

图 1-15　部分铁路局近五年主要污染物排放系数控制情况（一）

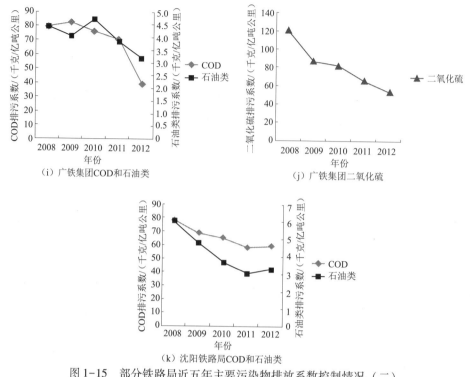

图1-15 部分铁路局近五年主要污染物排放系数控制情况（二）

2012年上述六个路局COD排放系数在38.68～60.98千克/亿吨公里之间（排除哈尔滨局数据），平均为52.40千克/亿吨公里；在石油类排放系数中，除了哈尔滨局6.046千克/亿吨公里这个异常数据以外，其余均在2.824～3.727千克/亿吨公里之间，平均值是3.248千克/亿吨公里。

从图表中近五年各路局主要污染物排放系数的纵向比较可以看出，每个路局都有逐年降低的趋势。

其中，全路二氧化硫排放量、烟尘排放量和总换算周转量之间没有可比性。原因是地处北方的铁路局冬季供热期较长，使用煤炭作为取暖能源，所以二氧化硫排放量及烟尘排放量具有较大数值。北京局部分单位由于采用集中供热或使用天然气清洁能源，因此大气污染物在北方三个局中较低。南方三个局冬季不供热，所以二氧化硫排放量及烟尘排放量具有较低数值。

从图表中近五年各路局主要污染物排放系数的横向比较可以看出，COD和石油类排放系数北京局、上海局较低，说明二者在清洁生产和污染物治理方面措施得力。

南方局二氧化硫排放系数较低，其中成都局最低；北方局中，北京局在治理二氧化硫排放方面效果较好。

1.4.2 铁路"十二五"规划后三年污染物排放总量预测

中国铁路"十二五"规划要求，到2015年国家铁路（含控股合资公司）COD和SO_2排放量分别控制在2 280吨及40 298吨。根据铁道部"十二五"规划，2015年旅客周转量达到16 000亿人公里，货物周转量达到42 900亿吨公里，总换算周转量达到58 900亿吨公里。

2013—2015 年，年均总换算周转量（亿吨公里）增加 17.02%，COD 年均增加 2.124%，SO₂
年均增加 2.199%。按 2012 年的各路局总换算周转量、各污染物排放数值为基数，分别乘以
年均增长率，可以得到各路局 2013—2015 年各污染物排放量的计划指标下达值。

表 1-19 给出以北京铁路局为例，主要污染物排放规划数值和预测数值间的差别。
图 1-16 给出部分铁路局主要污染物排放规划数值和预测数值间的对比关系。

表 1-19　规划后三年北京铁路局主要污染物排放减排规划和预测数值

项目	2012 年	2013 年		2014 年		2015 年	
		规划	预测	规划	预测	规划	预测
COD/吨	133.9	136.7	156.7	139.6	183.3	142.6	214.6
二氧化硫排放量/吨	1 242.3	1 269.7	1 453.7	1 297.5	1 701.1	1 326.1	1 990.5

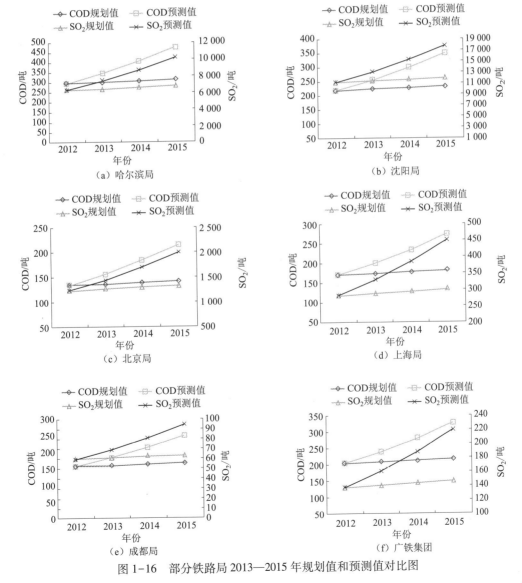

图 1-16　部分铁路局 2013—2015 年规划值和预测值对比图

规划数值和预测数值间的差别，正是要求各路局加强环境治理措施，实现总量控制目标的原因。各部门只有不断地降低主要污染物的排放系数，才能确保规划目标的实现。

主要污染物排放基数按 2012 年的环境统计结果确定。其中，工业污染源污染物排放量以 2012 年污染物排放量为基数，同时参考前 2~3 年的环境统计数据值。在各铁路局申报的 2012 年环境统计报表的基础上，铁路总公司核实上一年主要污染物的排放量，编制当年的全路污染物排放总量控制计划，并把"十二五"期间全路的污染物总量分解到各铁路局，各铁路局再把铁路总公司下达给其的污染物排放量控制指标分解下达给各站段。各相关执行部门通过科学测算总量控制基数及新增量，上下统筹衔接，最终将减排任务分解落实到部门、项目。

1.5 铁路主要污染物总量控制管理研究

1.5.1 主要污染物总量研究

1. 2012 年各路局化学需氧量排放量预测和实际的比较

表 1-20 给出了 2012 年部分铁路局化学需氧量预测数值和实际数值的比较。

表 1-20 2012 年六大铁路局化学需氧量预测数值和实际数值的比较

单位名称	总换算周转量/亿吨公里	2012 年化学需氧量实际值/千克	2012 年化学需氧量按 2011 年 COD 排放系数预测值/千克	2011 年 COD 排放系数/（千克/亿吨公里）	2012 年 COD 排放系数/（千克/亿吨公里）
哈尔滨局	1 682.89	296 200	306 117	181.90	176.012
沈阳局	3 646.36	218 700	215 864	59.20	60.19
北京局	3 246.54	133 900	125 219	38.57	41.24
上海局	3 045.27	170 200	164 112	53.891	55.89
成都局	2 069.27	156 200	163 888	79.201	60.98
广铁集团	2 585.03	204 000	182 916	70.76	38.68

对比 2011 年和 2012 年各铁路局排污系数，上海局、沈阳局和北京局没有降低反而有小幅增加。用 2011 年各路局的排污系数预测计算出的 2012 年污染物排放数值，比 2012 年实际数值小（除哈尔滨局、成都局稍大）。这正是要求这些路局应加强环境治理措施，实现总量控制的目标，只有不断地降低主要污染物的排放系数，才能确保规划目标的实现。对比 2011 年和 2012 年各路局排污系数，哈尔滨局、成都局和广铁集团均有较大幅度降低。

2. 铁路主要污染物单位运输量排污系数研究

1）铁路主要污染物单位运输量排污系数频数分析

图 1-17 给出了各铁路局单位运输量排污系数频数分布，其中 80% 分位值分别如下：

COD 排污系数为 86.4 千克/亿吨公里，石油类污染物排污系数为 5.541 5 千克/亿吨公里，工业废水排污系数为 1 669.495 2 吨/亿吨公里。80% 分位值是中国铁路总公司对各铁路局管理的警告临界值。

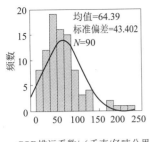
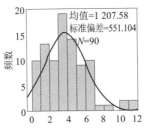
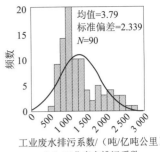

图 1-17　单位运输量排污系数频数分布图

对照 2012 年的数据结果，哈尔滨局 COD、石油类和工业废水排污系数均较高，分别是：COD 排污系数 176.0 千克/亿吨公里，石油类排污系数 6.046 千克/亿吨公里，工业废水排污系数 2 037 吨/亿吨公里。结果均超过以 80% 分位值作为警告的临界值，因此相关部门必须采取措施改变这种不良趋势。

2）K-Means 聚类分析

采用单样本 K-S 检验对 COD、石油类和工业废水排污系数数据进行处理，均符合正态性。

（1）采用 K-Means 快速聚类法研究各铁路局 COD 排污系数分布情况

在 $k=3$ 的情况下，聚类结果 3 个最终类中心点的数据分别为 196.79、83.31、35.01。

提出可以作为将来上级部门监管各铁路局 COD 排污系数时的警戒上限值是 83.31 千克/亿吨公里，这一数值比频数分析 80% 分位数值 86.4 千克/亿吨公里的结果小。

（2）采用 K-Means 快速聚类法研究各铁路局石油类排污系数分布情况

在 $k=3$ 的情况下，聚类结果 3 个最终类中心点的数据分别为 9.65、4.97、1.87。

提出可以作为将来上级部门监管各铁路局石油类排污系数时的警戒上限值是 4.97 千克/亿吨公里，这一数值比频数分析 80% 分位数值 5.541 5 千克/亿吨公里的结果小。

（3）采用 K-Means 快速聚类法研究各铁路局工业废水排污系数分布情况

在 $k=3$ 的情况下，聚类结果 3 个最终类中心点的数据分别为 2 193、1 346.37、803。

提出可以作为将来上级部门监管各铁路局工业废水排污系数时的警戒上限值是 1 346.37 吨/亿吨公里，这一数值比频数分析 80% 分位数值 1 669.495 2 吨/亿吨公里的结果小。

以上结果说明，采用 K-Means 快速聚类法得到的铁路主要污染物排污系数的警戒上限值比采用频数分析提出的警戒上限值更为严格。

各铁路主要污染物排污系数数据用频数分析方法统计的，位于 80%～100% 分位数值的单位，要给予通报批评，主管部门应督导协助查找原因，确实实行清洁生产。有些指标采用频数分析方法统计得到的 80% 分位值作为警告的临界值和 K-Means 快速聚类分析的结果一致；在二者不一致时，K-Means 快速聚类分析的结果更有利于从严考核。

按频数分析方法或 K-Means 快速聚类分析对铁路主要污染物排污系数考核，统计得出考核区间，该指标考核设计由分析统计结果后提出，基本能够反映我国铁路现在的管理和运行水平。这一方法按照几个区间把全国铁路主要污染物排污系数进行统计考核，比较符合实际，能够作为铁路主要污染物排污系数考核分段考核的依据。

3. 铁路单位运输量用水量的分析

（1）铁路单位运输量用水量频数分布

图 1-18 为相关铁路单位运输量用水量频数分布。

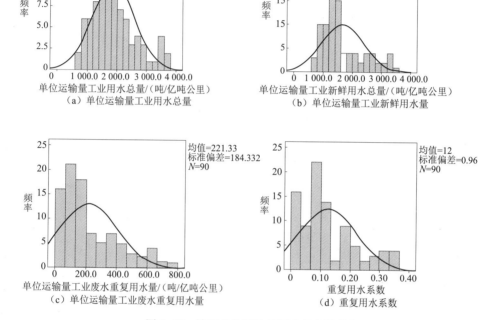

图 1-18　铁路单位运输量用水量频数分析

（2）K-Means 聚类分析

采用单样本 K-S 检验对单位运输量工业用水总量、单位运输量工业新鲜用水量、单位运输量工业重复用水量、重复用水系数的分析数据进行处理，其结果均符合正态性。采用 K-Means 快速聚类法得到的铁路单位运输量用水量的警戒上限值比采用频数分析提出的警戒上限值更为严格。

铁路单位运输量用水量数据用频数分析方法统计的，单位运输量水重复利用系数小于 30% 分位（处在 0~30% 分位之间）。单位运输量用水量位于 80% ~100% 分位数值的单位，要给予通报批评，主管部门应督导协助查找原因，确实实行清洁生产。将单位运输量用水量 80% 分位值作为警告的临界值，水重复利用系数 30% 分位作为警告的临界值。有些指标采用频数分析方法统计得到的 80% 分位值作为警告的临界值和 K-Means 快速聚类分析的结果一致；二者不一致时，K-Means 快速聚类分析的结果更有利于从严考核。

按频数分析方法或 K-Means 快速聚类分析对铁路主要单位运输量用水量考核，统计得出考核区间，该指标考核设计由分析统计结果后提出，基本能够反映我国铁路现在的管理和运行水平。这一方法按照几个区间把全国铁路单位运输量用水量进行统计考核，比较符合实际，能够作为铁路单位运输量用水量考核分段考核的依据。

表 1-21 为铁路单位运输量用水量频数分析与 K-Means 快速聚类分析法的警告临界值

比较。

表 1-21　铁路单位运输量用水量频数分析和 K-Means 快速聚类分析法的警告临界值比较

序号	选择控制项目	频数分析	K-Means 快速聚类分析法
1	单位运输量工业用水总量/(吨/亿吨公里)	2 487	1 920
2	单位运输量工业新鲜用水量/(吨/亿吨公里)	2 270	1 755
3	单位运输量工业废水重复用水量/(吨/亿吨公里)	377.6	357.4
4	单位运输量重复用水系数	0.072 0	0.06

4. 铁路总换算周转量排污系数降低要求

1）COD 和氨氮总量估算

《国家环境保护"十二五"规划》提出的总量控制指标中，化学需氧量排放总量需控制在 2 347.6 万吨，比 2010 年排放量降低 8%；氨氮排放总量需控制在 238 万吨，比 2010 年排放量降低 10%。《铁路"十二五"环保规划》中也提出了污染物控制目标，即国家铁路（含控股合资公司）COD 排放量需控制在 2 280 吨，力争在"十二五"期间增产不增污。

铁路行业生活污水中，COD 排放总量远大于目前铁路行业统计考核的 COD 排放量。也就是说，目前铁路行业考核指标中的 COD 排放量只是铁路行业排放总量中的很小一部分。2007 年、2010 年铁路各运输企业排放的 COD 估算总量分别为 17 800 吨、16 351 吨。2007 年、2010 年统计考核的 COD 总量分别占 COD 估算总量的 13.7% 和 13.3%。2012 年铁路各运输企业排放的 COD 估算总量约为 21 080.7 吨（包括工业废水排放 COD 排放量 2 143.4 吨，生活污水排放 COD 排放量 18 937.3 吨）。

2012 年铁路各运输企业排放生活废水 23 244.8 吨，2012 年铁路各运输企业排放的氨氮估算总量约为 2 998.5 吨。

2010 年国家铁路废水中化学需氧量排放量为 2 169.2 吨。根据 2010 年铁路行业生活污水排放量估算，氨氮排放量约为 4 450 吨，约占当年全国排放总量 264.4 万吨的 0.17%。

2）全路总换算周转量排污系数降低幅度要求

（1）2010 年全路总换算周转量排污系数

2010 年总换算周转量 SO_2 的排污系数为 1.129 5 吨/亿吨公里。

2010 年总换算周转量 COD 的排污系数为 62.50 千克/亿吨公里。

（2）全路总换算周转量排污系数降低幅度要求

利用 2010 年全路总换算周转量排污系数来预测 2012 年全路主要污染物排放量如下：

2012 年 SO_2 的排放量预测值：4.405 0 万吨。

2012 年 COD 的排放量预测值：2 437.5 吨。

2012 年全路工业废水中 COD 排放量实际值为 2 143.4 吨，比预测值低 12.07%。2012 年全路 SO_2 排放量实际值为 3.780 4 万吨，比预测值低 14.18%。

这一结果说明，从 2010 年到 2012 年，全路总换算周转量排污系数每年都会降低 6%～7%。这是推行清洁生产、节能减排的效果和成绩体现。

根据中国铁路"十二五"规划要求，从 2013 年到 2015 年，全路 COD 总换算周转量排污系数每年都需降低 12.48%，全路 SO_2 总换算周转量排污系数每年都需降低 12.92%。

上述结果说明，全路"十二五"环保规划若希望圆满完成，后三年任务很艰巨，相关部门要拿出比前两年总换算周转量排污系数下降幅度高一倍以上的措施（排污系数每年都降低 13%），方能实现"十二五"的目标。

1.5.2 污染源调查与排污总量核定体系的构建

有效的污染源调查是获得污染责任主体、污染物排放总量与排污路径的基本手段，也是编制污染源排放清单的基础。通过有效地建立污染源调查与排污总量核定技术体系，使调查获得的污染源排污清单能够覆盖绝大部分区域或行业排污总量。

首先，根据不同类型污染源的排放特征，建立规范的污染源调查技术方法。在此基础上，分别通过污染源排污总量核定、区域排污总量核定与行业排污总量核定检验污染源调查的准确性、有效性与排污总量的合理性，从而实现与总量分配层次结构的对应。

本研究分别从污染源、路局和总公司三个层次构建了铁路水污染物排放总量核定体系，以检验污染源调查的准确性、有效性与排污总量的合理性。

在污染源层次，主要根据污染源类型与特征的不同，以调查监测结果为基础，分别采用物料平衡、产污与排污系数比、特征值分析、相关数据对比及经验模型等方法核算或校核单个污染源的排污总量。

在铁路局层次，主要以铁路局宏观统计数据为依据，通过典型调查监测或一般经验获得的特征参数核算或核定铁路局的排污总量。

在总公司层次，主要通过识别地区间差异特征，分析污染负荷构成比例及其变化趋势来研究排污总量的合理性，从而核定全路水污染物的排放总量。

总量分配与总量监控在总公司，铁路局层次的控制对象是污染物排放总量。

根据污染源调查结果，并在污染源排污总量核定的基础上，建立全路工业污染源水污染物排放清单，清单应明确各污染源的排放去向。根据全路企业数量、总换算周转量或工业用水量，依据排放清单中获得的单位总换算周转量排污量、污水产生系数、单位用水排污量等行业特征值核定行业的排污总量。

根据总换算周转量、用水量、排水量、排污总量分别计算排水系数、污染物平均浓度、单位总换算周转量排水量、单位总换算周转量污染物排放量等特征值。从行业内部的同类企业之间、同一企业的不同数据来源之间、同一企业不同年份之间三个方面对比分析上述特征值的离散程度、差异性或变化规律，对有明显不符合实际或发生重大偏离的污染源，分析其产生原因，并根据具体情况有选择性地进行重新调查或监测，以复核水污染物的排放总量。

1.5.3 建立水污染物总量控制的"分类、分区、分级、分期"管理理念

1. 分类

针对不同类型污染，采取不同类型的污染控制方案。在重点控制 COD、NH_3-N 等常规污染物的同时，增加对挥发酚、硝基化合物、重金属等特征保守污染因子的控制。根据不同污染物质的结构与毒性、降解特性、对控制水文条件的要求以及不同功能水体对污染物质的要求，对不同的污染因子采取不同的污染控制措施。其中，对行业水污染总量的控制应分类进行。

2. 分区

体现区域和功能区空间差异并开展针对性管理。针对铁路不同区域的水环境特征及污染物排放特点的差异需要，依据区域特征，研究所面临的水环境问题，有针对性地进行污染物控制。

3. 分级

针对不同水体功能和区域特征，分级制订水质保护目标，开展针对性的管理。

4. 分期

针对目前铁路主要水污染物纳污总量，分近期、远期不同阶段制订水质目标和相应的总量控制目标，提出分阶段的总量实施方案，有针对性地开展总量控制。

大幅度削减污染物排放总量，将总量控制措施落在实处，建立重点污染源监督性监测的总监控体系。

① 在首先保证企业达标排放的基础上，按照行业总量控制目标的要求，实现铁路污染源达标、水质改善的污染物控制目标。

② 加强对污染源的监控与考核，建立排污口常规监测制度。针对不符合污染物总量控制要求的污染源建立必要的惩罚机制，实现对污染源的有效监督和管理。

③ 加快监控基础设施建设，提高应急监控能力。制订突发水环境污染事故应急预案，建立水环境事故应急监控体系，提高应急监控和处置能力。

④ 遵循总量控制管理理念，走铁路水环境保护科学执法之路。以铁路水污染物总量监控技术为核心，建立铁路水污染物总量控制技术支撑体系，树立铁路污染物总量控制管理理念，制订科学可行的铁路水污染物总量控制规划。

在此基础上，分阶段确定铁路污染物总量控制目标，发放排污许可证，并以此为依据，运用科学的执法手段把污染物排放总量控制的任务落实到各个方面。在重点站段治理中，依靠环保工程减排总量；在重点路局管理中，依靠优化发展降低总量；在重点企业管理中，依靠清洁生产削减总量；在重点项目建设中，依靠"以新带老"消化总量，有的放矢地做好铁路水环境保护工作。

1.5.4　铁路大气污染物排放总量监控管理体系

在 1998 年全国污染源第一次普查中，机务段、客运段等有额定出力大于或等于 0.7 兆瓦（1 蒸吨/时）的供热锅炉，包括燃煤、燃油和燃气锅炉，均纳入生活源普查范围普查，并确定了各种独立燃烧装置大气污染物的排污系数。这为铁路大气污染治理属地化管理提供了很好的合作平台。

总量控制实施的基础是污染源连续达标排放。总量控制是在受控污染源已经实现连续达标排放后，为降低全社会的污染控制成本，在不提高排放标准的前提下，寻求减少特定时间段内区域污染物排放总量，以提高区域环境质量的污染控制政策。总量控制的关键是污染物排放的监控。

年度评估是指综合以上两种监控指标的监控结果，评估内容主要包括监测点位代表性、监测方法有效性、监测数据真实性以及全年空气质量改善程度等。

1.5.5 铁路环境监测和区域环境监测机构合作机制

1. 完善区域性环境监测机构，优化区域资源配置

进一步明确区域性监测站的定位、职责与服务范围，配强、配精铁路局环境监测中心，全面推进中国铁路总公司环境监测站（国家二级）、铁路局环境监测中心（国家三级环境监测站）标准化达标建设，在有条件的路局设立环境监测分站，构建铁路地区和地方一体化环境监测网络。

2. 开展区域联合监测，加强区域联动

重大环境问题及重点区域制订联合监测方案。由区域环境监测中心及地市环境监测站组成联合监测小组，采取联合采样、联合分析、监测结果各方联合签字、联合信息发布的办法，并确保监测过程仪器统一、方法统一、标准统一、空白统一、数据处理统一。

3. 加入区域环境质量监测网络

加入区域大气、水环境质量自动监测网络，全面反映区域环境质量。

4. 加强路局环境风险防范，提升路局预警与应急能力

开展路局环境风险区划。建立各类环境要素的环境风险评价指标体系，确定环境风险级别划分与评价标准。建立区域性环境风险评价体系，开展区域环境风险区划工作，制订环境风险管理方案和环境应急监测管理制度。

加大区域重点污染源环境监管力度。将政府监管与企业预防有机结合，对重点企业开展应急预案和应急措施落实情况进行现场检查，加大对环境敏感地区和环境风险源的监管力度，从源头上消除污染事故隐患。

5. 强化监测预警功能

建立健全路局应急监测网络。建立和完善以路局监测中心为骨干，分监测站为脉络的环境应急监测网络，建成技术梯度合理、便于协同作战的环境应急监测网络。实行"路局监测中心统一协调管理，分监测站分工协作"的环境监测管理模式，对应急监测实行统一指挥协调、资源统一调配、数据统一管理的"三统一"管理，初步建成突发性事故应急监测体系。

路局环境监测站编制应急监测预案，并针对特殊污染物编制专项应急监测预案，以及专项工作实施程序，明确各级监测站环境应急监测任务分工，保证迅速、有序、有效地开展应急监测，降低事故损失。路局环境监测站应制订应急演习计划，定期开展应急监测演练及技术性训练，并组织开展突发性污染事故应急监测、监察集中培训，强化应急响应能力，提高环境应急人员的整体素质。

6. 统一路局环境监测技术体系，完善路局环境质量评价体系

统一区域环境监测技术方法与要求，提高监测数据结果的对比性，并将区域性特征污染物纳入监测指标。

7. 完善监测、评价、规划目标因子体系

完善环境质量评价体系。创新环境监测技术、方法和手段，加强环境监测数据综合分析应用能力，创新监测数据分析手段。

8. 建立污染源监测评价体系

建立规划目标与监测数据关联性评价体系，研究环境质量与污染减排的关系及其与规划

目标因子的关系，以环境质量变化验证污染减排与规划实施成效。

建立突发环境事件预警信息共享平台，依托监控指挥平台，健全应急处置联动运行机制，有效处置跨界突发环境事件。

建立环境质量信息和污染源信息共享的信息系统和基础数据库，建设环境监测数据分级存储系统，以先进的数据库、联机分析处理、数据挖掘等技术为依托，更好地为环境管理和决策服务。

9. 推进委托性监测服务社会化，实现环境监测政府、社会一体化

监测断面环境质量常规监测、环境质量监督性监测、污染源监督性监测、预警监测、突发环境事故应急监测等考核、监督、预警与应急领域的监测工作，由各级环境监测站承担。排污申报和排污总量复核委托监测、环境影响评价监测和环境影响回顾性评价监测、污染治理设施竣工验收监测、项目年检与抽检监测、环保产品的环保指标检测、环境污染纠纷的仲裁监测、ISO 14000 环境管理体系认证监测、机动车尾气检测、环境科学研究监测等委托性监测由社会化监测机构承担。

1.6　铁路主要污染物控制管理体系

1.6.1　铁路主要污染物控制管理指标现状

按铁道部统计中心铁统计〔2008〕248 号文件要求，铁路运输企业环境保护统计报表中，铁路运输企业环境监测应包括废水、废气、噪声、废渣等项目。铁路行业工业废水中污染物主要是按化学需氧量、石油类、氨氮、挥发酚等项目进行监测。铁路运输企业废气监测项目主要是一蒸吨及以上锅炉及燃料燃烧过程中二氧化硫排放量、烟尘排放量及粉尘排放量。氨氮和氮氧化物铁道部 2012 年未列入统计，但由于环境保护实行属地化管理，2012 年铁路各单位所在地已要求将氨氮和氮氧化物列入总量控制管理体系。

目前执行的"铁道节能环保统计信息系统"是计统中心按《节能统计规则》《环保统计规则》要求制定的。该运行系统分为"首页""我的报表""报表查询""站段级统计分析""统计台账""退出"等栏目。铁道部要求"环境保护统计表（重点部属企业）"按站段上报至路局，路局审核、汇总后上报部计统中心。

该系统的运行使部、路局、站段三级管理模式的动态管理成为可能。目前，铁路环境监测管理、数据统计、指标考核体系还亟待改善。

基于污染物发生源的基本生产特征，本书分别从能源消耗、废水、废气、固体废物、噪声振动五个角度构建了铁路主要污染物监测控制管理体系（见表 1-22）。综合考虑国家环境保护政策及法规要求、环境质量状况、污染治理现状、环境容量等因素，根据实际情况，提出以石油类、COD_{Cr}、氨氮、BOD_5、LAS、P、二氧化硫、氮氧化物、烟尘等具有铁路行业特征的指标构成污染物控制评价指标，初步构建铁路主要污染物监测控制管理体系。

表 1-22　铁路主要污染物监测控制管理体系

目标层	准则层	指标层	权重
铁路主要污染物监测控制管理体系	能源消耗与利用指数 B1（0.20）	单位运输量工业用水总量 C1（0.50）	0.10
		单位运输量工业新鲜用水量 C2（0.20）	0.04
		单位运输量工业重复用水量 C3（0.20）	0.04
		单位运输量废水重复利用系数 C4（0.10）	0.02
	环境污染排放指数 B2（0.20）	单位运输量污水排放系数 C5（0.50）	0.10
		单位运输量 COD 排放系数 C6（0.20）	0.04
		单位运输量石油类排放系数 C7（0.20）	0.04
		单位运输量 NO$_x$ 排放系数 C8（0.10）	0.02
	固体废弃物监测指标 B3（0.05）	危险固体废弃物处置率、处置量 C9（0.50）	0.025
		一般固体废弃物处置率、处置量 C10（0.50）	0.025
	废水环境监测指标 B4（0.40）	废水流量 C11（0.05）	0.02
		pH 值 C12（0.075）	0.03
		COD 排放浓度 C13（0.075）	0.03
		SS 排放浓度 C14（0.075）	0.03
		石油类排放浓度 C15（0.075）	0.03
		NH$_3$-N 排放浓度 C16（0.075）	0.03
		总 P 排放浓度 C17（0.05）	0.02
		BOD$_5$ 排放浓度 C18（0.075）	0.03
		LAS 排放浓度 C19（0.05）	0.02
		动植物油类排放浓度 C20（0.05）	0.02
		镉、铬、铅、砷、锌、铜、汞 C21（0.05）	0.02
		挥发酚 C22（0.05）	0.02
		氰化物 C23（0.05）	0.02
		溶解氧 C24（0.05）	0.02
		高锰酸盐指数 C25（0.05）	0.02
		总余氯、粪大肠菌群 C26（0.05）	0.02
		色度、水温、浊度 C27（0.05）	0.02
	废气监测指标 B5（0.10）	废气流量 C28（0.2）	0.02
		SO$_2$ 排放浓度 C29（0.3）	0.03
		NO$_x$ 排放浓度 C30（0.2）	0.02
		烟尘排放浓度 C31（0.2）	0.02
		林格曼黑度 C32（0.1）	0.01
	噪声、振动监测指标 B6（0.05）	铁路沿线敏感点的测试 C33（0.5）	0.025
		居民投诉监测 C34（0.5）	0.025

1.6.2　铁路主要污染物管理指标体系

为实现环境保护指标，相关部门必须以预防与治理并举、浓度控制与总量控制并重为基本原则，通过实施清洁生产，从源头控制污染排放，实现增产不增能或少增能，和增产不增污的目标。

① 建立环境保护指标监测、统计、考核体系（见图 1-19、图 1-20、图 1-21）。

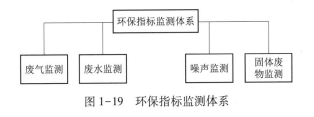

图 1-19　环保指标监测体系

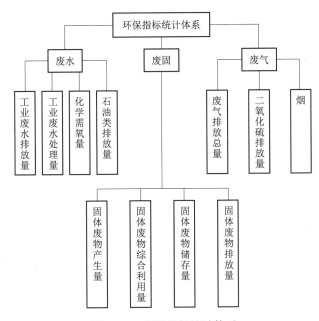

图 1-20　环保指标统计体系

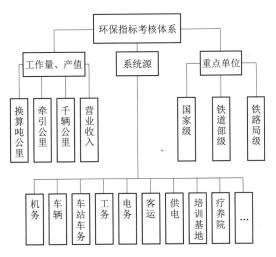

图 1-21　环保指标考核体系

② 通过建立环境保护指标监测,提高对废水、废气监测范围和频次,以便及时调整监测项目,使监测浓度更加真实准确反映废水、废气中污染物实际排放总量。同时,对铁路沿线噪声、固废、污泥污染程度等方面进行监测。

③ 污染物控制评价指标的确定，要兼顾需求和实际的可能性。按照技术可达可控、政策措施可行、经济可承受的思路，做好存量、新增量、减排潜力、削减任务之间的系统分析，并合理把握工作节奏和步伐，使"监测、统计、考核"这一套评价体系在科学性、合理性、适用性方面有机结合起来。

④ 通过对铁路运输企业现场调研，准确掌握主要污染物排放状况、治理水平，科学测算总量控制基数、新增量，上下统筹衔接，将减排任务分解落实到部门、项目。从源头预防、过程控制、末端治理等全过程系统控制的角度，通过各种环境目标排污削减量的优化分配，实施执行排污许可证制度、环境目标责任制等，把环境管理建立在以提高环境质量、控制排污总量为基点的体系上。

⑤ 提出用单位总换算周转量的废水排放量、COD 排放量、石油类排放量、NO_x 排放量等排污系数指标构成铁路主要污染物监测管理体系，通过频数分析和 K-Means 方法，确定上级部门考核环境指标监管警戒值。同时通过频数分析和 K-Means 方法，对机务、车辆、客运、生活等站段污水原水浓度控制提出警戒值，并将其作为污染物发生源清洁生产的指导值。

⑥ 建立环境管理体系，认识到清洁生产对铁路企业的环境保护和经济发展起着重要作用，这两点是实现经济与环境"双赢"的必然选择。实施环境管理体系的首要任务是减少或控制污染物或废物的产生、排放或废弃。

组织实施环境管理体系的目的，应是有效地控制环境因素，实现污染预防，取得良好的环境绩效。铁路管理部门要通过环境管理体系的建立和实施，实现污染预防，取得环境绩效。其关键是要依据环境管理体系标准，正确地识别和评价环境因素和重要环境因素，并通过体系的运行，对这些环境因素进行有效的控制或管理，进而取得应有的环境绩效。

1.6.3　铁路主要污染物管理体系建设

1. 铁路主要污染物管理体系的管理框架

通过现场调研，对中国铁路总公司、铁路局、站段、环境监测站等部门在铁路主要污染物监测管理体系的作用和职能进行分析。铁路系统（行业）内的环境管理按现行的体制是由中国铁路总公司、铁路局（或集团公司）、站段三级管理网络组成。中国铁路总公司、铁路局（或集团公司）设环境保护办公室，挂靠在计划部门，分别为节能环保处、节能环保科。铁路的站段由第一负责人负环保全责，设专职或兼职环保干部处理日常环保工作。

铁路环境管理机构关系见图 1-22，铁路主要污染物控制管理体系见图 1-23。

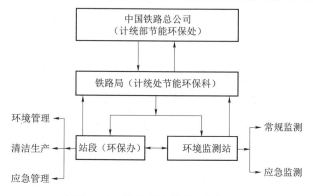

图 1-22　铁路环境管理机构关系

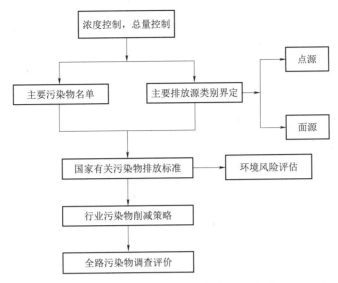

图 1-23　铁路主要污染物控制管理体系

（1）中国铁路总公司计划计统部

铁路总公司环境保护办公室为全公司环境监测管理机构，负责全路环境监测管理，并根据国家有关规定，组建铁路环境监测网，制订网络管理办法，负责拟订铁路环境监测技术规范、标准和报告制度，并监督实施，以及负责发布铁路环境质量公报。

主要管理措施包括：

① 发布铁路环境保护办法，列出铁路主要污染物重点控制名录和主要污染源名单，对点源和面源分别实施最大可行控制技术和一般可行控制技术。

② 按行业分批制订各类污染源排放和控制标准，实行重点行业控制，并及时开展残余风险评估，对污染源的控制效果进行评估，以补充和完善相关标准。

③ 通过模型估算和现场实测，开展行业调查评估，提出对铁路污染较重的污染物名单。

④ 采用重点源分类监管模式对各种排放源实行分类控制和削减策略，分为固定源、移动源和室内源三类进行控制。对主要源进行调查并建立重点源名单，通过排污许可制度对其进行管理。

（2）铁路局（集团公司）

铁路局环境管理体系是中国铁路总公司环境管理体系的基本组成部分，体现中国铁路总公司环保管理体系的目标和要求。该体系又根据各铁路局的污染物产生种类、数量不同等特点各有侧重，是中国铁路总公司环境管理体系的基础，为中国铁路总公司环境管理体系提供了数据支持和实践经验。

各铁路局（集团公司）应根据本单位污染轻重、技术条件、环境要求等具体情况，设置与任务相适应的环境监测站，并比照地方环境监测机构建设标准组织实施环境监测能力建设。各铁路局（集团公司）环境保护主管部门负责制订本局（公司）环境监测工作发展规划和年度计划，并制订相应的环境监测管理制度，加强环境监测站的基本建设、仪器设备投资、管理和监测人员的技术培训，组织开展环境监测科学技术研究和技术交流。

各路局每年根据铁道部下达的环保减排指标计划，经测算分解，以文件形式下达环保计划指标，主要有 COD、石油类、烟尘、二氧化硫排放量等，并要求各局属单位把路局下达的环保指标计划分解下达到各主要车间、部门。

（3）站段

站段环境管理体系是路局环境管理体系的基本组成部分，体现了路局环保管理体系的目标和要求，又根据各基层站段的污染物产生种类、数量不同等特点各有侧重，是路局环境管理体系的基础，为路局环境管理体系提供了数据支持和实践经验。

站段环保工作通常由段分管副段长负责，机构一般设置在段办公室或计划统计科，段管理专职人员 1～2 名，其他车间、班组均设置兼职管理人员。

2. 环保指标计划下达和执行情况

（1）指标计划的下达情况

根据原铁道部每年下达的节能环保指标考核计划和各单位上一年实际完成计划的情况，将二氧化硫和化学需氧量排放量的考核指标于年初分解下达给基层各单位，再由各单位分解到各车间，逐级责任到人并定期进行考核。

（2）加强管理，充分发挥监督检查和监测作用

环保统计报表中涉及的环保主要指标有化学需氧量、二氧化硫、石油类、烟尘等，站段在进行数据采集时，需将环境监测站监测数据、用煤量、用水量等原始单据作为基础数据，通过路局节能环保管理信息系统录入数据。之后系统将自动生成计算结果，这样可减小计算误差。同时，路局通过以下几个方面进行控制，严把数据质量关。

① 数据对比制度。在报表审查时，对各单位节能环保统计数据分别按主要指标逻辑对比、按同比、按环比及与计划进度比进行复核，通过节能环保水指标、耗煤量指标进行对比，实行相互卡控。

② 联合复核制度。主要落实在几个方面：一是站段工作量数据与挂靠业务处室专业报表进行复核比对；二是统计报表数据与原始凭证、统计台账数据复核比对；三是环保统计数据与环境监测站的监测报告数据复核比对。

③ 数据警示制度。各单位能耗、水耗、主要污染物排放量同比上升或减少30%以上的异常数据，需给予警示提醒，待各单位完成简要原因分析并确认后，方可录入报表。

④ 定期公报制度。路局建立各单位环保统计质量信息资料，将各单位上报报表的及时性、准确性、规范性情况登记在册，与半年环保指标完成情况一并进行公报，对环保报表的上报质量进行全面把控。

3. 指标计划执行和具体检查情况

铁路局环保检查实行"月检"制度，需每月制订检查计划，并对现场单位的指标控制、现场管理进行指导，对发现的问题责成有关部门定质、定量、定时并尽快给予解决。相关部门应深入各新线施工现场进行环保、水保检查指导；针对运输生产和职工反映强烈的问题，深入现场一线，开展调查研究，提出切实可行的解决方案。

（1）完善统计规章制度建设，加强基础数据管理

根据统计中心下发的《铁路运输企业环境统计规则》，各路局需下发《铁路局环保统计办法》等文件，根据局实际情况对统计报表和统计基础工作进行细化，对重要的统计指标公式进行简化，并针对基层单位一些原始记录和统计台账不一的状况进行格式统一。统一规范包括污水处理设施运行记录，工业废水、锅炉、窑炉治理设备台账，工业废水（废气）

污染物去除量、排放量统计台账，工业废水处理量、回用量、排放量统计台账，污染源监测报告汇总台账，排污费收缴情况汇总台账等。路局节能环保科每月需到站段单位进行检查指导，发现问题及时解决，切实使统计基础工作不断加强。并根据国家、铁道部和路局节能减排要求，制订路局各生产单位环保目标责任制考核办法，将节能环保统计结果作为考核依据，纳入对站段的经营业绩考核之中。

（2）积极开展培训工作

各路局每年应定期组织 1～2 期"全局节能环保管理（统计）人员培训班"，传达和贯彻落实铁道部节能环保统计培训内容，对各级员工在节能环保统计工作的重要性、统计知识、统计规则、统计报表、统计分析和统计软件方面进行培训，并总结统计报表中存在的问题以及做好年报工作。

（3）严格审核，重视统计分析

为顺利、及时、准确地完成全局环保统计、分析及上报部统计中心，路局对各基层单位上报的能耗和环境统计资料应进行逐一审核分析，确认准确、属实后再下发回基层确认，经审核发现问题的统计资料均应要求基层单位重新计算、统计、分析。

根据部统计中心《关于进一步做好节能、环保统计工作的通知》的精神和统计要求，各路局应要求各基层单位做好年报、季报的统计分析工作，要求其不定期报送专题分析材料。路局还应要求各单位在网络上报基层报表的同时，要上报统计分析。若分析不透彻，未与上年同期比较，分析质量差或未按要求写出统计分析报告，应将其发回重写和上报，直至符合要求再进行上报。

（4）加强节能环保统计工作监督、检查

各路局应于年初制订详细的监督检查计划，每月下发到各站段、车间、班组，要求其检查污染源排放、重点耗能设备设施运行、原始数据记录、污染物考核指标等的完成情况。

路局应将节能环保统计纳入全局统计管理工作中，每年开展两次全局统计执法检查，使节能环保统计逐步规范化、制度化。根据全局统计执法检查，结合日常检查和报表上报情况，于年底评选出全局节能环保统计工作优胜单位，并给予表彰奖励。

1.6.4　铁路主要污染物控制管理对策

（1）加强铁路主要污染物的控制管理首先要加强法制建设

各相关部门应就铁路主要污染物的含义、管理目标、对象和主要政策和措施手段进行明确规定，为规划的实施和落实提供明确的法律依据。首先，制订优先控制名录，对铁路主要污染物的范围、管理对象、控制原则和主要策略进行明确要求，才能指导落实具体工作，使地方配套完善相关管理体系。其次，由于环境管理工作是随着科学认知水平的发展而不断完善，不能过分强调法律的完善，还应在法律规定基本完备的前提下，通过我国不同时期的环境规划，审时度势，制订与我国社会关注焦点相一致、经济发展相协调、环境管理能力相匹配的铁路主要污染物管理策略。

（2）协同控制较污染物逐个控制更为可行

我国目前的污染物控制实行的是总量控制和浓度控制相结合的策略，对于主要污染物全面实行总量控制，对于非常规污染物则实行浓度控制。近几年国内各省分别针对国家最新修改并于 2008 年 6 月 1 日施行的《水污染防治法》，制订或修改了地方污水综合排放标准或水污染物排放标准，将污水排放控制指标由单纯的有机物、SS、石油类拓展到氨氮、总磷等。相应地，各项污染指标排放标准值相对国家《污水综合排放标准》（GB 8978—1996）值提高很多。

（3）针对突发事件应急管理

各相关部门还应制订运营期应急突发环境事故预案，建立危险货物运输事故施救信息网络，将沿线车站作为网络的联络点，若发生事故时可随时启动地方应急预案。

（4）制订优先控制名录，开展铁路主要污染物污染防治数据调查

为了便于铁路主要污染物的排放监管，首先应根据已掌握情况，初步制订首批优先控制名录，收集相关的污染源、环境质量等统计数据，便于之后开展污染防治及数据调查分析。

1.6.5　铁路行业水污染物总量控制建议

国家环境保护"十二五"规划提出的总量控制指标中，化学需氧量排放总量应控制在2 347.6万吨，比2010年排放量降低8%；氨氮排放总量控制在238万吨，比2010年排放量降低10%。铁路"十二五"环保规划中也提出了污染物控制目标，即国家铁路（含控股合资公司）COD排放量控制在2 280吨，力争在"十二五"期间增产不增污。但是，铁路行业的运输工作量在"十二五"期间将会有较大增长。到2015年，铁路运输里程将增长到12万公里；旅客周转量将达到16 000亿人公里左右，增长82%；货物周转量将达到42 900亿吨公里，增长55%。这样一来，将不可避免会有新增的污染产生，要完成"十二五"期间增产不增污的目标，就需要削减现有的COD排放量。而在各局工业废水均得到治理，排放浓度已经降到了较低水平，依靠工业废水进行深度治理削减COD排放量的潜力已经很小的情况下，各相关部门必须通过推行清洁生产，实行生产全过程中的污染控制及加大生活污水处理力度，才能实现铁路"十二五"主要污染物控制目标。

为更好地做好水污染物减排工作，使铁路行业水污染物减排工作更富有成效，本书研究提出以下工作建议。

（1）规范环境监测工作，提高环境监测质量

实行污染物总量控制，其关键就是要求监测部门科学准确地对排放的污染物实施总量监测。因此，要根据国家《水污染物排放总量监测技术规范》有关要求，并结合铁路行业特点，制订铁路统一的污染物实施总量监测要求，规范铁路环境监测工作。其中，提高监测质量是铁路行业实行污染物总量控制的基础。

（2）更科学合理地下达水污染物总量计划

污染物总量如何公平合理地分配，是污染物总量控制的核心问题。中国铁路总公司在下达水污染物总量控制指标时，应根据可持续性原则、公平性原则及技术可行性原则，避免污染削减越多致使减排计划越紧的现象发生。

（3）将全行业污水排放污染物纳入考核范围

铁路行业目前实行的水污染总量统计考核，主要统计考核对象是工业污水中的COD，而这只占铁路行业排放的COD总量中很小的一部分。只有将生活污水排放量的COD总量考虑进去，才是铁路行业COD排放总量。因此，建议统计考核应全面包括排放的工业废水、生活污水在内的COD总量。

（4）将氨氮纳入总量控制指标

国家环境保护"十二五"规划提出的总量控制指标中，将氨氮纳入了总量控制指标，提出了国家"十二五"氨氮排放总量较"十一五"末降低10%，排放总量控制在238万吨的目标。在铁路行业污水排放总量中，特别是生活污水中，含有大量的氨氮污染物。鉴于氨氮作为国家污染物总量控制的一部分，铁路行业理所当然地需要对其排放进行控制。建议在"十二五"期间，铁路行业建立起氨氮的监测、统计、考核体系，将氨氮纳入铁路行业水污染物总量控制指标。

（5）实行总量控制与浓度控制相结合的管理模式

首先，各相关部门应实行包括生活污水污染物在内的全行业水污染物总量控制。对于排入城市污水管网，且经过城市污水处理厂的污水，其主要污染物排放总量可以依据当地城市污水处理厂排放的水污染物平均浓度计算；对于直接向环境排放的污水，其主要污染物排放总量可以依据铁路环境监测部门监测的水污染物平均浓度计算；对于排入城市污水管网且后续有城市污水处理厂的铁路单位污水，主要实行浓度控制，可以不经过处理或只经过预处理，做到达标排放。这样既符合集中治理的污染治理政策，也可以节省治理投资费用和处理设施运行费用。对于没有城市污水管网区域，直接向环境排放污水的铁路单位，应该以实行总量控制为主的管理方式，使其既要做到达标排放，又必须满足总量控制需要。这样一来，可以促进需要进行减排的污水治理投资，真正减少排入环境中的水污染物总量，真正为所在区域的水环境质量改善做出积极贡献。

尽管在"十一五"期间，铁路行业化学需氧量减排工作取得了较大进展。但在"十二五"期间，要贯彻落实国家"十二五"污染减排要求和完成铁道部提出的"十二五"水污染物减排目标，促进污水治理投资，真正减少排入环境中的水污染物总量，铁路行业环保管理还需要进一步规范环境监测，完善现有的环境监测、统计、考核管理体系，如图1-24所示。

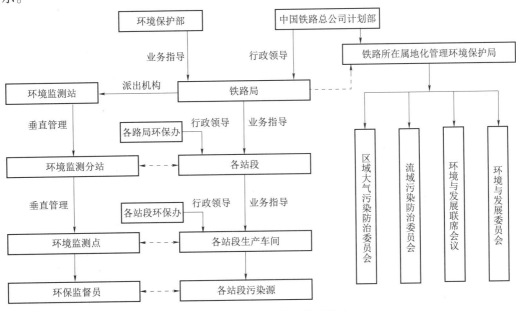

图1-24　铁路环境管理体制模式

1.7 本章小结

（1）本书的研究对铁路主要环境污染源与主要污染物处理现状进行了调研。通过对铁路运输企业现场调研，对铁路主要环境污染源和污染物进行了筛选和识别。组织开展了铁路站段现有污染源的调查、监测，分析了铁路现有污染源的治理工艺、处理效果、排放因子、排放规律和处理设施、处理效率等方面。并以上海局为例，对铁路主要污染源和主要污染物的排放、监测、统计、考核等现状进行了调研、分析和评价。研究也对京沪高铁动车组检修段及高铁沿线污染源进行了调查及环境评价。

（2）通过对国内外环境监测现状和环境监测管理方面的调研，分析了我国环境监测的发展现状、形势和需求、规划目标和主要任务，对国家近年来环境监测方面的标准、规范、管理办法等文件进行了全面梳理。对铁路环境监测现状进行了调查，从环境监测站的作用、环境监测机构组织体系和计量认证情况、环境监测因子情况、监测频次情况、质控情况、仪器配备情况、地方环境监测部门的指导和考核、环境监测日常管理、铁路环境监测面临问题几个方面进行了调研和归纳，掌握了铁路环境监测站监测能力建设的真实情况，为实现科学监测提出了改进途径和方法。

从铁路环境监测站的作用和现状、环境监测方案的制订、监测控制指标的选取方法、环境监测质量管理体系几个方面进行了调研和归纳，提出了铁路环境监测站监测因子和频次的建议主要如下。

① 水污染源监测项目（5+X）：pH、化学需氧量（或 TOC）、氨氮、石油类（或动植物油类）、悬浮物和不同行业排放的特征污染物。

② 大气污染源监测项目（4+X）：烟（粉）尘、二氧化硫、氮氧化物、林格曼黑度和不同行业排放的特征污染物。

根据铁路企业生产作业污染源性质，在工业废水监测频次每季度一次的基础上，在一次总排口监测因子方面增加 BOD_5、LAS、镉、挥发酚、Cr^{6+}、铬、铅、锌、铜、汞、色度、水温、浊度、溶解氧、高锰酸盐指数等项目；在生活污水方面增加总磷、LAS、色度、水温、浊度、溶解氧、挥发酚、BOD_5、总余氯、粪大肠菌群等项目；在锅炉烟（气）尘浓度方面增加林格曼黑度项目；在噪声、振动监测方面，主要进行铁路沿线敏感点的测试和居民投诉的监测。

（3）分别对路局、站段、监测站等单位主要污染物监测控制管理体系进行了现场调研，对环境保护制度、管理方式、主要污染物排放状况、治理水平、监测和管理控制措施等进行了归纳和总结。对中国铁路总公司、铁路局、站段、环境监测站等部门在铁路主要污染物监测管理体系的作用和职能进行了分析。结合铁路"十二五"发展需求，综合考虑环境质量状况、污染治理现状、环境容量等因素，根据实际情况，提出了以石油类、COD_{Cr}、氨氮、BOD_5、LAS、P、二氧化硫、氮氧化物、烟尘等组成具有铁路行业特征的污染物监测指标。基于污染物发生源的基本特征，分别从能源消耗、废水、废气、固体废物、噪声振动五个角度构建了铁路主要污染物监测控制管理体系，构建了科学、合理、适用的铁路污染物"监测、统计、考核"体系，提出了铁路主要污染物控制管理对策建议。

通过频数分析和 K-Means 方法，同时对机务、车辆、客运、生活等站段污水原水浓度控制提出了警戒值，并将其作为污染物发生源清洁生产的指导值。

（4）分析了近 5 年我国铁路运输行业主要污染物排放的总体情况。通过对各铁路局同一年度数据横向比较和同一铁路局不同年度数据纵向比较，开展了铁路主要污染物排放量与总换算运输周转量之间规律的研究。提出用 COD 排放量等指标均除以总换算运输周转量构成单位运输量的各种主要污染物的排污系数，作为铁路主要污染物监测管理体系指标，通过频数分析和 K-Means 快速聚类法确定了上级部门监管铁路主要污染物排放的警戒上限值。

结合铁路"十二五"发展规划及环保规划目标，预测了"十二五"期间铁路污染物的排放趋势。从 2010 年到 2012 年，全路总换算运输周转量排污系数每年都降低 6%～7%。2013 年到 2015 年，各相关部门应采取比前两年总换算运输周转量排污系数下降幅度提高一倍以上（排污系数每年都降低 13%）的措施，方能实现"十二五"的目标。本书的研究还提出了相关管理政策、措施建议，为管理部门提供了科学的方案和理论依据。

第 2 章

铁路中小站区污水治理研究

2.1 铁路中小站区污水排放及处理工艺

新中国成立以来，我国铁路建设得到长足发展。截至 2014 年，铁路的通车里程已达到 7 万多公里，居世界第三位。铁路通车里程的增长也带来了铁路站段的增加，这些站段在铁路运输的过程中都要产生一定量的污水，而如果污水不达标排放将会给当地环境造成污染。公众环境意识的提高也要求铁路站段加强对排放污水的管理，做到达标排放。由于各地气候、地理位置以及经济发展水平的不同，致使中小站段在污水排放方面的情况复杂，具有较大的差异，增加了处理的难度。

近几年，国内各省分别针对国家最新修改并于 2008 年 6 月 1 日施行的《水污染防治法》，纷纷制订或修改地方污水综合排放标准或水污染物排放标准，将污水排放控制指标也由单纯的有机物、SS、石油类拓展到氨氮、总磷等，各项污染指标排放标准值相对国家《污水综合排放标准》（GB 8978—1996）也提高很多。因此，车站污水的处理工艺也应由传统的地埋一体化为主，逐步过渡到物化、生化有机结合，互为补充的综合工艺，使出水水质由达标排放逐步升级为中水回用。那么，选择经济合理、技术先进的污水处理工艺则是污水处理设计者们应执行的首要原则。

铁路车站污水作为污水处理的一个特例，具有污水量少，一般建设时远离城市中心，无配套市政管网可以接入，需要自行处理达标后的污水就近排放或储存等特点。设计及运行人员应在充分分析车站污水性质、水量、工艺本身及排放标准的前提下进行细致研究，并选择最为合适的工艺进行处理，使污水实现达标排放。

铁路站段的污水量虽较小，但水量变化较大。对排水量较小的铁路中小站段（排水量为 10～500 t/d），不能照搬大型污水处理厂的设计和工艺，而要密切结合不同类型的铁路中小站段自身的特点，综合考虑污水的水量和水质问题，根据当地的自然资源（太阳能及风能、土地资源等）和经济发展程度，采用不同的处理工艺。同时，必须应用合理高效的节能生态污水处理工艺，使得处理污水投资节省、操作简单、易被掌握。

综上所述，研究人员有必要调研国内外中小站区生活污水处理工艺、设施、出水水质和运行成本的现状，有必要对污水处理工艺按地区、车站规模、污水排放量及排放径路进行分类，提出适用的技术条件及组合方案，并根据各铁路站段所在地的气候、位置、水质、水量特点，提出适宜处理铁路中小站段生活污水的处理技术。

2.1.1　中小站区污水排放特点

综合调查实际情况，可以得出中小站区污水排放的总体特点如下。

① 污水进水量很不均衡，点多线长，污染源分散。

② 污水量小，如沈秦线沿线小站污水水量一般都低于 100 m^3/d。

③ 东北、西南、华东地区中，铁路站段污水水质及其变化规律没有因为地区气候、地理位置的不同而不同。从每天的水质平均数据来看，污水的水质变化幅度不大，基本上处于一个平衡状态，这是由于一个地区每日的用水情况和污水组成基本上相同。

④ 生活污水水质、污染负荷一般接近或低于市政污水，主要水质指标为：COD_{Cr} 50～250 mg/L，BOD_5 30 ～ 100 mg/L，氨氮 10 ～ 50 mg/L，SS 50 ～ 220 mg/L，石油类 5 ～ 30 mg/L，且 pH 值呈中性。

⑤ 一天之内污水水量、水质出现了两个高峰期，其一是 11～14 点，其二是 17 点左右，其余各时段变化不是很大。这两个时间段中，一般 COD_{Cr} 数值在 100～200 mg/L，氨氮在 30～50 mg/L，SS 在 90～200 mg/L。其中，夜间污水水量和污染负荷低于白天，而且下半夜污水水量和污染负荷又低于上半夜。这一变化正符合站段食堂做饭、洗碗时间污水水质变差的规律：中午的水质一般比下午的要差；夜间实际活动人员比白天少，且用水基本上都是清洗用水，同时污染负荷大的粪便污水和餐厨用水大大减少。

⑥ 污水水量大小主要受站区工作人员数量和车站规模的影响，工作人员数量和车站规模相对较大的站区水量较大。

⑦ 污水水量大小受客流量的影响较小。主要是因为中小站候车人数较少，由流动人口增加的粪便污水及冲洗废水较少。但当节假日客流量大幅增加时，污水水量会受到一定程度的影响。在节日期间，如春节、国庆节，客流量较平时增加较多，易造成污水水质变差，这是由粪便污水增多所致。

2.1.2　污水处理工艺概述

传统污水处理把物理、化学、生物工艺结合起来，去除污水中的固体、有机物或者营养物质。按污水处理水平递增的顺序，描述污水处理程度的术语分别是预处理、初级处理、二级处理、三级处理或深度处理。在一些国家和地区，对病原菌的消毒处理往往放到最后一步进行。

污水处理技术按类型又可分为物理处理、化学处理、生物处理。

物理处理主要用于那些在性质上或颗粒大小上不利于后续处理过程的物质。污水物理处理采用的处理方法有筛选、截留、重力分离（包括自然沉淀、自然上浮和气浮等）和离心分离等，相应的处理设备有格栅、筛网、滤池、微滤机、沉砂池、沉淀池、除油池、气浮装置、离心机及旋流分离设备等。

化学处理通常是在污水的处理过程中投加化学药剂，使之与废水中的有害物质反应，从而达到净化污水的目的，如化学除磷、臭氧消毒等。

生物处理又分为人工生物处理和自然生物处理。人工生物处理采取了一定的人工技术措施，创造有利于微生物生长、繁殖的良好环境，加速微生物的增殖及其新陈代谢功能，促进微生物氧化分解有机物使之转化为稳定的无机物，从而使污水中的污染物得以降解、去除。

生物处理根据参与代谢活动微生物的种类，可分为好氧生物处理和厌氧生物处理。好氧生物处理又可分为活性污泥法和生物膜法。传统的理念是生物膜法适用于生活小区或小镇以及工业废水的生化处理，活性污泥法广泛用于城市污水处理。活性污泥法就是水体自然净化的人工强化法，主要过程是将空气连续输入污水中，经过一段时间后，水中形成繁殖有大量好氧微生物的絮凝体——活性污泥，生活在活性污泥上的微生物以有机物为食料，获得能量并不断生长繁殖，从而使有机物得以去除，进而使污水得到净化。生物膜法使污水连续地经过固体填料，并在填料上形成泥状的生物膜，使微生物能够在生物膜上大量繁殖，这些微生物能够起到与活性污泥同样的净化作用。自然生物处理主要包括生物塘处理系统和土地处理系统。

在以上这些生物处理方法中，传统活性污泥法是污水处理最早的工艺，有机物去除率高，能耗和运行费用低。近年来，由于对自动化程度以及对氮、磷处理要求的提高，出现了许多活性污泥法的变形工艺。在目前比较流行和新型、成熟的活性污泥法工艺中有氧化沟、AB（Absorption Biodegradation，吸附生物降解工艺）法、SBR 法、A/O（Anoxic Oxic，厌氧好氧工艺）法、A²/O（Anaerobic-Anoxic-Oxic，厌氧–缺氧–好氧法）法等工艺。这些工艺都具有处理效率高，出水水质好，除氮脱磷效率高等优点。活性污泥法中氧化沟、AB 法、A/O 法、A²/O 法更适用于城市大、中型污水处理。

近几年来 SBR 法经过多年的研究和演变，已发展成多种改良型，主要有传统 SBR 法、ICEAS（Intermittent Cycle Extended Aeration，间歇式循环延时曝气活性污泥工艺）法、CASS（Cyclic Activated Sludge System，周期循环活性污泥工艺）（CAST）法、UNITANK（一体化活性污泥工艺）法等。对于小水量、要求脱氮除磷、场地狭小的工程，比较适合的是 CAST（Cyclic Activated Sludge Technology，循环式活性污泥法）工艺。SBR 法又称为序批式活性污泥法。是一种古老的污水处理工艺。其由进水、反应、沉淀、排水、闲置五个交替运行的曝气池组成，污水总停留时间通常为 6～8 h。

SBR 污水处理工艺，作为间歇性活性污泥工艺的典型工艺，在处理污水时需要耗能及曝气。所以在设计过程中，应对设计年度污水量认真研究，从而确定 SBR 处理的规模，并在此基础上对 SBR 各工序所需时间，即污水的水力停留时间、污泥产量、排泥量、曝气量等参数进行设计优化，使设计的工艺能够发挥活性污泥微生物充分降解有机物及氮磷的效果，以达到污水各种指标的最佳化。除了对 SBR 污水处理工艺设计参数进行严格控制外，更为关键的是自控系统。良好的自控系统是保证 SBR 工艺顺畅运行的核心，优化的工艺系统和顺畅的自控系统才能实现污水的良好处理效果。目前市场上已经有较多的集成化设备可供选择参考。

生物膜法根据微生物附着生长载体的状态不同加以区分。生物膜反应器可以划分为固定床和流动床两大类。主要的生物膜反应器有生物滤池、生物转盘、生物接触氧化法、曝气生物滤池、生物流化床等。生物膜法在小型工业废水中的应用较多，各种工艺都有工程实例。经进一步分析可知，生物滤池和生物转盘的处理效果、卫生条件不如曝气生物滤池工艺，而淹没式生物滤池独特的硝化技术对于寒冷地区特别适用，故在生物膜法中曝气生物滤池工艺具有相对优势。

生物接触氧化法，又称淹没式生物滤池或接触曝气法，是介于活性污泥法与生物滤池之间，采用接触曝气方式的一种生物膜法处理工艺。其由生物滤池发展而来，典型的工艺由氧化池（生物反应器）、填料（载体）、布水装置和曝气系统四部分组成。其技术实质是在反应池内充填填料，使污水浸没全部填料，并使污水以一定速度流经填料，使污水与填料上生长的生物膜充分接触。由于曝气作用，池内形成液、固、气三相共存体系，充氧效率高，适宜微生物的生长。填料表面布满生物膜之后，形成了生物处理的主体，能够高效地吸附、降解污水中的有机污染物，使污水得到净化。同时在曝气的作用下，老化的生物膜不断脱落更新，使反应器内微生物保持高的活性。由于该方法兼具活性污泥法和生物膜法的优点，因而得到了广泛的应用。

接触氧化工艺是一种高效能的生物处理技术，该技术是将生物滤池和活性污泥法有机结合在一起，同时具有两种方法的优点。从微生物的生长和附着方式上看，其与生物滤池相同，均属生物膜法；但在力学条件和曝气方式上，其又与活性污泥法相似，流态上属完全混合式。接触氧化法与传统的活性污泥法和生物滤池法相比，在处理效率、运行稳定性、工程投资和运行费等方面具有明显的优势。

曝气生物滤池，亦称淹没式曝气生物滤池，是在普通生物滤池、高负荷生物滤池、生物滤塔、生物接触氧化法等生物膜法的基础上发展而来的，被称为第三代生物滤池。该技术在开发过程中，充分借鉴了污水处理接触氧化法和给水快滤池的设计思路，即需曝气、高过滤速度、截留悬浮物、需定期反冲洗等特点。其工艺原理为，在滤池中装填一定量粒径较小的粒状滤料，滤料表面生长有高活性的生物膜，并由其于滤池内部曝气。

曝气生物滤池是第三代生物滤池，是真正集生物膜法与活性污泥法于一身的反应器，其特点是出水水质高、处理负荷大。曝气生物滤池对生物滤池进行了全面的革新，主要如下：采用人工强制曝气，代替了自然通风；采用粒径小、比表面积大的滤料，显著提高了生物浓度；采用生物处理与过滤处理联合的方式，省去了二次沉淀池；采用反冲洗的方式，降低了堵塞的可能，同时提高了生物膜的活性；采用生物膜加生物絮体联合处理的方式，同时发挥了生物膜法和活性污泥法的优点。

曝气生物滤池对污染物质的去除是基于生长在粒状填料上的高浓度生物膜发挥的生物氧化分解、过滤截留和絮凝网捕作用，所以曝气生物滤池拥有很强的有机物、悬浮物去除能力，并且在进水水质适当的情况下拥有良好的硝化能力，同时通过控制溶解氧等方式能够实现一定程度的同步硝化与反硝化。曝气生物滤池同时具有生物氧化降解和过滤的作用，因而可获得很高的出水水质，部分水质可达到回用水水质标准。

新型滤池曝气系统采用单孔膜空气扩散器滤池专用曝气系统，运行中氧的总体利用率可达 5% 以上。由于供氧动力消耗低，使运行成本大大降低。同时，该新型结构的曝气系统不易堵塞。滤池采用水、气联合反冲洗系统，可保证出水水质稳定，使系统始终能正常运行。该系统稳定性好，由于该滤池的结构特殊，使滤池系统具有较好的抗冲击负荷能力，同时受气候影响小，同样适用于北方地区。滤池为模块化结构，该种结构便于污水处理厂的扩建。系统占地面积小，一般为常规处理工艺面积的 1/5～1/3，厂区布置紧凑、美观。处理出水质量高，出水清澈透明，可达国家回用水标准。工艺流程短，比传统工艺省去了二沉池及污泥回流系统，其反冲洗系统及供氧量可用微机自动控制，运行管理方便且便于维护。该技术总体投资节省（包括机械设备、自控电气系统、土建及征地费用等），可使污水处理厂每立方米污水投资从现在常规工艺的 1 200～1 500 元降至 800～1 000 元。该技术同时具有如下优点：占地面积小，处理效率高，出水水质好，可达到水质标准，运行操作灵活，且环境卫生美观。

而对于厌氧污水处理设备，一般在污水量较小、污水排放标准相对较低时（农灌"旱作"标准）应用，其处理的污水量一般不大于 20 m^3/d。此外，该工艺为厌氧工艺，无曝气系统。在污水排放标准日趋严格的背景下，单纯采用厌氧污水处理设备难以满足当前严格的标准，必须辅以相应的其他处理工艺才能够实现污水的达标排放。

目前，世界各国已开发用于水处理的自然能源以风力和太阳能为主，有些利用风能发电以补充水处理厂的能源消耗，也有些利用风能直接带动曝气装置用于生物处理，以供给活性污泥法中的微生物需氧量。水处理厂由于地势开阔可以充分利用太阳能发电，如屋顶、空地、滤池上部空间、取水口的水面空间等都可用来设置发电装置，以满足本厂部分所需能源。另外，水处理工艺本身也有开发能源的潜力，如利用污水、污泥处理后的沼气发电，利用排放水的落差发电等。

有关污水处理节能方面，可采取的措施大致分为两种：一种是对各种污水处理构筑物进行节能潜力的挖掘；另一种则考虑将可再生能源应用到污水处理中。例如，利用太阳能提高板提高水温或采用生态大棚来控制水温从而保证运行效果，还可以考虑利用太阳能加温灭菌的方法来解决生态塘运行过程中卫生条件差的问题。

2.1.3　国内外铁路中小站段污水处理现状

1. 国外铁路站段污水处理现状

对于铁路站段污水的排放，发达国家具有完善的环境保护法律，加上公众的环境保护意识较高，因此在污水处理方面达标情况较好。市政设施完善的小部分专项污水经单独处理后能够实现达标排放，多数进入城市污水处理系统统一处理后也实现了达标排放。在铁路粪便污水、洗涤污水和含油污水等专项污水处理方面，国外也已经形成了非常成熟的工艺和体系。

法国对于高速动车段内，列车排污设施储存罐中的污水，采取通过压缩空气送入城市下水道的方法。根据资料显示，为了达到规定的排放标准，必要时需要用水稀释这些污水后再排放到巴黎地区下水道，由城市污水处理设施统一处理。

日本列车段对于生活污水和粪便污水的处理分两种情况：一是稍加处理后排至城市下水道，如 JR 东日本公司上越新干线新潟车辆基地，将列车的粪便污水和生活污水排入城市下水道；二是较为彻底地处理后排放，其排放标准相比排至下水道要严格许多。

德国铁路企业的环境保护意识较高，其中柏林动力段为整备场车皮洗刷水建立了污水处理厂，实现了污水处理后回用，既减少了污染排放又节约了水资源，且已通过了 ISO 14000 认证。德国铁路现均已采用密闭式厕所，车上收集的污物在终点站的整备场排入地面设施，地面接收一般采用移动式真空吸便车或固定式地面真空接收系统，回收的污水经化粪池后排入市政管网，最终进入城市污水厂。鉴于德国铁路企业优秀的环境保护工作，勃兰登认证中心也对其车辆修理厂等单位进行了 ISO 14000 认证。

2. 国内铁路站段污水处理现状

国内铁路沿线中小站区的生活污水具有排放地点分散、水量小、不便于集中处理等特点，采用常规二级生化处理工艺又存在能耗高、管理复杂等问题，从而限制了其应用。当前，很多中小铁路站点的生活污水没有经过处理，或经过简单一级处理后未能达到排放标准即排入水体；个别站点虽已配有二级生化处理系统，但也由于处理设备耗电量大，维护管理困难而长期闲置。这些均对铁路沿线生态环境造成了较大的影响。

目前，对于铁路的污水处理研究以生产污水的专项处理为主，产生了一些较为成熟的工艺技术，例如：机务段、车辆段的含油污水处理采用气浮处理技术，酸碱废水采用中和处理技术，粪便污水就地设化粪池处理等。对此，铁道科学研究院、北京交通大学、铁道第一勘察设计院、兰州交通大学、铁道第三勘察设计院等单位相继开展了对铁路污水的处理研究。

铁路中小站区生活污水处理模式从污水收集方式角度可分为分散处理模式、集中处理模式和接入城镇市政管网统一处理模式。其中，分散式处理模式常用的工艺包括厌氧生物滤池、微动力池、土地渗滤、人工湿地等。

目前，国内铁路中小站段采用的污水处理方法主要有：地下渗透、生物转盘处理、接触氧化、强化一级处理、化粪池及厌氧生物滤池、排入城市管网。考虑到国内铁路站段的污水量虽较小，但水量变化较大的特点，因此有必要调研国内中小站区在生活污水处理工艺、设施、出水水质和运行成本方面的现状。

2.1.4　铁路中小站区生活污水处理技术及应用现状调查

1. 铁路中小站区污水处理工艺

铁路沿线不同的站区，生活污水水质不同，污水中主要污染物 COD_{Cr} 的变化范围在 93.3~165 mg/L 之间。其中单一区段站浓度较高，综合性区段站浓度较低，分析其原因如下：单一区段站生活污水中含有大量的厨房污水，因此造成了浓度偏高；综合性区段污水中含有机务段、车辆段经处理后达标排放的生产污水，在其与生活污水混合后起到了一定的稀释作用。

铁路车站生活污水目前主要以 SBR 工艺、生物接触氧化、MBR、人工湿地工艺等为主要处理方式。产生少量污水的铁路车站，一般不适宜采用诸如 A^2/O 及其相应的改良工艺。原因是这些工艺结构更复杂，建设成本更高，管理要求也非常高，在小水量污水运行中不经济、不适用。此外，无人值守等要求正好与 SBR 工艺、生物接触氧化、MBR、人工湿地等工艺的特点相符合。

（1）人工湿地法

中铁第二勘探设计院和中铁第四勘探设计院均在南方多个中小站段设计了人工湿地设施，建成的设施运行效果良好，比较适用于技术管理水平不高，规模较小的铁路站段的污水处理设施。

（2）生物处理法

对于有机物含量较高且水量、水质变化较大的中小站段，宜采用生物处理法来处理生活污水。主要原理是利用水中微生物来吸附、氧化分解污水中的有机物，处理方法包括好氧和厌氧微生物处理，一般以好氧处理较多。实际处理中一般采用活性污泥法、接触氧化法、生物转盘等生物处理方法，或是一种方法单独使用，或是几种方法组合使用，如接触氧化结合生物滤池，生物滤池结合活性炭吸附，转盘结合砂滤等方法。这种方法流程具有适应水力负荷变动能力强，产生污泥量少，维护管理容易等优点。

铁路沿线排放生活污水量较大的车站大多采用一体化污水处理设备，其中的核心工艺即为生物接触氧化法。这种方法是以附着在载体（俗称填料）上的生物膜为主，来净化有机污水的一种高效水处理工艺。其兼有活性污泥法和生物膜法的优点，并且在生活污水的处理应用方面取得了良好的效果。该方法的优点主要在于：由于填料比表面积大，氧化池内充氧条件良好，池内单位容积的生物固体量较高，因此具有较高的容积负荷；由于水流完全混合，因此对水质、水量的骤变有较强的适应能力；由于剩余污泥量少，因此不存在污泥膨胀问题，运行管理简便。

生物接触氧化法具有生物膜法的基本特点，但又与一般生物膜法不尽相同，主要在以下三个方面：一是供微生物栖附的填料全部浸在污水中，所以生物接触氧化池又称淹没式滤池；二是采用机械设备向水中充氧，而不同于一般生物滤池靠自然通风供氧，也可称为曝气循环型滤池或接触曝气池；三是池内污水中还存在 2%～5% 的悬浮状态活性污泥，对污水也起净化作用。因此，生物接触氧化法是一种具有活性污泥法特点的生物膜法，并兼有生物膜法和活性污泥法的优点。

随着铁路行业的快速发展，近年来在既有铁路和新建的客运专线上开行了大量动车组列车。由于此类列车运行速度快，必须设置密闭式真空抽吸厕所，且粪便污水不能沿途直排，需在车站或动车整备所集中排卸。集便污水具有污染物浓度高、可生化处理性强的特点。

根据目前掌握的数据，集便污水 COD_{Cr} 一般为 1 000～15 000 mg/L。由于污水中污染物均为粪便排泄物，适宜微生物繁殖，因此适宜采用生化法处理。目前，针对此类污水采用的主要处理工艺为沉淀—水解酸化—生物接触氧化。

此工艺在沉淀阶段需停留 24 h 以上，经沉淀后的污水 COD_{Cr} 浓度可降低到 6 000～8 000 mg/L。水解酸化工艺主要的目的是将粪便中大分子有机物分解成小分子有机物，便于后续工艺处理。其运行条件为常温厌氧状态，停留时间一般为 3～20 h。生物接触氧化工艺是在好氧状态下，好氧菌将污染物分解成水、二氧化碳和氮气。经过上述工艺处理，集便污水排水水质一般可以达到《污水综合排放标准》（GB 8978—1996）三级标准要求，处理效果好的设施可以达到二级标准要求。

集便污水很大一部分在动车段排出，因此这类污水往往与段内职工生活及车皮洗刷等其他污水混合后处理，这样可以降低水中污染物浓度及处理难度。处理工艺主要为调节沉淀（或水解酸化）—水解酸化—SBR，目前采用此工艺的单位主要为北京客整所、济南客整所。采用水解酸化—SBR 处理工艺的为秦沈客运专线皇姑屯电动车所。

2. 渝怀线污水处理调研

（1）工程概况

渝怀铁路地处重庆市、贵州省、湖南省境内。线路自重庆枢纽鱼嘴站引出，终止于湘黔线怀化车站。设计范围内正线建筑长度 583.30 km，重庆枢纽范围正线长 41.222 km。渝怀线运营长度 603.589 km，建筑长度 624.523 km。渝怀铁路沿线概况如图 2-1 所示。

渝怀铁路为国家Ⅰ级干线、单线，并预留复线条件；限制坡度一般为 6‰，加力坡为 13‰；最小曲线半径在一般地段为 1 200 m，在困难地段为 800 m；到发线有效长为 850 m，双机地段为 880 m；牵引方式为电力牵引；近期输送能力上行为 560 万吨，下行为 760 万吨；开行客车每日 14 对。

渝怀铁路为电气化铁路，电力机车耗电量近期为 48 639×10⁴ kW·h，远期可达到

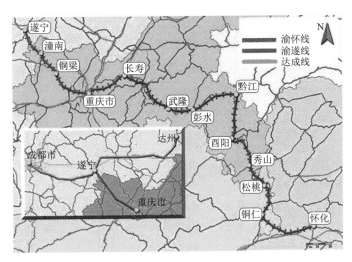

图 2-1　渝怀铁路沿线概况图

57 568×10^4 kW·h；调机及锅炉能耗燃油量共计 1 359.7 t/a；沿线车站用水包括生产用水和生活用水两部分，耗水量共计 13 291 m^3/d。

工程投资概算总额为 1 718 024.19 万元，其中重庆市境内投资 1 378 442.60 万元，贵州省境内投资 196 015.25 万元，湖南省境内投资 143 566.34 万元，平均每公里正线投资 2 939.91 万元。

（2）监测依据及分析方法

受渝怀铁路建设总指挥部的委托，怀化市环境监测站于 2008 年 2 月 20—21 日对渝怀铁路湖南段锦和污水处理站进行了现场监测。依据《污水综合排放标准》（GB 8978—1996）对流量、pH、COD$_{Cr}$、BOD$_5$、SS、石油类、动植物油、氨氮进行了监测，监测方法如表 2-1 所示。

表 2-1　监测方法

序号	监测项目	监测方法及来源
1	pH	水质　pH 值的测定 玻璃电极法（GB 6920—1986）
2	COD$_{Cr}$	水质　化学需氧量的测定 重铬酸盐法（GB 11914—1989）
3	BOD$_5$	水质　五日生化需氧量的测定 稀释与接种法（GB 7488—1987）
4	SS	水质　悬浮物的测定 重量法（GB 11901—1989）
5	石油类	水质　石油类和动植物油的测定 红外光度法（GB/T 16488—1996）①
6	动植物油	水质　石油类和动植物油的测定 红外光度法（GB/T 16488—1996）
7	氨氮	水质　铵的测定 钠氏试剂分光光度法（GB 7479—1987）

（3）监测结果

监测结果详见怀化市环境保护监测站监测报告单，如表 2-2、表 2-3 所示。

---

① 该标准目前由水质石油类的动植物油的测定 红外光度法（HJ 637—2012）代替。

表 2-2 渝怀铁路锦河车站生活污水处理站污水监测结果

采样地点	采样时间		监测项目（单位未注明均为 mg/L, pH 除外）							
			pH	SS	COD$_{Cr}$	BOD$_5$	石油类	动植物油	氨氮	外排污水量/（t/d）
进口	2008.02.20	第一次	7.89	68.9	116.2	30.4	0.094	0.418	0.215	12
		第二次	7.92	75.6	110.3	28.1	0.089	0.420	0.289	13
		第三次	7.90	78.9	110.8	31.4	0.088	0.461	0.201	11
		第四次	7.92	62.4	109.5	35.5	0.090	0.389	0.267	14
	2008.02.21	第一次	7.80	76.0	102.3	36.9	0.124	0.401	0.246	12
		第二次	7.82	66.0	111.4	33.9	0.115	0.456	0.273	11
		第三次	7.84	70.0	108.6	32.2	0.132	0.420	0.279	15
		第四次	7.79	50.0	106.8	33.3	0.121	0.480	0.219	16
出口	2008.02.20	第一次	7.92	14.0	20.80	5.25	0.063	0.123	0.098	14
		第二次	7.97	12.0	21.55	4.98	0.062	0.158	0.095	12
		第三次	8.00	12.0	20.60	4.84	0.059	0.124	0.085	11
		第四次	8.01	10.0	21.90	5.12	0.066	0.136	0.103	15
	2008.02.21	第一次	7.82	12.0	20.80	5.36	0.081	0.200	0.064	13
		第二次	7.90	12.0	20.10	5.52	0.079	0.184	0.062	11
		第三次	7.84	10.0	19.80	5.26	0.082	0.168	0.067	12
		第四次	7.86	12.0	19.20	5.50	0.080	0.146	0.062	15

表 2-3 渝怀线污水处理设施单位明细表

序号	地点	设施名称	数量/套	主要使用单位
1	井口车站	厌氧生物滤池	1	北碚车务段
2	江北车站	模块式生物曝气滤池污水处理站	1	江北给水所、行车公寓
3	江北车站	厌氧生物滤池	1	牵引变电所
4	江北车站	厌氧生物滤池	1	接触网工区
5	江北机务段	江北机务段污水处理设施	1	江北机务段
6	江北客运备品库	厌氧生物滤池	1	江北客运备品库
7	江北客车技术整备所单身宿舍	厌氧生物滤池	1	江北客车技术整备所单身宿舍
8	江北客车技术整备所	江北客车技术整备所污水处理站	1	江北客车技术整备所
9	唐家沱车站	厌氧生物滤池	2	唐家沱车站
10	鱼嘴车站	厌氧生物滤池	1	鱼嘴车站
11	庙坝车站	厌氧生物滤池	1	庙坝车站
12	庙坝车站	厌氧生物滤池	1	庙坝工务工区
13	太洪车站	厌氧生物滤池	1	太洪车站

序号	地点	设施名称	数量/套	主要使用单位
14	长寿车站	模块式生物曝气滤池污水处理站	1	长寿车站
15	长寿车站	污水提升泵站及其扬水管	1	牵引变电所
16	王家坝车站	厌氧生物滤池	1	王家坝车站
17	石沱车站	厌氧生物滤池	2	石沱车站
18	蔺市车站	生物流化床污水处理站	1	蔺市车站
19	涪陵西车站	污水提升泵站及其扬水管	1	涪陵西车站
20	涪陵车站	模块式生物曝气滤池污水处理站	1	涪陵车站
21	涪陵车站	厌氧生物滤池	1	10 kV 变电所
22	磨溪车站	厌氧生物滤池	1	磨溪车站
23	磨溪车站	厌氧生物滤池	1	工务工区
24	白涛车站	车站污水提升泵站及其扬水管	1	白涛车站
25	白涛车站	接触网工区污水提升泵站及其扬水管	1	接触网工区
26	白涛车站	生物流化床污水处理站	1	白涛车站、给水所
27	白沙沱车站	车站污水提升泵站及其扬水管	1	白沙沱车站
28	白沙沱车站	厌氧生物滤池	1	白沙沱车站
29	白沙沱车站	厌氧生物滤池	1	隧道看守房
30	白马车站	生物接触氧化池污水处理站	1	白马车站
31	白马车站	厌氧生物滤池	1	工务工区
32	土坎车站	厌氧生物滤池	1	土坎车站
33	武隆车站	车站污水提升泵站及其扬水管	2	武隆车站
34	武隆车站	武隆车站接触网工区污水提升泵站及其扬水管	1	接触网工区
35	中嘴车站	厌氧生物滤池	1	中嘴车站
36	黄草场车站	厌氧生物滤池	1	黄草场车站
37	高谷车站	厌氧生物滤池	1	工务工区
38	彭水车站	模块式生物曝气滤池污水处理站	1	铁路地区
39	保家楼车站	生物流化床污水处理站	1	保家楼车站
40	保家楼车站	保家楼车站行车室污水提升泵站及其扬水管	1	保家楼车站
41	郁山车站	郁山车站行车室污水提升泵站及其扬水管	1	郁山车站
42	郁山车站	生物流化床污水处理站	1	郁山车站
43	干溪沟车站	厌氧生物滤池	1	干溪沟车站
44	石子坝车站	厌氧生物滤池	1	工务工区
45	核桃园车站	厌氧生物滤池	1	核桃园车站
46	黔江车站	军供站处污水提升泵站及其扬水管	1	综合部门
47	黔江车站	模块式生物曝气滤池污水处理站	1	黔江车站
48	冯家坝车站	生物流化床污水处理站	1	冯家坝车站
49	甘家坝车站	厌氧生物滤池	1	甘家坝车站

续表

序号	地点	设施名称	数量/套	主要使用单位
50	鱼泉车站	厌氧生物滤池	1	工务工区
51	鱼泉车站	厌氧生物滤池	1	牵引变电所
52	长潭沟车站	厌氧生物滤池	1	长潭沟车站
53	泔溪车站	厌氧生物滤池	1	泔溪车站
54	泔溪车站	厌氧生物滤池	1	接触网工区
55	麻旺车站	厌氧生物滤池	1	麻旺车站
56	麻旺车站	厌氧生物滤池	1	工务工区
57	麻旺车站	厌氧生物滤池	1	牵引变电所
58	酉阳车站	生物流化床污水处理站	1	酉阳车站
59	小浩车站	厌氧生物滤池	1	小浩车站
60	龙池车站	生物流化床污水处理站	1	龙池车站
61	秀山车站	车站货场污水提升泵站及其扬水管	1	秀山车站
62	秀山车站	模块式生物曝气滤池污水处理站	1	秀山车站

3. 遂渝线污水处理调研

（1）工程概况

遂渝铁路为单线电气化工程（预留复线条件），线路经过四川省遂宁市及重庆市的北培区、潼南县、合川区，线路全长 146.6 km（含遂渝线引入重庆枢纽工程 26.4 km），四川省境内 31.2 km，重庆市境内 115.4 km。遂渝铁路是"八纵八横"铁路网主骨架中沪汉蓉通道的一段，是成都地区与华东、中南、华南地区客货交流最便捷的运输通道。遂渝铁路沿线概况及主要技术标准分别如图 2-2、表 2-4 所示。

图 2-2 遂渝铁路沿线概况图

表 2-4 遂渝铁路主要技术标准

项目	技术标准
线路等级	I 级
正线数目	单线，预留增建二线条件
限制坡度	6‰
最小曲线半径	一般 1 600 m，遂宁站端 700 m，东阳至北碚站 600 m
牵引种类	电力
机车类型	客运 SS_8、SS_{3B}
牵引定数	3 500 t
到发线有效长度	850 m
闭塞类型	自动站间闭塞

（2）沿线车站污水处理和排放情况

遂渝线车站污水处理排放情况及设施状况如表 2-5、表 2-6 所示。

表 2-5　遂渝线车站污水处理和排放情况

序号	车站	环评排放量/（m³/d）	实际排放量/（m³/d）	污水类型	排放去向	排放标准	处理工艺
1	遂宁	98.0	80.0	生活污水	经处理后排入城市污水管网	GB 8978—1996 三级	化粪池
2	遂宁南	45	2.1	生活污水	经处理后排入农灌沟	GB 8978—1996 二级	沼气净化池
3	三星	35	1.1	生活污水	经处理后排入飞跃水库下游排洪沟	GB 8978—1996 一级	沼气净化池
4	潼南	210	10.0	生活污水	经处理后排入矮子桥河—古溪河	GB 8978—1996 一级	DAT-IAY（SBR）
5	太和镇	33	0.4	生活污水	经处理后排入站区排水沟—涪江	GB 8978—1996 一级	沼气净化池
6	合川	288	10.0	生活污水	经处理后排入站区排水沟—嘉陵江	GB 8978—1996 一级	DAT-IAY（SBR）
7	石子山	44	0.4	生活污水	经处理后排入站区排水沟—明家溪	GB 8978—1996 一级	沼气净化池
8	蔡家	33	0.4	生活污水	经处理后排入站区排水沟—农灌沟	GB 8978—1996 二级	沼气净化池
9	井口	—	0.4	生活污水	经处理后排入站区排水沟	GB 8978—1996 三级	化粪池

表 2-6　遂渝线污水处理设施一览表

站名	房屋名称	化粪池型号	数量/座	污水处理方式
遂宁南	行车室	1-2B11	1	沼气化粪池 B-20 污水抽升泵井 1 座 $D=3.0$ m $H=4.5$ m
	牵引变电所	Z1-2SQF	1	
	接触网工区	2-4B11	1	
	给水所	1-2A11	1	
	工务工区	2-4B11	1	
	单身宿舍	1-2B11	1	
三星	行车室	1-2B11	1	沼气化粪池 B-20 $D=3.0$ m，$H=4.0$ m 50QW13-35-3.0（2 台，有反冲管、一控二电控柜）
	给水所	1-2A11	1	
	工务工区	2-4B11	1	
	单身宿舍	1-2B11	1	

站名	房屋名称	化粪池型号	数量/座	污水处理方式
太和	行车室	1-2B11	1	沼气化粪池 B-20
	给水所	1-2A11	1	
	工务工区	2-4B11	1	
	单身宿舍	1-2B11	1	
北碚北	信号楼	Z2-4SQF	1	沼气化粪池 B-20
	给水所	1-2A11	1	
	工务工区	2-4B11	1	
蔡家	信号楼	Z2-4SQF	1	沼气化粪池 B-20

（3）监测结果

遂宁南站生活污水采用建设部建科字〔1990〕484 号文推广的生活污水净化沼气池处理工艺。遂宁南、蔡家、井口站生活污水经此工艺处理后水质可以达到 GB 8978—1996 二级排放标准；同时新建的三星、太和镇、石子山站生活污水经处理后的水质也能满足 GB 8978—1996 一级排放标准；潼南、合川站生活污水经新型 SBR 的 DAT-IAT 设备处理后，出水水质满足 GB 8978—1996 一级排放标准要求。

（4）污水处理设施

与地埋式污水处理相比，沼气处理的效果较好一些。从表 2-5 中可以看出，遂宁南站、三星站、太和镇、蔡家、石子山站均采用了沼气净化池来处理铁路污水。

（5）环保投资

遂渝铁路建设项目进入施工阶段时，工程总投资总额调整为 45 亿元，其中环保投资调整为 1.21 亿元，占工程投资总额的 2.69%。

4. 达万线污水处理调研

（1）工程概况

达万铁路西起襄渝铁路达州站襄樊端，东至重庆市万州区，正线全长 157.077 km。达万铁路于 1997 年 10 月 31 日开工建设，2002 年 10 月 23 日通过初验投入临管运营。达万线沿途站点有万州、万州李河、三正、分水、梁平、四川开江、四川达州麻柳镇、达州 8 个车站。达万铁路沿线概况如图 2-3 所示。

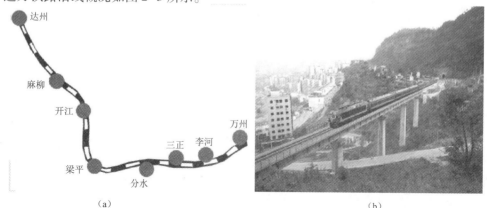

（a）　　　　　　　　　　　　　　　　　　（b）

图 2-3　达万铁路沿线概况

（2）运输能力

达万铁路为国家 I 级铁路，牵引方式为内燃牵引，预留电力牵引条件。设计运输能力近期为 3 对客车，货运量为 472 万吨/年；远期将达到 8 对客车，货运量将达到 661 万吨/年。

（3）污水处理设施

部分站区污水处理设施如图 2-4～图 2-7 所示。

① 麻柳站

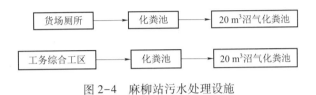

图 2-4　麻柳站污水处理设施

② 梁平站

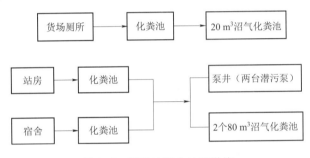

图 2-5　梁平站污水处理设施

③ 分水站

图 2-6　分水站污水处理设施

④ 万州站

图 2-7　万州站污水处理设施

从上述污水处理流程分析可知，大部分的站区均采用沼气化粪池处理污水，只有少数站区仍采用地埋式污水处理系统。

5. 内昆线污水处理调研

（1）工程概况

内昆铁路北起四川内江，南至云南昆明，北接成渝铁路，连通襄渝、成昆、宝成等铁路，南接贵昆、水柏铁路，连通湘黔、南昆铁路，是沟通云、贵、川、渝三省一市的又一条主要干线，成为西南地区南下出海的便捷通道。内昆铁路是 20 世纪末中国西南地区开工建设的又一条重大铁路干线，也是一条主要穿行于老、少、边、穷地区的扶贫线。内昆铁路全长 872 km，北段为四川省内江市（内江站）—四川省宜宾市宜宾县安边镇（安边站），南段（梅花山站—昆明站）于 20 世纪 60 年代建成。2001 年竣工通车的中段起点为水富站，终点为梅花山站，全长 358 km。这条铁路从四川盆地攀至云贵高原，山高谷深，地质复杂，气候多变，工程浩大，任务艰巨。新建隧道达 148.86 km、桥梁 41.8 km，桥隧总长占线路总长的 53.9%。该段从 1998 年 6 月开始兴建，至 2001 年 9 月全线铺通。内江至六盘水段又称内六铁路，六盘水至昆明段与沪昆铁路共线。内昆铁路沿线概况如图 2-8 所示。

（a） （b）

图 2-8 内昆铁路沿线概况图

（2）污水处理设施

部分站区污水处理设施如图 2-9～图 2-18 所示。

① 昭通站

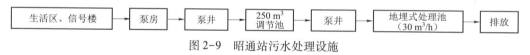

图 2-9 昭通站污水处理设施

② 大关站

调节池和地埋式处理池的污泥由泵井送入干化池。

图 2-10 大关站污水处理设施

③ 盐津站

调节池和地埋式处理池的污泥由泵井送入干化池。

图 2-11 盐津站污水处理设施

④ 宜宾站

调节池和地埋式处理池的污泥由泵井送入板筐压滤机。

图 2-12 宜宾站污水处理设施

⑤ 宜宾南站

图 2-13　宜宾南站污水处理设施

⑥ 开山沟站

调节池和地埋式处理的污泥由泵井送入板筐压滤机干化。

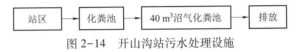

图 2-14　开山沟站污水处理设施

⑦ 普洱渡站

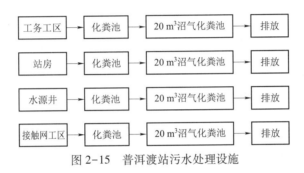

图 2-15　普洱渡站污水处理设施

⑧ 滩头站

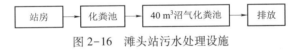

图 2-16　滩头站污水处理设施

⑨ 铜鼓溪站

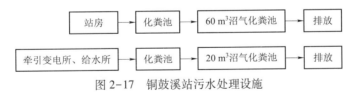

图 2-17　铜鼓溪站污水处理设施

⑩ 水富站

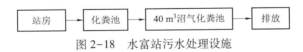

图 2-18　水富站污水处理设施

6. 湖北省汉十高速公路孝感服务区路北污水生态处理项目

湖北省汉十高速公路是国家西部大开发重点线路福州—银川高速公路的重要组成部分。它连接武汉、襄樊和十堰，是连接湖北省中西部的重要通道。其中，襄十段是湖北省第一条山岭重丘区高速公路，孝襄段是湖北省首条绿色环保高速公路。该段高速公路的孝感服务区设有加油站、客房、超市、食堂、厕所、澡堂等基础设施，分布于道路南北两侧。服务区有职工 200 人，夏季用水量为 300 t，冬季用水量在 200 t 以下，平均每天接待车辆 200 辆，人员 1 000 人。孝感服务区概况如图 2-19 所示。

（a） （b）

图 2-19 汉十高速公路孝感服务区概况图

（1）概况

该服务区废水排污量为 200 m³/d，工程设计处理水量为 8 m³/h；污水处理站占地面积约为 600 m²，其中人工湿地占地 400 m²，预处理占地 200 m²；射流泵功率为0.7 kW，功率为 2.2 kW 的提升泵设有两台，回流泵功率为 0.75 kW。

其中，提升泵分出一半水流进入曝气池作为水冲击曝气使用，另一半则将预处理后的废水提升进入人工湿地，该过程部分时段可由风力发电机来带动提升泵。这一阶段，废水处理停留时间预计为 15 小时，处理后的回用水可用于冲厕所、绿化等，废水处理成本为 1.0 元/吨。如图 2-20、图 2-21 所示为污水处理的相关设施。

图 2-20 预处理工艺设施 图 2-21 二千瓦风力发电机

（2）工艺流程

汉十高速公路孝感服务区路北污水生态处理工艺流程及构筑物如图 2-22～图 2-24 所示。

图 2-22 工艺流程图

（a）　　　　　　　　　　　　　　　　（b）

图 2-23　预处理及湿地处理

（a）　　　　　　　　　　　　　　　　（b）

图 2-24　湿地出水口

（3）填料选择

填料在为植物和微生物提供生长介质的同时，也能够通过沉淀、过滤和吸附等作用直接去除污染物。填料的种类、级配等因素会直接影响沉淀、过滤和吸附等作用的效果。在相同实验条件、相同进水水质和水力负荷的情况下，无烟煤、圆陶粒、砾石具有较好去除有机物的能力，沸石和陶瓷滤料具有较好去除总氮和氨氮的能力，高炉钢渣和无烟煤具有较好去除磷的能力。由此可针对不同的重点来处理污染物，选用相应类型的填料作为垂直流人工湿地的填料。另外，无烟煤、圆陶粒、沸石具有较好的综合净化能力，可单独或组合成为垂直流人工湿地的填料。

7. 铁路中小站段所采用的人工湿地技术

中铁第二勘探设计院和中铁第四勘探设计院均在南方多个中小站段设计了人工湿地设

施，建成的设施运行效果良好，比较适用于技术管理水平不高，规模较小的铁路站段的污水处理设施。安靖站位于成都至都江堰线路上，它采用的是复合型垂直流人工湿地污水处理系统。安靖站人工湿地污水处理工程占地面积为 200 m²，设计处理污水量为 20 m³/d，基建投资费用为 15 万元（如图 2-25 所示）。此外，聚源站（如图 2-26 所示）、安德站（如图 2-27 所示）均与安靖站具有同样的设计处理量和处理工艺。

（a）

（b）

（c）

（d）

图 2-25　安靖站人工湿地污水处理工程

　　安靖站的人工湿地采用氧化塘结合负荷垂直流型人工湿地的工艺。氧化塘的形式为水生植物塘，BOD 表面负荷为 5 g/(m²·d)；垂直流人工湿地 COD 表面负荷为 20 g/(m²·d)，污水容积负荷为 0.1 g/(m³·d)。安靖站人工湿地工艺流程如图 2-28 所示。

　　其中，水生植物塘浮水植物采用粉绿狐尾藻或水芹菜，下降流人工湿地植物采用芦苇（或芦竹）和风车草，上升流人工湿地植物采用美人蕉和再力花。

　　安靖站的污水处理构筑物均采用自然落差，实现水流势能充分利用以节省耗电，部分设施需采用水泵。污水处理设施共设置三座共用栓回用于生态绿化，并将车站的雨水经管道收集后排入路旁暗沟中。该地区经复合型人工湿地处理后的污水水质能够达到《城镇污水处理厂污染物排放标准》（GB 18918—2002）一级 B 标准。安靖站人工湿地水质情况如表 2-7 所示。

（a）　　　　　　　　　　（b）

（c）

图 2-26　聚源站污水处理工程

（a）　　　　　　　　　　（b）

（c）

图 2-27　安德站污水处理工程

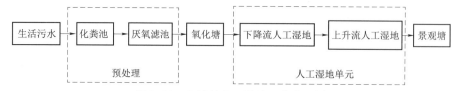

图 2-28 安靖站人工湿地工艺流程图

表 2-7 安靖站人工湿地进水、出水水质   单位：mg/L

指标	进水	出水
COD	150～200	60
BOD$_5$	50～80	20
SS	80～100	20
氨氮	50～70	8（15）
总磷	5～7	1.5

8. 主要结论

在对我国现有铁路中小站区进行了实际考察和资料收集的基础上，经过大量的文献调研和现场调研，可以得到如下一些结论。

① 中小站区污水排放存在以下特点：污水进水量小且很不均衡，污染源分散；污水水质优于一般的市政污水，污水水质一般为：COD_{Cr} 50～220 mg/L，氨氮 10～50 mg/L，SS 50～200 mg/L；污水水量大小主要受站区工作人员数量和车站规模的影响，工作人员数量和车站规模相对较大的站区水量较大；污水水量大小受客流量的影响较小，但当春运、节假日客流量大大增加时，水量会受到其一定程度的影响。

② 铁路中小站区生活污水处理模式，从污水收集方式角度，可分为分散处理模式、集中处理模式和接入城镇市政管网统一处理模式。分散式处理模式常用的工艺包括厌氧生物滤池、微动力池、土地渗滤、人工湿地等。目前铁路中小站区采用的污水处理方法主要有地下渗透、生物转盘处理、接触氧化、强化一级处理、化粪池及厌氧生物滤池、排入城市管网。

③ 调查发现铁路站区污水处理设施也存在一些共同问题：第一，很多处理设施的自控设备已无法正常运行，主要依靠人工控制；第二，污水管理人员对污水处理设施不了解，对突发问题无法处理；第三，污水处理设施与污水水质、水量不匹配，造成几乎所有设施均处于间歇式运行状态。

④ 目前的污水处理具有处理效果不稳定，运行费用高，使用年限和长效性不足等自身的局限性。由于各地铁路站段的具体情况不同，所以相关部门应选择合适的污水处理工艺，并有必要对污水处理工艺按地区、车站规模、污水的排放量及排放径路进行分类，提出适用的技术条件及组合方案。最终，根据各铁路站段所在地的气候、位置、水质、水量特点，提出适宜处理铁路中小站区生活污水的最优处理技术。

2.2　铁路中小站区生活污水处理工艺确定原则

2.2.1　铁路中小站区生活污水处理的主要原则

铁路车站污水作为污水处理的一个特例，具有污水量少，一般建设时远离城市中心，无配套市政管网可以接入，需要自行处理达标后就近排放或储存等特点。设计及运行人员应在充分分析车站污水的性质、水量、工艺本身及排放标准等方面的基础上，进行细致的研究，并选择最为合适的工艺进行处理，使污水达标排放。

铁路中小站区生活污水处理的主要原则如下。

① 车站污水的处理工艺应由传统的地埋一体化为主，逐步过渡到物化、生化有机结合，互为补充的综合工艺，使出水水质由达标排放逐步升级为中水回用。因此，设计人员选择经济合理、技术先进的污水处理工艺便成为了污水处理设计应执行的首要原则。

② 铁路中小站区污水处理的程度取决于处理后水的出路和去向，处理部门根据车站所在地的实际情况，合理、科学地确定排水体系，依据地方环保主管部门发布的受纳水体环境容量，严格控制污水排放对受纳水体所造成的污染和生态破坏。

③ 设计人员应按设计进水、出水水质的要求，提供满足污水处理工程系统的设计方案，并进行多方案技术及经济比较。技术比较应以先进、合理、安全、可靠为原则；经济比较应采用投资折现、资金回收率并结合运行成本的方法进行综合费用比较，经论证后推荐出优化方案。

④ 污水处理站的工艺应具有高效、简洁、节能、运行稳定、维护简便的特点，确保处理效果和处理后的出水水质稳定达标。相关部门应妥善处理好污水处理过程中所产生的污染物，避免二次污染，并提高污水处理工程系统的安全性、保证率。

⑤ 在污水处理站建设用地的范围内，设计人员应遵循便于施工、便于维护管理、适当预留扩建余地和满足景观绿化要求的原则，使总平面布置尽量做到各处理构筑物相对集中，节约用地，充分利用地形，合理布置处理构筑物及水力流程，减少提升次数，降低工程投资，节约能源，降低日常处理费用。

⑥ 相关人员应保证污水处理过程稳定、可靠、安全，提高出水水质，降低能耗、药耗和人工成本，从而实现污水处理的稳定、经济和良性运行。

2.2.2　铁路中小站区生活污水处理工艺确定方法

根据铁路车站污水具有一般生活污水的特点，各个铁路车站污水水质、水量也有所不同，因此污水处理工艺就呈现出多样性和灵活性，只有通过调查研究与实践才能选择有效的处理工艺流程。

根据污水最终的出路和用途，相应的深度处理方法与工艺也具有很大的灵活性。当车站位于有城市污水处理厂的城镇时，其排入市政下水道的污水应达到《污水排入城市下水道水质标准》（CJ 3082—1999）的要求；对于未建有城市污水处理厂的车站，需将污水排入城市下水道或附近水域的，应达到《污水综合排放标准》（GB 8978—1996）中一级标准或当地制订颁布的有关"水污染物排放标准"（DB）要求。铁路车站可以根据清洁生产的要求，将污水作为一种资源进行深度处理，在冲洗、冷却、扫除、绿化、冲厕、景观补水等方面应用，水质应达到《城市污水再生利用景观环境用水水质》（GB/T 18921—2002）或《铁路回用水水质标准》（TB/T 3007—2000）规定的出水水质要求。

污水出路是确定铁路中小站区污水处理目标的另一个重要因素。如果处理后的尾水被排入封闭和半封闭的水体，为了避免富营养化，应该考虑除 P 脱 N 的要求；如果污水被排入开放式水体，而受纳水体的纳污容量较大，稀释自净力较强，则可适当降低出水的 P、N 等指标。2002 年新颁布的《城镇污水处理厂污染物排放标准》（GB 18918—2002），将一级排放标准分解为 A、B 两个等级，其中一级 A 标准为 TP ≤ 0.5 mg/L，一级 B 标准为 TP ≤ 1.0 mg/L。并对 2003 年 12 月 31 日前建成投产的污水厂的一级 A 标准放宽到 1.0 mg/L，B 标准放宽到 1.5 mg/L。在相应的处理工艺中，SBR 系列、氧化沟系列、自然净化处理和百乐克（BLO-LAK）工艺应作为铁路中小站区污水处理工艺的首选。

铁路车站生活污水目前主要以 SBR 工艺、厌氧生物滤池、人工湿地工艺为主要处理方式，同时在某些大型车站（客运站）采用了 MBR 等其他相关工艺及其组合。针对铁路污水的特点，采用 SBR 工艺、MBR 工艺、人工湿地工艺有其存在的原因。首先，产生少量污水的铁路车站，一般不适宜采用诸如 A^2/O 及其相应的改良工艺。原因是这些工艺结构更复杂，建设成本更高，管理要求也非常高，在小水量污水运行中不经济、不适用。其次，无人值守等要求正好与 SBR 工艺、MBR 工艺、人工湿地等工艺的特点相符合。

综上所述，在铁路车站污水处理工艺选择上，宜遵循以下原则。

① 确定主要污染物在废水中存在的物理状态。

② 根据铁路车站污水的特点和处理原则，并使处理工艺稳定、可靠地运行，应选择高效预处理措施。

③ 原污水是否能够采用生化处理，特别是能否适用于生物脱氮、除磷工艺，取决于原污水中各种营养成分的含量和比例能否满足生物增长的需要。因此，在选择时首先应判断相关的指标能否满足要求。

BOD$_5$ 与 COD 浓度之比可作为污水是否适宜于采用生物化学处理法的一个衡量指标。一般认为比值大于 0.3 的污水才适合采用生化处理，小于 0.25 则不宜采用生化处理，大于 0.4 则其可生化处理性较好。

COD/TN 比是决定污水深度脱氮的重要指标：要达到脱氮的目的，污水中的可降解有机物浓度越高，反硝化速率越大。通常只要污水中的 C/N>8，脱氮效果可达 80%。一般认为 BOD$_5$/ TN 值>3～5 时，即可认为碳源充足。

④ 污水处理应采取深度处理（三级处理）模式。通常污水处理应首先去除悬浮状态的污染物（一级处理），并调整 pH 值，以避免对后续处理工艺的影响；其次应对污水中胶体和溶解性污染物进行去除（二级处理）；最后对于再生水则要进行深度处理（三级处理）。

⑤ 在污水处理过程中必然产生大量的浮（沉）渣、油脂、含水率很高的污泥，此类污物必须及时处理，以免产生二次污染。

⑥ 工艺中参数、指标的选择要符合工程实际，相关数据的采用要与为本工程所做的实验、试验、监测的结果相一致，涉及安全方面的需满足现行的国家标准、规程、规范及工厂的有关规定要求。

1. 预处理（一级处理）

预处理是保证后续处理稳定运行的前提。如果铁路车站污水原水含油浓度较高，部分污水乳化程度严重，污水预处理工艺宜以去除"石油类"物质为核心。当"石油类"污染物浓度达到处理要求时，其他污染物指标也会相应降低，同时石油的去除也会为其他污染物的去除创造条件。

一级处理通常采用物理法。该方法需在处理站进水端设置格栅、沉砂池，用以进行调节、中和、隔油、沉淀等一系列处理，具体流程可参照《铁路生产污水处理设计规范》（TB 10079—2002）推荐的工艺流程进行选定。

2. 达标排放处理（二级处理）

在二级处理中，物化法应用较为广泛，生化处理工艺在近几年的工程应用中逐步增多。

经统计，大部分铁路车站污水进水水质的 BOD_5 与 COD 之比均大于 0.3，BOD_5 与 NH_3 之比均大于 8，均能满足生物处理及生物脱氮的水质要求。根据相关资料，采用低负荷的污水生化处理工艺，可以满足出水 $BOD_5 \leqslant 20$ mg/L。同时，为满足硝化要求，处理系统必须有足够的污泥龄，因而污泥负荷也不能太高，从而保证较高的有机物去除率。

铁路车站污水因具有可生化性，在工艺选择上可首选生物处理工艺。哪个方法更适用于铁路车站污水水量较小且具有中低浓度特点的污水处理工艺，需要进一步分析。铁路车站污水一般均具有循环回用的目的，水质标准要求较高，水质水量变化较大，选择的工艺还要求能够有较强的抗冲击负荷能力。且铁路车站提供的污水处理站的场地一般较为狭小，可选择的工艺也要满足占地小的特点。

SBR 法因池型简单、抗冲击能力强、占地少等突出优点，较为适宜应用于铁路车站污水处理系统。对小型的 SBR 污水处理工艺，一般推荐处理的污水量为不小于 20 m^3/d。这一工艺一般适用于铁路中间站及客运站，在定员极少的会让（或越行）站难以发挥其优势。

在铁路车站污水处理中，虽然厌氧污水处理设备可以实现无人值守、建设成本低、基本无运行成本的目标，但其出水效果较差。车站污水经过化粪池、厌氧污水处理设备后，COD、BOD、SS 一般能够达到农灌标准。而对于 N、P 指标，一般其去除率较低。在污水排放标准日趋严格的背景下，单纯采用厌氧污水处理设备难以满足当前严格的标准，必须辅以相应的其他处理工艺才能够实现污水的达标排放。

通过大量的科研及实践来看，对于大部分的车站污水，采用人工湿地工艺进行处理是当今发展的一个趋势。该工艺发展至今，已经日趋成熟，具有广泛的应用领域，既可以处理生活污水，也可以用于生活污水和工业废水的深度处理，并且在景观水体补水净化、景观水体自身循环净化、雨洪污水处理和面源污染控制等方面有很好的应用前景。同时，其对各种水量具有良好的适应性，小到 1 m^3/d 的家庭生活污水，多至万吨级的市政污水，均有其应用空间。所以，针对铁路车站污水的特点，人工湿地工艺有着其得天独厚的适应性。

但人工湿地作为一种污水处理工艺，在设计和施工运营过程中应给予充足考虑，即在充分了解污水水量及性质的情况下，设计人员应选择合适的工艺流程。人工湿地工艺的种类繁多，有表面流型人工湿地、水平潜流型人工湿地、垂直流型人工湿地及组合式人工湿地等工艺。其中，组合式人工湿地工艺是通过几种人工湿地工艺的优化组合，充分发挥各种类型的优势，从而达到最佳的处理效果。作为铁路车站污水的处理工艺，组合工艺为佳。

3. 回用深度处理（三级处理）

在确保二级生化处理达到预期效果的情况下，若希望铁路车站污水达到循环用水的目的，则应进行深度处理。三级深化处理中的絮凝、过滤工序是水质达标回用的关键，回用处理规模一般根据工厂所需杂用水量按需制备供给，通常采用滤池（罐）过滤。对于有较高水质要求的场所，传统的机械过滤往往达不到要求，因此需要增加吸附或膜分离手段，并相应增加能耗和投资。

2.3　铁路中小站区生活污水处理技术可行性分析

对排水量较小的铁路中小站段（排水量为 10~500 t/d），不能照搬大型污水处理厂的设计和工艺，要密切结合不同类型铁路中小站段自身的特点，综合考虑污水的水量和水质特点，根据当地的自然资源（太阳能及风能、土地资源等）和经济发展程度，采用不同的处理工艺。

在经济欠发达、土地资源便宜、排水量小、排放要求不高的地区，可优先考虑采用稳定塘系统、人工湿地工艺、土地处理系统等因地制宜的自然净化工艺。在太阳能及风能较丰富地区，宜使用太阳能发电提水或曝气及风力发电提水或增氧。虽然如此会增加投资成本，但可降低运行成本。

在经济发达、需中水回用、环境敏感区的站段可以采用以曝气生物滤池、MBR 为主的处理工艺。对水量较大，达到 1 000 t/d 的站段宜先采用强化一级处理工艺，待条件成熟后再过渡到二级处理工艺。

此外，还有必要对污水处理工艺按地区、车站规模、污水排放量及排放径路进行分类，提出适用的技术条件及组合方案。并根据各铁路站段所在地的气候、位置、水质、水量特点，提出适宜处理铁路中小站段生活污水的处理技术。

1. 排入城市管网

凡有条件接入市政排水管网的站段，宜优先考虑接入市政排水管网，由市政污水处理厂处理。

2. 边远地区站段污水处理系统

对于边远地区的铁路站段，可采用低成本的污水处理系统（达三级排放标准）。该法适合远离市政排水管网的铁路站段污水进行分散处理，以避免污水的长距离输送。

在土地价格不高，且土地资源比较充足的铁路站段，可采用土地处理系统、稳定塘和人工湿地等生态节能污水处理系统。

对于气温适中或偏高的南方地区，由于其外界环境较宽阔，不要求考虑工程占地面积（土地资源丰富），且水质要求不是很高，可考虑采用无动力或小动力的污水处理工艺，如土地处理系统、氧化塘系统、厌氧生物处理系统、人工湿地处理工艺等，但应加强预处理设施建设以避免二次污染。值得注意的是，与 SBR 等传统工艺相比，虽然人工湿地处理系统在运行过程中不需要很多的管理人员，但是其水质处理效果欠佳。也就是说，对于排放标准要求较高的地区（三类水体），通常应采用 SBR 等传统的污水处理工艺。

对于北方地区，由于冬季气温较低，污水的处理效果较差。为了解决该难题，可以考虑将太阳能等自然能源和人工湿地污水处理工艺相结合，比如利用生态大棚来保证冬季棚内湿地植物的正常生长，以及通过利用改装的太阳能热水器对污水进行预热来提高水温，进而提高微生物的活性等。

3. 水量较小的北方站段采用的一体化地埋式污水处理装置

一体化污水处理装置可作为铁路水量较小的北方站段的独立处理系统。这种装置可以用于处理污水量小，分散广，市政管网收集难度高的铁路站段生活污水，具有经济、实用、占地小、操作管理方便等特点。

新建的高铁客运站大多远离城市或位于市政排水管网未能覆盖的地区，因此应在沿线未设污水处理厂的车站修建小型污水处理设施，并根据供水量和排水量的实际情况在各站增设小型一体化污水处理设施。考虑到地理位置、气候等环境特点因素，为了节省占地面积，不受北方冬季寒冷的影响，小型污水处理设施宜采用一体化污水处理设备，并全部采用地埋式的形式。污水处理站为地埋式钢设备结合钢筋混凝土结构，布置在地坪以下，上部覆土绿化，整个工程占地面积约 50 m²，设备房构筑于污水处理池的上方并考虑通风、照明等措施，并在机房内安装两台风机、二氧化氯发生器、电控柜等设备。为了保证污水处理系统能正常运行，污水处理站采用二路电源（其中一路为应急电源）。处理站中经二级生化及深度处理后的污水，在其达到规定的水质要求后进行回用或排放处理。

（1）技术原理

一体化小型生活污水处理设备一般是指处理规模较小，集污水处理工艺各部分功能，包括预处理、生物处理、沉淀、消毒等于一体的生活污水处理装置。这种污水处理技术是通过对构筑物合理的一体化设计，利用最合理的时空安排，克服传统污水处理工艺流程复杂的弊端，以完成池体连续稳定工作的一体化装置。它的主体设计理念主要分为两种：一种是把曝气和沉淀等操作过程按时间或空间顺序进行调配控制，另一种是把曝气、沉淀单元或不同工艺的构筑物进行合建。两种理念的目的都是使不同的处理工艺过程组合到一套设备内，从而能够尽量减少占地面积，降低造价和运行费用。

（2）处理效果

一般情况下，只要设计运行得当，处理设备均可以获得城市污水处理厂相同的处理效果。通过选择合理的工艺，可以满足绝大多数地区对于污水处理的要求。目前，很多投入使用的一体化处理设备的出水水质可以达到《城镇污水处理厂污染物排放标准》（GB 18918—2002）的一级 B 标准。此外，一些采用了深度处理工艺的一体化设备，还可使出水水质达到回用标准，作为中水用于绿化、清洗等。

（3）适用范围

一体化地埋式小型污水处理技术具有占地面积小、投资省、处理效率高、噪声低、环境友好性强等优点，适合于中小水量、水质波动小、较为分散的生活污水处理，是解决铁路站段小型分散污染源生活污水处理的一条有效途径。

4. 水量较小的北方站段采用的合并处理净化槽式污水处理装置

水量较小的北方站段亦可采用合并处理净化槽式污水处理装置。该装置造价低，便于维护，安装不受地形影响，且工程期短，处理效果显著，非常适用于铁路边远站段和人口分散地区生活污水的处理。

合并处理净化槽装置由沉淀分离槽、预过滤槽（厌氧滤床）、接触氧化曝气槽、沉淀槽和消毒槽等几部分组成，各槽体间的连接采用折流式，不存在设备间短路堵塞问题，结构紧凑并有一定的水量调节能力。其处理流程如图 2-29 所示。

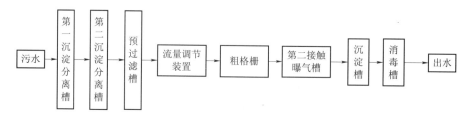

图 2-29 合并处理净化槽处理流程

合并净化槽的主要工艺是水解和接触氧化，并可以配合投加有效微生物（EM）菌液。沉淀分离槽对污水起预处理作用，主要沉淀无机固体物、寄生虫卵及去除污水中一些比重较大的颗粒无机物和较大部分悬浮有机物，以减轻后续生物处理工艺的负荷。此外，其还有水解和酸化的功能，复杂的大分子有机物能够被细菌胞外水解酶水解成小分子溶解性有机物，大大提高了污水的可生化性。预过滤槽内安装有塑料填料，填料上长有厌氧生物膜，其作用是去除可溶性有机物，该过滤槽也是沼气的主要产生区。接触曝气槽采用接触氧化工艺，集曝气、高滤速、截留悬浮物和定期反冲洗等特点于一体。其处理污水的原理是反应器填料上所附着的生物膜中微生物的氧化分解作用，填料及生物膜的吸附阻留作用和沿水流方向形成的食物链分级捕食作用，以及生物膜内部微环境和厌氧段的硝化作用。在沉淀槽溢水堰末端设置有消毒盒，内部填装有固体氯料，出水流经消毒盒与固体氯料接触即已完成对污水的消毒作用。

该装置运行结果表明，污水流经预过滤槽后，由于厌氧槽的水解作用，$NH_3\text{-}N$ 浓度会有所升高，出水 $BOD_5 \leqslant 10\ mg/L$，COD 去除率在 90% 以上。这说明净化槽具有较强的抗冲击负荷能力，在水力负荷一定时，有机物容积负荷越高，出水有机物浓度也越高，并且处理后的出水在色度、嗅觉上有很大的改善。

小型合并处理净化槽的特点主要如下：① 槽体为玻璃钢材质，类似于半永久性建筑物，坚固耐用，可长年使用；② 槽内设有流量调节装置，进水 BOD 波动较小；③ 沉淀分离槽设置于过滤槽之后；④ 水泵内置于槽体，设有三次处理装置；⑤ 处理后水的浊度在 2～3 NTU，色度和臭味大大减轻，出水可循环用于冲便器、户外清扫和浇花等；⑥ 曝气系统设有减噪装置，对用户影响较小。

5. 水量较小的南方站段采用的沼气或人工湿地处理工艺

水量较小的南方站段可采用沼气或人工湿地处理工艺（出水可优于二级出水标准或更高）。成都局管内的达万铁路，大部分站区污水处理设施均采用沼气化粪池来处理污水，只有少数站区仍采用地埋式污水处理系统。

遂渝铁路遂宁南站、蔡家站、井口站生活污水采用建设部建科字〔1990〕484 号文推广的《生活污水净化沼气池处理工艺》，处理后水质可以达到 GB 8978—1996 二级排放标准。遂宁南站、三星站、太和站、蔡家站、北碚北站均采用沼气化粪池处理铁路污水。三星站、太和站、石子山站生活污水处理后的水质也能满足 GB 8978—1996 一级排放标准。潼南站、合川站生活污水经新型 SBR 的 DAT-IAT 设备处理后，出水水质满足 GB 8978—1996 一级排放标准的要求。

与地埋式污水处理相比，沼气处理效果更好。运行结果表明，采用沼气化粪池处理铁路污水的相关部门得到了成都铁路局下属站段的好评和肯定，成都铁路局环境保护主管部门也极力推荐在南方边远站段广泛使用该处理技术。

调研结果证实，中铁第二勘探设计院和中铁第四勘探设计院均在南方多个中小站段设计了人工湿地设施，建成后的设施运行效果良好，比较适用于技术管理水平不高，规模较小的铁路站段进行污水处理。

用于铁路南方中小站段生活污水处理的沼气设施和人工湿地系统，尽管占地面积较大，每吨水用地是其他处理方法的数倍，但其具有处理效果好，运转维护管理方便，工程基建和运转费用低以及对负荷变化适应能力强等特点。尤其是其投资运行费用远远低于常规二级污水处理设施，比较适合用于技术管理水平不高，规模较小的铁路站段的污水处理设施。

6. 水量、水质变化较大（包括含油废水）的中小站段采用的生物处理法

铁路车站产生污水的特点主要是：污水总体BOD偏低，生物处理相对困难，车站污水含油量较生活污水更高。对于有机物含量较高，水量、水质变化较大的中小站段宜采用生物处理法处理生活污水，一般可采用活性污泥法、接触氧化法、生物转盘法等生物处理方法。各种方法或是单独使用，或是几种生物处理方法组合使用，如接触氧化+生物滤池、生物滤池+活性炭吸附、转盘+砂滤等流程。这种流程具有适应水力负荷变动能力强，产生污泥量少，维护管理容易等优点。此类方法就是利用水中微生物的吸附、氧化作用分解污水中的有机物，整个过程包括好氧和厌氧微生物处理，一般以好氧处理较多。

根据调研结果，渝怀线上共设38个站，其中有25个站设置了厌氧生物滤池（共计37套）。另外，江北站、长寿站、涪陵站、彭水站、黔江站、秀山站采用模块式生物曝气滤池来处理污水；蔺市站、白涛站、保家楼站、龙池站、酉阳站、冯家坝站均设置了生物流化床污水处理站；少数站区使用的污水处理设施是污水提升泵站和扬水管。最后，对于市级以上铁路单位处理完的污水可以直接接向市政管网。

7. 含工业废水较多的车站采用的一体化氧化沟技术

含工业废水较多的车站，在废水处理技术方面宜采用一体化氧化沟技术（出水水质可达一级排放标准），以信阳北站污水处理厂为例说明如下。

信阳北站污水处理厂的污水来自站区内生产和生活用水，其中生活污水占20%，生产废水占80%。生产废水主要为含油废水，含油废水经过预处理后与生活污水混合汇入处理厂。该污水处理厂设计最大污水处理能力为1 600 m³/d，主体处理工艺采用一体化氧化沟工艺，使用船型沉淀器，设计出水按GB 8976—1996中的一级标准达标排放，处理设施各构筑物均为钢筋混凝土结构。通过实际运行，将一体化氧化沟技术用于含工业废水较多的车站进行废水处理，均取得了较为理想的运行效果，且该技术具有流程简单、出水水质较高、污泥沉降性能好、耐冲击负荷等优点。污水处理工艺流程如图2-30所示。

该技术中的氧化沟又称为循环曝气池，可以认为是由活性污泥法中的延时曝气演化而来。氧化沟通常为环状沟渠，污水与活性污泥在沟中混合并循环流动，循环流动的动力可以是表曝机、曝气转刷、转碟或射流曝气器，也可以是水下推进器。在两个曝气装置之间，溶解氧沿流程逐渐降低，其状态可以由曝气装置后的好氧状态逐步过渡到下一个曝气装置之前的缺氧状态。因此可以认为，在氧化沟中，好氧厌氧交替出现，并达到同步除磷脱氮的目的。氧化沟自问世以来，由于其流程简单、管理方便、处理效果好而被广泛应用，并在实践中发展演化成多种形式，有卡鲁塞尔型、奥贝尔型、双沟式、三沟式、合建式等。

氧化沟工艺采用封闭环状的循环流曝气沟渠，使废水进入沟渠后迅速被混合稀释，并在

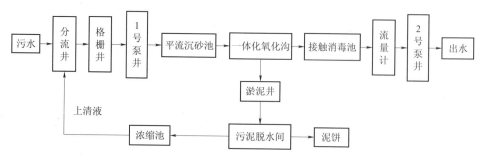

图 2-30 信阳北站污水处理厂工艺流程图

曝气和混合装置的推动下在沟渠内循环流动，使整个系统在水力停留时间较长的情况下处于近乎完全混合的状态。在其工艺特征上，采用延时曝气，水力停留时间长，污泥负荷较低，对有机物具有良好的去除效果，BOD 去除率可达 95% 以上，且污泥产量低，污泥性质稳定，不需再进行消化处理。

氧化沟工艺的主要设计运行参数如下：总水力停留时间 HRT 为 15 ～ 30 h；污泥（MLSS）BOD$_5$ 负荷 F/M 为 0.04 ～ 0.10 kg/（kg·d），容积 BOD$_5$ 负荷 N_v 为 0.1 ～ 0.3 kg/（m^3·d）；污泥龄 SRT 为 16～30 d；质量浓度为 3 000～5 000 mg/L；平均流速大于 0.3 m/s；污泥回流比为 75% ～150%。

氧化沟工艺流程简单，构筑物少，曝气设备和构造形式多样化；操作灵活，运行管理方便；机械投资省，运行费用低，具有很强的适应能力；能承受水质、水量的冲击负荷，出水水质好，处理效果稳定；并可实现脱氮除磷，同时污泥产量少，污泥性质稳定，处理方便。

氧化沟工艺一般作为独立的二级处理工艺，对水质、水量的适应能力广，处理规模从每天几百吨到每天上百万吨，且一般不受地域、气候影响，运行效果稳定，管理也十分方便。更为重要的是，氧化沟在处理有机物的同时，可将污水中的 N、P 去除，使出水水质能够满足今后对污水排放中 N、P 的高标准要求，因此受到了极大的推广。

8. 环境敏感区及需要出水达回用标准的站段采用的膜生物反应器

膜生物反应器适用于水质变化大，环境较敏感区及需要出水达回用水质标准的站段。朔黄铁路原平分公司和青藏铁路沱沱河站均采用了膜生物反应器（MBR）来处理生活废水，出水达到了回用水质标准。以上工程针对特殊区域的污水处理所积累的经验和运行策略表明，采用 MBR 处理污水（污水处理后可几乎完全回用）是一个很好的选择。这对水资源匮乏的敏感区域的污水处理和回用，以及污泥处置与管理都具有重要的参考价值。这种技术的特点是装置紧凑，容易操作，以及受负荷变动的影响小。该技术采用中空纤维超滤器进行处理，技术先进，占地少，系统间歇运行，管理简单。其优点是 SS 去除率很高，占地面积与传统的二级处理相比减少了很多，对 COD 的去除率可提高 15% ～30%，并具有较强的抗冲击负荷能力。该技术所采用的膜生物反应器的中水处理系统，使出水水质明显高于采用生物接触氧化法的出水水质。

膜生物反应器是将膜分离装置和生物反应器结合而成的一种新处理系统。膜生物反应器具有许多其他污水处理方法所不具备的优点，如出水水质好，出水可直接回用，设备占地面积小，活性污泥浓度高，剩余污泥产量低和便于自动控制等，特别是其出水水质可满足目前最严格的污水排放标准。

MBR 与其他传统的污水生物处理方法最大的不同，在于其利用膜的选择透过性进行固液分离，这种选择性的强弱依赖于膜孔径的大小。膜生物反应器实质就是用高效膜分离技术代替传统生物处理中的二沉池，从而获得高效的固液分离效果，并能有效地延长污泥停留时间，增加污泥浓度，使反应器具有污染物去除效率高，出水水质好，微生物浓度高的优点。该技术典型的组件排列是生物反应器加膜过滤组件，通过该系统循环活性污泥，渗透液可通过膜而后被抽出。

由于膜及膜面凝胶层的过滤截留作用，MBR 出水水质优秀且稳定，悬浮物和浊度接近于零，细菌和病毒也得到有效去除，因此出水一般无须消毒。根据大量研究显示，MBR 处理生活污水时，对 COD 和 N 的去除率分别在 90% ~99% 和 80% ~100% 之间，出水水质优于《城市污水再生利用城市杂用水水质标准》（GB/T 18920—2002），可以直接回用。尽管 MBR 的运行费用略高于常规生物处理方法，但由于能达到中水回用的目的，且随着膜质量的提高和膜制造成本的降低，MBR 的投资、运行费用也会大幅度降低。

9. 铁路站段生活污水处理中的太阳能与土地处理组合方案

除四川盆地和与其毗邻的地区外，中国绝大多数地区的太阳能资源相当丰富。从中国太阳年辐射总量的分布来看，西藏、青海、新疆、宁夏南部、甘肃、内蒙古南部、山西北部、陕西北部、辽宁、河北东南部、山东东南部、河南东南部、吉林西部、云南中部和西南部、广东东南部、福建东南部、海南岛东部和西部及台湾地区的西南部等广大地区的太阳辐射总量很大。其中，青藏高原地区太阳辐射量最大，那里平均海拔高度在 4 000 m 以上，大气层薄而清洁，透明度好，纬度低，日照时间长。

以上地区的铁路站段分别属于兰州、青藏、乌鲁木齐、太原、西安、济南、北京、哈尔滨、沈阳、郑州铁路局（铁路公司）等辖内，这些地区利用太阳能发电设备产生的电能，作为铁路站段生活污水处理厂的水泵提升动力或增氧、曝气动力，可以取得较好的节能效果。

铁路生活废水分散式处理模式常用的工艺包括厌氧生物滤池、微动力池、土地渗滤、人工湿地等。针对太阳辐射总量较大的地区，可将太阳能与铁路生活污水处理中的土地渗滤工艺相结合，对传统工艺进行改造和升级。加入太阳能作用环节的工艺流程如图 2-31 所示。

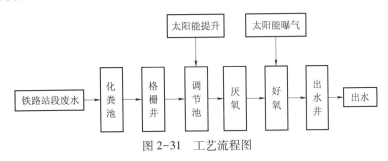

图 2-31　工艺流程图

其中，太阳能为提升泵和好氧部分的曝气系统提供动力来源，主要应用途径有光热转换、光电转换和光化学转换三种方式。该工艺利用太阳能光伏电池板发电，将采集的光能量直接转换为机械能或电能存储于超级储能器中，机械能与储存的电能分别与提升水泵和微孔曝气系统进行智能配接，由时控器控制储存和发电时段，定时进行曝气。该法的缺点是太阳能利用设备前期投资较大；优点是传统的土地渗滤池工艺由于增加了太阳能曝气系统，不但可以节约电能，而且能够有效防止堵塞问题，延长处理系统的使用年限。

10. 风力资源丰富地区的铁路站段采用的风能（电）处理技术

我国的风能丰富区，风能密度可达 200 W/m² 以上，这些地区主要分布在东南沿海、山东、辽东沿海、内蒙古北部、松花江下游等地。风能较丰富区，风能密度可达 150~200 W/m² 左右，主要分布在沿海地区、东北、华北、西北的北部地区及青藏高原地区。风能可利用区，风能密度为 50~100 W/m²，主要分布在两广沿海地区、大小兴安岭地区、长白山地区、华北地区、黄河和长江中下游地区、西北中部地区。

以上地区铁路站段分别属于济南、北京、哈尔滨、沈阳、青藏、兰州、郑州铁路局（铁路公司）等辖内，上述路局相关部门可利用风力发电机产生的电能，作为铁路站段生活污水处理厂的水泵提升动力或增氧、曝气动力，可以取得节能效果。在西部边远站段，由于电力输送的困难，风力发电是比较好的能源方案。这些地区的起动风速大于 6.07 m/s 时，能够满足电动机额定功率的要求。

11. 生态治污技术

在对铁路污水处理技术广泛调研的基础上，可以发现目前应用的生态治污技术主要包括：以微生物为处理核心的生物处理技术，具有动植物生态系统的生态塘处理技术，以植物和微生物为主要处理功能体的湿地处理技术。但这些技术在具体的实践中均存在一些问题：生物处理技术虽然能够有效地去除水体中的有机污染物，提高溶解氧含量，但是它占地面积大，水力负荷低，净化能力有限，系统运行受气候影响大，在寒冷地区的冬季其表面会结冰，夏季易滋生蚊蝇，散发臭味；生态塘处理技术在冬季气温较低的时候，处理效果并不理想；而人工湿地处理技术和生物处理技术面对着同样的难题。

研究与实践证明，针对铁路站段生活污水处理采用单一形式的生态处理工艺均难以达到目标，研究的最佳技术方案应该是设计兼有氧化塘、生物塘、人工湿地床组合功能的新型节能生态处理系统。在充分发挥各类生态工艺技术优点的基础上，做到设计结构合理，筛选、培育净化能力强的湿地植物品种并进行合理搭配组合，形成良性循环的生态系统，充分发挥各类生物、植物、植物根系微生物类群的各层次净化功能，才能达到良好的处理效果。可以考虑将农业种植上采用的温室大棚技术引入，将太阳能温室与生态污水处理相结合，相辅相成。用特殊的双层棚膜、多层保温被、双层隔热墙、地下隔热、贮热水箱等技术措施，保证棚面接受的太阳辐射热量与系统散失热量的平衡，从而维持棚内温度在 6~38 ℃ 范围内变化，可保证污水处理微生物及湿地植物的生长要求。各类新技术可行性分析如表 2-8 所示。

表 2-8 铁路中小站段污水处理新技术可行性分析

区域	水量/(t/d)	水质/(mg/L)	排放标准	适用技术
水量较小的北方站段	10~150	COD_{Cr}：50~220 氨氮：10~50 SS：50~200	达到《城镇污水处理厂污染物排放标准》（GB 18918—2002）一级 B 标准	一体化地埋式污水处理装置
水量较小的北方站段	10~150	COD_{Cr}：50~220 氨氮：10~50 SS：50~200	达到《城镇污水处理厂污染物排放标准》（GB 18918—2002）一级 B 标准	合并处理净化槽污水处理装置

区域	水量/(t/d)	水质/(mg/L)	排放标准	适用技术
水量较小的南方站段（遂渝铁路）	10～150	COD$_{Cr}$：50～140 氨氮：10～40 SS：50～140	达到《污水综合排放标准》（GB 8978—1996）二级排放标准	沼气或人工湿地处理系统
水量、水质变化较大（包括含油废水）的中小站段	30～700	COD$_{Cr}$：106～116 氨氮：0.219～0.289 SS：62.4～68.9	达到《污水综合排放标准》（GB 8978—1996）二级排放标准	生物处理法
含工业废水较多的车站（信阳北站）	1 600	COD$_{Cr}$：150～236 氨氮：7.2～14.3 SS：120～162	达到《污水综合排放标准》（GB 8978—1996）一级排放标准	一体化氧化沟技术
环境敏感区及需要出水达回用标准的站段（青藏铁路沱沱河站）	10～150	COD$_{Cr}$：196～286 氨氮：35～75.5 SS：110～142	达到《污水综合排放标准》（GB 8978—1996）一级标准或《城市污水再生利用 城市杂用水水质》（GB/T 18920—2002）标准	膜生物反应器
风力资源丰富地区的铁路站段	10～150	COD$_{Cr}$：50～120 氨氮：20～48 SS：30～150	达到《城镇污水处理厂污染物排放标准》（GB 18198—2002）一级 B 标准	风能（电）处理生活废水
排放生活污水的铁路站段	10～150	COD$_{Cr}$：50～120 氨氮：26～48 SS：34～140	达到《城镇污水处理厂污染物排放标准》（GB 18198—2002）一级 B 标准	太阳能与土地处理组合方案
排放生活污水的铁路站段	10～150	COD$_{Cr}$：50～120 氨氮：26～48 SS：34～140	达到《城镇污水处理厂污染物排放标准》（GB 18198—2002）一级 B 标准	人工湿地、塑料大棚保温方案

2.4　污水处理系统综合效益评价分析

污水处理系统以处理污水为主要目的，将处理与利用污水相结合，具有一定的经济效益、社会效益和生态环境效益。但是它不同于其他生态经济系统，该系统短期的直接经济效益不明显，长远的生态环境效益则较为显著，尤其是处理污水产生的社会效益极为显著。为了从整体和系统的角度对各种污水处理系统综合效益进行分析，本书的研究提出了一套以定量为主，定性与定量相结合的评价指标和方法。

2.4.1　确定效益评价指数的原则

① 从我国环境保护的目标出发，评价指数应考虑经济效益、环境效益和社会效益的统一。

② 效益评价指数的确定应从我国的实际技术水平出发，以国内目前先进的污水处理设施经济技术指标为基础进行评价。

③ 效益评价指数的确定应简单易行，而且具有定量性和可比性，便于考核比较。

2.4.2 效益评价指数的建立

根据以上原则，评价指数建立应从设施的投资、运行、管理、处理效果及社会环境影响等方面考虑，例如设施的基建投资规模、基建单价、运行成本、管理水平、经济收益、处理效果、环境效益等多方面因素。因此，建立如下效益评价模型：

$$I = \frac{1}{n} \sum_{i=1}^{n} W_i I_i \tag{2-1}$$

式中：I——污水处理设施效益评价指数；

I_i——单项评价指数；

W_i——各单项评价指数的权重；

n——单项评价指数的个数。

在众多的评价因素中，建议选择以下几个单项评价指数。

（1）投资指数

该指数是从污水处理厂的基建投资角度进行评价分析，以处理单位废水量的基建单价为基本数据确定的评价指数。投资指数可表示为：

$$I_K = \frac{K_s}{K} \tag{2-2}$$

式中：I_K——投资指数；

K——评价设施的基建单价；

K_s——标准基建单价。

关于设施的基建单价 K 的计算可表示为：

$$K = \frac{P}{Q} = \frac{投资总费用}{设计处理水量}$$

对于投资总费用应考虑货币的时间价值，其中的贷款资金应计利息，即：$P = P_0 (1+i)^n$（P_0 为贷款额，i 为利率，n 为贷款计息期数）。

若投资为多次投资，为便于比较则应折现到第一次投资的水平，总投资费用应为：

$$P = P_1 + \frac{P_2}{(1+r)^{t_2}} + \frac{P_3}{(1+r)^{t_3}} + \cdots + \frac{P_n}{(1+r)^{t_n}} \tag{2-3}$$

式中：P_1——第 1 次投资额；

$P_2, \cdots, P_n$——第 2 次到第 n 次投资额；

r——折现率；

$t_2, \cdots, t_n$——多次投资的折现时间。

关于标准基建单价 K 的确定，应以国内先进污水处理厂为标准，并通过调查和数据处理建立费用函数。污水处理厂的基建投资是处理规模和处理深度的函数，即 $C = f(Q, \tau)$。

目前国内外一般采用的费用函数为：

$$C = K_1 Q^{K_2} + K_3 \tau^{K_4} Q^{K_2} \tag{2-4}$$

式中：C——处理费用；

Q——设计处理废水量；

K_1，…，K_4——处理费用参数，可根据调查或系列设计建立费用矩阵，通过参数估
算得出；

τ——处理效率，对于二级污水处理，通常用 BOD_5 与进水 BOD_5 之比表示。

这样可通过建立的费用函数确定该地区污水处理厂的标准基建单价。另外，对不同时期
建立的污水处理厂，由于社会物价等因素，基建成本不同，为便于比较，则应考虑物价指数
对投资水平的影响。投资指数 I_K 值越高，说明该污水处理厂投资越经济，相对投资额越低。

（2）运行成本指数

该指数是对污水处理设施运行后的运行费用进行评价，以设施处理每吨污水的运行费用
为基数确定的评价指数，运行成本指数可表示为：

$$I_c = \frac{C_s}{C} \tag{2-5}$$

式中：I_c——运行成本指数；

C——评价设施的每吨废水处理成本；

C_s——标准运行成本。

关于每吨废水处理成本 C 值的计算可表示为：

$$C = \frac{年运行费用}{年实际处理废水量}$$

污水处理的年运行成本应包括设施运转后的燃料、动力、原材料、人员工资、管理费用
及维修、折旧费等费用。关于标准运行成本 C 的确定，可选择国内技术先进的处理设施为
标准，也可由运行费用函数来确定，其函数形式目前通常采用同投资费用函数的形式，只是
待定参数取不同值。在计算运行成本时，应考虑由于物价等因素造成的燃料、动力、原材料
等费用增值的影响。因而在进行多个污水处理厂的效益比较时，应选择同一年度的成本费用
来比较。运行成本指数 I_c 值越高，说明该污水处理设施的相对费用越低，也间接说明其管
理水平较高。

（3）运行管理指数 I_τ

该指数包括处理设施的运行率、去除率、达标率等，运行管理指数可表示为：

$$I_\tau = \tau_1 \tau_2 \tau_3 \tag{2-6}$$

式中：I_τ——管理指数；

τ_1——设施运行率；

τ_2——设施去除率；

τ_3——设施达标率。

通常污水处理厂考核污染物的参数可包括 BOD_5、COD、SS、pH 等，以国家或地方污染
物排放标准来检验达标情况，具体达标率的计算可以用定期进行的监测次数表示。

运行管理指数 I_τ 值越高，说明污水处理设施运行效果越好，反映了设施管理水平较高。

（4）环境效益指数

这里规定环境效益指数由以下四个方面组成：

① 使用可再生能源，给出 25% 评价分值；使用常规能源不给分。

② 处理深度，分一、二、三级处理，分别给出 10%、15%、25% 的评价分值。

③ 中水回用的，给出 25% 的评价分值。

④ 占用土地资源，"三废"排放达标给出 25% 的评价分值。

评价指数权值的确定可由环保部门根据专家的权威性意见设置。污水处理厂是以消除污染为宗旨，同时要考虑其经济成本，因而评价污水处理厂效益的优劣主要应以处理效果的环境效益及运行成本来考虑。因此赋予这两个指数以较大的权重，而对投资指数权重则相对较低。通过专家咨询，各评价指数权重见表 2-9。

表 2-9　各评价指数权重

评价指数	投资指数 I_K	运行成本指数 I_c	运行管理指数 I_τ	环境效益指数 I_h
权重	0.2	0.3	0.2	0.3

$$I = 0.2I_K + 0.3I_c + 0.2I_\tau + 0.3I_h$$

根据国内技术经济状况，建议将评价指数 I 分为 5 级来评价污水处理设施的效益状况：① 1 级为 $I \geq 0.85$，优级设施；② 2 级为 $0.75 \leq I < 0.85$，良级设施；③ 3 级为 $0.65 \leq I < 0.75$，中级设施；④ 4 级为 $0.55 \leq I < 0.65$，及格设施；⑤ 5 级为 $I < 0.55$，不及格设施。

2.4.3　可再生能源在污水处理系统中的效益评价

污水处理厂的进水以生活污水为主，处理工艺目前已比较成熟，其核心技术为生物活性污泥法。根据曝气池的形状和曝气装置，可以把污水处理工艺分为常规活性污泥工艺、生物滤池工艺、氧化沟工艺、SBR 工艺、百乐克工艺、A/B 工艺等。污水处理厂的位置、工艺、规模、水质和是否满负荷运行都决定着污水的处理成本。

污水处理厂的处理成本包括折旧、财务费用和运行成本。污水处理厂的运行成本包括人员费、动力费、维修费、药剂费和其他费用。其中人员费包括人员工资及附加费、管理费、车辆费；动力费包括全厂电费；维修费包括日常的设备维修保养费、仪表的校验费、设备大修费和管道的维护费；药剂费包括各种化学试剂费、絮凝剂费、消毒费。

污水处理成本费用用公式表示为：

$$C = A + W + P + M + R + Q \tag{2-7}$$

式中：C——污水处理厂每月的处理成本；

A——折旧费；

W——人员费；

P——动力费；

M——维修费；

R——药剂费用；

Q——其他费用，按照前 5 项费用的 5% 进行估计。

在分析污水处理厂的处理成本时，可以将人员费作为一个常数来考虑。

动力费主要包括电费和运输费。其中，电费是污水处理厂的主要成本，主要包括提水泵、曝气池的电费，其他设备电费的比例很小，不会超过总额的 5%。运输污泥的费用可忽略不计。

在各污水处理厂中，对于工艺不同，是否满负荷运行的不同情况，每吨污水的处理成本差别比较大。污水处理厂一旦建成，其提取的折旧是固定的，运行费用是变化的。在运行费中，动力费和维修费是运行成本的主要部分，分别占处理成本的 55% 和运行成本的 79%。

不同的处理工艺在处理成本方面存在系统性的差别。在做污水处理厂可行性研究报告时，一定要对污水排放量和进水水质进行详细的调查，然后选择合适的处理工艺。

1. 不同种类能源运用到污水处理中的效益分析评价

这里以汉十高速孝感服务区污水处理厂为例，说明不同种类能源运用到污水处理中的效益分析。汉十高速孝感服务区污水处理厂每天处理 200 m³ 的污水，射流曝气泵功率 0.7 kW，提升泵功率 2.2 kW，回用泵功率 0.75 kW，每小时需要消耗 3.65 kW 的电量。因此，电费成为了污水处理厂的主要成本，主要包括提升泵、回用泵、射流曝气泵的电费。汉十高速孝感服务区污水处理厂采用电力和风力发电（投资 2 万元人民币，功率 2 kW），双路供电带动提升泵的运行，电力和风力发电之间可以切换。根据调研，该服务区如果采用光伏发电带动提升泵电机的运行，1 kW 的太阳能电池阵列的单位成本是 6.4 美元，总计 6 400 美元，则 2.2 kW 的成本约为 10 万人民币。提升泵电机产品类型为三相异步电动机，额定功率为 3 kW，额定电压为 380 V，产品价格在 2 200 元左右。汉十高速孝感服务区污水处理厂所需要的能源投资成本分别为：电能 2 200 元，风能 20 000 元，太阳能 100 000 元，沼气 9 000 元。由于发电投资费用不同，运行成本也有较大的差别。根据调研，风力发电机风能运营成本约为 1.4 元/度，火力发电运营成本约为 1.2 元/度，太阳能运营成本约为 2 元/度，沼气运营成本约为 1.24 元/度。在处理效果和运行效果相同的情况下，依据电力、风力、光伏及沼气发电四种不同带动提升泵的情况，分别评价出不同能源种类的效益如表 2-10、表 2-11 所示。

表 2-10　2.2 kW 提升泵电机不同能源种类的效益

能源种类	处理量/(m³/d)	投资费用/元	运行费用/元	运行率
太阳能	200	100 000	106	40%
风能	200	20 000	74	50%
电能	200	2 200	63	98%
沼气	200	9 000	65	80%

表 2-11　不同能源种类的效益等级

能源种类	I_K	I_c	I_τ	I_h	I
太阳能	0.215	0.65	0.40	0.9	0.588 0
风能	0.368	0.72	0.50	0.9	0.659 6
电能	0.939	0.76	0.98	0.2	0.671 8
沼气	0.602	0.75	0.80	0.8	0.745 4

根据表 2-11 可以得出，在处理污水量相同，水质接近，运行时间及处理效果相同或接近的情况下，沼气发电效益等级最好。这说明采用新能源和可再生能源以逐渐减少和替代化石能源的使用，是保护生态环境，走经济社会可持续发展之路的重大措施。

2. 不同污水处理工艺的成本比较

根据调研获得的污水处理案例的费用数据，得出各种污水处理工艺的总投资成本和运行成本，分析结果如表 2-12 所示，不同污水处理工艺效益等级评价如表 2-13 所示。

表 2-12　不同污水处理工艺的成本比较

工程	处理工艺	总投资成本/万元	单位投资成本/（元/m³）	污水量/（m³/d）	运行成本/（元/m³）
青藏铁路沱沱河站	电化学方法	18	15 000	12	1.4
朔黄铁路原平南站	接触氧化法	350	7 200	600	2.08
汉十高速孝感服务区	生物滤池+人工湿地（风能）	50.7	2 535	200	1.00
京九铁路潢川站	强化一级处理工艺	288	4 000	720	0.95
铁二院大理站	复合型绿色生态系统	16.2	8 100	20	0.35
信阳北站污水处理厂	氧化沟	640	4 000	1 600	1.0
铁四院龙厦线客运站	人工湿地	20	700～800	30～40	0.4
上海市奉贤区庄行镇潘垫村	太阳能曝气+土地渗滤	4	4 000	10	0.90
污水处理厂甲	MBR	226	4 495.85	500	1.56
污水处理厂乙	曝气生物滤池	127	2 558.3	500	1.50
污水处理厂丙	SBR	38.0	1 520	250	0.33

表 2-13　不同污水处理工艺效益等级评价

处理工艺	I_K	I_c	I_τ	I_h	I	效益级别
电化学方法	0.245	0.376	0.85	0.8	0.571 8	及格
接触氧化法	0.525	0.458	0.85	0.8	0.652 4	中级
生物滤池+人工湿地（风能）	0.793	0.669	0.99	0.7	0.767 3	良级
强化一级处理工艺	0.576	0.536	0.85	0.7	0.656 0	中级
复合型绿色生态系统	0.398	0.921	0.85	0.8	0.765 9	良级
氧化沟	0.573	0.536	0.85	0.8	0.685 4	中级
人工湿地	0.825	0.858	0.85	0.8	0.792 4	良级
太阳能+土地渗滤	0.573	0.529	0.85	0.8	0.683 3	中级
MBR	0.671	0.736	0.85	0.9	0.795 0	良级
曝气生物滤池	0.602	0.404	0.85	0.9	0.681 6	中级
SBR	0.702	0.761	0.85	0.8	0.778 7	良级

　　从表 2-13 可以看出，电化学方法效益级别为及格，这与其所处理的污水水量小，投资成本高有关系。朔黄铁路原平南站污水处理采用传统接触氧化法，由于运行成本过高，效益级别为中级。采用 MBR 和生物滤池结合人工湿地处理工艺虽然投资成本高些，但可以达到中水回用的目的，因此实际效益达到良级。SBR、单独人工湿地系统及复合型绿色生态系统运行成本较低，效益评价为良级。太阳能曝气结合土地渗滤工艺，由于太阳能的使用加大了投资，因此效益评价为中级。对于污水水量达 1 000 t/d 以上的站段，采用强化一级处理和氧化沟技术，效益评价为中级。

　　以上案例说明，对排水量较小的铁路中小站段（排水量为 10～500 t/d），不能照搬大型污水处理厂的设计和工艺，而要密切结合不同类型的铁路中小站段自身的特点，综合考虑污水的水量和水质特点，根据当地的自然资源（太阳能及风能、土地资源等）和经济发展程度，采用不同的处理工艺。如在经济欠发达，土地资源便宜，排水量小，排放要求不高的地区，可优先考虑采用稳定塘、人工湿地、土地处理系统等因地制宜的自然净化工艺。对于太阳能及风能丰富地区，可使用太阳能发电提水或曝气、风力发电提水或增氧。虽然增加了投资成本，但可降低运行成本。在经济发达，需中水回用，环境敏感区的站段可以采用曝气生物滤池、MBR 为主的处理工艺。对污水水量较大，达到 1 000 t/d 的站段宜优先采用强化一级处理工艺，待条件成熟后再过渡到二级处理工艺。

2.5　本 章 小 结

在对我国现有铁路中小站区进行实际考察和资料收集的基础上，研究得到主要结论如下。

（1）铁路沿线中小站区的生活污水具有排放地点分散，水量小，不便于集中处理等特点。其中，污水水量较小，一般为 $10\sim500$ m³/d。污水水质污染负荷低于市政污水，根据路内环保部门的铁路站区污水监测资料显示，其主要污染物指标为 COD_{Cr} 50～250 mg/L，BOD_5 30～100 mg/L，氨氮 10～50 mg/L，SS 50～220 mg/L，石油类 5～30 mg/L。

（2）调研了国内外中小站区生活污水处理工艺、设施、出水水质和运行成本的现状。目前铁路中小站区采用的污水处理方法主要有地下渗透、生物转盘处理、接触氧化、强化一级处理、化粪池及厌氧生物滤池、排入城市管网等。铁路车站生活污水目前主要以 SBR 工艺、厌氧污水处理设备、人工湿地工艺为主，同时在某些大型车站（客运站）采用了 MBR 等其他相关工艺及其组合形式的处理方法。

（3）选择经济合理，技术先进的污水处理工艺是污水处理设计应执行的首要原则。根据污水最终的出路和用途，深度处理方法与工艺的选择也具有很大的灵活性。污水出路是确定铁路中小站区污水处理目标的一个重要因素。车站污水的处理工艺由传统的地埋一体化为主，逐步过渡到物化、生化有机结合，互为补充的综合工艺，出水水质由达标排放逐步升级为中水回用。

（4）对污水处理工艺按地区、车站规模、污水的排放量及排放路径进行分类，提出适用的技术条件及组合方案。根据各铁路站段所在地的气候、位置、水质、水量特点，提出适宜处理铁路中小站区生活污水的处理技术。

① 对排水量较小的铁路中小站区（排水量 10～500 t/d），不能照搬大型污水处理厂的设计和工艺，要密切结合不同类型铁路中小站段自身的特点，综合考虑污水的水量和水质特点，根据当地的自然资源（太阳能、风能、土地资源等）和经济发展程度，采用不同的处理工艺。

② 在经济欠发达，土地资源便宜，排水量小，排放要求不高的地区，可优先考虑采用稳定塘、人工湿地、土地处理系统等因地制宜的自然净化工艺。在太阳能及风能丰富地区，可使用太阳能发电提水或曝气，风力发电提水或增氧。虽然这些技术会增加投资成本，但可降低运行成本。

③ 在经济发达、需中水回用、环境敏感区的站段可以采用曝气生物滤池、MBR 为主的处理工艺。对水量较大，达到 1 000 t/d 的站段优先采用强化一级处理工艺，待条件成熟后再过渡到二级处理工艺。

（5）建立了以投资费用、运行费用、管理水平、处理效果等作为基本评价依据和效益评价指数的计算模型。

以汉十高速孝感服务区污水处理厂为例，进行了不同种类能源运用到污水处理中的效益分析。主要分为电力、风力、光伏及沼气发电四种能源来带动提升泵的不同类型，分别评价出不同能源种类的效益。在处理污水量相同，水质接近，运行时间、处理效果相同或接近的情况下，采用沼气发电效果最好，其次为风力和太阳能发电。

根据调研获得的污水处理案例的费用数据，可以得出各种污水处理工艺的效益评价指数：电化学效益级别为及格，这与其所处理的污水水量小，投资成本高有关系；朔黄铁路原平南站采用的传统接触氧化法，由于运行成本过高，效益级别为中级；采用 MBR 和生物滤池结合人工湿地的处理工艺虽然投资成本较高，但可以实现中水回用的目的，实际效益应达到良级；SBR、单独人工湿地系统及复合型绿色生态系统运行成本较低，效益评价为良级；采用太阳能曝气结合土地渗滤的工艺，由于太阳能技术的使用加大了投资，因此效益评价为中级；对于污水水量达 1 000 t/d 以上的站段，采用强化一级处理和氧化沟技术，效益评价为中级。

第 3 章

铁路内燃机车尾气排放治理研究

3.1 铁路站场机车排放影响的研究

以柴油机作为主要动力的内燃机车是铁路运输的主要牵引动力，内燃机车在世界客运和货运中占有重要的地位。由于内燃机车柴油机具有较大的机组功率（1 000～4 000 kW），并且排气流量达到 2～8 kg/s，同时由于气体是在 4.5 m 的高度上排放出来的，所以在排气流的逸散区会形成极高的局部范围的大气污染。尤其是大型机务段、调车场，以及运行在城市区间的内燃机车组，其所产生的污染会直接影响城市的环境，对人类的健康产生不利的影响。因此，研究机车柴油机的废气排放物（有害气体和有害颗粒）对空气质量的影响与控制就显得尤为迫切和重要。

通过对北京地区车站、隧道、检修机务段大气环境进行监测分析，以及对内燃机车启动、运行及检修等状况下进行监测分析，判断内燃机车污染排放对站场大气环境的影响。分析柴油机排放微粒中的成分，根据颗粒物富集原理，对污染物成分进行源判别和贡献率分析，确定柴油燃烧和排放之间的关系，进而减少有害物排放，具有重要的现实意义。在此基础上，提出控制内燃机车的污染排放措施，以改善北京市铁路站场的大气环境质量。

3.1.1 实验方法

鉴于铁路机车在不同运行工况下，污染物的排放不同，本实验选择在北京站化验室屋顶、密云县梨树沟隧道顶部、怀柔北机务段水阻试验台上分别采集铁路机车在启动、怠速、运行、检修状态下颗粒污染物的排放状况。

采样地点分别设于北京站机务段化验室屋顶（距机车排放处约 30 m）、机务段附近北方中学（距机务段约 273 m）、机务段家属区（距机务段约 216 m）、密云县梨树沟隧道顶部（距隧道口约 10 m）、怀柔北机务段水阻试验台上（距机车排放口约 5 m），采集机车在不同站场大气环境中的氮氧化物与颗粒物。考虑到监测浓度所需的有效性，选取的测点均位于监测当天主风向的下风向处。采样时间为 2005 年 6 月。现场采样如图 3-1～图 3-3 所示。

图 3-1　北京站机务段现场图

图 3-2　密云县梨树沟隧道现场图

图 3-3　怀柔北机务段现场图

氮氧化物的采样使用青岛崂山电子仪器厂生产的 KC-6D 型大气采样器，用多孔筛板吸收瓶以盐酸萘乙二胺吸收液富集氮氧化物，流量控制在 0.2～0.3 L/min。氮氧化物采用 Saltzman 盐酸萘乙二胺分光光度法（GB/T 15435—1995），在美国哈希（HACH）公司生产的 DR/4000U 分光光度计上分析测定浓度。

总悬浮颗粒物（Total Suspended Particle，TSP）是指飘浮在空气中的固体和液体颗粒物的总称，其粒径范围为 0.1～100 μm。它不仅包括被风扬起的大颗粒物，也包括烟、雾以及污染物相互作用产生的二次污染物等极小颗粒物。颗粒物的采样使用青岛崂山电子仪器厂生产的 KB-120E 型带有切割头的智能中流量 TSP 采集器（见图 3-4），采集 100 μm 以下的大气总悬浮颗粒物，流量控制在 100 L/min。采集过程中大气压力均保持在一个标准大气压（101.3 kPa）。设定一次采样时间为 24 小时，每个采样点至少采样三次。TSP 浓度的分析采用重量法（GB/T 15432—1995）。

图 3-4 KB-120E 型中流量采样器

通过具有一定切割特征的采样器，以恒速抽取一定体积的空气，空气中粒径大于 100 μm 的颗粒被除去，小于 100 μm 的悬浮颗粒物被截留在已恒重的滤膜上，根据采样前后滤膜质量之差及气体采样体积，计算 TSP 的质量浓度。

结果按式（3-1）计算：

$$c = \frac{K(W_1 - W_0)}{Q_N t} \qquad (3-1)$$

式中：c——总悬浮颗粒物，μg/m³；

W_0——采样前滤膜的质量，g；

W_1——采样后滤膜的质量，g；

t——累积采样时间，min；

Q_N——采样器平均抽气流量，m³/min；

K——常数（中流量采样器 $K = 1 \times 10^9$）。

称量后的滤膜经处理后，在日本电子（JEOL）生产的 JSM-6700F 型带能谱的扫描电子显微镜（Scanning Electron Microscopy and Energy Disperse X-ray microanalysis，SEM-EDX）（见图 3-5）上进行粒径和能谱分析，测定其中各元素含量。

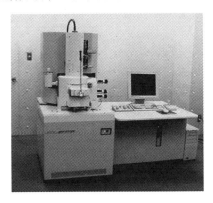

图 3-5 JSM-6700F 扫描电子显微镜

3.1.2 结果与讨论

1. 背景值监测

各监测点中，密云县梨树沟隧道地处密云山林之中，四周群山环绕，无其他污染源，监测对象主要为机车行进过程中排放的污染物。怀柔北机务段水阻试验台位于怀柔北机务段内，四周也无其他较明显的污染源，且距离污染排放源较近，所采集的污染物质主要是机车在水阻过程中产生的。而北京站因地处北京市区东二环的交通密集区域，附近有包括二环主路、居民区及部分商用楼和正在建筑过程中的立交桥等设施。因此在进行监测铁路机车的影响之前，先对其进行了背景值的监测，以充分考虑上述污染物排放源对机车站场环境的贡献状况。监测点设在机务段家属区，距离机务段约 216 m，监测当天测点位于主要建筑污染源和交通污染源的下风向，监测所得数据如表 3-1 所示。

表 3-1 北京站背景值监测数据 单位：mg/m³

项目	NO$_x$	TSP
日平均值	0.09	0.39

由表 3-1 可以看出，北京站由于其周围复杂的环境，TSP 的背景值已经超过了国家三级标准（0.30 mg/m³），但是 NO$_x$ 的浓度仍在一级标准（0.10 mg/m³）规定的范围以内。

2. 各站场的 NO$_x$ 浓度

在站场监测所得的大气中，NO$_x$ 的浓度如表 3-2 所示，空气质量标准如表 3-3 所示。可以看出，机车站场大气环境中的 NO$_x$ 浓度日均值都超过了国家环境空气质量二级标准，而柴油机车作为机务段主要的污染排放源，其排放对站场大气中 NO$_x$ 浓度的贡献是不容忽视的。

表 3-2 北京市铁路站场 NO$_x$ 浓度 单位：mg/m³

项目	北京站	梨树沟隧道	怀柔水阻试验台
日平均值	0.14	0.11	0.13
最大日均值	0.15	0.13	0.15
最小日均值	0.12	0.10	0.10

表 3-3 国家环境空气质量标准 单位：mg/m³

污染物名称	取值时间	一级标准	二级标准	三级标准
NO$_x$	日平均	0.10	0.10	0.15

北京站因受周围交通车辆的影响，所测得的 NO$_x$ 浓度较高，但是考虑到此处所测的背景值较低，可见机车对 NO$_x$ 排放的贡献是较大的。由于北京站是机车的启动段，机车在启动时由于燃油的初始温度较高，会产生较多的 NO$_x$。而怀柔北机务段内水阻试验台上的机车多处于中高速运转检测的状况，且采样点距机车排放口较近，因此所测得的 NO$_x$ 浓度也较高。

3. 各站场的 TSP 浓度

各站场所测得的 TSP 浓度分别列于表 3-4、表 3-5 中。由表中的数据可以看出，北京站与怀柔水阻试验台测得的 TSP 浓度较大，污染比较严重，且各站场的 TSP 浓度均已超过国家环境空气质量二级标准（见表3-6）。经分析可知，作为机务段主要污染排放源的柴油机车所排放的碳烟，对站场的 TSP 浓度有着较大的贡献。

表 3-4　铁路站场空气悬浮颗粒的采样收集

累积时间/ h	气温/ ℃	大气压/ kPa	采样流量/ （L/min）	TSP 浓度/ （mg/m³）	标准采样体积/ m³	采样滤膜重量/g		增重重量/ g
						采样前	采样后	
北京站站内								
24	30	101.3	100	0.43	129.70	0.370 4	0.426 4	0.056
24	27	101.3	100	0.49	124.80	0.372 7	0.434 2	0.061 5
24	28	101.3	100	0.48	130.60	0.366 1	0.428 3	0.062 2
24	29	101.3	100	0.49	129.40	0.367 8	0.431 2	0.063 4
北京站北方中学								
24	29	101.3	100	0.46	126.50	0.368 4	0.427 1	0.058 7
24	28	101.3	100	0.48	126.50	0.374	0.434 8	0.060 8
5	28	101.3	100	0.42	26.39	0.369	0.385 4	0.016 4
北京站机务段家属区								
24	32	101.3	100	0.52	130.20	0.371 1	0.438 9	0.067 8
24	30	101.3	100	0.47	129.74	0.373 9	0.435 2	0.061 3
24	30	101.3	100	0.46	131.60	0.367 1	0.427 6	0.060 5
21	25	101.3	100	0.39	141.38	0.371 1	0.425 9	0.054 8
密云梨树沟隧道								
22	24	132	100	0.37	121.33	0.373 9	0.418 7	0.044 8
4	24	24	100	0.26	22.06	0.363 5	0.375 8	0.012 3
怀柔北机务段								
7	25	42	100	0.16	38.48	0.371 1	0.377 4	0.006 3
6	25	36	100	0.11	32.98	0.368 2	0.371 9	0.003 7
8	25	48	100	0.05	43.97	0.365 2	0.367 5	0.002 3

表 3-5　各站场的 TSP 浓度　　　　　　　　　　单位：mg/m³

项目	北京站	梨树沟隧道	怀柔水阻试验台
日平均值	0.47	0.31	0.46
最大日均值	0.52	0.38	0.48
最小日均值	0.43	0.26	0.42

表 3-6　国家环境空气质量标准　　　　　　　　单位：mg/m³

污染物名称	取值时间	一级标准	二级标准	三级标准
TSP	日平均	0.12	0.30	0.50

　　北京站机务段和怀柔水阻试验台所测得的 TSP 浓度较高，这是因为北京站机务段是机车的启动阶段，该阶段机车排放的颗粒物较多，且车站受到了周围道路扬尘和建筑扬尘的影

响。怀柔水阻试验台位于怀柔北机务段内，机车处于检测状态，且采样处距离机车排放口很近。因此，这两个站场受机车排放碳烟的影响程度较为明显。而密云梨树沟隧道四周被群山环绕，主要受出入隧道的机车在运行状态下排放碳烟的影响，同时由于空气扩散的作用，使得所测颗粒物的浓度较前两者更小一些。

3.1.3 颗粒物物理化学特性分析

1. 总悬浮颗粒物形貌分析

将空气自动泵抽出定期采用纤维滤膜收集到的大气颗粒污染物，从中各剪下面积约为 50 mm^2 的小块，将其直接粘在样品台上，用扫描电镜对其进行形貌观察并用射线能谱仪进行成分分析（见图 3-6～图 3-8）。

图 3-6 北京站颗粒物电镜形貌图

图 3-7 密云梨树沟隧道颗粒物电镜形貌图

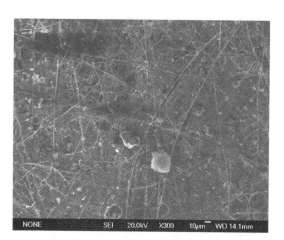

图 3-8 怀柔水阻试验台颗粒物电镜形貌图

通过扫描电镜的照片可以看出，颗粒物形状呈多样性。分析其在不同放大倍数下的扫描电镜的结果，大多为形状不定、表面较粗糙，大小为 2.5～10 μm 以下的颗粒。其中，有呈球形且表面不光滑，大小为 2.0～5.0 μm 的颗粒；有呈不规则形状，表面凹凸不平，大小为 1.0～2.0 μm 的颗粒；有呈方形且表面光滑，大小为 1.1～1.5 μm 的颗粒；有呈长条形且表面光滑，大小为 2.5～6.0 μm 的颗粒；有呈椭球形且表面较粗糙，大小为 2.5～10.0 μm 的颗粒（图中纤维状物及蜂窝状物为滤膜）。以上观察表明，这些不同形貌及大小的颗粒是各种源尘的混合体，有的尺寸仅有几百纳米。这些颗粒物不仅仅是机车排放所造成的，因此需要利用扫描电镜对大气颗粒物形貌做更深层次的观察与分析。

其中，图 3-6 所示为北京站采集的机车排放颗粒物。该颗粒物成分较为复杂，包括各种粒径的颗粒物。其原因主要是北京站地理位置比较复杂，车站环境在包括柴油机车排放颗粒物的同时夹杂多种颗粒物污染排放源，主要包括生活污染、建筑及交通等颗粒物排放源。图 3-7 所示为密云梨树沟隧道采集的机车排放颗粒物。通过该照片可以看出该颗粒物既包括大颗粒物又包括小粒径颗粒物，这是由于该颗粒物中除了包括机车排气颗粒物外还包括部分土壤颗粒。图 3-8 所示为怀柔北机务段采集的机车排放颗粒物。通过该照片可以看出，颗粒物粒径分布较为均匀，集中在 2.0~5.0 μm 之间。这是由于该颗粒物主要是柴油机车在水阻过程中产生的排气颗粒，包括柴油机燃烧过程中所产生的颗粒物。

2. 金属元素和非金属化合物的测定

本实验通过扫描电镜附带的 X 射线能谱仪对颗粒物进行分析，以此判断颗粒源尘来源，并对大气颗粒物进行多点成分分析，进行归纳分析比较。

如图 3-9～图 3-11 所示为怀柔北机务段水阻试验台所收集不同颗粒物的成分分析，如图 3-12 所示为梨树沟隧道所收集的颗粒物成分分析，如图 3-13～图 3-15 所示为北京站收集的不同颗粒物的成分分析。

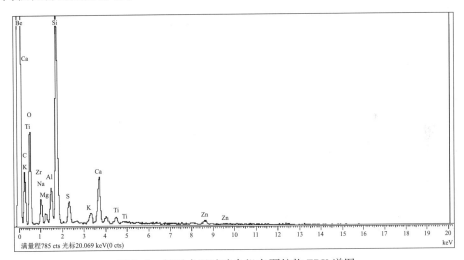

图 3-9　怀柔水阻试验台机车颗粒物 EDX 谱图

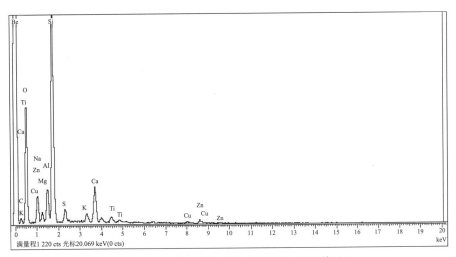

图 3-10　怀柔北机务段机车颗粒物 EDX 谱图 1

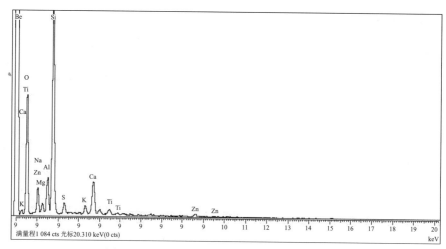

图 3-11　怀柔北机务段机车颗粒物 EDX 谱图 2

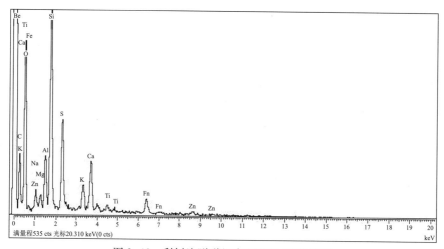

图 3-12　梨树沟隧道机车颗粒物 EDX 谱图

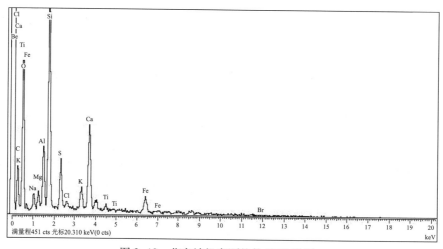

图 3-13　北京站机车颗粒物 EDX 谱图 1

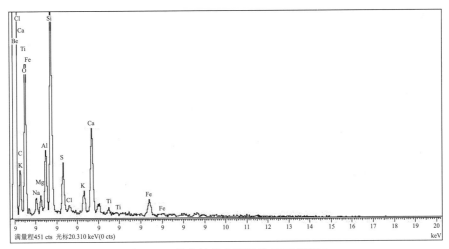

图 3-14　北京站机车颗粒物 EDX 谱图 2

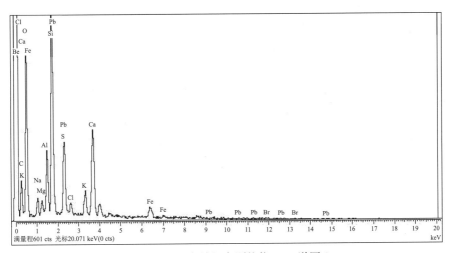

图 3-15　北京站机车颗粒物 EDX 谱图 3

　　对上述三个地区所收集的机车颗粒物进行多点化学谱成分分析，并经归纳分析对怀柔水阻试验台的颗粒物进行分析。

　　在大气颗粒物中，不规则形状颗粒含 Si、Ca 较多（含 Si 较高是土壤尘，属于硅酸盐颗粒；含 Ca 较高是建筑尘），主要为土壤尘；小粒状物含 Al、Si 较高，其次为 K、Na、Mg，主要是机车颗粒物排放以及汽车尾气尘、土壤尘的混合。对于北京站采集的大气颗粒物，其在各种粒径的颗粒物中均有一定含量，这表明大小不同、形貌各异的各种大气颗粒物是一种混合源尘体。

　　在大气颗粒物中，棉絮状物含 Si 较高，约为 10%，不规则形状粒子含 Al、Ca、Si 较高，这些主要是柴油机车排放颗粒物、建筑尘；长条形状物含 S、Pb 较高，这主要是机动车尾气造成的。对于梨树沟隧道的颗粒物成分分析和怀柔北机务段的成分相对较为接近，其颗粒物主要来源为机车排放和土壤的扬尘。以上颗粒物中都能检测到一定量的 C、O，这表明大气颗粒物会以碳化物和氧化物的形式存在。从 X 射线能谱成分分析可知，不同形状的颗粒含有不同源尘的成分，其来源也不同。

综上分析，其颗粒形态主要如下：土壤尘颗粒一般聚合在一起，黏着紧密；建筑尘多呈现不规则，黏着松散，空隙清晰可见的形态；燃油机车尾气尘形状不规则，表面凹凸不平。在采集的数据中，由于有许多颗粒是几种源尘的叠加，这给分析带来了一定困难。

3. 颗粒物中元素的富集

所采集的颗粒物样品在用作浓度分析后，又利用能谱对其中的无机元素进行了分析，检测出的各元素浓度如表 3-7 所示。

表 3-7　颗粒物 EDX 化学元素分析图表（质量分数）

元素	C	O	Na	Mg	Si	S	K	Ca	Al	Zn	Fe
怀柔水阻试验台	36.93	34.45	2.22	0.54	10.13	2.98	0.79	2.9	2.73	1.45	0.39
	0	51.09	4.71	1.23	22.77	1.78	1.28	5.5	6.98	2.42	0.35
	0	54.85	4.66	1.21	22.64	1.09	0.92	5.03	7.02	2.21	0
北京站	24.14	46.11	1.37	0.98	10.08	1.67	1.19	5.76	5.92	0	1.89
	23.31	46.98	1.37	0.9	10.36	2.23	1.53	5.95	6.28	1.3	1.86
	25.87	47.68	1.25	0.73	8.77	2.56	1.47	4.93	5.34	1.41	1.59
梨树沟隧道	9.1	54.86	2.04	0.9	12.53	4.33	2.06	4.46	6.46	1.48	2.02

对表 3-7 中各元素的浓度利用富集因子法分析其来源，可以进一步判定柴油机燃油排放对站场大气污染状况的贡献程度。

富集因子（Enrichment Factor，EF）法一直以来被用于研究大气颗粒物中元素的富集程度，以其来判断和评价颗粒物中元素的自然来源和人为来源。它定义为：

$$(EF)_{地壳} = \frac{(X_i/X_R)_{气溶胶}}{(X_i'/X_R')_{地壳}} \qquad (3-2)$$

式中：EF 为大气颗粒物中元素的富集因子值；X_i 和 X_R 分别为大气颗粒物中元素 i 和参比元素 R 的浓度（参比元素通常选择大量存在的、人为污染小、且化学稳定性好的地壳常量元素）；X_i'/X_R' 分别为地壳中元素 i 和元素 R 的平均浓度。

本实验选用 Si 为参比元素，按上式计算所得的各元素平均 EF 值列于表 3-8 中。

表 3-8　北京市铁路站场颗粒物中元素的富集系数

元素	北京站	梨树沟隧道	怀柔水阻试验台
Si	1	1	1
Na	1.27	1.56	1.98
Mg	1.14	0.94	0.71
S	172	274	62.73
K	1.78	1.75	0.83
Ca	4.42	2.08	1.85
Fe	0.82	0.71	0.07
Al	2.00	1.758	1.057
Zn	32.3	30.11	33

一般将元素按富集系数的大小分为三类。第一类为污染元素，其 EF≥10，这类元素富

集程度最高，是人类活动或其他异常自然活动产生的；第二类为临界元素，其 $3 \leqslant EF < 10$，这类元素有一定量的富集，但不严重，它的主要来源为人类活动和地壳；第三类为天然地壳元素，其 $EF < 3$，这类元素富集程度不显著或没有富集作用，它属于地壳的正常组成部分。

由表 3-8 可知，颗粒物中 S、Zn 元素的富集系数在整个监测期内均显著大于 10，是典型的污染元素。作为参比元素的 Si 元素则主要来源于地表扬尘，属于地壳元素。其他元素富集系数很大一部分均小于 3，可看作天然地壳元素。Zn 元素除来自于柴油中添加的如二硫代磷酸锌盐一类的润滑油以外，还受站场周围汽车中使用的含锌润滑油、刹车片或轮胎的影响。

柴油机燃油排放颗粒物中的 S 元素主要来源于燃料中的硫分。一般柴油中含硫为 $0.15\% \sim 0.3\%$，这些硫中的 98% 燃烧生成 SO_2，残留部分为硫酸盐，后者将给柴油机的排气增加 $0.05 \, g/(kW \cdot h)$ 左右的硫化物微粒，并以细微粒子的形态存在于大气中，从而影响人类健康。因此，进一步降低柴油中的硫含量，改善燃油品质，对于减少柴油机燃油排放的污染有着重要的意义。

3.1.4   结论

对北京市各站场大气环境中的 NO_x 和 TSP 浓度进行监测分析，发现两者均超过了国家环境空气质量二级标准，而铁路柴油机车作为主要的污染排放源，其对 NO_x 和 TSP 浓度的贡献不容忽视。同时，通过富集因子法对颗粒物中的元素组分分析也进一步证实，柴油机车的燃油排放造成了 S、Zn 元素在所采集颗粒物中的明显富集。

① 分析微粒颗粒物的浓度和成分，并在此基础上对柴油机微粒中污染物成分进行源判别和贡献率分析，对于确定柴油燃烧和排放之间的关系，进而减少有害物排放具有极大的现实意义。

② 北京站采集的机车排放颗粒物，成分较为复杂，包括各种粒径的颗粒物。其原因主要是北京站地理位置比较复杂，车站环境在包括柴油机车排放颗粒物的同时夹杂多种颗粒物污染排放源，主要包括生活污染、建筑及交通等颗粒物排放源。密云梨树沟隧道采集的机车排放颗粒物中，除了包括机车排气颗粒物外，还包括部分土壤颗粒。怀柔北机务段采集的机车排放颗粒物是柴油机车在水阻过程中产生的排气颗粒，主要包括柴油机燃烧过程中所产生的颗粒物。

③ 北京市铁路站场大气细颗粒物中 S、Zn 两种元素主要是由人为源贡献的，而受土壤扬尘的影响较小，是典型的污染元素。根据国内的研究，Zn 元素的富集可以认为来自于机车中的润滑油，S 元素的富集主要来自于各种燃料油的燃烧。这与铁路站场燃料结构以柴油为主，且消耗量大的情况是相符合的。

其他元素的 EF 值相对较小，这表明在铁路站场环境中，除北京站由于地理位置较为复杂，其颗粒物来源包括其他生活和交通污染源影响外，怀柔北机务段和密云梨树沟隧道由于受人为因素影响较小，可以认为其污染源主要来自铁路机车柴油的燃烧和排放。

由于柴油机的结构、工作条件和所用的燃料品质等对柴油机的排放都有一定的影响，而且改善各种有害排放物的许多措施往往是相互制约的，所以必须从燃料、燃烧和运行工况角度多个方面采取措施进行控制，进一步改善北京市铁路站场的大气环境质量。

3.2 铁路内燃机车运行中排放因子的测定

排放因子表示内燃机车运转时,单位时间、单位功率排放的污染物的量,单位为 $g/(kW \cdot h)$,能够反映机车污染物的排放水平。准确地确定机车的排放因子,是计算铁路内燃机车污染物排放强度的关键参数。为更加真实地反映国内机车的污染水平,本书研究中实测了运行中机车的排放因子。

3.2.1 样品采集与分析

梨树沟隧道长 3 304 m,为单轨的南北越岭隧道,位于北京市通往内蒙古自治区通辽市的交通干线上,距北京市 178 km,隧道的横截面积是 31.3 m²,隧道内采用通风机通风。梨树沟隧道位于五座楼森林公园,隧道外周围为自然植被良好的山岭。除隧道管理处以外,隧道以南 2 km 是生活区,向南沿铁路线 2 km 是黑山寺车站。除这两处生活区及车站外,在隧道内和隧道口周围除机车污染物外,无其他人为空气污染物排放源。梨树沟隧道内空气污染物浓度采样监测点位置见图 3-16。

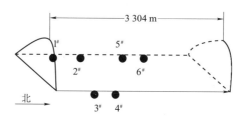

图 3-16 监测点分布示意图

注:图中的 1#、2#、3#、4#、5#、6# 监测点距隧道南口的距离分别是 350 m、410 m、500 m、990 m、1 310 m、1 610 m。

隧道内空气污染物浓度的监测仪器采用德国德图 XL-350 烟气分析仪,此仪器可以进行连续自动监测,精度达 1 ppm。

3.2.2 结果与讨论

1. 隧道内空气污染物监测结果

监测于 2007 年 3 月 1—2 日进行,历时两天。采样期间所有风机全部关闭。观测期间梨树沟隧道内 CO、NO、NO_2 的浓度范围分别是 $0.83 \sim 14.11 \, mg/m^3$、$0.1 \sim 1.25 \, mg/m^3$ 和 $0.77 \sim 25.41 \, mg/m^3$。其中 6# 监测点处的污染物浓度变化如图 3-17 所示。

2. 隧道法测内燃机车污染物排放因子

首先,假设以下五点成立:

① 列车为匀速直线运动;

② 污染物在瞬间即可分布均匀;

③ 忽略各种污染物在空气中的化学反应;

④ 机车是唯一污染源;

⑤ 忽略进入车厢的污染物(客运列车),忽略进入到货运列车车厢或者货物空隙中的

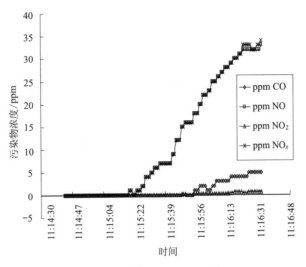

图 3-17　6# 监测点的监测值

污染物（如果货物是敞开放置）。

　　设列车以速度 v 做匀速直线运动。在铁路上任取一点 A 为监测点，以 A 点为坐标原点，机车的运行方向为 x 轴正方向，建立坐标系 x-y-z。将列车经过监测点 A 的时刻记为 $t_0 = 0$。若 $t>0$，则表示列车驶过了 A 点；若 $t<0$，则表示列车未到达 A 点，如图 3-18（a）所示。并记 C_{kt} 表示 t 时刻第 k（$k=1$，2，$\cdots$）种污染物在 A 点的浓度。

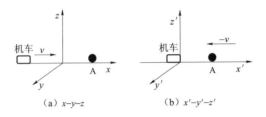

（a）x-y-z　　　　　　（b）x'-y'-z'

图 3-18　x-y-z 与 x'-y'-z' 坐标系

　　根据相对运动规律，若将列车看作是静止的，则大地正以 $-v$ 的速度反向运动。不妨设列车静止于某点，并以此点作为大地坐标系的原点，v 的方向作为 x' 轴的正方向，则可以建立坐标系 x'-y'-z'，如图 3-18（b）所示。并将 A 点到达列车所在位置的时刻记为 $t_0 = 0$。$t>0$ 表示 A 点已经越过列车所在位置，$t<0$ 表示 A 点还未到达列车所在位置。在此坐标系下，机车是一个相对静止的排放源，其排放符合高斯扩散模式。并记 $C_{kx'}$ 表示 x' 处第 k（$k=1$，2，$\cdots$）种污染物浓度，$C_{kx'} = C_{kt}$ 且 $x' = -v \times t$。

　　根据高斯公式有：

$$C(x,y,z,H) = \frac{Q}{\pi v \sigma_y \sigma_z} e\left(\frac{y^2}{2\sigma_y^2}\right) \left\{ e\left(\frac{(z-H)^2}{2\sigma_z^2}\right) + e\left(\frac{(z+H)^2}{2\sigma_z^2}\right) \right\}$$

　　分析可知，当 x' 确定后，相应的 C_k 则只与气象条件有关。

　　如若选择在隧道内测量 C_k，由于机车过隧道时形成的活塞风较强，在隧道足够长的条件下，可以认为气象条件是一定的。也就是说，在 x'-y'-z' 坐标系下，C_k 的空间分布是确定的,据此能确定一定空间的污染物总量。如果选取的空间为对应时间 t 的列车在隧道内所走过的容纳污染物的空间,就可以得出内燃机机车排放的污染物总量,进而计算出机车的排放因子。

3. 计算方法

在 x-y-z 坐标系下,测得某种污染物的浓度为 C_k(k=1,2,…,在监测点处不同时刻 t_k 对应的浓度)。将坐标系转换成 x'-y'-z',C_k 则表示不同的 $x'=-v$(t_k-t_0)下的浓度。

在 x'-y'-z' 坐标下进行隧道内污染物排放系数的计算,在监测时间 t 内,某种污染物的排放总量为:

$$M = v \times t \times S \times C_k \tag{3-3}$$

式中:M——污染物的质量,g;

v——机车的速度,m/s;

S——隧道与机车横截面积的差,m²;

C_k——监测点处污染物浓度,mg/m³。

则排放因子为:

$$k = 3\ 600\ M/(p \cdot t) \tag{3-4}$$

式中:k——排放因子,g/(kW·h);

p——机车的功率,kW。

计算结果如表3-9所示。

表3-9 排放因子计算结果

排放因子	客运机车及机车编号				货运机车及机车编号						
	3#,DF₈ᵦ,5109与5234	4#,DF₈ᵦ,5235	平均值	标准差	1#,DF₈ᵦ	2#,DF₈ᵦ,5011	2#,DF₈ᵦ,5305	5#,DF₈ᵦ,5290	6#,DF₈ᵦ	平均值	标准差
CO/〔g/(kW·h)〕	1.6	19.1	10.35	8.75	7.1	26.8	65.8	24.6	11.1	27.08	20.78
NOₓ/〔g/(kW·h)〕	11.9	27.1	19.50	7.60	28.3	119.6	178.5	84.0	109.8	104.04	48.90

4. 结果分析

由图3-17可知,在机车到达监测点前十几秒的时间内,空气污染中的各种污染物趋向于零,超出 XL-350 的精度。但这并不能说明隧道内没有残留的污染物,而可能是因为机车高速通过隧道时所形成的强劲的活塞风,对污染物产生了极大的稀释作用。据此可以认为,监测时污染物的背景值为零。

由表3-9可知,各车次的单车污染物排放因子变化范围较大,且数值偏大,单车污染物排放因子较高。比较客运与货运机车的排放因子可以看出,货运机车 CO、NOₓ 的排放因子要分别比客运机车的大2.6倍、5.4倍。所有测试的机车均为 DF₈ᵦ,但货运机车与客运机车相比,货运机车载重大,柴油机的负载高,燃油消耗率大,污染物排放量大,这些因素使单车的污染物排放因子偏大。

标准差偏大也说明各辆机车的污染排放水平有较大差异。这与各辆机车的运行里程和维修保养有关。客运机车的 CO、NO_x 排放因子的标准偏差相近，而货运机车 NO_x 的排放因子是 CO 的 2.4 倍。这说明 DF_{8B} 在较低的负载下，CO 和 NO_x 的生成有部分影响因素是一致的。而在较高的负载下，二者的影响因素不一致：CO 受影响比较小，而 NO_x 所受的影响因素较多。

由表 3-9 可知，机车在运行过程中的排放因子远高于 TB/T 278—1997 中所规定（见表 3-10）的污染物排放限值。这说明机车在模拟运行状况下测得的排放因子与在实际运行时有较大的差距。

表 3-10　中国机车排放污染物限值

污染物		柴油机使用年限		
名称	单位	1982-01-01 前	1982-02-02 起	1993-01-01 起
CO		12	8	4
NO_x	g/(kW·h)	24	20	16
HC		4	2.4	1.6
烟度	波许		1.6~2.5	

5. 结果比较

美国环境保护局（EPA）已经建立了关于新生产的改进柴油动力机车 NO_x、HC、CO、PM 和碳烟的排放标准，此标准对国内的机车具有一定的参考意义。表 3-11 是 EPA 关于内燃机排放因子的标准。与 EPA 的标准相比较，国内机车的单车排放因子要大得多，其中 CO 与 NO_x 分别高出 6.0~15.5、2.9~15.3 倍。

表 3-11　2004 年以后生产的机车的控制排放速率的限值（EPA 420-F-97-051）

单位：g/(bhp·hr)

排放因子	HC	CO	NO_x	PM
Line-Haul	0.26	1.28	5.0	0.17
Switch	0.52	1.83	7.3	0.21

注：Line-Haul 指干线机车，Switch 指调车机车；1 g/(kW·h) ≈1.36 g/(bhp·hr)。

在国内的机车中，DF_{8B} 所用内燃机 16V280ZJ 的燃油消耗率为 214.9±3 g/(kW·h)，且所用的机车设计年代较早，在设计上采取抑制污染物排放的措施较少。

6. 结论

① 在同为 DF_{8B} 的情况下，客运机车的排放因子要比货运机车的小，这说明相同的内燃机在负载加大的情况下，所排放污染物的浓度也会随之增加。因此在实际生产中，应合理安排内燃机车载重，有利于内燃机车的达标排放。

② 排放因子的波动表明内燃机车的排放受多种因素影响，主要包括运行时间和维修保养，二者对内燃机车的排放有显著的影响。

③ 实际运行中，内燃机车的污染排放水平要高于其在模拟工况条件下的排放水平。

④ 与 EPA 标准相比较，国内机车的单车排放因子较大。

3.3　铁路牵引用柴油机有害排放实验与预测

本次实验随机车柴油机水阻实验进行，对各功率下的污染气体排放情况进行了实时监测，为改善铁路大气环境提供了理论依据。

3.3.1　现场实验

1. 实验设备

实验是在怀柔北机务段的内燃机车 SZ-3C 型水阻试验台上进行的。实验采用的试验机为 DF$_{4A}$ 型机车的 16V240ZJB 型增压式柴油机，其形式为 V 型、四冲程、直接喷射式、开式燃烧室、废气涡轮增压、增压空气中冷。该发动机的具体技术参数如表 3-12 所示。

表 3-12　16V240ZJB 型柴油机主要技术参数

气缸数/个	16
气缸直径×活塞直径/mm	240×275
单缸工作容积/L	12.44
活塞总排量/L	199.05
几何压缩比	12.5
标定转速/(r/min)	1 000
最低空转稳定转速/(r/min)	430
标定转速时的活塞平均速度/(m/s)	9.167
标定功率（环境温度 20 ℃，气压 101.3 kPa，相对湿度 60%，中冷器进水温度 45 ℃及标定转速下）	
小时功率/kW	2 941
持续功率/kW	2 647
装车功率/kW	2 426.5
柴油机启动方式	电动启动

空气污染物浓度的采样分析和观测方法所用监测仪器为德国德图（testo）XL-350 烟气分析仪。此仪器可以连续自动监测，精度为 1 ppm。

试验机在模拟其各自的线路牵引机车的手柄位运行工况下运转，机车柴油机只有在由手柄位确定的转速和功率位下运行。由于在每一手柄位下，功率的输出和转速都是恒定的，因此可对每一手柄位下的燃油消耗率进行核定。表 3-13 给出了试验机车对应各手柄位的柴油机转速。

表 3-13　DF$_{4A}$ 型机车试验手柄位与柴油机转速一览表

空转时		负载时	
手柄位	转速/(r/min)	手柄位	转速/(r/min)
0	500±10	1	500±10
2	540±15	2	540±15

续表

空转时		负载时	
手柄位	转速/(r/min)	手柄位	转速/(r/min)
4	620±15	4	620±15
6	700±15	6	700±15
8	780±10	8	780±10
		10	860±15
		12	940±10
		14	1 020±15
		16	1 100±15

2. 实验方法

将德图（testo）XL-350 烟气分析仪与计算机连接，调试至正常工作状态；将烟气探测枪伸出水阻试验台窗口（见图 3-19）进行固定，使探头刚好在机车烟气排放口处。当实验进行时，打开仪器，烟气分析仪自动监测各时刻各污染物的排放浓度并每秒记录一组数据。水阻试验台上的设备将自动显示各时刻的转速、极板电压、极板电流及温度等信息，可用人工记录数据。

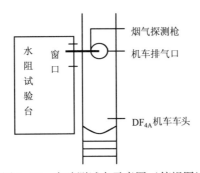

图 3-19　实验测试点示意图（俯视图）

3. 实验结果

本次实验监测时间为 2007 年 4 月 18—20 日，历时三天。这三天的气象条件为晴及微风。根据德图（testo）XL-350 烟气分析仪实时监测的数据，获得了每一稳态实验工况下，各种气体排放量的测量值，CO、NO、NO_2、NO_x 的浓度范围分别是 24.55～236.25 mg/m³、7.37～830.36 mg/m³、11.49～65.51 mg/m³ 和 43.71～895.87 mg/m³。为便于分析，将每一工况下的各气体排放浓度进行平均处理，整理数据如表 3-14 所示。

表 3-14　负载时机车实测功率值和排放污染物浓度值

手柄位	转速/(r/min)	功率/kW	CO/(mg/m³)	NO/(mg/m³)	NO_2/(mg/m³)	NO_x/(mg/m³)
空转	781	0.064 5	123.85	133.90	39.941	173.84
2	558	228.47	63.627	25.075	24.991	50.066
4	598	294.46	149.92	644.02	50.887	694.90
6	708	543.90	179.66	425.71	25.065	450.78

续表

手柄位	转速/(r/min)	功率/kW	CO/(mg/m³)	NO/(mg/m³)	NO₂/(mg/m³)	NOₓ/(mg/m³)
8	766	643.14	154.64	481.71	21.377	503.09
9	829	852.30	156.55	323.61	15.395	339.01
10	864	934.51	118.03	400.87	18.979	419.85
11	902	1 053.8	142.03	160.51	26.472	186.98
12	937	1 173.7	72.759	290.85	16.888	307.74
14	1 014	1 449.8	53.103	398.36	24.654	423.01
16	1 049	1 391.3	36.652	321.75	20.988	342.74

3.3.2 结果分析

1. 实验结果分析

根据表 3-14 中的数据，绘制负载时转速-浓度曲线图（见图 3-20）及全程功率-浓度曲线图（图 3-21）；根据负载时转速与浓度的关系，绘制拟合曲线如图 3-22 所示。并求得各污染物气体排放浓度与转速的拟合多项式，如下：

CO：$y_1 = 5.444\,1\times10^{-6}x_1^3 - 0.014\,8x_1^2 + 12.851x_1 - 3\,425.6$ (3-5)

NO：$y_2 = -2.552\,5\times10^{-7}x_2^4 + 0.000\,86x_2^3 - 1.075\,1x_2^2 + 586.3x_2 - 117\,279$ (3-6)

NO₂：$y_3 = 1.388\,2\times10^{-4}x_3^3 - 0.253\,6x_3 + 135.861\,58$ (3-7)

NOₓ：$y_4 = -2.726\,7\times10^{-7}x_4^4 + 9.186\,1\times10^{-4}x_4^3 - 1.143\,6x_4^2 + 622.234\,5x_4 - 124\,172$ (3-8)

式中：y 表示某转速下污染物气体排放的浓度，单位为 mg/m³；x 表示某时刻内燃机车柴油机的转速，单位为 r/min。

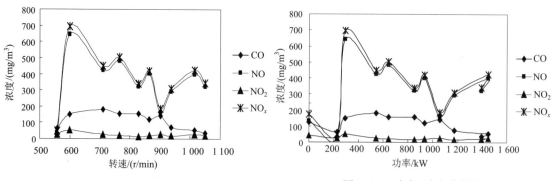

图 3-20　转速-浓度曲线图　　　　　　　图 3-21　功率-浓度曲线图

根据功率与浓度的关系，绘制拟合曲线如图 3-23 所示，并求得各污染物气体排放浓度与功率的拟合多项式，如下：

CO：$y_1' = -4.861\,9\times10^{-8}x_1'^3 - 5.022\times10^{-5}x_1'^2 + 0.126\,58x_1' + 102.211\,91$ (3-9)

NO：$y_2' = 1.401\times10^{-9}x_2'^4 - 2.975\,6\times10^{-6}x_2'^3 + 0.001x_2'^2 + 0.788\,64x_2' + 104.694\,22$ (3-10)

NO₂：$y_3' = 2\times10^{-5}x_3'^3 - 0.042\,6x_3' + 43.174$ (3-11)

NOₓ：$y_4' = 1.341\times10^{-9}x_4'^4 - 2.780\,6\times10^{-6}x_4'^3 + 7.868\,6\times10^{-4}x_4'^2 + 0.817\,92x_4' + 143.594$ (3-12)

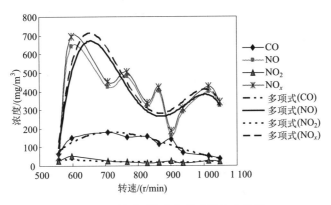

图 3-22　转速-浓度多项式拟合曲线图

式中：y' 表示某功率下污染物气体排放的浓度，单位 mg/m³；x' 表示某时刻内燃机车柴油机的功率，单位 kW。

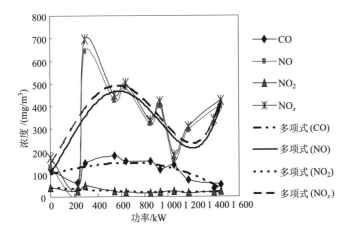

图 3-23　功率-浓度多项式拟合曲线图

2. 排放物平均值

（1）三工况加权分析

根据我国铁道行业标准 TB/T 2783—2006 中确定的加权方法，将实验数据整理如表 3-15 所示。

表 3-15　三工况加权排放值

测试点	转速/ （r/min）	加权系数 WF	加权值				
			功率/kW	CO/（g/h）	NO/（g/h）	NO₂/（g/h）	NOₓ/（g/h）
1	1 014	0.25	362.45	90.275	995.90	61.635	1 057.5
2	598	0.15	44.170	33.732	222.18	17.556	239.74
3	431	0.6	1.13	131.85	249.51	74.482	324.81
总数		1.00	407.75	255.85	1 467.6	153.67	1 640.0
综合排放率/［g/（kW·h）］				0.627 5	3.599 3	0.376 9	4.022 3

因为试验机的标定转速为 1 000 r/min，所以按标准分别取转速在标定转速和 60%标定转速附近的工况点（即取 14 和 4 柄位）为第 1、第 2 测试点，最低空载稳定转速（431 r/min）为第 1 测试点。

由于缺少第 1 测试点的实测数据，故根据第 1、第 2 测试点数据并参考王贤老师论文中的相关数据进行估算得到该组数值。

（2）全工况加权分析

用三个点来加权计算排放率不一定能反映柴油机的实际状况，若希望反映我国机车中柴油机实际运行时的排放水平，就必须统计或计算出在各工况点的运行时间占整个运行时间的百分比，这些百分比即是各工况的加权系数。

根据美国西南研究所对 EMD12-645E3B 和 GE12-7FDL 型柴油机进行排放实验测量的报告，参照其中的加权系数，即标定工况运行时间约占 14%，大量的时间（55%）柴油机处于空转工况。同时按照低转速工况的运行时间比高工况运行时间长的原则，对本次实验全工况数据进行分析整理（见表 3-16）。

表 3-16　全工况加权排放值

工况点	转速/ （r/min）	加权系数 WF	加权值				
			功率/kW	CO/（g/h）	NO/（g/h）	NO₂/（g/h）	NOₓ/（g/h）
空转	431	0.55	1.035 8	120.86	228.72	68.275	297.74
2	558	0.05	11.423	3.976 7	2.382 1	2.374 1	4.756 3
4	598	0.05	14.723	11.244	74.062	5.852 0	79.914
6	708	0.02	10.878	7.905 3	27.246	1.604 1	28.850
8	766	0.04	25.725	16.392	70.330	3.121 0	73.451
9	829	0.04	34.092	23.170	68.607	3.263 7	71.871
10	864	0.03	28.035	15.934	66.143	3.131 6	69.275
11	902	0.03	31.615	20.240	32.744	5.400 3	38.144
12	937	0.03	35.212	11.350	62.823	3.647 9	66.471
14	1 014	0.14	202.97	50.554	557.70	34.515	592.22
16	1 049	0.02	27.826	5.131 3	70.786	4.617 5	75.403
总数		1.00	423.51	286.76	1 282.3	135.80	1 398.1
综合排放率/［g/（kW·h）］				0.677 1	3.027 9	0.320 6	3.301 2

计算结果表明，柴油机的比排放量分别如下：CO 为 0.68 g/（kW·h），NOₓ 为 3.3 g/（kW·h）。与我国目前标准所规定的 CO 为 3 g/（kW·h），NOₓ 为 9.9 g/（kW·h）相比，可知该柴油机的排放量比较低，符合目前的标准要求。

3.3.3　结果讨论

1. NOₓ浓度

NOₓ包括 NO 和 NO₂。燃烧过程主要生成 NO，随后在废气流进入大气后，NO 被氧化成 NO₂。实验时因为烟气探测枪紧靠在排气口处，NO 尚未充分氧化，所以 NO₂ 的浓度比较小，

NO_x 主要以 NO 为主，约占到 88%。

2. CO 浓度

CO 是燃烧不完全的产物。在燃油喷射过程中，由于局部混合不均匀，可能发生空气不足的情况。但实际 CO 的排放量并不高，这是因为柴油机正常工作时，废气流中有过量氧气，可以将 CO 氧化成 CO_2。

3. 浓度变化趋势

NO_x 的浓度呈周期性变化，随着负荷的不断升高，分别在 4 手柄位（转速为 598 r/min）和 14 手柄位（转速为 1 014 r/min）时达到极大值，而在 2 手柄位（转速为 558 r/min）和 11 手柄位（转速为 902 r/min）时达到极小值，并且从 2 手柄位到 4 手柄位浓度变化非常明显。

CO 浓度在 6 手柄位（转速为 708 r/min）时达到最大值，随后逐渐下降，但浓度起伏不大。这表明部分负荷柴油机的燃烧状况不良，可能原因是燃油量大而空气量小，导致燃烧不完全。

4. 结论

通过对现场实验获得的数据进行整理分析，得到 CO、NO、NO_2、NO_x 的浓度与柴油机转速和功率之间的拟合多项式，同时验证了 NO_x 是机车排放的主要污染物，且其排放量呈周期性变化。

3.4　内燃机车排放特征与控制技术发展

内燃机车的排放现状与越来越严格的排放限制标准及法规之间的矛盾，对内燃机车的设计、运用、维护及经济性等提出了挑战，同时也是推动内燃机车技术发展的动力。内燃机车排放有害物质生成机理与控制技术的研究也成为了交通环境研究的一个重要方面。

内燃机车排放的主要污染物是氮氧化合物、颗粒物、二氧化硫和碳氢化合物，还会产生一氧化碳、黑烟、臭氧和噪声。要削减氮氧化合物和颗粒物的排放，必须进一步了解柴油机燃烧的过程和影响气缸中污染物形成和消除的因素。研究证明，有害排放物的生成主要取决于三个方面，即发动机结构因素、使用因素和燃料性质。因此，现代柴油机有害排放物控制技术是综合的、系统的工程，即采取以改进柴油机设计技术为核心的机内净化、燃料改质和尾气净化措施相结合的方法进行综合治理。

控制发动机有害物质排放的方法可分为机内控制和机外控制两类，其中机外控制又可分为前处理和后处理。所谓前处理就是研究燃料对发动机排放性能的影响，揭示燃料的组分和性质与发动机排放之间的关系，在此基础上对燃料进行改进，达到降低发动机排放的目的。后处理措施是更进一步降低柴油机排放的有效措施，原则上可以通过颗粒过滤器降低废气中的固体成分，即碳烟微粒。

3.4.1　内燃机车有害成分排放的形成特征

柴油机燃烧过程中排放的主要污染物是氮氧化物（NO_x）、未燃碳氢化合物（HC）、一氧化碳（CO）和碳烟微粒（PM）（颗粒）等有害物，同时还产生臭氧和噪声。要对这些物质的排放进行控制，必须进一步了解柴油机燃烧过程中污染物的形成机理。

柴油机尾气有机成分的分析结果表明，尾气颗粒物中共检出有机污染物 108 种，主要是燃烧未完全的直链烷烃和烯烃，链长为 $C_{12} \sim C_{24}$。此外，还检出多种多环芳烃和杂环化合物，多环芳烃检出 17 种，杂环化合物检出 6 种，包括蒽、菲、芘等，其次是苯系物、醛、酮、醇、酸和酚类化合物。柴油机排气中的挥发性有机化合物（VOC）和 PM 中含 40 种有害污染物，其中 15 种被国际研究机构列为可能是人体致癌物质。

1. CO 及 HC 的生成

（1）CO 形成特点

柴油是碳氢化合物的混合物，其分子结构决定了它很难与氧直接反应生成 CO_2 和 H_2O，而是需要与氧进行先期反应生成中间产物 CO、O、H、OH。之后这些中间产物和氧进行反应生成 CO_2 和 H_2O，CO 就是作为中间产物出现的。

CO 是碳氢燃料燃烧时的中间产物和不完全燃烧产物之一，其生成反应按烃类氧化链反应过程进行，它是由下列反应产生的结果：

$$RCO + \begin{cases} O_2 \\ OH \\ O \\ H \end{cases} \rightarrow CO + \cdots$$

当混合气达到一定的反应温度，且在有氧化剂存在的条件下，CO 将继续按链反应机理进行反应，而生成燃烧产物 CO_2：

$$OH + CO \rightarrow CO_2 + H$$

根据光谱测定的结果，CO 是蓝焰的燃烧产物，只有 CO 继续氧化为 CO_2 时，才是完全燃烧的过程，这时蓝焰才诱发成红色的热焰，从而最终实现烃类的自燃。若燃烧过程局部空间和瞬态存在气体燃烧温度突然过低或突然缺乏氧化剂，或适合于反应条件的时间过短的情况时，则 CO 不能继续燃烧生成 CO_2 进而排出机外。

在内燃发动机中，CO 是空气不足或其他原因造成不完全燃烧时，所产生的一种无色、无味的气体。CO 被吸入人体后，非常容易和血液中的血红蛋白结合，它的亲和力是氧的 300 倍。因此，肺里的血红蛋白不与氧结合而与 CO 结合，致使人体缺氧，引起头痛、头晕、呕吐等中毒症状，严重时甚至造成死亡。CO 在人体内的容许限度规定为 8 h 内小于 100 ppm。如果人在 1 h 内吸入 500 ppm 的 CO，就会出现中毒症状，并危害中枢神经系统，造成感觉、反应、理解、记忆等机能障碍，严重时会引起神经麻痹。如果人在 1 h 内吸入 1 000 ppm 的 CO，就会造成死亡。

（2）HC 的形成机理

碳氢化合物（HC）是由于燃油在气缸内没有燃烧或不完全燃烧而形成的，包括原始的燃油分子或被分解的燃油分子、再化合的中间产物等。其中有一小部分来自润滑油，另一部分主要是由于局部混合气过浓或过稀以及壁面激冷效应，使少量的燃油在气缸内不能燃烧或不完全燃烧所致。

HC 是未燃烧的原始燃料分子、初步分解的燃料分子以及燃烧的中间产物经过再化合后的产物，小部分由润滑油不完全燃烧而成。碳氢化合物在燃烧过程中的基本反应是碳原子与碳原子键 C—C 和碳原子与氢原子键 C—H 的断裂。断裂的键越弱，意味着所需要的离解能越小，分解反应越容易发生。碳氢化合物中，C—C 键的离解能 D_{C-C} 与分子结构有一定联系，在许多场合约为 334.88 kJ/mol 左右；C—H 键的离解能 D_{C-H} 约为 376.74～418.6 kJ/mol。在热分解过程中，C—C 键的断裂反应比脱氢反应容易发生。碳氢化合物的热分解反应首先从 C—C 键断裂开始，然后以自由基团的连锁反应方式进行。碳氢化合物中 C—C 键断裂，氢元素被拉走，发生 β 截断等所构成的碳氢化合物热分解反应，是支配生成未燃碳氢的重要化学反应过程。

在柴油机稳定运转条件下，HC 的产生主要由下述两个原因引起。

① 在滞燃期中，处于喷注前缘的极稀混合气，其浓度远低于燃烧限而无法着火。其中的一部分在后续过程中，避开了缸内燃烧而被排出。滞燃期越长，滞燃期中的喷油量越多，过分稀释的混合气也越多，HC 排放也就增多。

② 喷油过迟、混合不良导致 HC 增多。最主要来源是燃油的后喷，包括二次喷射与喷油期拉长。喷油之后，直喷机孔式喷嘴压力室内所含的油滴也是加大 HC 的重要因素。总体上看，柴油机低负荷时，混合气更稀，缸内温度又较低，所以 HC 排放量随负荷的减小而上升。

未燃碳氢的生成量受发动机燃烧条件的影响很大。空燃比太小，相对燃料来说氧气不足，氧化反应不完全，使未燃碳氢排出量增加。此时，一氧化碳排出量也会增大。另外，燃料浓度高，燃烧时单位容积的发热量大，发动机燃烧温度提高，还没有与氧发生化学反应的碳氢容易发生热分解，由热分解生成的各种低氢如果在燃烧室内得不到氧化，就会成为未燃碳氢排入大气。除空燃比外，还有多种因素会影响未燃碳氢的生成。

以直喷式柴油机的实验研究结果为例，排气中 HC 的成因可归纳如下。

① 稀薄混合气的影响。从喷油开始到燃烧开始的滞燃期中，被喷入燃烧室中的燃料在局部的浓度有可能会低于可燃界限。

② 燃料壁面附着的影响。车用柴油机的缸径一般较小，燃烧室不大，喷雾的自由贯穿距离较短。由喷雾特性可知，喷雾在微粒化过程中都存在一段非分裂段。在燃烧室较小时，燃料就有可能在没有微粒化以前就已着壁并附在壁上，这部分燃料由于受壁面低温和缺氧的影响而不能完全燃烧。

③ 喷油末期喷雾雾化质量差的影响。喷油开始和结束时，喷油压力都比较低，喷雾的微粒化程度差。尤其是喷油结束前，喷入的燃料在气缸内参与燃烧的时间，相对比喷油开始时喷入的燃料较短，燃料在高温中裂解后，来不及燃烧就排出气缸。

HC 大部分对人体健康的直接影响并不明显，但从汽车排气成分的检测中得知，在排出的 HC 中含有少部分醛类（甲醛、苯烯醛）和多环芳香烃（苯并吡）。其中甲醛和苯烯醛对鼻、眼和呼吸道黏膜有刺激作用，可引起结膜炎、鼻炎、支气管炎等症状，同时它们还有难闻的臭味。苯并吡被认为是一种强致癌物质，同时 HC 还是形成光化学烟雾的重要物质，因此 HC 排放的危害也是不可忽视的。

2. NO_x 的生成

柴油中含氮量不超过 0.02%，排气中的 NO_x 主要是由于空气中的氮在高温下氧化而成，其氧化反应过程遵循扩展的捷尔杜维奇（Zeldovich）链反应机理：

$$O_2 \rightarrow 2O \tag{3-13}$$

$$O + N_2 \rightarrow NO + N \tag{3-14}$$

$$N+O_2 \rightarrow NO+O \qquad (3-15)$$

上述反应中，式（3-13）为链的形成，式（3-14）和式（3-15）为连锁反应的继续和发展。整个反应的进行主要由式（3-13）决定，所以 NO 的生成速度也取决于式（3-13）进行的速度，即取决于燃烧温度、局部氧气的浓度和高温持续时间。

NO_x 的主要组分是 NO 和 NO_2。当柴油机带负载运行时，事实上 90% 以上的 NO_x 为 NO。NO 在排气管中或随后在大气中进一步被氧化，最后生成了 NO_2。NO 多半是由燃烧室里空气中的氧和氮形成的。N_2 在空气中约占 79%，它随空气一起进入柴油机气缸，是一种比较稳定的气体，一般不与 O_2 进行化学反应。它只有在温度达到 2 300 K（约 2 027 ℃）以上并且在富氧区中时，才与 O_2 产生反应：

$$O_2 \Leftrightarrow 2O \qquad O+N_2 \Leftrightarrow NO+N \qquad N+O_2 \Leftrightarrow NO+O$$

当温度低于 900 K（约 627 ℃）时：

$$2NO+O_2 \Leftrightarrow 2NO_2$$

当温度低于 410 K（约 137 ℃）时：

$$NO_2+NO_2 \Leftrightarrow N_2O_4$$

柴油机中，预混合燃烧速率很快，又发生在上止点附近，有较长的焰后反应时间和很高的燃烧温度，为 NO_x 的生成创造了有利的条件。扩散燃烧受油、气混合速率的限制，又发生在预混合燃烧之后，此时活塞已开始下行，工质温度下降，焰后反应时间短，不利于 NO 的形成。因此，参与预混合燃烧的燃油量越多，NO 的生成量也就越多。

NO_x 是一种重要的大气污染物，它的危害主要表现在两个方面：一是对人和生物的生存造成危害，表 3-17 列出了 NO_x 对人及生物的危害；二是与碳氢化合物（HC）相互作用，在对流不畅的特殊地理环境和气温在 24 ℃ 以上及日光充足的气象条件下，产生光化学烟雾。

表 3-17　NO_x 对人及生物的影响

NO_x 浓度/ppm	影响
0.5	连续 3~12 个月，患支气管炎者部分有肺气肿出现
1.0	闻到臭味
2.5	超过 7 h，西红柿等作物叶子变为白色，闻到强烈臭味
5.0	闻到强烈臭味
50	1 min 之内，人的呼吸异常，鼻部受到刺激
80	3~5 min 引起心痛
100~150	人在 30~60 min，就会因肺水肿而死亡

在燃烧过程中，形成的 NO 数量是氮氧混合物和在升温下滞留时间的函数。各燃油喷雾束中心处，燃油和空气的混合气浓度高；而偏离喷雾束中心处，燃油空气混合气浓度低；在两个喷雾油束之间的空间，燃油空气混合气最为稀薄。在理论上的低空燃比区域，NO 生成的量最多；而在高空燃比区域，NO 生成量最少。NO_x 是燃烧温度和滞留时间（指滞留在高温燃烧期间的时间）的产物，燃烧气体在高温下滞留时间越长，产成 NO 数量越多。因此对大型低速发动机，NO_x 排放水平较高。

在 NO_x 和颗粒物（PM）排放之间要进行折中选择。采用延迟喷油定时，可以使 NO_x 排放水平得到控制，但微粒排放量将会增加，燃油消耗恶化，燃烧室零部件温度上升，该方法会给燃油的经济性带来副作用。采用可变喷油定时,可使喷油定时得到优化,从而可将 NO_x 排放水平控制在法规的限制范围内,且能保持燃油消耗量和微粒排放量不超标。

直喷式柴油机有害排放的总数据用三级多项式近似算法表达,氮氧化物的排放严格地遵循 NO_x/η_e 的形式趋于常数,η_e 为有效效率。不完全燃烧产物的排放与有效效率成反比,而对于有效效率大于 0.42 的柴油机,这个排放量变得很小,依靠改善混合气生成和燃烧来减少 NO_x 排放的可能性已接近于极限。

3. 微粒和碳烟的生成

柴油机的微粒(又称颗粒或颗粒物)是指在取样状态下,排气中除水分以外所有分散(固态、液态)物质的总称。也就是说,微粒包括排气中一切有边界的物质,且不论其性质、组成、大小和形状。美国环保局对微粒的定义是:稀释到 51.7 ℃ 以下的柴油机排气,流过带有聚四氟乙烯树脂的滤纸时,被滤纸所过滤下来的物质。

柴油机废气中的颗粒主要是不完全燃烧生成的碳烟,包括某些碳氧化合物、SO_2、燃油及机油中的灰分以及添加剂等形成的颗粒。柴油机的燃料是在不均相和不均质的条件下燃烧的,且燃油的含碳量又高(按重量比约占 87%)。由于柴油机采用扩散燃烧的方式,这就决定了柴油机产生碳烟和微粒是不可避免的,但须尽可能减少碳烟的生成量。碳烟是燃油与空气混合不均匀且不均相燃烧而在高温下局部缺氧、裂解、脱氧并经聚合而成。

碳烟是燃料在 1 500 K(约 1 227 ℃)以上并在过量空气系数 $a<0.6$ 的高温缺氧区里经过脱氢反应生成的。燃料射流中液核过浓的预混合区是生成碳烟的主要部位。碳烟排放的升高和降低可导致颗粒排放的相应变化,但两者的升高和降低未必成比例。柴油机在高负荷工作时,碳烟在颗粒中所占比例升高,而在部分负荷时则有所降低。

碳氢的不完全燃烧所生成的碳烟是以碳原子作为主要成分,并以含有占 10%~30% 氢原子的碳氢化合物所组成,它具有与聚合多环碳化氢相近似的结构。碳氢燃料在缺氧的情况下,经高温加热容易分解成甲烷和乙烯之类的低分子碳氢化合物,这些热分解产物在进行脱氢反应的同时聚合形成 20~30 nm 大小的碳烟粒子,小粒子最后会成长为 50~200 nm 的大粒子。离子反应也对碳烟的形成起重要作用,聚合多环碳化氢的离子化电势要比其他碳氢化合物小,而电子亲和力大,所以使得苯环的骨架数显著增加。在高温加热以后,聚合多环分子会生成阳离子和阴离子,由这种方式产生的阳离子和阴离子相结合后会生成多环聚合碳氢化合物,这也是形成碳烟的重要途径。

如表 3-18 所示,柴油机微粒是由三部分组成的,即干碳烟(Dry Soot,DS)、可溶性有机物(Soluble Organic Fraction,SOF)和硫酸盐。其中 SOF 又可根据来源不同分为未燃燃料和未燃润滑油成分,两者所占比重随具体的柴油机不同而异,但一般可认为大致相等。也有的资料按化学成分或性质分类,把 SOF 分为碱类、酸类、烷烃类、芳香烃类、不稳定类、氧化类和其余不可溶类,如表 3-19 所示。

表 3-18 柴油机微粒的组成

成分	质量分数
干碳烟(DS)	40%~50%
可溶性有机物(SOF)	35%~45%
硫酸盐	5%~10%

表 3-19　可溶性有机成分 SOF 的组成

类别	成分	所占比例/%
酸	芳香族或脂肪族化合物，酸官能团，苯酚和羧酸	3～15
碱	芳香族或脂肪族化合物，碱官能团，胺	<1～2
烷烃	直链和支链脂肪族化合物，多种同分异构物，未燃烧的燃油和/或润滑油	34～65
芳香烃	未燃烧的燃油，部分燃烧和重新组合的燃烧产物，润滑油，单环化合物，多核芳香族化合物	3～4
氧化类	中性的有机链官能团，乙醛、甲酮或乙醇，芳烃苯酚和苯醌	7～15
不稳定类	脂肪族和芳香族化合物，羧基官能团，甲酮、乙醛、脂、乙醚等	1～6
不可溶类	脂肪族和芳香族化合物，羟基和羧基，高分子有机物，无机化合物，过滤器中的玻璃纤维	6～25

　　国外近年来采取了许多有效措施，使柴油机碳烟排放大幅度下降，即 DS 的排放量有了明显降低。尽管 SOF 和硫酸盐的排放量基本未变，但其所占的百分比却明显上升，甚至达到了 20%～30%。

　　排气微粒中可溶性有机物的化学成分接近于燃油，含碳原子数从 C_3～C_{43} 不等，组分有碱、酸、烷烃、芳香烃、含氧化合物、乙醚不溶性物及过渡类 7 种，主要为烷烃。

　　柴油机的微粒排放物中含有大量的有害物质，特别是直径非常微小的微粒，会经人的呼吸道进入肺部，并在呼吸道及肺部沉积起来而引起呼吸道疾病。美国的一项研究表明，硫酸盐和空气微粒污染在最严重城市和最轻微城市死亡率之间的差异约为 15%～17%。即使在符合目前美联邦洁净空气标准的城市中，死亡的危险也比清洁的城市要高 2%～8%。因此根据该研究和其他研究结果，环保局已提议通过增加新的 $PM_{2.5}$ 标准，修改现有的 PM_{10} 标准，并将其数值定为年平均 15 $\mu g/cm^3$ 和 24 h 平均 50 $\mu g/cm^3$，以加强对包括过早死亡和数量递增的呼吸症状病人（儿童和有心肺病，如哮喘的人）、肺功能衰退病人（特别是儿童和哮喘的人）的保护。

　　柴油机颗粒排放包括碳烟和吸附或凝聚在其上的可溶性有机物（SOF）。SOF 的危害性在于其含有大量多环芳烃（PAH）。近年来，随油气混合过程的改善和柴油高压喷射技术的采用，微粒和碳烟的总排放量有明显下降，但 2.5 μm 以下的粒度较小的微粒所占比重增大。对人体和大气环境危害最大的即为 2.5 μm 左右的微粒，它悬浮于离地面 1～2 m 高的空气中，容易被人体吸入，也是造成能见度变差的原因。

　　对 PAH 的鉴别和量化具有特殊意义，因为这有助于制定最佳排放控制技术。目前对 PAH 的来源有两种基本观点。

　　其一，未燃燃料途径。在柴油机燃烧中，燃料后喷射、贫油熄火和器壁（冷表面）熄火都会产生未燃燃料。Williams 等认为，PAH 来自燃料本身所含有的未完全燃烧的 PAH，其依据是柴油中含有较多的 PAH。遗憾的是，对燃料 PAH 的分析工作常常没有与柴油机排放研究结合进行，致使经常忽略未燃燃料中 PAH 的作用。最近研究发现，柴油机排放中的 PAH 大部分来自未燃燃料，例如当燃料的芳香性增加时，直喷式柴油机 PAH 排放也将增加。Bartle 等对柴油和排放颗粒中的 PAH 进行分析表明，颗粒中的 PAH 与燃料中的 PAH 类似，颗粒中的 2～4 环 PAH 是未燃燃料的主要组分。Williams 等得出的一个重要结论是：气态 UHC（未燃烃）总排放较低的发动机，其 PAH 排放也较低，因此控制 PAH 排放应当设法降低气态 UHC 排放。

其二，化学反应途径。它包括燃烧化学动力学过程和燃料蒸气热裂解过程两个方面。Nelson 最近利用气相色谱法获得的结果证明了化学反应途径的可能性。Nelson 认为，柴油机排放中的主要芳香组分不是来自燃料，而是只能在燃烧过程中产生。Orittenden 和 Cole 等也都观察到了简单脂肪燃料热解形成 PAH 的现象。Nelson 指出，就柴油机排放中的 2～4 环 PAH 而言，燃烧过程至少与未燃燃料途径同样重要。值得指出，PAH 经常是由化学动力学途径生成的碳烟的母体，这说明两者的动力学过程存在某种联系。

消除柴油机排放污染主要应当限制柴油机颗粒排放水平。降低柴油机颗粒排放应当从研究碳烟和 SOF 着手。由于这两者的动力学过程具有联系且 PAH 排放与 UHC 排放有关，因此研究与开发具有助燃与消烟作用的柴油添加剂，自然成为降低柴油机颗粒排放的重要途径。

3.4.2　影响柴油机废气排放的因素分析

1. 燃油品质对排放的影响

燃料的组分和性质对发动机有害物质排放的影响是与发动机技术及其所采用的工况密切相关的，发动机技术的不断发展及实验工况的不断完善，使燃料的组分和性质对发动机有害物质排放的影响也在不断变化，因此对燃料的组分和性质的改进也是不断发展的。

国内外就燃料性质对排放的影响进行了大量的实验研究，结果表明燃料品质对柴油机的排放有重要影响。影响排放的主要因素有十六烷值、馏程①、黏度、密度、芳香烃、硫分等。柴油的物理和化学性质对柴油机有害排放有直接的影响，可以预测当改进柴油机设计使有害排放降低到一定程度后，燃油品质将成为影响柴油机有害排放的关键因素。因此，从改善柴油品质的角度来降低柴油机有害排放是具有重要意义的。

柴油机排放的有害物主要是燃料在燃烧过程中生成的，有害物排放水平除取决于发动机技术、发动机使用条件外，与燃料也有密切关系。PM 和碳烟受燃料十六烷值、馏程、密度、芳烃等多项性质影响显著；SOF 也与十六烷值、燃料硫等因素有关；PM 中的 PAH 则主要来源于燃料中的 PAH。通过引入含氧组分和添加助燃消烟剂，可使排放水平大幅度降低。

燃料燃烧的性能包括燃料的组成成分、燃料添加剂、燃料的物化改性等和缸内燃烧过程的组织，包括预喷射快速燃烧、均质预混合燃烧以及臭氧进气强化燃烧等，均会对直喷式柴油机燃烧过程和有害气体的生成浓度产生很大的影响。

柴油机气缸内混合气由柴油和空气两部分组成。改变柴油组分，在柴油中加入活性剂，可加速 NO_x 热分解；采用新的柴油配方和代用燃料等方法可以大大改善柴油机的排放。

润滑油是柴油机颗粒中可溶性有机物（SOF）的重要来源，约占 SOF 的 70%～90%。采用压力活塞环，优化活塞设计，降低润滑油耗量，降低润滑油中含硫量，这些方法都可有效地降低柴油机颗粒排放。

2. 密度对排放的影响

密度是一种重要的燃料性质，它对柴油机排放性能的影响也是十分复杂的。怎样控制密

---

① 馏程是指一种液体按照下述方法蒸馏，校正到标准压力 101.3 kPa 下，自开始馏出第 5 滴算起，直至试品仅剩 3～4 mL 或一定比例的容积馏出时的温度范围。

度对柴油机有害物质排放的影响是一个十分复杂的问题，但由于密度对 CO 和 HC 排放的影响比对 PM 和 NO_x 排放的影响要小一些，而 PM 和 NO_x 又是当前两种最重要的有害排放物。因此在对 CO 和 HC 的排放影响不大的情况下，适当减小燃料的密度，使其处于一个合理的范围内，对控制 PM 和 NO_x 的排放是有利的。燃料密度的变化对柴油机性能的影响与喷油系统的设计和技术有关，密度的变化会改变柴油机供油系统的供油量，使喷油系统的喷油定时和喷油量发生变化，改变喷雾的角度和喷雾渗透的长度，影响柴油机的燃烧过程，从而影响柴油机的排放性能，但也有的研究认为密度对柴油机的燃烧过程影响很小。由于密度的降低会降低柴油机的功率，增加柴油机的燃油耗，因此在进行实验时，应该保持柴油机的功率不变，以便合理评估密度对柴油机排放性能的影响。

3. 十六烷值对排放的影响

十六烷值是衡量燃料着火性能的指标。十六烷值高，燃料的着火性能好，即滞燃期短，容易着火，柴油机工作柔和；十六烷值低，会使滞燃期延长，产生不正常的燃烧，以致柴油机工作粗暴，降低柴油机的功率；十六烷值过高，也会产生不完全燃烧，排气冒黑烟，使燃油消耗量增大，发生此种现象的原因是由于燃料燃烧时裂解太快，生成了游离碳。因此十六烷值对柴油机的性能有重要影响，应该合理地选择燃料的十六烷值。在一定的范围内，增加十六烷值，可以使柴油机的有害物质排放降低。这是由于十六烷值的提高，改善了柴油机的点火性能，缩短了点火迟后期，增加了柴油机预混合燃烧的比例，使柴油机的缸内温度不致过高，减少了 NO_x 的形成；同时由于燃料迅速充分地燃烧，使其他有害排放物的生成量降低。采用十六烷改进剂可以提高燃料的十六烷值，改善着火性能，减少柴油机排放的有害物质。

4. 馏程温度对排放的影响

馏程就是油品的沸点范围，它是油品质量的重要指标之一。一定范围内蒸馏出来的油品叫作"馏分"。在研究燃料对柴油机排放性能的影响时，常使用 T_{90} 或 T_{95}，T_{90} 是指燃料蒸馏 90% 时的温度，T_{95} 是指燃料蒸馏 95% 时的温度。T_{90} 或 T_{95} 反映燃料挥发的难易程度，对柴油机的冷启动特别重要。燃料在柴油机中挥发的快慢直接影响到燃料和空气混合气的形成，影响燃烧过程，从而影响柴油机的排放指标。在不同的柴油机技术及工况下，当 T_{90} 或 T_{95} 增大时，对 CO 排放的影响很小，一般是稍有降低；对 HC 排放的影响主要也是降低的趋势，但个别情况下 HC 排放略有增加；对 PM 和 NO_x 排放的影响较小。总的来看，T_{90} 或 T_{95} 对柴油机各种有害排放物的影响相对于其他因素来说较小，但在进行柴油机的排放控制时，仍然是一个需要考虑的因素。

5. 含氧物质对排放的影响

燃料中加入含氧物质会影响柴油机的经济性和排放特性，目前在这方面的研究较少。已有的研究表明，在各种柴油机技术、工况以及燃料中加入不同含氧物质的条件下，尽管对柴油机有害物质排放的影响有一定差别，但通常是随着燃料中氧含量的增加，HC、CO 和 PM 的排放会有所下降（其中 PM 下降最为明显），而 NO_x 的排放则略有增加。此外含氧物质对排放物中醛、酮等的影响也比较大，即醛、酮等的排放明显降低。研究还表明，柴油机的有害物质排放还与燃料中加入的含氧物质种类有关，即含氧物质的种类不同，柴油机的排放性能也有所差别，这可能与不同物质对氧的束缚机理不同有关。

6. 芳香族化合物对排放的影响

芳香族化合物对柴油机排放的影响是十分复杂的，研究这一问题不仅受到燃料其他组分和性质的制约，而且还与芳香族化合物本身的结构、柴油机工况和柴油机技术有关。有相关资料表明，燃料中芳香族化合物的含量对 CO 和 HC 排放的影响比较复杂，没有一定的规律性。总体来说，减少燃料中所含芳香族化合物时，都有利于 CO 和 HC 排放的降低或效果不明显，很少出现 CO 和 HC 排放增加的情况；而对 PM 和 NO_x 排放的影响则表现出一定的规律性，即一般二者都是随着燃料中芳香族化合物含量的增加而增加。因此减少燃料中芳香族化合物，特别是多环芳香族化合物的含量，对控制 PM 和 NO_x 的排放是有利的。降低芳香族化合物含量从而减少 NO_x 排放的原因可能是：① 可以提高点火质量，缩短点火迟后期，降低火焰温度；② 芳香族化合物有较高的碳氢比（C/H），芳香族化合物含量少的燃料比含量多的燃料生成的二氧化碳（CO_2）少，生成的水多，由于水在高温下的扩散性差，使芳香族化合物含量少的燃料产生氧原子的浓度低，从而抑制 NO_x 的生成，使 NO_x 排放降低。从上述情况来看，降低燃料中芳香族化合物的含量对控制柴油机的排放是有利的，并且是一种效的手段。

用芳烃含量来表征柴油的品质比用十六烷值来表征更为科学，也更符合实际。如下为燃油中的不同芳烃含率 A 所适用的柴油机类型，其中 D 为缸径。

$A \leqslant 30\%$，适用各种转速和各种缸径的柴油机；

$30\% < A \leqslant 35\%$，适用在 1 500 r/min 以下的直喷式柴油机及增压柴油机；

$35\% < A \leqslant 45\%$，适用在 1 000 r/min 以下的大中型柴油机及 $D > 180$ mm 的增压柴油机；

$A > 45\%$，适用大型、低速、增压柴油机。

柴油机的缸径越小，转速越高。非增压的直喷式柴油机对柴油的 A 值要求较小；反之，增压柴油机对柴油的 A 值要求可逐步放宽变大。

用 13 点工况循环实验法中的第 3 和第 5 工况来测定燃油中芳烃含率 A 对颗粒排放浓度的影响，它们之间的关系可用下式表达：

$$q_p = Be^{CA} \tag{3-16}$$

式中：q_p——颗粒排放浓度，mg/m^3；

　　　A——燃油中的芳烃含率，%；

　　　B 和 C——常数，由实验测定，其中 $C > 0$。

燃油中芳烃含率越高，则碳烟和颗粒排放率越容易升高，原因主要如下。

① 颗粒排放量受柴油机运转工况的影响，当柴油机燃烧条件变差时，芳香烃含量对颗粒排放的影响较大。在低负荷时，燃烧室温度较低，燃油芳香烃含量增加进而引起颗粒浓度升高。

② 燃油添加剂对颗粒排放有明显的降低作用，尤其是芳香烃含量较高的燃油在燃烧条件不好的部分负荷工况下更为显著。实验结果还表明，添加剂对 PAH 的生成影响较小。

③ 含氧燃料特别是甲醇，是典型的通过燃料调配来控制废气污染排放的物质，但甲醛和未燃甲醇的排放问题仍未得到有效的解决。

芳烃组分增加碳烟排放的原因是，芳烃在较高温度下不易发生环破裂，相反更易直接发生缩聚生成多环芳烃的碳烟前体。Shigeru Tosaka 的研究对此予以了证实，他设计了脂肪烃和芳香烃热分解实验，发现脂肪烃在 450 ℃ 左右时开始发生分解，生成的小分子不饱和烃随温度升高部分发生缩聚，在 650 ℃ 以上开始加速生成单环和多环芳香烃。不同于脂肪烃，芳香烃几乎从不发生芳环破裂生成小分子不饱和烃，而是从 550 ℃ 起直接发生苯环缩聚，生成联苯或并苯物质，并随温度升高进一步脱氢、缩聚生成稠环芳烃碳烟前体，所以芳烃生成碳烟速度快，生成量大，因此对柴油机碳烟排放影响较大。

3.4.3　控制有害排放的燃料技术与措施

降低柴油机排放的一个有效措施是改进燃油特性。随着排放法规的日益严格，改善燃油品质的重要性逐渐被人们所认识。欧洲的研究结果表明，燃油密度、多环芳香烃、十六烷值和馏出点温度 4 个参数对柴油机排放影响很大。如果将燃油密度由 855 kg/m³ 降到 826 kg/m³，多环芳香烃的质量分数由 8% 降到 1%，十六烷值由 50 提高到 58，馏出点温度由 370 ℃ 降到 325 ℃，则柴油机 HC 排放可降低 34%，CO 排放降低 42%，NO 排放增加 3%，微粒排放降低 24%。

柴油品质最主要、最有代表性和操作性较好的指标有如下三个：第一个是代表柴油物理特性的密度；第二个是代表柴油化学特性的芳烃总含量；第三个是在某种程度可同时代表这二者的综合表观值，即十六烷值。

燃料改质是根据燃料的各个组分和性质之间的相互关系，确定单一燃料组分或性质变化时与发动机、有害物质排放变化之间的关系。通常是以一种或几种燃料为基础，再在其中加入一定数量的其他物质，可得到一组不同组分和性质的燃料，如：在燃料中加入十六烷改进剂，可得到一组不同十六烷值的燃料；加入含氧物质，可得到一组不同含氧量的燃料等。其特点是除了得到需要的组分和性质外，使其他的组分和性质基本保持不变，尽可能地保证要研究的组分或性质的变化对发动机排放的影响不受其他组分和性质的影响。

1. 降低燃料含硫量

燃料硫对 PM 排放影响较大，其原因除了燃烧过程中能生成硫酸盐固体颗粒以外，还由于燃烧中间产物能够催化碳烟生成。在燃油燃烧中，其中的硫最终会生成硫酸及硫酸盐附着在碳烟颗粒上，约占 PM 排放的 13%～22%；另外，硫元素对 NO_x 净化装置的影响极大。

由于硫对废气催化转化器中的催化剂还有毒性危害，所以应严格控制硫含量，美国一些科研机构达成协议限制硫含量在 0.05% 以下。降低柴油硫含量并采用催化转化器，可以大大减少 CO、HC、PM 以及 NO 的排放量。对重负荷直接喷射发动机的研究表明，硫含量由 0.4% 降到 0.05%，颗粒物排放将减少 36%。

2. 优化燃料性质

（1）降低表面张力，选择适当黏度范围

燃料以雾粒状态燃烧生成的碳烟比以气态燃烧多出数倍，是柴油机碳烟生成的主要方式。Rink 进一步研究证实了雾化油料直径对碳烟生成量的显著影响，表面张力、黏度是影响柴油雾化性能的理化因素，其中表面张力对雾化质量影响较大。研究表明，在柴油机中表面张力即使有较小幅度的下降，也会引起喷射雾化油粒直径较大幅度的降低。所以对馏分较重、黏度较大的柴油，降低表面张力对改善排放十分有利。

黏度对排放影响则较为复杂，其值过小或过大都会致使排放恶化。Kagami 研究表明，对于非直喷式柴油机，黏度在 1.5～5.0 cst 范围内适宜。在此范围内，随黏度升高，柴油机燃烧效率提高，耗油降低，对 HC、CO、NO_x、碳烟排放不产生明显影响；当黏度超过

6.2 cst 时，雾化质量变差，耗油量增高，碳烟排放增大。对于直喷式柴油机，黏度在 3～9 cst 内比较适宜，在此范围内黏度提高，燃料耗量有所降低，对 NO_x、HC 排放不会造成显著影响。

（2）提高十六烷值，降低芳烃含量

柴油燃料的芳烃组分包括单环、双环及少量三环芳香烃，双环和三环芳烃统称为多环芳烃（PAH）。Mitchell 研究发现 PM 中 PAH 与燃料中芳烃总含量没有直接联系，而是与燃料中 PAH 含量存在一定线性关系。Abbass 的研究也表明，PM 中 PAH 总体上来源于燃料中的 PAH。因此必须严格控制燃料中双环和三环芳烃的含量。

燃油中芳香烃含量在较低范围时，随转速、负荷和燃油芳香烃含量的变化，PAH 的排放量变化很小；燃油中芳香烃含量超过一定范围，且速度、负荷升高时，PAH 浓度迅速降低。十六烷值代表了燃油的自燃能力，增加燃油的十六烷值能使着火延迟期缩短，燃烧过程更柔和，降低了燃烧室内的温度及压力，有效地降低发动机 PM、CO 和 NO_x 的排放。但是十六烷值过高，会使燃油与空气混合不充分，燃烧不完全，引起 PM 排放增加。一般十六烷值最好在 50～60 之间。芳烃的十六烷值最低，自燃能力差。燃油中芳烃含量高会使燃烧初期集聚的燃油增加，大量燃料同时燃烧引起压力、温度突升，NO_x 的排放也随之增加。因此减少燃油的芳烃成分将减少 NO_x 的排放。

十六烷值直接影响柴油机的燃烧过程，因此会影响柴油机的排放指标。适当加入十六烷改进剂，提高燃料的十六烷值，可使排放指标得到改善。CN 改进剂实质是氧化性助燃物质，能够促进燃料燃烧，提高燃烧效率，所以能进一步减少碳烟颗粒、CO、HC 的排放。

许多国家和地区将芳烃含量列入轻柴油产品的质量控制指标，并进行了较严格的限制。EPA 规定从 1993 年 10 月 1 日开始，燃油的十六烷值应大于 40，芳烃成分应小于 35%；加利福尼亚州则规定十六烷值必须大于 50，对于大型炼油厂，芳烃成分应小于 10%，小型炼油厂要小于 20%。欧盟规定 2000 年轻柴油的多环芳烃（二环及其以上的芳烃）含量不大于 11%，2005 年轻柴油的多环芳烃含量不大于 1%。《世界燃料规范》中规定二、三类轻柴油产品的芳烃含量指标分别为低于 25% 和 15%，多环芳烃的指标分别为不大于 5% 和 2%。

3. 加入添加剂

燃油添加剂种类不同，其作用也不尽相同，但主要表现在四个方面：① 清除燃烧系统表面的沉积物；② 提高燃料的十六烷值；③ 提高燃料的含氧值；④ 提高柴油机的燃烧性能。

在寻找适合于柴油机使用的含氧燃料和含氧燃料添加剂之时，一方面要求含氧燃料的物性要与柴油接近，便于溶合；另一方面又要求其来源广泛，成本低。含氧燃料无论单独使用或与柴油混合使用，其作为柴油机燃料的使用性能均由其自身官能团的特性所决定，如 C—O—C 的醚基团、酯基团等。

醇、醚、酯等含氧物质能够大幅度减少排放，特别是减少碳烟的排放。Spreen 分别将乙二醇二乙基醚和二乙二醇二乙基醚加入到柴油中，在 DDC 系列 60 和 Navistar 型柴油机上实验，发现 PM、CO 排放显著降低。Ullman 通过实验得出氧含量每提高 1%，CO 排放减少 0.10 g/(hp·hr)，PM 排放减少 0.007～0.008 g/(hp·hr)。Murayama 在柴油中加入二甲基碳酸酯（DMC）进行了研究，添加 10% 时，碳烟排放减少 30%～50%，HC、CO 排放也显著下降。柴油中加入二甲基醚（DME）后，排放性能十分优越，实验表明直喷式柴油机燃用 DME，NO$_x$排放下降约 75%，碳烟排放几乎降为零。Theo Fleisch 研究认为将 DME 用作柴油机燃料，可使燃料拥有超低排放性能，这种方法也是一项清洁型柴油机的新技术。

有研究表明，含氮化合物作为柴油添加剂对清除表面（燃烧室表面及燃油喷嘴表面）的沉积物具有良好的作用；含氧添加剂有利于抑制微粒物质的生成，降低柴油机尾气的微粒排放及烟度水平。

由于已投入使用的车用柴油机会造成严重的排放污染，无法再采用"机内净化"技术处理，而排气净化后处理，目前对柴油机来说还没有成熟的技术。因此使用添加剂改善柴油物性，使燃料燃烧得以改善，对于已投入使用的车辆来说，将是最佳的技术处理方法。该方法不用改变结构和增加设备，就能取得节能与消烟的效果，是一个可取的技术措施。

4. 改善燃料的低温流动性

柴油低温流动改性剂（Pour Point Depressant，PPD），俗称柴油降凝剂，是目前国内生产中常用的一种燃料添加剂，它对增产柴油，节省柴油，提高炼厂生产灵活性与经济效益，改善柴油低温流动使用性能具有明显效果。低温流动性改进剂是一类聚合物。最早的 PPD 是由美国 Exxon 公司生产的，商品名为 Paradyne20，这是一种乙烯-醋酸乙烯酯的共聚物。此后，世界各国相继开发出了丙烯酸高级酯的聚合物、α-烯烃与顺丁烯二酸酯的共聚物、乙烯-醋酸乙烯酯-甲基丙烯酸酯的共聚物及乙烯-丙烯的共聚物等多种类型的聚合物。

柴油低温流动性指标主要有浊点（Cloud Point，CP）、凝点（Freezing Point，FP）、冷滤点（Cold Filter Plugging Point，CFPP）。其中冷滤点能更好地反映柴油实际使用状况，因为低至一定温度时，油品便会有蜡析出，尽管并未失去流动性，但有可能堵塞燃油机的过滤网，进而影响机器的正常工作。低温流动改进剂虽不能改变油品中蜡析出的温度，但可以通过改变析出蜡的分散度、成长速度等来改变（降低）柴油的凝点及冷滤点。

柴油对低温流动改性剂的感受性与其化学组成和馏分组成有关。从化学组成看，主要影响因素是正构烃碳数分布和芳烃含量（尤其是单环芳烃含量）。从馏分组成看，主要是轻组分油含量及馏分宽度的比例，加入少量重馏分油对改善冷滤点也有一定效果。

从柴油的化学组成看，一般正构烃含量较低，但正构烃碳数分布宽。高碳正构烃含量较低，芳烃含量较高的柴油感受性好，如：催化裂化柴油正构烃含量最低为 12%（质量分数），芳烃含量最高约为 29%（质量含量），这样则感受性最好。热裂化、加氢精制的直馏柴油，随着油正构烃含量的增高及芳烃基的减少，感受性变差。

从柴油的馏分组成看，柴油应有适当的馏分宽度、较多的轻组分油及少量的重组分油。这种馏分上的差异，显然是与正构烃的碳数分布状况相关联的。埃克森公司的经验数值是：20%～90%馏出物的温差>100 ℃，90%馏出物温度与干点之差>25 ℃，干点>360 ℃，蜡含量<3%的柴油才具有较好的感受性能。20%～90%馏出物的温差>100 ℃，干点>360 ℃的柴油所含的正构烃碳数分布宽，单一碳数正构烷烃相对含量低。90%馏出物温度与干点之差>25 ℃的柴油中，高碳数正构烷烃碳数分布宽，因而柴油在低温下蜡沉析量少，而且是一点一点较均匀地析出，这样有利于低温流动改进剂与石蜡相互作用，达到较好的效果。

以往为了提高加剂柴油的感受性，把增加柴油芳烃含量作为主要措施之一。但是近年来西方国家特别是美国提出了"绿色工程"，其中对柴油中芳烃含量做出了严格的限制规定：对年产 250 万吨以上的大型炼厂，要求柴油含芳烃<10%（体积分数）；对年产 250 万吨以下的小型炼厂，则要求<20%（美国加州已实施）。因而满足清洁柴油需要的低温流动性改

进剂的研制以及柴油不加剂和加剂的调和研究受到了国内外的广泛重视。

选用新型柴油降凝剂物质必须满足以下要求：① 油溶性；② 具有立体覆盖能力，即立体覆盖速度>结晶生长速度，立体覆盖包裹完全程度大；③ 具有高效稳定分散能力。

选用物质应具备的特征：所选用的物质必须具有性质相反的两部分链段。非极性链段通常是由与正构烷烃结构相类似的长链烷组成。当长链烷组成与正构烷烃紧密接近时，则会发生共晶作用，这时物质的非极性链段起锚的作用，用于界面吸附。如果所选物质还具有增加非极性链段与正构烷烃之间缔合作用的基团，则界面吸附能力就会显著增大。而极性基团是多支链的、柔软的结构并能伸展到柴油中。由于极性部分向油相，则对柴油中非极性正构烷烃起到了屏蔽作用，防止晶粒的进一步长大，同时还起到微晶之间的稳定分散作用。极性链段极性越大，体积越大，则稳定分散性越好。

5. 添加清净分散剂

随着机车用柴油中裂化组分的增加，柴油中芳香烃的含量有较大的提高，导致了柴油燃料的性能变质变差，表现为喷油嘴处的结焦及沉积物的增加，以致排放尾气中 HC、CO 及颗粒量上升，生烟量大，甚至出现噪声和操作不平稳等现象。由于通过改变燃油炼制工艺来降低芳香烃含量非常困难且投入较大，燃料添加剂就应运而生，如十六烷值改进剂、清除积碳添加剂和金属消烟剂。

随着发动机运转时间的增加，由于燃烧不完全等因素，会在喷油嘴、进排气门、燃烧室、活塞顶部等部位产生燃烧沉淀物。这些积碳主要是由非油溶性含氧物或胶质以及碳烟组成。积碳中少量是由胶质缩合而成，而大部分是由胶质黏合碳烟而成。胶质对沉积物而言是关键的成分，其化学结构相当复杂，一般认为胶质为多官能团物质，含有羧酸等成分，且大多胶质呈现酸性，并易于吸附在金属表面。因此，有必要在燃油中加入清净剂，以减少或消除积碳的形成，从而有助于发动机恢复正常工作性能，并可减少排气烟度，减少大气污染。

解决沉积物的方法包含两方面的内容：一是抑制沉积物的形成；二是清除已在喷嘴、进气阀、燃烧室内形成的沉积物。添加剂具有足够高的热氧化安定性和改良积碳的化学特性，能防止发动机进气系统结焦积碳，并能将已黏附在吸入系统等处的结焦积碳洗净除去。在理想条件下，这些添加的分解产物同样具有清净性。

清净剂研究大致分为四代。第一代为防止供油系统和汽化器结冰的抗冰剂，这一代添加剂大部分为醇类和油溶性胺类化合物。第二代清净剂能清除汽化器节气阀上的沉积物，其基本组成为由碳酸和聚烷烃基胺反应制得的酰胺，此外还有抗冰剂和防锈添加剂。第三代添加剂目前已被世界各国广泛使用，它不仅可以清除汽化器的积碳，而且还可清洗电控喷射系统的喷嘴及其进气阀。这类添加剂的组成最为复杂，除以上两代添加剂组分外，还添加了破乳化剂和被称为油载体（Carner Fluids）的物质。而作为这一代清净剂重要组成的胺类物质，多采用聚烯胺和聚醚胺。第四代添加剂目前还没有被广泛使用，它的功能主要是清除燃烧室里形成的沉积物（积碳）。这代添加剂具有足够高的热氧化安定性和改良积碳的化学特性，在理想条件下，这些添加的分解产物同样具有清净性。第四代添加剂除了包括能够在坚硬的热处理条件下工作的烯基丁二酰亚胺，还常常加入抗氧剂、屏蔽酚或 N，M-二烷基苯二胺、苯并三氮唑，除此之外还含有醇、酮、杂醚和其他作为燃料改进剂的酸性有机化合物。

随着原油深度加工工艺的发展以及原油变重、变劣所带来的柴油安定性的问题，即如何抑制油品在储存过程中的变色、胶质生成和沉渣，防止柴油机滤清器堵塞和喷嘴胶粘是人们关注的课题。柴油稳定性添加剂通常为抗氧剂、分散剂以及金属钝化剂复合使用的添加剂。其中，抗氧剂可延长氧化诱导期；分散剂可有效地分散沉渣颗粒、防止滤清器堵塞及喷嘴污染；金属钝化剂使油品中溶解性金属离子活性降低，抑制其对油品氧化反应的催化作用。三者的作用互补，共同起着改善油品安定性的作用。

6. 微粒排放与排气烟度、碳氢化合物排放的关系

世界各国对柴油机微粒排放及其控制问题已进行了二十多年的研究工作。目前，车用柴油机的新技术，如高压喷射技术、多气门技术、增压中冷技术和电控可变技术等，大多是为在保持其优异性能的同时控制其微粒排放而开发的。而这些新技术都是以有关柴油机排气微粒的生成机理和排放规律等大量基础性研究结果为根据发展起来的。

柴油机排气微粒的测量需要复杂的仪器设备，测量难度较大。因为柴油机排气微粒主要由固态的碳基微粒、液态的碳氢微粒和一些无机物组成。其中，无机物主要指硫酸盐等，它主要附聚在碳基微粒表面上，所以世界各国很多学者都在致力于找出微粒排放与排气烟度和碳氢化合物排放之间的数量关系。过去十几年已有很多研究成果，但它们均针对各自的传统机型，有很大的局限性。由于排放法规的逐步严格，燃烧系统已改进很多，微粒排放已降到很低水平，所以过去的研究成果已很难再应用到现代机型上。

3.4.4 内燃机车排放控制技术及其发展

近年来，随着柴油机技术的发展，相关机构研制出了一些先进的、低排放、高燃油经济性的柴油机。这些柴油机在未使用任何后处理装置下便达到了美国 1994 年排放法规的要求，显示出柴油机机内净化的巨大潜力。机内净化的核心是对燃烧过程进行优化，使发动机达到高效、低污染的要求。

1. 柴油机有害排放物的机内控制措施

燃油喷射系统是燃烧系统的核心，在对燃烧系统进行优化过程中，燃油系统占有重要的地位。研究表明，提高喷油压力和减小喷孔直径可明显地降低颗粒中碳的排放。为了避免高压喷射导致 NO_x 排放增加，就要求降低涡流、提高压缩比并采用变定时燃油喷射与其相适应，以达到控制颗粒和 NO_x 排放的折中方案。高压喷射系统需要和燃烧室良好匹配，避免过多的燃油喷射到气缸壁冷表面上，以减少 HC 和颗粒中有机可溶物（SOF）排放；同时减少喷嘴压力室容积或采用无压力室喷油嘴，能使颗粒和 HC 排放大大减少。通过燃油喷射率的优化，如采用双弹簧喷油器，可优化颗粒和 NO_x 的排放。

车用高速柴油机已趋向于采用中央布置燃烧室，这样便改善了燃烧室内燃油和空气分布，使燃油空气充分混合，有效地减少颗粒和 HC 排放。同时降低对涡流要求，减少滞燃期内与空气混合的燃油量，因而减少了 NO_x 的生成。福特公司在 1989 年型 2.5 L 直喷式柴油机上证实，采用更趋中央布置的喷油器和燃烧室凹腔，可使发动机的排放水平从 ECEl5.04 达到 1994 年美国轻型卡车的标准。在不显著减少气门面积而使燃烧系统完全采用中央布置的唯一方法是采用多气门结构，多气门化对提高功率、降低油耗率及排放都有好处，并且多气门技术已成为改进传统柴油机设计，改善其性能的重要措施之一。

柴油机的可变化控制技术，使发动机在不同工况下的性能都较为理想，使不同工况下排放性能和经济性都得到明显的提高，这包括喷油定时的可变化控制、可变涡流控制和增压系统的可变化控制。喷油定时对颗粒和 NO_x 排放有明显相反的影响，这需要采取能对喷油定时

动态可变的控制技术。可变几何尺寸涡轮可使 HC 和颗粒排放减少近 35%，但 NO_x 排放几乎没有变化。

电子控制技术的应用可使柴油机排放控制与燃油经济性之间的矛盾得到有效的调和，通过按最佳喷油定时与发动机转速、负荷之间的关系连续调节喷油定时，使排放与经济性和发动机运行工况良好匹配。利用电控技术可使颗粒排放降低 40% 以上，并且发动机过渡工况的排放性能也可显著改善。电控喷射可对喷油规律进行控制，根据发动机运行工况实现最佳喷油，同时通过控制预混合燃烧与扩散燃烧的比例，可同时降低有害排放并改善其他性能。通过电控喷油系统和可变几何尺寸的涡轮相连，可控制发动机的空燃比，有利于实现有效的机外净化措施。所以未来的电控技术将是对发动机的全面控制，以达到发动机工作过程的最佳匹配。

2. 降低颗粒排放和控制 NO_x 排放量的措施

润滑油是柴油机颗粒中有机可溶物（SOF）的重要来源，约占颗粒中 SOF 的 70% ～ 90%，改进润滑油系统设计，减少润滑油转化为 SOF，可大大降低柴油机的颗粒排放。增加活塞环压力、减少裙部间隙、优化活塞环形状设计、提高气缸套圆度、降低表面粗糙度及改进进气门挺杆的密封等措施，均可有效地降低润滑油消耗量，使窜漏的润滑油有效地燃烧，也可有效地降低颗粒排放。

废气再循环可有效地控制 NO_x 的排放量，这一技术已推广到轻型柴油机上。由于减少了进气充量中的含氧量，所以该技术只宜在部分负荷或空燃比足够大的工况下采用，且不会使 HC 和颗粒排放量明显增加。要最大限度地使 NO_x 减少，又不影响柴油机经济性及 HC 与颗粒排放，需要采用有效的调整装置来优化整个工作范围内的废气再循环，电控技术是解决这一矛盾的有效手段，同时和增压中冷技术结合使用，可提高发动机的整机性能。

柴油机颗粒产生的根本原因是由于非均质的燃烧过程，在传统燃烧理论的基础上，近年来提出了一种新的燃烧方式，即在柴油机上实现预混合燃烧。这种燃烧方式可有效地控制排放，提高燃油经济性。在这种燃烧方式下，燃油与空气预先得到充分的混合，减少了有害排放生成。

高速车用直喷式柴油机除了采用超高喷射压力以外（120～150 MPa 以上），大都需要组织进气涡流来促进燃烧过程的进行。一般进气涡流都要以牺牲新鲜空气的充量作为代价，在研究过程中需按实际情况选择最佳涡流强度（以涡流比作为评价指标）与燃烧室及喷油系统相匹配。在高转速区域运转，高压泵能提供足够高的燃油最高喷射压力，此时柴油机的性能完全受喷射压力所控制，降低涡流比可使空气的充量升高，使燃烧得到改善。涡流比降低有助于减少燃烧初期预混合燃烧的百分比，所以 NO_x 的排放量能得到改善。在低转速区运转时，因喷油最高压力大幅度下降，燃烧进行得好与坏主要受涡流比大小控制，所以降低涡流比的结果会导致燃油与空气不能在燃烧室内充分混合，从而使燃烧性能恶化。

在无中冷的情况下，增压与非增压柴油机相比较，功率有明显的提高，但是 NO_x 的排放量反而升高。当采用增压和中冷以后，NO_x 排放才有明显下降，功率也可以大幅度地提高。

直喷式车用柴油机中使用的燃烧室类型和形状是不同的，为降低碳烟和 NO_x 的排放量，现在正被推荐的燃烧室类型有：带缩口的 w 型、带缩口的四方型与带缩口的扭曲型三种。NO_x 的排放量随喷油提前角的延迟而下降，但是油耗和烟度的变化规律都不太理想，这些趋向可以通过柴油机的放热规律得到解释。

现代柴油机在燃烧初期，由于预混合燃烧占的比例较大，导致有较高的最高爆发压力，所以 NO_x 的排放量也较高。在燃烧初期，预混合燃烧比例减少，在扩散燃烧阶段燃烧速率加快，后燃期缩短。气缸内最高爆压较低，燃烧持续期缩短，发动机接近于定压循环，NO_x 放量能降低，燃油消耗率也能保持在一个良好的水平。可以预见按这样的规律组织燃烧，微粒子的排放量也能得到有效控制。因为最高燃烧温度下降，所以燃料因热分解而形成碳烟量减少。由于整个燃烧时间缩短，碳烟在气缸内再氧化时间延长，这也促使碳烟排出量减少。碳烟在微粒子中占有很大比例，所以按上述理想的放热规律组织燃烧将会使微粒子排放量与 NO_x 同步降低。

采用增压中冷技术，不但可以显著提高发动机平均有效压力，降低排放和噪声，并能有效地提高燃油经济性，这一技术已应用到中、小缸径的柴油机中。目前，美国 15 t 以上的柴油机货车 100% 采用涡轮增压，欧洲的这一比例约为 70%，日本在 20 世纪 80 年代后也大量采用涡轮增压。AVL 公司认为，增压中冷技术是满足 1994 年美国排放法规的重要机内净化措施之一。

柴油机排出的 NO_x 与微粒子之间存在矛盾关系，这样就给解决柴油机排气中有害成分全面满足排放标准带来了困难。柴油机本身由于采用了各种不同的技术，NO_x 和微粒子的总体排放水平在不断地降低，直喷化、增压、中冷、高压喷射、电子控制、低滑油消耗等技术措施都对降低 NO_x 和微粒子的排放水平带来了好处。

3. 柴油机排气净化后处理措施

机外措施不涉及对燃烧的优化，可分为前处理和后处理，即：燃料和空气在进入柴油机气缸前进行处理或排气在排入大气之前采取过滤或催化反应等技术，以减少排放的有害成分。前处理主要包括采用低硫和低芳香烃柴油，或使用液化气，也包括对燃料的前期处理。后处理措施是更进一步降低柴油机排放的有效措施，原则上可以通过颗粒过滤器降低废气中的固体成分，即碳烟微粒。降低微粒排放通常指的是降低微粒的质量浓度，测量采用的单位为 $g/(kW \cdot h)$。最近有关报道显示，装有微粒过滤器等后处理设备的柴油机在一定工况下，仍会排放出微粒个数浓度很高的废气，测量单位为微粒个数每立方厘米，而这些数量巨大的超微小粒子对人类的危害很大。通过氧化催化剂可以把废气中可氧化的 HC 和 CO 成分减少，借助于催化降低装置（SCR），向废气流中输入尿素来降低氮氧化物，这三种方式都有设备体积过大、成本过高、不易维修保养等缺点，预计在内燃机车厂推广使用还需要一段时间。

从各种降低排放措施的作用效果来看，通过柴油机的调节和安装氧化中和器，在不需根本改变柴油机结构的情况下，能使现在运用的内燃机车排放量降低 25%～30%。如欲采用彻底降低内燃机车有害排放物的工艺，则必须对内燃机车柴油机进行根本的现代化改造，但其制造成本和研究费用将随之提高。其中，NO_x 与颗粒排放以及与燃油经济性之间有着不可避免的相互依赖关系，降低 NO_x 和微粒物排放对柴油机研究工作者是巨大的挑战。

（1）氧化催化器

柴油机氧化催化器的工作原理与汽油机排放控制原理相似，它主要用于消除排气中的可燃气体和可溶性有机组分，如 HC、CO 和颗粒中的 SOF。实践证明，这是一种有效的机外净化措施。为燃用含硫量为 0.3%（质量分数）的燃油而开发的几种低活性氧化催化器，分别能使 HC、CO 和颗粒减少 40%～50%、50%～70% 和 20%～40%。在重型柴油机中燃用含硫量为 0.01% 的燃油，使用以贵金属铂为催化剂的氧化催化器，可使 HC 减少 60%～70%，颗粒减少 27%～54%。其中的多环芳烃和硝基多环芳烃都明显减少，而对 NO_x 和颗粒中的固态碳粒排放几乎无影响，对于 HC 转化效率较高的氧化催化器还可有效地减少排气的臭味。但是氧化催化器的缺点是会将排气中的 SO_2 氧化为 SO_3，生成硫酸雾或固态硫酸盐颗粒，额外增加颗粒物质排放量。所以，柴油机氧化催化器一般适用于含硫量较低的柴油燃料柴油机。

氧化催化器的催化剂一般由稀有铂（Pt）、钯（Pd）等贵金属组成，并浸在氧化铝和二氧化硅等高比表面载体上。催化剂及载体、发动机运行工况、发动机特性、燃油的含硫量、废气的流速和催化转换器的大小以及废气流入转换器的进口温度等，均对氧化催化器的转换效率有明显影响。这些参数的选择目的是在使 HC、CO 和 SOF 转换效率尽量提高，与使 SO_2 氧化率尽量降低之间进行折中。解决这一矛盾的办法是燃用低硫油和对催化器进行优化设计。关于催化剂及载体的选择，应根据发动机运行特点来确定，选用活性高的催化剂，HC 和 CO 氧化效率将提高。但对于排温大于 500 ℃ 的工况，即使燃用无硫的燃油，但由于润滑油中含有硫，SO_2 的氧化率仍会很高，仍会使颗粒排放量增加。降低催化剂的活性或在催化剂中加入抑制剂，会使 HC 和 CO 氧化的有效温度提高，同时也使 SO_2 的氧化温度提高。由于 SO_2 氧化的有效温度比 HC 和 CO 的有效氧化温度高，这样在发动机排温范围内，可有效抑制 SO_2 的氧化但又能有效氧化 HC 和 CO，使其排放得到明显降低。所以，开发使 HC 和 CO 高效氧化而又能抑制 SO_2 氧化的催化器是未来催化氧化器研究的重要课题。

（2）颗粒过滤及再生技术

尽管颗粒过滤器目前并未大量投入使用，但要满足未来越来越严格的排放法规，它将是重要的机外措施之一。颗粒过滤器的研究也一直是柴油机机外净化研究的重要课题。

颗粒过滤及再生系统由两部分组成，即颗粒过滤器和再生装置。颗粒过滤器通过其中有极小孔隙的过滤介质（滤芯）捕集柴油机排气中的颗粒，其中绝大部分是固态碳粒和吸附了可溶性有机成分的碳烟。过滤器一般对碳的过滤效率较高，可达到 60%～90%，但对 HC 等可溶性有机成分的过滤效率较低。在过滤过程中，颗粒过滤在过滤器内，会导致柴油机排气背压升高，当排气背压达到 16～20 kPa 时，柴油机性能开始恶化。因此必须定期地除去颗粒，使滤器恢复到原来的工作状态，即过滤器的再生。由于颗粒一般需要在温度为 500～600 ℃ 且有足够氧气的条件下才能燃烧，而柴油机的排气温度很少能达到这样的高温，废气中的含氧量也远比空气中的少，因此必须采用特定的方法才能使过滤器实现再生。综上，颗粒过滤及再生系统中的关键技术是滤芯的选择和过滤器再生的实现。

滤芯是过滤器工作的主体，它决定过滤器的过滤效率、工作可靠性、使用寿命以及再生技术的使用和再生效果的关键所在。滤芯应满足较高的性能指标：具有较高的过滤效率；耐热冲击性好，具有较强的机械性能指标；热稳定性好，能承受很高的热负荷；通过特性好，流通阻力小；同时它还要适应再生方法的要求。近年来，一些新的滤芯材料逐渐被应用到柴油机颗粒过滤器中。如 SiC 是一种比较好的新型过滤材料，它和堇青石相比孔径更均匀，并具有流通性好、过滤效率高、耐高温（超过 1 600 ℃）、通用性好等特点，为解决再生系统复杂化及再生难的问题提供了广阔的前景。

在滤芯结构的设计中，美国 GM 公司认为以下四种形式的过滤体最具发展前途，即壁流式陶瓷体、泡沫陶瓷体、金属丝网和陶瓷纤维。不同形式结构的过滤体具有不同的特点，过滤机理也不同。壁流式属于表面过滤方式,而泡沫式属于体内过滤方式(深床过滤),这两种过滤体的过滤效率、可靠性及再生情况比后两种优越,研究得较为成熟,因而使用较多。

柴油机颗粒过滤器的再生方式有很多种,按其再生方式可分为"被动"再生和"主动"再生。"被动"方式即为催化再生,是在过滤器载体上浸渍催化剂或在燃油加入添加剂来降低颗粒的氧化反应的活化能,降低碳粒的起燃温度。这种方法能使颗粒的再生温度低于400 ℃,有的甚至低于300 ℃。在过滤载体上浸渍催化剂的方式,由于颗粒与催化剂的接触反应极不均匀,因此很难进行完全再生,另外随着时间的进行,易发生催化剂中毒。所以这种方式以在燃油中加入添加剂的方式居多,即在燃油中加入金属有机物,燃烧后生成的金属氧化物对颗粒起催化作用。"主动"再生方式即外加能量的再生方式,主要有喷油助燃再生、电加热再生、逆向喷气净化再生、电自加热再生和微波再生等几种形式。喷油助燃再生是适时地向过滤器上游空间喷入一定量的燃油并供给一定的空气,然后点燃喷入的燃油,使颗粒着火燃烧。再生方式的选择应根据柴油机运行工况、滤芯材料及结构来确定。

(3)NO$_x$催化转化器

近年来,NO$_x$排放问题日益突出,控制柴油机的NO$_x$排放比较困难。因为柴油机循环热效率高,燃烧峰值温度高而生成较多的NO$_x$,机内净化抑制NO$_x$生成的措施导致颗粒排放增加的趋势,同时排气中氧过量妨碍了三元催化技术在柴油机上的应用。NO$_x$催化转化技术近几年得到了一定的发展,对降低NO$_x$排放有明显的效果,在温度为350～550 ℃范围内,催化转化可使柴油机NO$_x$排放降低20%～30%。目前正在研究两种NO$_x$催化转化技术,即:催化热分解和选择性的催化还原。催化热分解是利用催化剂降低NO$_x$热分解反应的活化能,使NO$_x$分解成N$_2$和O$_2$,该方法简单且反应生成物无毒。选择性的还原反应是在排气中喷入饱和的碳氢化合物和NO$_x$,反应生成N$_2$、CO$_2$和H$_2$O,该方法将会生成额外的CO$_2$,这是致使地球温室效应的重要物质。现已研究出多种催化剂,研究最为广泛的是各种金属离子沸石、钒和钼的配方。

3.5 柴油低温析蜡机理的研究

有学者研究认为,内燃机排放的有害物质,与其含有的正构烷烃含量相关。柴油低温析出的蜡,95%以上为正构烷烃,即C$_{18}$～C$_{32}$的正构烷烃。改善柴油低温流动性,可采用加入低温流动改进剂的方法。但改进剂对油品的感受性越来越差。特别是目前为止,对于正构烷烃从油品中的析出机理尚不清楚,这不利于低温流动改进剂的分子设计,也不利于改善油品质量,降低其对环境的影响。析蜡过程的动力学分析,研究现实意义远比热力学分析重要,有重要应用前景。有鉴于此,本科研团队开展柴油低温析蜡过程机理的研究。

3.5.1 实验原理

体积排阻色谱法(Size Exclusion Chromatography,SEC)是利用多孔凝胶固定相的独特特性,而产生的一种主要依据分子尺寸的差异来进行分离的方法,它又可称作空间排阻色谱法(Steric Exclusion Chromatography,SEC)。根据所用凝胶的性质,可分为使用水溶液的凝胶过滤色谱法(Gel Filtration Chromatography,GFC)和使用有机溶剂的凝胶渗透色谱法(Gel Permeation Chromatography,GPC)。

体积排阻色谱法的分离过程是使具有不同分子大小的样品，通过多孔性凝胶（软性凝胶或刚性凝胶）固定相，借助精确控制凝胶孔径的大小，使样品中的大分子不能进入凝胶孔洞而完全被排阻，又能沿多孔凝胶粒子之间的孔隙通过色谱柱，首先从柱中被流动相洗脱出来；中等大小的分子能进入凝胶中一些适当的孔洞中，但不能进入更小的微孔，在柱中受到滞留，较慢地从柱中洗脱出来；小分子可进入凝胶的绝大部分孔洞，在柱中受到更强的滞留，会更慢地被洗脱出来；溶解样品的溶剂分子，其分子量最小，可进入凝胶的所有孔洞，而最后从柱中流出，从而实现具有不同分子大小样品的完全分离。

利用凝胶渗透色谱法，按照程序降温的方法，将不同低温下的析蜡收集起来，进行正构烷烃组分相对含量变化的测定。凝胶渗透色谱是按分子尺寸的大小来实现分离，可以在很短的时间内，对小分子混合物达到良好的分离。小分子渗透入凝胶网孔里，因而最先从柱子里冲洗出来。GPC 是按分子体积或者分子量的大小分离的方法，因而对于分离柴油中的石蜡烃具有独特作用。这种方法巧妙地实现了正构烷烃的分离和定量检测，为析蜡的动力学分析提供了依据。GPC 是一种按溶质分析体积大小分离的方法，级分的淋洗体积主要取决于分子尺寸。

凝胶渗透色谱是分离测定小分子混合物十分有用的工具，淋洗体积（V_e）与分子量（M）之间保持着严格的函数关系：

$$\lg M = A - B \times V_e \tag{3-17}$$

式中：A、B 均为常数。

对正构烷烃来说，式（3-17）更为精确。因而正构烷烃还常用来做小分子混合物分离的标准物质。族组成分析可以提供燃料油化学组成方面的情况，而 GPC 谱图可以得到比油品化学组成更为重要的信息，如烃相对含量分布。而且 GPC 分析方法快速、准确，条件温和。

3.5.2　实验过程

（1）仪器与试剂

实验仪器与试剂主要如下：

北京化工大学高分子学院 GPC 仪器；

采用泵 Waters 515 HPCC pump；

色谱柱 Waters HR0.5；

检测器 Water 2410，折光示差检测器。

（2）操作条件

实验操作条件主要如下：

流速：1 mL/min（实际标定流量）；

溶剂：THF（四氢呋喃）（北京化工厂，分析纯）；

进样量：200 μL，浓度 0.25 g/100 mL；

室温：30 ℃；

Mark-How　k：0.000 16；

Mark-How　a：0.706；

（渗透极限以 PS 表示，M_w 范围为 50～1 000 g/mol）

（3）不同碳数正构烷烃的定性指认

① 采用普适标样法校准低分子量苯乙烯标样。

分子量 M=580，保留体积 V_R=6.015 mL；

分子量 M=1 060，保留体积 V_R=5.611 mL；

分子量 M=1 340，保留体积 V_R=5.516 mL。

② 用已知不同分子量的正构烷烃作为标样，测出保留体积 V_R。

③ 做校准线 $\lg M$—V_R（分子量与保留体积）。

已知：

V_R=6.297，M=426，对应碳数 C_{32}；

V_R=6.715 6，M=387，对应碳数 C_{28}。

④ 确定校正曲线。

$$\lg M = 3.252\ 1 - 0.098\ 88 V_e \tag{3-18}$$

由保留体积 V_R 确定分子量 M，进而定性指认对应碳数的正构烷烃。

（4）不同组分相对质量的计算

由校正曲线 $\lg M = 3.252\ 1 - 0.098\ 88 V_e$，查出 GPC 图上分别对应 $C_{18} \sim C_{32}$ 的 V_e 值，V_e 值对应处高度为 H_i，扣除基线校正后为 H'_i，然后进行加和 $\sum\limits_{i=1}^{n} H'_i$，则某一组分的相对质量为：

$$X_i = \frac{H'_i}{\sum\limits_{i=1}^{n} H'_i}$$

并将 $\sum\limits_{i=1}^{n} x_i = 1$ 做归一化处理。

取石家庄炼油厂 0# 柴油作为试样，分别在 +3 ℃、0 ℃、−3 ℃、−5 ℃、−10 ℃、−15 ℃ 析蜡，收集蜡样做 GPC 分析。因为测试条件完全相同，设定降温速率 $\beta = \dfrac{\mathrm{d}T}{\mathrm{d}t}$ 和时间。GPC 谱计算的 $x_i \propto t$ 或 $x_i \propto T$ 可以做动力学分析。峰加宽效应在此计算过程忽略，不影响数据结果的准确度。

3.5.3　实验结果

（1）不同产区柴油的 GPC 分析

收集石家庄、燕山、永平、大港等炼油厂的柴油样品，分别降温析蜡后取样，它们分别代表华北任丘、东北大庆、西北延安、海相大港等不同地区油品的特点。GPC 分析结果表明：$C_{25} \sim C_{32}$ 正构烷烃含量，延安永平炼油厂的油品最高，而 $C_{17} \sim C_{24}$、C_{17} 也较高，因而凝点较高（+10 ℃）；燕山、大港炼油厂的油品 $C_{25} \sim C_{32}$ 正构烷烃含量最低，因而冷滤点也低（−10 ℃）；而石家庄炼油厂的油品 $C_{25} \sim C_{32}$、$C_{17} \sim C_{24}$、C_{17} 均有相当含量，因而冷滤点稍高（+3 ℃）。通过添加流动改进剂一般不会降低冷滤点，因而研究柴油低温析蜡，就是重点研究 $C_{24} \sim C_{32}$、$C_{16} \sim C_{23}$ 这些正构烷烃的相对含量和分布（见图 3-24）。

（2）析蜡过程的描述

以石家庄炼油厂 504 罐 0# 柴油作为试样，如果将柴油所有组成归一化处理，规定为 1，

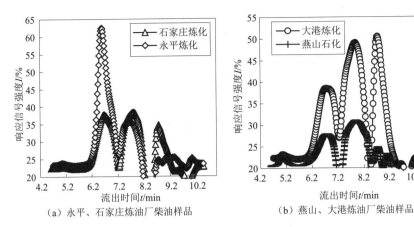

(a) 永平、石家庄炼油厂柴油样品　　　　(b) 燕山、大港炼油厂柴油样品

图 3-24　不同产区柴油的 GPC 分析

则 GPC 谱图可以得到该油品蜡正构烷烃相对含量的分布。已经测定在 +3 ℃、0 ℃、-3 ℃、-5 ℃、-10 ℃、-15 ℃ 析蜡量占柴油所有组成的百分率（称析蜡率）分别为 12.73%、16.36%、29.09%、36.36%、60.9%、96.55%。在每一温度下，GPC 谱图得到的该油品蜡不同碳数正构烷烃 N_I 的相对含量除以该温度析蜡率，可相应得到每一温度不同碳数正构烷烃 N_I 占柴油所有组成的百分含量 $C_I \propto t$ 或 $C_I \propto T$，进而可以进行考虑柴油所有组成的不同碳数正构烷烃 N_I 的析蜡动力学分析（见图 3-25）。

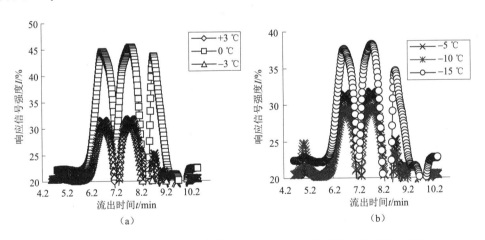

(a)　　　　　　　　　　　　　(b)

图 3-25　石家庄炼化 0# 柴油析蜡分布及含量（质量分数）的 GPC 分析图

析蜡过程是由几个平行的基元级反应组成，各个反应有不同类型的活化能，其变化范围在 37.6～69.54 kJ/mol 之间。各个反应的活化能服从高斯分布规律，且活化能（吸附热）接近物理吸附（一般小于 40 kJ/mol）。加降凝剂后，低碳数烃活化能（吸附热）增大（或降低），因而冷凝点降低。

从石家庄油品的动力学曲线（见图 3-26、图 3-27）可以看出，析蜡过程是一个多组分的、复杂的、多相的、非等温的系统。

① $C_{18} \sim C_{23}$ 的正构烷烃为 I 组，$C_{24} \sim C_{32}$ 的正构烷烃为 II 组。在油品降温过程析出的固相中，I 组正构烷烃浓度下降，被 II 组高碳数正构烷烃替代，II 组浓度上升。I、II 组 $X \propto$

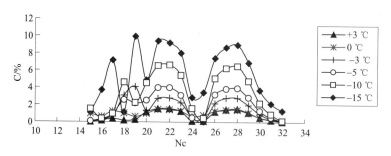

图 3-26　石家庄炼化 0# 柴油析蜡分布及含量（质量分数）分析图

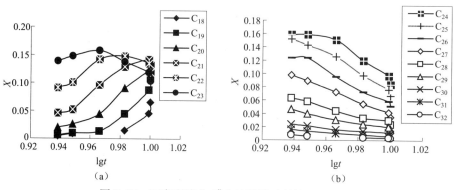

（a）　　　　　　　　　　（b）

图 3-27　石家庄炼化 0# 柴油析蜡过程的 X—$\lg t$ 图

$\lg t$ 曲线表明，两组之间有数个连续反应存在。

② $C_{18} \sim C_{23}$ 组（Ⅰ组）、$C_{24} \sim C_{32}$ 组（Ⅱ组）组内均存在多个平行反应过程。通过数据处理，Ⅱ组升温溶解接近一级反应机理，Ⅱ组降温析蜡接近零级反应机理。

③ $C_{24} \sim C_{32}$ 组（Ⅱ组），蜡熔化过程有相同的活化能 $E_a = 1.157\ 6\ \text{kJ/mol}$。但指前因子（或称频率因子）不同，这与油品结构有关，与正构烷烃相对含量分布及原油产地、炼制工艺等均有关。析蜡是由扩散控制的复杂系统。

描述质量分数 X_i 为某一碳数正构烷烃经历过程：

$$\text{OIL}\ (X_i)\ \rightarrow \text{GEL}\ (X_i)\ \rightarrow \text{WAX}\ (X_i)$$
$$(1)\qquad\qquad（凝胶）\qquad\qquad(s)$$

油品中 X_i 组分发生"平行反应""连续反应""可逆反应"复杂的综合过程。油品中降凝剂可以起到优良的"催化剂"作用，使得析蜡过程的"连串"及"平行反应"之间的竞争发生择向性转变，这是降凝剂降凝作用的动力学基础。

事实上，本部分研究是借用了化学反应的术语描述析蜡过程，其本质是凝聚吸附。活化能 E_a 小，但引入降凝剂后，除了共晶吸附外，降凝剂的极性基团部分显然也改变了油品的微观结构，因此活化能数值比吸附能要大。

3.5.4　描述析蜡过程的模型

（1）有限平行反应模型

如式（3-19）所示，假设液相析蜡过程如下：

$$K_e \begin{bmatrix} x_{01} \\ x_{02} \\ \vdots \\ x_{0n} \end{bmatrix} \begin{matrix} \rightarrow x_1 \\ \rightarrow x_2 \\ \vdots \\ \rightarrow x_n \end{matrix}$$

（液相）（固相） （3-19）

式中：x_{01}，x_{02}，$\cdots$，x_{0n} 分别代表 $C_{18} \sim C_{32}$ 的正构烷烃初始含量（相对质量分数）。

析蜡过程是由几个平行的基元级反应组成，这些过程均以液相烃为初始物，但具有不同的活化能 E_i 和频率因子 A_i，每个过程的速率方程可写为：

$$\frac{dx_i}{dt} = A_i e^{-\frac{E_i}{RT}} \left[x_0(i) - x_i \right] \qquad (3-20)$$

式中：x_i 为第 i 个过程在 t 时刻的析蜡（固相）率；$i = 1$，2，$\cdots$，15 分别对应正构十八烷烃至三十二烷烃。

根据 x_i 和 $x_0(i)$ 的定义，整个析蜡过程在 t 时刻的生蜡量 x 和最终生蜡量 x_0 应分别为：

$$x = \sum_{i=1}^{n} x_i \qquad x_0 = \sum_{i=1}^{n} x_0(i) \qquad (3-21)$$

模拟实验在恒速升温的条件下进行。

将恒速升温速率 $\beta = \dfrac{dT}{dt}$ 代入式（3-20）得 $\beta = 30\ ℃/min$。

$$\frac{dx_i}{dT} = \frac{A_i}{\beta} e^{-\frac{E_i}{RT}} \left[x_0(i) - x_i \right] \qquad (3-22)$$

对式（3-22）两边进行积分并整理可得：

$$x = \sum_{i=1}^{n} x_0(i) \left\{ 1 - \exp\left[\frac{A_i R T^2}{E_i + 2RT} \frac{1}{\beta} e^{-\frac{E_i}{RT}} \right] \right\} \qquad (3-23)$$

在式（3-23）中，E_i、A_i、x_0 (i)（$i = 1$，2，3，$\cdots$，32）为未知数，可由 $X\text{-}T$ 实验数据的非线性回归求得。

析蜡总包反应模型具指将正构烷烃当作一个假象组分考虑，其动力学方程为：

$$\frac{dx}{dt} = A e^{-\frac{E}{RT}} (1 - x) \qquad (3-24)$$

恒速升温时，升温速度可写为 $\beta = \dfrac{dT}{dt}$，代入式（3-24）并整理得：

$$\int_0^x \frac{dx}{1-x} = \frac{A}{\beta} \int_{T_0}^{T} e^{-\frac{E}{RT}} dT \qquad (3-25)$$

式中：A 为频率因子，E 为活化能，R 为通用气体常数，T 为析蜡温度（或蜡熔化温度），T_0 为室温，x 为蜡的质量分数，β 为升温速度。

（2）零级模拟反应模型

当热模拟实验在恒速降温的条件下进行时，所得到的实验数据为 $X\text{-}T$ 关系数据，这时用采用恒速降温模型来处理。将恒速降温速率 $\beta = \dfrac{dT}{dt}$ 代入式（3-25）可得：

$$\frac{dx_i}{dT} = \frac{A_i}{\beta} e^{-\frac{E_i}{RT}} \left[x_0(i) - x_i \right]$$

若为零级过程，则有：

$$\frac{dx_i}{dT} = \frac{A_i}{\beta} e^{-\frac{E_i}{RT}} = \frac{dt}{dT} A_i e^{-\frac{E_i}{RT}} \tag{3-26}$$

$$dx_i = A_i e^{-\frac{E_i}{RT}} dt \tag{3-27}$$

$$x_i = A_i e^{-\frac{E_i}{RT}} t_i + C_o \tag{3-28}$$

$$\sum_{i=1}^{n} x_i = 1 \tag{3-29}$$

降温析蜡过程，因为液相浓度不变，可看作 1，因此当作零级反应处理是合适的，符合凝聚吸附机制。但是由于成核过程存在，不完全等于零级，可近似当作零级处理，因此有：

$$k_i = V_i = \frac{dx_i}{dt} = A_i e^{-\frac{E_i}{RT}} \tag{3-30}$$

$$\ln V = \ln A_i - \frac{E_i}{RT} \tag{3-31}$$

至此可求出每个 i 值的活化能。

$C_{24} \sim C_{32}$ 计算出的活化能相同，$E_a = -7.2 \ kJ/mol$；C_{23} 的活化能 $E_a = -7.2 \ kJ/mol$，$A = 6.981 \times 10^{-6}$。

如图 3-27 所示，$C_{24} \sim C_{32}$（Ⅱ）组，蜡熔化过程有相同的活化能。但指前因子（或称频率因子）不同（见图 3-28），这与油品结构有关，并与正构烷烃相对含量分布及原油产地、炼制工艺等均有关。

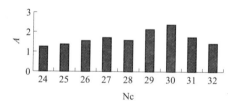

图 3-28 正构烷烃 Nc 的指前因子 A 的相对分布

3.5.5 析蜡机理

① 析蜡是由扩散控制的复杂系统。析蜡过程中，碳数分布峰值碳数由低碳向高碳方向转移。

② 如果仅把析蜡过程看成正构烷烃相变（液—固）的总包反应，其 $X_{wax} \propto t$ 图形为 S 型，仅能说明其符合凝胶的溶胀过程。析蜡过程确有溶剂（低碳数烃）进入固相，并使凝胶体积膨胀增大。而升温过程中，凝胶熔化进入液相，体积缩小。

③ 析蜡过程的动力学分析，其研究的现实意义远比热力学分析重要，具有重要的应用前景。析蜡过程的不同反应物均为液相，因而浓度不变，可认为 1，不作考虑。同一产物均为固相（wax）蜡。由于是多相体系，因而固相浓度以每一种组分 i 的相对质量分数表示，

且符合归一化条件 $\sum_{i=1}^{n} x_i = 1$。

高碳烃析蜡过程可近似为零级。由于有成核—生长机制存在，反应级数并不为零。析蜡是生成一个共同固相产物的数个接近零级的平行反应。析蜡过程中，低碳烃被高碳烃置换，高碳烃进固相。其中，低碳烃进入液相溶解的过程是一级反应。

④ 凝集析蜡是柴油溶胀凝胶 $C_{18} \sim C_{23}$ 烃降温过程及其被 $C_{24} \sim C_{32}$ 高碳数烃置换的过程（连续反应过程）。降凝剂分子阻碍 $C_{24} \sim C_{32}$ 高碳数烃置换的过程，蜡凝胶体凝固被阻碍，从而流动性获得改变。

⑤ 等速升温析蜡熔化过程中，对高碳烃蜡的熔解，是零级反应；而低碳数烃增加，是吸附过程，近似一级。吸附低碳数的烃，溶胀凝胶的高碳数烃，从而实现熔解过程。吸附、溶胀、溶解是一个连续过程。

3.6 内燃机车柴油低温流动改进剂的研究与应用

3.6.1 研究现状

内燃机车是铁路运输的主要牵引动力之一，内燃机车有害物质生成机理与控制技术的研究是交通环境研究的一个重要方面。随着国内外环境保护要求的提高，改善柴油质量变得尤其迫切，其中降低芳烃含量是今后必须采取的措施。但降低芳烃含量的同时，柴油中饱和烃的含量相对提高，同时由于原油品质越来越高，柴油组分凝点提高，这不利于冬季气候条件下内燃机的工作。

近几年来，铁路运输部门柴油费用的支出已达 60 多亿元，占全路运输成本总支出的 10% 左右。我国铁路正面临着牵引动力能源短缺的严峻局面，大力发展内燃机车正受到轻柴油短缺和油价上涨等问题的挑战。对于柴油用量占国产柴油 10% 的内燃机车用油问题，应合理有效地利用资源，在现有的条件上进一步降低柴油成本。北京铁路局每年消耗柴油 78 万吨，每年燃料费支出 15 亿～16 亿元，占全局运输成本的 20% 以上，是机务段支出的 70% 左右。冬季用柴油占全年的 1/3，每年因换用-10# 柴油多支出约 3 000 万元。

柴油低温析出的蜡，95% 以上是正构烷烃，即 $C_{18} \sim C_{32}$ 的正构烷烃。改善柴油低温流动性，可采用加入低温流动改进剂的方法，但改进剂对油品的感受性越来越差。特别是到目前为止，对于正构烷烃从油品中的析出机理尚不清楚，这不利于低温流动改进剂的分子设计，也不利于改善油品质量及降低其对环境的影响。

研究已经发现，柴油中正构烷烃含量及正构烷烃的碳数分布，对柴油流动改进剂的降凝和降滤效果有很大影响。国内外相关研究在加入柴油流动性改进剂以后，一般不能降低柴油的冷滤点，特别是随着原油成分越来越重，导致柴油馏分变窄、变重，对柴油流动改进剂的感受性越来越差，所以推广使用受到了一定的限制。

研制适合我国铁路高蜡、窄馏分柴油使用的新型柴油低温流动改进剂，对合理使用资源和降低运输成本有着重要意义。有效地利用添加剂降低柴油的凝点、冷滤点，可以节省冬季用油的成本，同时保证机车安全行驶和运营经济性，延长换油周期和保持机车良好的技术状态。

柴油流动性改进剂是一种只对油品低温流动性有作用，而对其他性能无影响的无灰聚合物。通过分子设计方法，可合成和筛选适合我国的内燃机车柴油低温流动改性剂。经过实验室开发及应用研究，研制出适合我国内燃机车高蜡、窄馏分轻柴油使用的 BJ-I 型柴油低温流动改进剂。其适用于 0# 及 -10# 以上轻柴油，满足既降冷凝点，又降冷滤点的要求；使柴油便于装卸，凝点（倾点）降低 14～20 ℃；可将 0# 柴油改进到 -10# 柴油，将 -10# 柴油改进到 -20# 柴油；同时改善油品质量，降低其对环境的影响。

3.6.2　柴油低温流动改进剂的研究

1. 低温流动改进剂合成及使用特点

从分子设计理论出发，进行低温流动改进剂物质选用、合成系统的基础研究工作，合成具有梳状结构的苯乙烯-马来酸酐-高级脂肪醇酯化物类低温流动改进剂。当改变其支链上碳链的长度，并与所要降凝的油品中的碳链长度相匹配时，就可用来降低这种油的冷滤点。合成的低温流动改进剂是一种有较好降滤效果、可调控的柴油低温流动改进剂，合成路线如下：

推测其结构可能为：

BJ-I 型柴油低温流动改进剂主要技术性能见表 3-20。

表 3-20　BJ-I 型柴油低温流动改进剂暂定技术指标

项目	质量标准	实验方法
外观	橙黄色油状液体	目测
运动黏度/(mm²/s)（100 ℃）	30～45	CB/T 265
密度/(g/cm³)（20 ℃）	0.905～0.920	CB/T 1884
闪点/℃	28～35	GB 261
水分/m%	痕迹	GB B260
机械杂质/m%	无	GB B511
水溶性酸或碱值/mgKOH	无	GB/T 259

注：在使用高沸点溶剂条件下，闪点可调整到不小于 55 ℃，其他指标经实测后再制订标准。

柴油低温流动改进剂产品应符合环保要求，生产过程无三废排放，产品使用过程对内燃机不产生任何副作用，尾气排放符合标准。该种改进剂使用方便，为油溶性高分子溶液，很容易与柴油均匀混合，可采用搅拌釜、静态混合器等混合装置按比例调和（见图 3-29），也可通过槽车的长距离运输通过自然振荡完成混合。

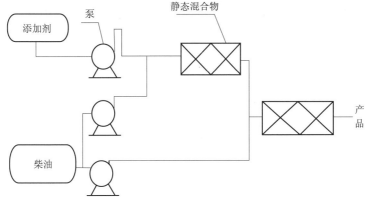

图 3-29 混合配制流程

这种低温流动剂改进剂具有以下特点。

① 制备工艺简单，各牌号柴油感受性均较强，对柴油的理化指标尤其是实际胶质不会产生变化和影响。

② 原料来源广泛、经济，配伍所选材料均为国产化工产品，价格相对于低廉产品质量更稳定，且货源的商品材料更有保证。

③ 柴油低温流动性能改进剂在低温下能使油品的细微蜡晶析出，具有阻止蜡晶长大的效果。在使用中可降低柴油一个牌号，减少柴油品种，简化油品管理模式。

④ 柴油低温流动性能改进剂对原用燃料指标无不良影响，对柴油机机理无理化损伤，无腐蚀作用。

⑤ 柴油低温流动性能改进剂为油溶性高分子溶液，很容易与柴油混合均匀，分散性好，性能稳定，存储运输方便，添加方法简单易行。

2. BJ-I 型改进剂对燃料特性的影响

为叙述方便，以下将"BJ-I 型柴油低温流动性能改进剂"用"BJ-I 型改进剂"代替。从对加剂柴油理化性能分析的结果来看，添加剂对柴油性能无异常影响。如图 3-30 和图 3-31所示为在 20 ℃时，BJ-I 型改进剂含量对燃料的运动黏度、表面张力的影响。由图可以看出，随着 BJ-I 型改进剂含量的增加，燃料的运动黏度、表面张力变化并不显著，运动黏度稍有增加，表面张力在很小范围内波动。当 BJ-I 型改进剂添加比例为1‰时，能够有效地降低 $0^{\#}$、$-10^{\#}$柴油的凝点、冷滤点，将 $0^{\#}$柴油改进到$-10^{\#}$柴油，将$-10^{\#}$柴油改进到$-20^{\#}$柴油。

表面张力、黏度是影响柴油雾化性能的理化性质。Kagami 研究表明，对于直喷式柴油机，黏度在 $3\sim9$ mm^2/s 内比较适宜，在此范围内随着黏度提高，燃料耗量有所降低，对排放不会造成显著影响。

在柴油机中，表面张力即使有较小幅度的下降，也会引起喷射雾化油粒直径较大幅度的降低。因此对馏分较重、黏度较大的柴油，降低表面张力对改善排放十分有利。

从对含 1‰BJ-I 型改进剂柴油理化性能分析的结果来看，添加剂对柴油性能无异常影响。

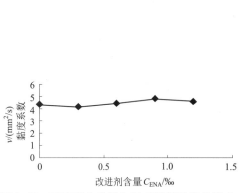

图 3-30　BJ-I 型改进剂含量对燃料黏度的影响

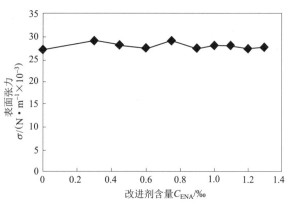

图 3-31　BJ-I 型改进剂含量对燃料表面张力的影响

3. BJ-I 型改进剂对发动机性能的影响

研究表明，柴油中添加醇、醚、酯等含氧物质能够大幅度减少排放，特别是减少碳烟排放。其原因是燃料中的氧在燃烧中能起到自供氧作用，氧元素在燃料燃烧过程中起到了助燃作用，使燃料能够比较完全地燃烧。

针对柴油中添加 1‰BJ-I 型改进剂的这种含氧添加剂，通过北京铁路局承德机务段现场水阻台检测，考察其对机车动力性和排放性的影响。

在 DF40606 机车上开展 BJ-I 型改进剂上车试验，加剂前在水阻试验台上按水阻试验规程进行烟度、功率、油耗等参数的测量工作；然后取下柴油机气缸盖，对燃烧室、进排气门及进排气道进行拍照；装复后，在燃料中添加 BJ-I 型改进剂，运行 3 000 km 后，再在水阻台上按水阻试验规程进行烟度、功率、油耗等参数的测量工作；然后再取下柴油机气缸盖，对燃烧室、进排气门及进排气道进行拍照。

机车上的发动机为 16V240ZJB 型增压式柴油机，主要技术指标包括 V 形、四冲程、直接喷射式、开式燃烧室、废气涡轮增压、增压空气中冷，柴油机启动方式为电动启动，其主要技术参数如表 3-21 所示。

表 3-21　机车试验机的主要技术参数

项目	参数值
气缸数/个	16
单缸工作容积/L	12.44
缸径×行程/mm	240×275
标定转速/(r/min)	1 000
标定输出功率/kW	2 426.5
压缩比	12.5
冲程	4
喷射系统	直接喷射

由于 BJ-I 型改进剂与柴油能以任意比例互溶，在混合油中没有添加任何其他添加剂。在试验过程中，没有对发动机的燃烧系统做改动，供油提前角、燃烧室、压缩比、喷嘴和喷油泵柱塞直径等都保持原机的状态，并采用滤纸式烟度计测量排气烟度。

4. BJ-I 型改进剂对发动机功率的影响

由图 3-32 可以看出，添加 1‰BJ-I 型改进剂后，燃料的能量利用率都得到了提高，发动机功率均高于纯柴油，功率提高 4.86%。如图 3-33 所示为柴油中添加 1‰BJ-I 型改进剂时机车柴油机功率的负荷特性。

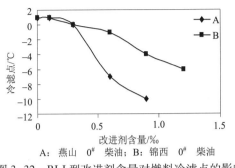

A：燕山 $0^\#$ 柴油；B：锦西 $0^\#$ 柴油

图 3-32　BJ-I 型改进剂含量对燃料冷滤点的影响

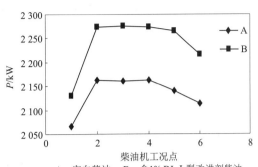

A：空白柴油；B：含1‰BJ-I 型改进剂柴油

图 3-33　BJ-I 型改进剂对发动机功率的影响

　　燃料中添加 1‰BJ-I 型改进剂能够提高发动机功率，原因是 BJ-I 型改进剂中的氧元素在燃料燃烧过程中起到了助燃作用，特别是在喷雾核心等燃料浓度高的区域。燃料含氧后提高了燃料与空气的比例，减弱了燃料缺氧燃烧的概率，使燃料能够比较完全地燃烧。

　　5. BJ-I 型改进剂对发动机排放的影响

　　图 3-34～图 3-36 为机车柴油机在负荷特性上添加 1‰BJ-I 型改进剂对排放的影响。可以看出，燃料添加 1‰BJ-I 型改进剂后，发动机排放性能得到了改善。

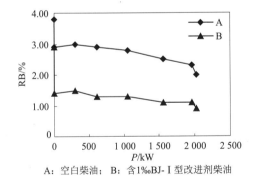

A：空白柴油；B：含1‰BJ-I 型改进剂柴油

图 3-34　BJ-I 型改进剂对内燃机烟度排放的影响

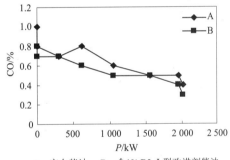

A：空白柴油；B：含1‰BJ-I 型改进剂柴油

图 3-35　BJ-I 型改进剂对内燃机 CO 排放的影响

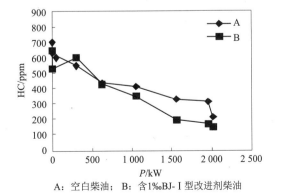

A：空白柴油；B：含1‰BJ-I 型改进剂柴油

图 3-36　BJ-I 型柴油改进剂对内燃机 HC 排放的影响

因为 BJ-I 型改进剂为含氧燃料，具有自供氧功能，降低了燃料浓混合区缺氧的程度，在一定程度上抑制了碳烟的生成，促进了燃料与空气的混合，降低了缸内空燃比的不均匀性。

从图中可以看出：

① 加入 1‰BJ-I 型柴油改进剂配油燃烧时的烟度比空白油燃烧时的烟度低，平均降低烟度 50%，最高可达 55%。

② 从 HC 排放来看，在 30% 负荷以前，加入 1‰BJ-I 型改进剂配油燃烧时的 HC 排放和空白油燃烧时的 HC 排放基本保持一致；但在 30% 负荷以后，加入 1‰BJ-I 型柴油改进剂配油燃烧时的 HC 排放有了较大幅度的下降。

③ 从 CO 排放来看，在整个试验过程中，加入 1‰BJ-I 型改进剂配油燃烧时的 CO 排放一直比空白油燃烧过程中的 CO 排放低，平均可降低 22.6% 左右。

3.6.3　装车试验

使用加入低温流动改进剂的柴油，机车柴油机工作比较稳定。试验机车 DF40606、DF40627、DF40672 在定修时，检修人员对柴油机的燃烧系统进行了仔细的检查。从实际检查的情况来看，活塞顶部、一环槽以上、缸头、气门顶部等部位的积碳未见异常，高压油泵柱塞偶件未见异常。

使用柴油低温流动改进剂可以降低内燃机车所用轻柴油一个牌号，对燃油质量的分析表明，加入极少量的低温流动改进剂可以实现以下几点：

① 降低柴油一个牌号；

② 保证行车的安全性和正常机况；

③ 在大范围的推广使用时，只要将添加剂按比例加入柴油槽车或机务段的储油罐中即可。

2000 年 1 月份在丰台、天津、承德、沧州，2 月份在丰台、大同、张家口共 7 个机务段进行了扩大柴油低温流动改进剂的试验工作。各试验段共投入 600 台机车，交行路线包括北京至聊城（京九线）、北京至大同（京张线）、天津至山海关（京山线）、天津至济南（京沪线）、北京至承德（京承线）等 6 条干线。

BJ-I 型改进剂试验效果良好。对绵州、大庆、燕山、天津炼油厂等生产的柴油进行调试试验，加入 BJ-I 型改进剂后达到 $-10^\#$、$-20^\#$ 柴油的各项指标，各试验段机车状态未因柴油发生不良现象。

1999 年 11 月至 2000 年 2 月，BJ-I 型改进剂试验共使用柴油 117 车，总重 5 782.921 吨，节约成本 74.65 万元。2000 年 11 月至 2001 年 2 月，使用 BJ-I 型改进剂，节约成本 200 万元，收到良好效果。

使用柴油低温流动性能改进剂，能够产生较大的经济效益。参考 2000 年 3 月份的柴油价格：$0^\#$ 柴油与 $-10^\#$ 柴油平均差价 209 元/吨，$-10^\#$ 柴油与 $-20^\#$ 柴油平均差价 173 元/吨。每吨柴油中使用 BJ-I 型改进剂的成本是 87.88 元，2000 年度北京铁路局使用柴油低温流动性能改进剂调制柴油 15 093 吨，节约成本 205 万元人民币。

3.7　本章小结

通过对北京地区车站、隧道、检修机务段大气环境的影响进行监测分析，并且根据颗粒物富集原理，对其产生原因进行了分析。在此基础上提出了控制内燃机车的污染排放措施，以改善北京市铁路站场的大气环境质量，特别是对通过燃料改质降低内燃机车有害排放进行了深入的研究。

控制废气排放是当前柴油机研究中的重要课题。影响柴油机排放的因素很多，分为发动机结构、工作条件和燃料等诸多方面。发动机结构和工作条件对排放的影响与燃料的影响相比，前两者处于主导地位，所以以往柴油机排放控制技术的研究突出了改进发动机结构设计和调整发动机工作参数这一部分。但是燃料的影响不容低估，20 世纪 80 年代初以来，大量研究证明燃料性质和成分对柴油机排放也会产生直接影响。目前，我国燃油的品质普遍较差，使用我国现有的燃油会增加排放达标的难度。这样一个结论已促使了发达国家对燃料成分实施立法。

现代柴油机有害排放物控制技术是综合的、系统的工程，即采取以改进柴油机设计技术为核心的机内净化措施、燃料改质和排气净化后处理措施相结合的方式。

随着现代柴油机工业的迅猛发展，柴油机排放标准将日趋严格，为了达到未来严格的排放要求，改善燃料品质具有重要意义。与此同时，应结合发动机的各种排放控制技术来研究燃料的组分和性质对发动机排放特性的影响，研究在燃料中加入各种添加剂时对发动机排放特性的影响，探索改进燃料组分和性质的新方法。

本科研团队进行了柴油低温析蜡过程机理的研究。其中，设计阻止蜡晶析出的有效添加剂取决于对正构烷烃析晶过程的理解。研究分析了石家庄炼油厂的 0# 柴油降温 3～−20 ℃范围的析蜡过程，利用凝胶渗透色谱（GPC）方法巧妙地实现了正构烷烃的分离和定量检测。将程序降温的不同温度下析蜡收集，进行正构烷烃组分相对含量变化的测定。实验数据可较好地用动力学模型描述，蜡晶形成过程及动力学模型对克服和阻止柴油低温析蜡具有重要意义。

本章主要结论如下。

① 柴油中添加 1‰BJ-I 型柴油低温流动性能改进剂，能够降低发动机烟度排放，烟度平均下降 50%，最高可达 55%；此外还可提高功率，将发动机动力效率提高 4.58%。

② 加入 1‰BJ-I 型柴油低温流动性能改进剂配油的排放，比原油的排放有明显的下降。

③ 燃料中添加 1‰BJ-I 型柴油低温流动性能改进剂能够提高发动机功率的原因如下：BJ-I 型柴油低温流动性能改进剂中含有氧，氧元素在燃料燃烧过程中起到了助燃作用，特别是在喷雾核心等燃料浓度高的区域。燃料含氧后提高了燃料与空气的比例，减弱了燃料缺氧燃烧的概率，使燃料能够比较完全地燃烧。

第 4 章

铁路固体废弃物理化污染
特性及治理技术研究

4.1 旅客列车垃圾理化污染特性及预处理技术的研究

4.1.1 旅客列车垃圾理化污染特性

旅客列车固体废弃物理化特性调查是综合治理和综合利用系统的重要组成部分，是开展旅客列车废弃物控制及车站处理措施规划的基础和依据，也是旅客列车废弃物实现"无害化、减量化、资源化"目标，保证全系统整体功能正常发挥的重要基础。

对铁路客车垃圾污染进行分析并选择合理的客车垃圾处理方法，除了要考虑客车垃圾的组成构成外，还必须考虑客车垃圾的其他理化特性，确定其中可能造成污染的成分，为探索客车垃圾的污染以及为其无害化、减量化、资源化的处理方法提供技术支持。

在旅客列车固体废弃物特性研究方面，包括的工作内容很多，例如：选择取样地点，确定取样量，进行试样处理，试样分析化验等。这项研究需要统一的标准规范，明确规定垃圾取样的时间、地点、取样量、试样处理方法、分析、化验和统计方法，确定需要的物理化学单项指标，这样才能为掌握旅客列车固体废弃物的物理化学成分，预测其发展趋势提供依据。同时，准确掌握旅客列车固体废弃物物理化学特性，对制订综合治理规划，选择适宜的收运和处理方式，配备专用设施和机械设备具有重大的决定性作用，可以基本确定治理工艺的选择和相关设施、设备的配备。

本部分内容将主要从以下几个方面来调查旅客列车固体废弃物的理化及污染特性。

（1）组分法

组分法即以一定量垃圾中的物品种类为单位，计算每个单位在垃圾总量中的比例，进而根据各类物质的比例大小来衡量垃圾质量，最终获得各类垃圾组分能否综合利用的依据。在某种意义上讲，组分法是表示垃圾质量最常用的有效方法。

（2）标准容量法

指将垃圾填满标准容积的容器，以这种方法求出的容重为垃圾标准容器容重。

（3）三成分法（也称三组分分析法）

指测定出垃圾含有的水分（湿度）、灰分和可燃成分，以这三种成分含量来表示垃圾质量的方法称为三成分法，其中灰分含量大小可说明焚烧后垃圾减容效果的大小。

（4）热值法

利用量热计求出垃圾中含水的低位发热值、干燥垃圾的高位发热值，并把它们作为垃圾质量的表示方法。热值法能反映垃圾在热利用方面的可用性，反映出的发热值是垃圾焚烧的首要参数。

（5）元素法

指利用化学分析手段测出垃圾中的 C、H、O、N、P、K、S、Cl 等元素含量。这种方法对垃圾堆肥工艺具有十分重要的指导意义。

（6）有害元素含量及浸出毒性分析

1. 旅客列车固体废弃物随车调查分析

铁路客车垃圾发生量大，分布范围广，这在时间和空间上给客车垃圾的理化特性分析带来一定的困难。但由于列车的运行使得其跨越的空间大，从而弱化了其地方特性，这又为获取具有代表性的样品提供了一定的便利。根据客车垃圾上述两方面的特点，在对客车垃圾进行理化特性调查时，有针对性地采用了随车调查分析和定点取样分析相结合的调查分析方法。

为了调查出垃圾的基本组分，课题组成员于 1996 年 7 月～1997 年 10 月共对近 20 趟列车的垃圾组分进行了分类调查，得出客车垃圾的组分构成如图 4-1 所示。表 4-1 是处理后的客车垃圾组分构成数据与城市生活垃圾构成数据之间的比较。

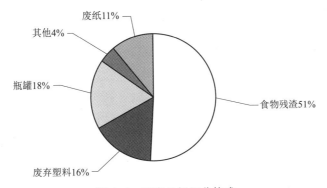

图 4-1　客车垃圾组分构成

表 4-1　不同垃圾构成成分比较

单位：%

	废纸类	食物残渣	废弃塑料	煤渣土沙等	破布	瓶罐类	废金属	水分	其他
客车垃圾	10.7	52.1	15.9			17.8		50～69	3.5
国内生活垃圾	2.17	28.3	0.58	64.72	0.67	0.93	0.55	<20	2.06
国外生活垃圾	34.7	27.1	6.14	11.91	2.55	9.32	5.59	<15	2.33

从表 4-1 可以看出：① 客车垃圾的构成成分较生活垃圾更为简单；② 客车垃圾有机物的含量，特别是食物残渣的含量远高于城市生活垃圾；③ 客车垃圾中的废弃塑料包装物的含量较高；④ 客车垃圾的含水量比城市生活垃圾的含水量高出很多。

通过实地调研，得出产生上述差异的原因主要有以下几个方面。

① 由于受时空的限制，旅客在列车上的生活较为简单，因此与之相应的客车垃圾组分也相对简单。

② 旅客在列车上由于受时空限制而枯燥乏味，使得很多旅客以食用食品的方式消磨时间，从而大量产生食物残渣。

③ 旅客携带食品的包装物和食品本身的包装物是客车固体废弃塑料的主要来源。

④ 各种条件的限制使得客车上的垃圾袋既成了垃圾的投放处，又成了一些废水的倾倒处，从而使得客车垃圾水分含量剧增。

客车垃圾所含的玻璃瓶、金属罐等无机成分所占含量虽约为18%，但由于群众的自发回收会使其数量有一定幅度的减少。客车垃圾的构成主要是由食品残渣、废弃塑料包装物和废弃纸构成，因此对客车垃圾理化特性的调查，主要是以上述三类废弃物作为调查研究对象。残留的无机物对热能参数影响较小，可忽略不计。

2. 客车垃圾理化及污染特性调查的取样和分析方法

在随车调查的同时，还选取了北京各火车站（包括北京西站、北京南站、北京北站）和郑州站作为定点取样点，对旅客列车垃圾进行取样分析。选取这几个点作为取样点的主要原因在于以下两个方面。

① 北京作为全国的政治、文化、交通中心，同时郑州站作为全国最大的铁路枢纽站，来往列车的客车垃圾发生量大且集中，因此在这几个点取样具有典型性。

② 几个取样点不仅各时间段来往的客车分布比较均匀，而且分布范围比较广，基本上汇集了全国各地来的列车。这样进一步弱化了客车垃圾的时间和空间特性，使得样本具有很好的代表性，有利于对铁路客车垃圾的理化特性进行比较准确的分析。

根据旅客列车废弃物主要来源为旅客在列车上餐饮所产生的生活垃圾的特点，参考《城市生活垃圾采样和物理分析方法》，提出关于旅客列车废弃物采样和理化特性分析的标准规范，并以实例说明。为了保证取样分析的准确性，研究时制订了取样计划，并依靠试样处理、分析、统计方法来保证理化分析结果的准确性。取样时间分别安排在夏季、冬季进行，以确定季节影响对有害物含量和能源含量的作用。

1) 铁路客车垃圾样品的采集

根据铁路客车固体废弃物发生源在客车上，以及1997年4月1日后铁路客车提速并实行新的运行图和增开"夕发朝至"客车的运营特点，统计得出全国共有快速列车640对，普通列车290对。其中，北京各站每天进出的列车共有132对，郑州站每天进出的列车共有118对。

根据北京各站（包括北京西站、北京南站、北京北站）和郑州站到站列车的时间和地域，分别在冬季、夏季进行了持续三天时间的取样，每天取样时间段占24小时的比例和该段时间进出列车占全部进站列车的比例基本对应，即早上7:00～10:00，下午16:00～19:00，共进站列车占全天24小时进站列车的1/4。

取样是根据每列列车的编组情况（一般每列客车编组为16节车厢），按四分法原理，分别对硬座、硬卧、软卧、餐车四节车厢所投放的下站袋装垃圾进行称重和分类。集中所得样品按四分法原理取样，每天缩分得2.5 kg，三天共收集7.5 kg，在105 ℃下烘干或风干，压碎、粉碎、混合均匀后，缩分至1 kg备用。

2）客车垃圾理化指标的分析方法

（1）含水量

根据采集的新鲜旅客列车废弃物样品，在 105～110 ℃烘干 8 h，冷却后称重，按式（4-1）进行计算：

$$M_{ad}\% = \frac{W_T - W_A}{W_T - W_S} \times 100\% \qquad (4-1)$$

式中：W_S 为容器质量（kg），W_T 为容器和烘干前垃圾样品质量（kg），W_A 为容器和烘干后垃圾样品质量（kg）。

（2）组成含量

客车废弃物各成分的含量（或重量比）是指各类成分占整个垃圾重量的百分比，按式（4-2）计算：

$$W_i\% = \frac{W_i}{W_0} \times 100\% \qquad (4-2)$$

式中：W_i 为同一成分重量（kg），W_0 为被分析的混合试样重量（kg）。

理论上说，W_i 应取同一组分的烘干重量。但在实地检测时，由于工作量大，因此取常用风干的同一成分的重量代替。

（3）pH 值

将 10 g 已破碎的客车垃圾放入容量为 1 L 的烧杯中，加入 500 mL 蒸馏水，然后搅拌 3～5 min，静置 30 min 后，待混合物沉淀下来，用 pH 计测定 pH 值。

（4）有机质含量的测定——重铬酸钾法

在加热条件下，采用一定量的标准重铬酸钾加硫酸液氧化垃圾中有机质的碳，生成 CO_2，反应方程式如下：

$$2K_2Cr_2O_7 + 8H_2SO_4 + 3C \longrightarrow 2K_2SO_4 + 2Cr_2(SO_4)_3 + 3CO_2 \uparrow + 8H_2O$$

剩余的重铬酸钾用标准硫酸亚铁（或硫酸亚铁铵）来滴定，由所耗去的重铬酸钾计算有机碳含量，反应方程式如下：

$$K_2Cr_2O_7 + 6FeSO_4 + 7H_2SO_4 \longrightarrow K_2SO_4 + Cr_2(SO_4)_3 + 3Fe_2(SO_4)_3 + 7H_2O$$

将有机质的含量乘以 1.724，即为垃圾中有机质的含量。

（5）挥发分测定

烘干旅客列车垃圾在 550～600 ℃条件下完全燃烧的损失量，即挥发分，是确定垃圾发热量的重要指标。

其测定的工艺过程如下：

① 将垃圾试样在实验室内研磨并烘干；

② 将一个干燥的、燃烧过的且已冷却的坩埚进行称重；

③ 将适量的烘干垃圾放入此坩埚中，然后一起称重；

④ 用马沸炉在 600 ℃的温度下燃烧 15 min；

⑤ 移到烘干器中冷却并称重；

⑥ 两次称重的重量差即为挥发性成分的重量。

计算公式如下：

$$V_{ad} = \frac{a-b}{a-c} \qquad (4-3)$$

式中：a 为垃圾加上坩埚的重量，b 为燃烧过的垃圾加上坩埚的重量，c 为坩埚的重量。

（6）灰分测定

称取一定量旅客列车垃圾样品，放入高温炉内灰化，在（815±10）℃灼烧至恒重，残留物质量占垃圾样品原质量的百分比即为灰分值，计算公式如下：

$$A_{ad} = \frac{G_1}{G} \times 100\% \qquad (4-4)$$

式中：A_{ad} 为分析样品的灰分，G_1 为恒重后的灼烧物质量（g），G 为分析样品的质量（g）。

（7）客车垃圾的三组分分析

三组分分析法是按照水分、可燃分、灰分的比率表示废弃物质量的一种方法。其中，水分即原生垃圾的含水量；灰分的数值要换算成以湿的原生垃圾作基准时的数值，剩余的成分即是以湿的原生垃圾作基准时的可燃分。可燃分、灰分、水分三者含量关系反映了原生垃圾的性质。

（8）发热值（发热量）

发热值又称为发热量，它指的是 1 kg 的客车废弃物完全燃烧后所放出的热量，单位为 kJ/kg。发热值是用来衡量或表示客车垃圾作为燃料的价值和能力。在工作中，常用高位发热量与低位发热量来表示垃圾的热值。高位发热量是指客车垃圾完全燃烧后，燃烧产物冷却到使其中的水蒸气凝结成 0 ℃的水时放出的热量；低位发热量是指垃圾完全燃烧后，燃烧产物中的水蒸气冷却到 20 ℃时放出的热量。

计算和选择焚烧工艺及设备时，需要的是焚烧物低位热值的资料。一般来说，被焚烧处理物的低位热值达 3 349 kJ/kg 时，焚烧过程无须添加任何助燃剂。热值越高，提供可利用的热能越多，获得经济效益越大。

无测试条件时，可选用北京市环卫所推荐的方法计算：

$$Q_{DW}^{y} = Q_{GW}^{f}\left(\frac{100-W^{y}}{100-W^{f}}\right) - 24.4\left(W^{y} + 9H^{f}\frac{100-W^{y}}{100-W^{f}}\right) \qquad (4-5)$$

式中：Q_{GW}^{f} 为被测试物质的高位热值（kJ/kg）；Q_{DW}^{y} 为被测试物质的低位热值（kJ/kg）；W^{y}、W^{f} 分别表示被测试物质的收到含水率和分析含水率（%）；H^{f} 为被测物质氢元素的含量（%）。

垃圾的（综合）热值还需根据各类废弃物在垃圾中所占的百分含量进行计算：

$$Q_{DW}^{y} = \sum_{i=1}^{n} Q_{DW_i}^{y} W_i \qquad (4-6)$$

式中：$Q_{DW_i}^{y}$ 为 i 类废弃物的低位热值（kJ/kg），W_i 为 i 类废弃物在垃圾中的含量（%）。

废弃物的低位热值及氢元素含量如表 4-2 所示。

表 4-2　各种废弃物低位热值及氢元素含量

废弃物名称	低位热值/（MJ/kg）	氢元素含量/%
塑料	32.57	7.2
竹木	18.61	6.0
纸品	16.60	6.0

根据客车垃圾各成分含量，可分别利用式（4-5）、式（4-6）计算出废弃塑料、废纸对客车垃圾综合低位热值的贡献。

食品残渣的高位热值可通过氧弹式热量计测出，也可以由食品残渣的元素含量利用门捷列夫公式计算出，二者数值比较接近，计算公式分别为：

$$Q_{high} = 81C + 300H - 26(O-S) \tag{4-7}$$
$$Q_{low} = 81C + 246H - 26(O-S) \tag{4-8}$$

式中：Q_{high} 为高位发热量，Q_{low} 为低位发热量，C 为垃圾中碳含量，H 为垃圾中氢含量，O 为垃圾中氧含量，S 为垃圾中硫含量。计算结果见表 4-3。

表 4-3　固体废弃物热值及元素分析典型值

	灰分		热值/（kJ/kg）	元素含量/%				
	范围/%	典型值/%		碳	氢	氧	氮	硫
食品垃圾	2~8	5	4 650	48.0	6.4	37.6	2.6	0.4
废塑料	6~20	10	32 570	60.0	7.2	22.8		
废纸	4~8	6	16 750	43.5	6.0	44.0	0.3	0.2
碎玻璃	96~99	98	140					
破布及纺织物	2~4	2.5	7 450	55.0	6.6	31.2	4.6	0.15
罐头盒	90~99	98	700					
铁金属	94~99	98	700					

（9）客车固体废弃物元素组成分析

客车垃圾中 C、H、O、N、S 元素含量分析，与客车废弃物作为资源能源的价值有着密切的关系。

按照原生垃圾的组成，进行分类取样粉碎；按比例将样品混合均匀，采用德国 ELEMENTE-2VARIO 型元素分析仪分别对冬季、夏季客车固体废弃物元素组成进行分析。

同时也根据表 4-3 对客车垃圾各组成成分对元素组成的影响作进一步分析。

（10）固体客车废弃物有害元素分析

客车固体废弃物含有各类微量元素，掌握其在垃圾中的富集量，对于垃圾治理和垃圾处理产品的利用大有益处。无论采用哪种垃圾处理方法，垃圾中的有害元素都是造成污染的重要因素。使用澳大利亚制造的 GBC906 型原子吸收光谱仪，测试冬季、夏季铁路客车固体废弃物 Cu、Pb、Zn、Cr、P、As、Hs、Fe、Mn 等元素的含量。

L. Y. Maystre 等人对环境影响有代表性的一些元素进行了分析。分析方法主要如下：首先对废物进行直接分类，从每类废物中抽取 100~150 g 的样品，在 105 ℃ 的温度下烘干 24 h；然后将其磨碎成直径为 0.2 mm 的微粒，将 0.2 mm 微粒溶解在氯酸中，用原子吸收光谱仪测定 Cu、Zn、Cd、Hg、Pb、F、Cl 元素，这些都是对环境有危害的物质。

根据实验结果，参考表 4-4，可以分析出客车垃圾中，哪些组成是造成环境污染的关键物质。

表 4-4 L. Y. Maystre 确定的各种废弃物的有毒化学元素组成

类别	重量比	化学元素标准值/（g/t）						
		F	Cl	Cu	Zn	Cd	Hg	Pb
蔬菜与食物	0.261	0	253.9	1.93	5.03	0.218	0	2.64
碎肉	0.017	0	215.1	0.22	0.89	0.036	0	0.77
玻璃	0.096	0	19.1	0.75	0.034	0.029	0	181.38
包装纸	0.011	0	23.1	0.39	0.23	0.018	0	2.23
其他纸	0.116	0	316.8	27.16	3.39	0.812	0	3.37
包装纸板	0.032	0	60.2	2.21	1.56	0.058	0	1.60
报纸	0.121	0	228.0	1.21	4.12	0.251	0	2.35
PVC 瓶	0.006	0	1 239.9	0.03	0.12	0.004	0	0.04
聚乙烯瓶	0.006	0	15.8	0.08	0.31	0.008	0	0.40
超级市场包装袋	0.006	0	12.1	0.42	2.02	0.028	0	2.74
食品塑料包装物	0.012	0	1 322.9	0.57	0.72	0.054	0	0.25
塑料碎片	0.019	0	167.8	0.53	1.04	2.269	0	4.46
铝饮料罐	0.002	0	0.4	0.07	0.07	0.003	0	0.03
铁食品罐	0.013	0	8.9	2.36	2.39	0.035	0	4.50
铁饮料罐	0.001	0	0.3	0.18	0.19	0.002	0	0.30
各种纺织品	0.005	1.92	6.5	0.03	0.16	0.008	0	0.07
……	…	…	…	…	…	…	…	…
总计	1.00	41.4	5 289	236.1	382.7	5.84	0.74	470.3

（11）旅客列车固体废弃物浸出毒性分析

铁路客车固体废弃物露天堆放，由于降水会产生地表径流，从而使地表水受到污染，垃圾的渗滤液通过地表也会污染地下水。研究垃圾的浸出毒性，对于了解浸出液对环境的影响有着非常重要的意义。

按照原生垃圾的物相组成，按比例称量，配置成 100 g（干基）试样；将其置于浸出容器中，加 1 L 去离子水，调节 pH 值至 5.8～6.3；之后将容器固定在振荡器上，振幅 40 mm，在室温下振荡 8 h，静置 16 h，过滤，滤液用原子吸收光谱仪测试。

3. 客车垃圾理化特性调查结果

1）客车垃圾的含水率

夏季、冬季客车垃圾的含水率分别如表 4-5、表 4-6 所示。

表 4-5 夏季客车垃圾的含水率

单位：%

	食品残渣	废弃塑料	废纸	其他	总含水率
北京	48.30	8.8	7.46	5.44	70.00
郑州	50.57	9.6	7.50	2.43	70.10
平均	49.44	9.2	7.48	3.94	70.05

表 4-6　冬季客车垃圾的含水率　　　　　　　　　单位：%

	食品残渣	废弃塑料	废纸	其他	总含水率
北京	40.2	5.4	3.2	0.2	49.0
郑州	40.6	6.2	3.6	0.6	51.0
平均	40.4	5.8	3.4	0.4	50.0

2）客车垃圾组成含量

夏季、冬季客车垃圾组成含量分别如表 4-7、表 4-8 所示。

表 4-7　夏季客车垃圾组成含量　　　　　　　　　单位：%

	食品残渣	废弃塑料	废纸	其他
北京	56.7	26.0	15.3	2.0
郑州	58.7	23.5	11.8	6.0
平均	57.7	24.8	13.6	4.0

表 4-8　冬季客车垃圾组成含量　　　　　　　　　单位：%

	食品残渣	废弃塑料	废纸	其他
北京	60	18	17	5
郑州	62	20	13	5
平均	61	19	15	5

3）客车垃圾的堆积容量

新收集到的原生客车垃圾，在夏季自然状态下标准容重为 0.864 kg/L，在压实状态下标准容重为 1.121 kg/L。新收集到的原生客车垃圾，在冬季自然状态下标准容重为 0.778 kg/L，压实状态下标准容重为 1.009 kg/L。客车垃圾在分类后，烘干食品残渣标准容重为 0.368 kg/L，烘干废弃塑料标准容重为 0.037 kg/L，烘干废弃纸标准容重为 0.099 kg/L。

4）客车垃圾的有机质含量和 pH 值

冬季客车垃圾的有机质含量为 80.0%，pH≤6。夏季客车垃圾的有机质含量为 75.8%，pH＝6。

5）客车垃圾的挥发分、灰分含量及三组分分析

（1）以干基垃圾为基准，冬季、夏季客车垃圾的挥发分、灰分含量分别如表 4-9、表 4-10 所示。

表 4-9　客车垃圾在不同季节挥发分和灰分的含量

	挥发分	灰分
夏季	75.03%	9.6%
冬季	77.19%	13.41%

表 4-10　冬季客车垃圾中各组分的挥发分、灰分含量
表 4-10　冬季客车垃圾中各组分的挥发分、灰分含量

	食品残渣	废弃塑料	废纸
挥发分	77.19%	93.62%	80.10%
灰分	13.41%	4.42%	11.67%

（2）以原生湿垃圾为基准，冬季、夏季客车垃圾的水分、可燃分及灰分含量的三组分分析如表 4-11 所示。

表 4-11　客车垃圾三组分分析

	水分	可燃分	灰分
夏季	69%	28.12%	2.88%
冬季	50%	43.30%	6.70%

6）客车垃圾的元素组成

客车垃圾的元素组成及垃圾组成对元素组成的贡献比例分别如表 4-12、表 4-13 所示。

表 4-12　夏季、冬季客车垃圾的元素组成　　　　　单位：%

	碳	氢	氮	硫	氧	氯	磷	钾
夏季	42.2	5.6	1.4	0.4	49.08	0.645	0.28	0.098
冬季	45.5	6.1	3.7	0.4	43.07	0.855	—	—

表 4-13　客车垃圾组成对元素组成的贡献比例（夏季）　　　　　单位：%

	碳	氢	氮	硫	氧
食品垃圾	56.93	58.20	97.24	89.08	64.71
废塑料	30.46	28.32	—	—	16.80
废纸	12.60	13.48	2.75	11.36	18.50

客车垃圾的元素组成，夏季、冬季总的方面是相似的，这里以夏季为例说明。

夏季由于食品残渣发酵，因此碳、氮含量均较冬季有明显下降。食品残渣是 C、H、N、S、O 元素的主要提供者，废塑料对 C、H 元素的提供量居第二位，废纸居第三位。如果实现客车垃圾的分类收集或处理站分类处理，食品垃圾既可堆肥，也可以焚烧供热。与此同时，塑料、废纸也可回收利用。

7）客车垃圾的发热量

客车垃圾的高位、低位发热量以及垃圾组成对低位发热量的贡献分别如表 4-14～表 4-16 所示。

表 4-14　客车垃圾的高位发热量　　　　　单位：kJ/kg

	食物残渣	废弃塑料	废弃纸	按垃圾组成含量合计
夏季	10 793	32 570	16 750	16 784.8
冬季	17 974	32 570	16 750	19 664.5

表 4-15　客车垃圾的低位发热量　　　　　单位：kJ/kg

	食物残渣	废弃塑料	废弃纸	按垃圾组成含量合计
夏季	7 124	25 240	16 139	12 710
冬季	14 529	25 240	16 139	16 072

表 4-16　客车垃圾组成对低位发热量的贡献　　　　　单位：%

	食物残渣	废弃塑料	废弃纸
夏季	32.34	49.05	17.90
冬季	55.11	29.84	15.06

8）客车垃圾有害元素的含量

分别对冬季、夏季客车垃圾样品采用高压消解法处理，使用澳大利亚制造的 GBC906 型原子吸收光谱仪对 Pb、Cd、Cr、As、Hg、Zn、Cu 等元素含量进行测定，含量比较如表 4-17 所示。

表 4-17　客车垃圾夏季、冬季样品有害元素含量比较　　　　　单位：μg/g

	Pb	Cd	Cr	As	Hg	Zn	Cu
夏季样品	14.75	9.70	17.38	5.452	0.750	48.1	28.20
冬季样品	15.27	10.40	15.05	6.885	1.503	149.2	19.48

从表中可以看出，冬季客车垃圾样品有害元素含量普遍比夏季的高。这可能是因为夏季样品中水分含量较大，有害元素扩散转移较快；另一个可能的原因是冬季灰尘较多。

9）客车垃圾浸出毒性结果

按照《工业固体废物有害特性实验与监测分析方法（试行）》（中国环境科学出版社，1986）和《水和废水监测分析》（中国环境科学出版社，1989）两项分析方法，分别对冬季、夏季客车垃圾样品进行浸出毒性实验，并和《有色金属工业固体废物污染控制标准》（GB 5085—1985）对照，确定客车垃圾对环境污染性大小的影响，分析结果如表 4-18 所示。

表 4-18　客车垃圾浸出液元素组成分析　　　　　单位：mg/L

	Pb	Cd	Cr	As	Hg	Cu
夏季样品	1.122	0.360 0	0.509 9	0.369 0	0.000 2	未超标
冬季样品	1.053	0.390 0	0.440 0	0.410 0	0.000 3	未超标
GB 5085—1985 浸出毒性鉴别标准	3.0	0.3	1.5	1.5	0.05	50

从表中可以看出，除 Cd 元素对环境浸出毒性超出国家标准，其余均符合国标控制线要求。

其中，冬季客车垃圾 Cu 元素含量为 19.48 μg/g，即使全部溶解于水中，也不会超过控制标准值 50 mg/L。

根据实验结果和表4-4中的数据，可以认为由于客车垃圾含水量较大且 pH＝6，使客车垃圾略显酸性，则食品罐的金属腐蚀不可避免。通过垃圾中所含的水，重金属元素在垃圾内溶解、扩散和转移。即使是食品残渣，其所含的有毒化学元素（如 Hg、Pb、As 等）也均为受到污染后产生，因为食物相关标准对有毒化学元素含量是严格控制的。

在对客车垃圾浸出毒性所进行的实验也说明了这一点。以冬季客车为例，测出的干基垃圾所含的有毒元素，除 Hg 外，大部分都很容易转移到水中。反过来，水中的有毒元素也会互相扩散，污染就较多，实验结果如表4-19所示。

表 4-19　冬季客车垃圾浸出毒性实验溶解的有毒元素量　　　　　　　　　　单位：μg/g

	Pb	Cr	Cd	As	Hg
干基垃圾中含量	15.27	15.05	10.40	6.885	1.503
浸出液中含量	10.53	4.40	3.90	4.100	0.003
浸出量占总量百分比/%	68.96	29.23	37.50	59.55	0.20

由于客车垃圾含水量较大，客车垃圾中有害元素的扩散和转移是值得重视的问题。其中 Cd 元素超标的原因，初步分析结果是外包装袋、印刷纸品、塑料碎片中的镉为其主要污染源；Hg 含量最可能的来源是废弃电池；Pb 含量最可能的来源是碎玻璃。

除镉含量大大超标外，客车垃圾中的食品残渣符合堆肥要求。

10）客车垃圾理化特性和城市垃圾的对比

以北京市、广州市的城市生活垃圾和冬季客车垃圾的成分进行对比，结果如表4-20所示。

表 4-20　冬季客车垃圾与城市垃圾成分对比

	有机物	pH	C	N	P	K	Pb	Cr
客车垃圾	70%～80%	6.0	42%～45%	1.4%～3.7%	0.28%	977 ppm	15.27 ppm	15.05 ppm
城市垃圾（北京）	44.73%	8.4	12.1%～16%	0.6%～2%	0.14%～0.2%	0.6%～2%	14.51 ppm	52.47 ppm
城市垃圾（广州）	30%～38%	8.4	12.1%	0.53%	1.58%	1.58%	81.3 ppm	95.8 ppm

	Cd	As	Zn	Hg	Cu	Fe	Mn
客车垃圾	10.40 ppm	6.885 ppm	149.2 ppm	1.503 ppm	19.48 ppm	1167 ppm	32.5 ppm
城市垃圾（北京）	4.42×10^{-3} ppm	10.21 ppm		0.0262 ppm			
城市垃圾（广州）	0.23 ppm		253.3 ppm	0.01 ppm	76.3 ppm		

通过比较表中数据可以发现：

① 客车垃圾中 Cd 和 Hg 含量偏高，这可能与钢轨、车体钢材有关，有待进一步分析查明；

② 客车垃圾的 pH 值比城市生活垃圾的 pH 值低，这是由客车垃圾有机质含量较高所引起的，这也是产生金属污染的一个外因；

③ 很多金属污染可能与包装材料有关，如与废弃塑料、涂料等有关。

4. 客车垃圾理化特性的研究结果

客车垃圾理化特性调查给出了大量参数,包括含水量、组成含量、堆积容重、有机质含量、pH 值、挥发分含量、总碳量、灰分含量、高位发热量、低位发热量、元素 C、H、O、N、S、Cl 的含量及有毒化学元素 Pb、Cr、Cd、As、Hg、Cu、Zn、K、P 等的含量。所有数值,除了含水量和相应的低热值外,都以垃圾的干物质为基础。

① 可以用简便方法计算"总体垃圾"的值。客车垃圾不分析的部分(玻璃、金属、矿物质、化合物)对数据的结果无太大影响。同时,这种简化也不影响能源数据。

客车垃圾中的金属组分是形成金属污染的主要原因,但由于易拉罐(金属)、玻璃瓶(啤酒瓶等)、塑料瓶(矿泉水瓶)已经由群众收集回收,故未作详细原生垃圾分类分析。

② 实际分析数值证实,冬季和夏季客车垃圾的各成分含量区别不太显著,但是一些成分的数据在两个不同季节中还是有明显区别的。如分析结果所示,夏季客车垃圾含水量达 69.0%,而冬季客车垃圾含水量为 50%,其原因是夏季食物性残渣中植物性垃圾含水量大。同时夏季试样的含碳量、可燃分明显低于冬季,因此夏季试样的低位发热值低于冬季试样。

③ 客车垃圾废弃物中,食品残渣所占比例最高,为 60% 左右,其有机质含量达 75.5% ～80%;其次是塑料包装物,占 20% 左右;废包装纸张占 11%。

客车垃圾治理,就应从这三类废弃物的分类入手。其中,食品残渣既可以堆肥,也可以焚烧;废塑料包装物和废包装纸可考虑回收利用。

④ 元素组成分析表明,客车垃圾中碳含量在夏季为 42.2%,在冬季为 45.5%,S、N 元素含量较低。如果客车垃圾采用焚烧法处理,其烟气中 SO_2、NO_x 对大气环境影响较小。

⑤ 浸出毒性实验表明,原生垃圾浸出液中除 Cd 的含量大于有色金属工业固体废物浸出毒性鉴别标准,其他有毒元素含量均较低,暂时堆存对环境不会产生严重影响。

⑥ 客车垃圾发热量、灰分含量等性能测定表明,客车垃圾有着高热值、低灰分的特性,该结果与垃圾组成分析一致。

5. 根据客车垃圾理化特性考虑处理方法的选择

(1)堆肥法

根据堆肥法对原料的要求以及城市生活垃圾农用控制标准的要求,结合客车垃圾的理化特性,以夏季客车垃圾为例,对客车垃圾是否满足堆肥所要求的条件进行分析,结果如表 4-21 所示。

表 4-21　客车垃圾堆肥条件分析

	杂物/%	pH 值	湿度	可降解有机物含量/%	碳氮比	TC/%	TN/%
实测值	26	≤6.0	69.0%	75.8	23.9	42.2	1.4
标准	≤3	6.5～8.5	25～35	>40	20～30	≥10	≥0.5

	Hg/(mg/kg)	Cu/(mg/kg)	Cr/(mg/kg)	As/(mg/kg)	Cd/(mg/kg)
实测值	0.75	28.2	17.38	5.452	9.70
标准	≤5	≤100	≤300	≤30	≤3

从表 4-21 的分析结果可以看出，除 Cd 含量超标外，铁路客车垃圾基本满足堆肥法的要求。但 pH 值低以及水分含量过高，会影响堆肥的质量。为了解决这一问题，可以通过分选过程将塑料包装及废纸分离出去，进行去湿，再加入其他成分即可改善客车垃圾堆肥的肥效。

（2）焚烧法

从表 4-14、表 4-15 可以看出，客车垃圾主要成分中的食物残渣在夏季样品的低位发热值为 7 124 kJ/kg，在冬季样品低位发热值为 14 529 kJ/kg，均满足焚烧垃圾时所要求的最低热值 5 000 kJ/kg。如果不剔除其中的废弃塑料，燃烧时会产生污染大气的气体，而且会腐蚀焚烧炉，堵塞炉膛，影响焚烧炉的正常运转。

因此，对铁路客车垃圾进行分选，剔除废弃塑料包装物，可以使用焚烧法处理。从产生的低位发热值高和灰分较少的减容作用看，焚烧法不失为一种较好处理方法。

（3）填埋法

填埋法是一种适用范围较广的垃圾处理方法。从客车垃圾浸出毒性分析实验来看，在解决了镉超标问题的前提下，采用填埋法不会对环境造成污染。从旅客列车固体废弃物理化特性分析，可初步拟出旅客列车固体废弃物的治理规划。

① 建议在旅客列车上对固体废弃物实行分类收集，这是旅客列车固体废弃物治理的第一步。可在列车上设置两个容器（袋），一个专门收集瓶、罐（易拉罐、啤酒瓶）及塑料包装物，一个专门收集食品残渣。

② 下站以后，瓶、罐及塑料包装物可以进行分拣：瓶、罐可以回收，塑料包装物可以运往专门以塑料废弃物降解制柴油、汽油或油漆的工厂。现已开发出的废聚烯烃生产汽油、柴油技术，生产每吨汽油的利润可达 500 元以上；废聚苯乙烯分解回收苯乙烯技术，每吨聚苯乙烯的利润高达 2 000 元以上。

③ 剩余的食品残渣比城市生活垃圾成分简单得多，虽然用卫生填埋方法成本较低，但与此同时可耕地成本增加，如何防止污染水渗透和沼气爆炸也是很棘手的问题。因此建议焚烧处理，将余热回收，且减容作用明显，可以实现无害化处理的目标。焚烧后的残渣可再进行卫生填埋。

④ 食品残渣也适用于发酵堆肥，可实现资源化、无害化的目标。

⑤ 实现客车垃圾的分类回收，提高旅客环境保护意识，车上、站（场）也需建立相应配套的设施和设备。

4.1.2　客车垃圾中重金属元素调查及防治对策的研究

1. 研究方法

本研究采用现场调研取样和理化分析检测的方法进行。通过对客车垃圾中重金属的调查及防治对策的研究，使研究者对客车垃圾中重金属含量的水平，垃圾中的主要污染元素和主要污染物有了一定的了解，并在调查基础上提出客车垃圾重金属污染的防治对策，为科学处理客车垃圾提供了依据。

2. 客车垃圾中重金属元素调查

1）客车垃圾重金属元素含量

采用澳大利亚制造的 GBC906 型原子吸收光谱仪测试冬季、夏季客车垃圾中 Cu、Pb、

Cd、Cr、As、Hg、Zn 元素的含量，表 4-22 列出了客车垃圾重金属元素的含量。

表 4-22　客车垃圾夏季、冬季样品有害元素含量比较　　　单位：mg/kg

	Pb	Cd	Cr	As	Hg	Zn	Cu
夏季样品	14.75	9.7	17.38	5.452	0.75	48.1	28.2
冬季样品	15.27	10.4	15.05	6.885	1.503	149.2	19.48

从调查分析结果看，除 Cd 元素外，垃圾中重金属含量均低于污泥重金属含量，其含量均在污泥有害物质的最高容许含量之内（见表 4-23）。

表 4-23　冬季客车垃圾金属含量与土壤环境标准比较　　　单位：mg/kg

项目元素	As	Hg	Pb	Cu	Zn	Cd	Cr
客车垃圾	6.885	1.503	15.27	19.48	149.2	10.4	15.05
北京市郊土壤背景值	8.7	0.081	18.78	27.2	58.9	0.15	59.2
污染起始值	14.52	0.096	43.4	53.4	123	0.35	98.9
联邦德国标准	20	2	100	100	300	3	100
中国农用污泥控制标准 GB 4284—1984（pH<6.5）	75	5	300	250	500	5	600

目前，客车垃圾的主要处理方式是堆放或填埋，垃圾的主要危害对象是土壤。垃圾中重金属含量虽然低于农用污泥重金属含量，但高于一般土壤中重金属含量。垃圾中 Cd 的含量已超过联邦德国土壤中有害元素的容许量。

我国目前尚未制定土壤有害元素的容量标准，以北京市郊区土壤（潮土）环境本底值为标准，垃圾中 Cd、Zn、Hg 的含量均高于土壤背景值。Cd、Zn、Hg 三种元素含量分别是土壤污染起始值的 29.7、1.2、15.7 倍。As、Pb、Cu、Cr 低于污染起始值，在联邦德国土壤有害元素的含量容许范围内。

2）客车垃圾重金属的存在形式

重金属的毒性，不仅与它的绝对含量有关，而更主要的与它在垃圾中的赋存形态和有效含量有关。表 4-24 列出了垃圾中 Cu、Zn、Pb、Cd、Cr、As、Hg 七种重金属元素的可浸出态测定结果。

表 4-24　客车垃圾可浸出态重金属含量

元素	总量 A/（mg/L）	水浸取量 B/（mg/L）	B/A
Pb	1.527	1.053	68.96%
Cr	1.505	0.44	29.23%
Cd	1.04	0.39	37.5%
As	0.688 5	0.41	59.55%
Hg	0.150 3	0.000 3	0.2%
Cu	1.948	0.828	42.5%
Zn	14.92	10.11	67.76%

垃圾中各金属元素的可溶性比例不同。除 Hg 元素外，其余元素易被作物吸收，水溶性比例较大，以 Pb 的比例最高，按可浸出金属总量（百分比）排列顺序为：Pb>Zn>As>Cu>Cd>Cr>Hg。

结果表明，垃圾中重金属可浸出态所占比例（除 Hg 元素外）都较大，其中 Cd 高于一般土壤有效态量，Zn 接近一般土壤有效态量。这与垃圾本身性质及垃圾场环境条件有关。垃圾中含 52.1% 的食品残杂，50%~69% 的水分，其 pH≤6；车厢内含 Cu、Zn、Pb 等金属制品（包括车厢材料），重金属含量高；食品残杂含水量大，有机物含量高，腐烂后使其呈酸性（pH≤6.0），在与金属制品或金属食品罐接触及列车长时间振动下，就会有更多的重金属元素释放出来。垃圾中有机物质分解时消耗大量氧气，使垃圾场处于还原状态，同时形成腐殖质。这些因素都可使垃圾中重金属（除 Hg 外）呈易溶状态，从而加强了它们的有效性。

3）客车垃圾中重金属评价

（1）客车垃圾重金属等标污染负荷评价

为了评价客车垃圾中的重要污染物，本研究采用"等标污染负荷法"来进行评价。

考虑到固体废物对环境污染的主要特点是：固体废物受雨水、地面水或地下水的淋融、浸滤作用所产生的渗滤液易对环境造成污染。评价固体废物的重金属污染应主要考虑污染元素的可浸出态，本次评价对等标污染负荷法做了必要的修正，其计算式为：

$$P_i = (W/10^6) \cdot \sum C_{ij}/C_{0i} \qquad (4-9)$$

式中：W 为被评价的固体排放量，单位为 t/d 或 t/a；C_{ij} 为第 j 项浸出液中 i 种污染物的浓度，单位为 mg/L，通过浸出实验求得的 i 种元素最大浸出浓度；C_{0i} 为污染物的评价标准，采用我国有色金属工业固体废物浸出毒性鉴别标准（GB 5085—1985）。

根据北京站垃圾日排放量 10 吨和浸出实验结果，计算出垃圾各元素污染负荷和污染负荷比，结果如表 4-25 所示。

表 4-25　垃圾各元素污染负荷和污染负荷比

	Pb	Cd	Cr	As	Hg	Cu	Zn
$\sum C_{ij}$	1.053	0.44	0.39	0.41	0.000 3	0.828	10.11
C_{0i}	3	0.3	1.5	1.5	0.05	50	50
P_i	0.351	1.27	0.26	0.273	0.006	0.004 14	0.202 2
K_n	14.60%	52.80%	10.81%	11.35%	2.50%	1.72%	8.41%

评价结果证明 Cd 是垃圾中主要的重金属污染物，其次为 Pb、As、Cr、Zn，上述 5 种元素的污染负荷约占 7 种元素污染负荷的 95%。

（2）客车垃圾重金属的浸出毒性（EP）评价

客车垃圾一般来说属于非有害废弃物，但一概而论则缺乏依据，也易对垃圾中各金属元素的浸出毒性（Extraction Poison，EP）程度缺乏了解。本次实验参考《有色金属工业固体废弃物污染控制标准》（GB 5085—1985）方法对客车重金属进行浸出实验，并参考有关标准对其浸出毒性进行了判别，结果如表 4-26 所示。

表 4-26　垃圾重金属 EP 值与 EP 鉴别标准　　　单位：未注明均为 mg/L

元素	垃圾样品	EP 值	溶出率/%	美国 EP 标准	中国 EP 标准
Pb	1.527	1.053	68.9	5	3
Cr	1.505	0.44	29.23	5	1.5
Cd	1.04	0.39	37.5	1	3
As	0.688 5	0.41	59.55	0.5	1.5
Hg	0.150 3	0.000 3	0.2	0.2	0.05
Cu	1.948	0.828	42.5	—	5
Zn	14.92	10.11	67.76	—	50

固体废弃物的含量代表其潜在的污染水平，EP 毒性作为其污染的真正水平。浸出实验结果表明，垃圾中重金属（除 Hg 外）的溶出率较高，溶出率较高则 EP 毒性较高。除 Hg 元素在检测极限下以外，Pb、Cd、Cr、As、Cu、Zn 均有不同程度检出。除 Cd 元素超标外，其余均大致低于我国、美国的相当标准含量。

由于客车垃圾 Cd 元素超标，因此其属于有害固体废弃物。如果对客车垃圾在车上实行分类回收，实行食品残渣与金属制品分离，实现清扫灰尘单独盛放，则可以降低 Cd 元素含量。只有在解决 Cd 超标的前提下，客车垃圾才属于非有害固体废物，才可将客车垃圾按一般废物进行管理。

4）客车垃圾重金属主要污染物

研究对客车垃圾中几种常见的、可能含重金属较多的物品的重金属含量进行比较，结果如表 4-27 所示。

表 4-27　垃圾中不同构成组分的可溶性金属含量　　　单位：mg/kg

组分	As	Hg	Cu	Zn	Cr	Cd	Pb
电池	<0.004	0.004 6	5.91	394	0.05	0.26	2.34
报纸	<0.004	<0.000 1	27.16	3.39	0.14	0.81	1.15
碎塑料	<0.004	<0.001 6	0.53	1.04	<0.01	2.27	4.46
铁食品罐	<0.004	<0.001 2	2.36	2.39	0.15	0.04	4.5
食品残渣	0.021	0.001 2	1.93	5.03	0.072	0.22	2.64
尘土	36.8	3.55	105	174	87.2	6.07	50.4

车厢内所含的金属制品以及车厢所清扫出的尘土是客车垃圾重金属元素的主要来源。

3. 客车垃圾重金属防治对策

开展客车垃圾重金属调研和评价的目的，是为了有效地控制垃圾中的重金属对环境的污染。

（1）控制垃圾本身质量，防止有害金属进入垃圾中客车垃圾主要重金属污染物是弱酸性食品残渣对金属制品的腐蚀和溶解，以及车厢清扫出的尘土所产生的。因此将食品残渣与金属制品（包括金属食品罐）分离，将尘土和食品残渣分离是降低客车垃圾重金属元素含量的主要措施。

（2）在垃圾堆放场底部铺垫无机垃圾（如煤灰、建筑废料），可以防止重金属对地下水的污染

城市垃圾中的煤灰及建筑废料的 pH 值较高，对重金属有较好的吸附作用，具有一定处理重金属的能力。在卫生填埋中可利用煤灰、建筑废料做铺垫材料和隔层材料，以防止垃圾中重金属对地下水的污染，同时可降低处理成本。

根据垃圾中可溶性重金属含量、试样重量、浸出液体积可导出下述公式，用以计算单位面积上垃圾中有毒元素的最大浸出量 P（mg/kg），并将其定义为污染参数：

$$P = 1\,000 C_{max} V/W \qquad (4-10)$$

式中：C_{max} 为有毒元素的最大浸出浓度，单位为 mg/L；V 为浸出液体积，单位为 L；W 为试样重量，单位为 kg。

计算结果列于表 4-28。

表 4-28　客车垃圾中有毒元素的污染参数　　　　　　　单位：mg/kg

元素	Pb	Cr	Cd	As	Hg	Cu	Zn	总和 $\sum P_i$
P_i	10.53	4.4	3.9	4.1	0	8.28	101	132.21

垃圾中重金属元素的最大排污量等于金属元素的污染参数 P 与垃圾重量 A 的乘积。根据客车垃圾容重为 1 009 kg/m^3，纯煤灰比重为 801 kg/m^3，客车垃圾中 Pb、Cr、Cd、As、Hg、Cu、Zn 七种元素总和 $\sum P_i$ 为 132.21 mg/kg，煤灰对以上几种元素的总吸附量为 2.36 mg/g 等数据，计算得出了单位面积上堆高为 10 m 的垃圾填埋厂为防止重金属污染需铺垫的最大排污量为：

$$1\,009 \times 10 \times 132.21 = 1\,333\,998.9$$

根据垃圾的吸附总量算出吸附 1 333 998.9 mg 重金属所需的煤灰量为：

$$1\,333\,998.9/2.36 = 565\,253.77$$

根据垃圾卫生填埋规定，分层填埋作业时，每层垃圾不得超过 2.5 m，在每层铺上 141.4 kg（约 0.175 m）煤灰可有效地防止客车垃圾中重金属的污染。

（3）控制垃圾施用量，使进入土壤中重金属的数量在不危害农作物的范围之内

用堆肥处理客车垃圾是客车垃圾的主要处理方法之一，但在使用垃圾堆肥时，一定要注意垃圾中重金属对农作物的危害。

除在制造垃圾肥时，分选出含重金属的物品，还应在使用时控制垃圾肥的施用量。若不考虑金属元素的输出，控制土壤有效态金属累积量在允许浓度之内，可按下式计算：

$$C_{so} = M(C_i - C_{bi}) \qquad (4-11)$$

式中：C_{so} 为土壤静含量，单位为 mg/kg；C_i 为 i 元素的土壤环境标准（联邦德国标准）；C_{bi} 为 i 元素的土壤污染起始值；M 为耕层土重，单位为 kg。

现以每亩施用量 5 000 kg 或施用年限 20 年，计算垃圾金属元素控制浓度及施用量，结果见表 4-29。

表 4-29　垃圾的控制浓度及控制用量

元素	P_i	C_{so}	施用 20 年每年允许施用量/（千克/亩）	每亩施用 5 000 kg 时允许施用量/年
Cu	8.28	46.6	42 344	169
Zn	101.1	177	13 117	223
Pb	10.53	56.6	40 313	161
Cd	3.9	2.65	3 076	20
Cr	4.4	1.1	1 875	7
Hg	0.003	1.9	4 760 000	19 040
As	4.1	5.48	10 024	40

由表中结果可知，按目前垃圾的重金属水平，只有合理施用垃圾肥，特别是在防止重金属对农作物危害的情况下，才可使用。

降低 Cd、Cr 含量，实行采用塑料制品清扫尘土和食物残渣分类盛放回收等措施，才可以对食物残渣进行堆肥，这是客车垃圾堆肥推广中应考虑和解决的关键问题。

4. 结果分析

由于 Cd 超标，重金属对农作物会产生危害，因此客车垃圾尚不能堆肥使用。将客车垃圾进行焚烧，重金属会进入大气。因此比较适当的方法是卫生填埋，用煤灰或建筑垃圾作填层可防止重金属对土壤的污染。

将客车垃圾在列车上实行分类回收，能够实现食品残渣与金属制品的分离；实行清扫尘土单独盛放，就可降低客车垃圾中 Cd 的含量，使其从有害固体废弃物转变为无害固体废弃物，从而为堆肥焚烧提供可能。如还需要混合收集，建议卫生填埋处理时以 2.5 m 为一层，铺 0.175 m 厚的煤灰，可以有效防止客车垃圾中重金属的污染。

4.1.3　铁路固体废弃物预处理研究

我国铁路垃圾的特点是热值较高，以食品残渣为主的生物类垃圾可达 60%。目前，由于国内在垃圾处理方面尚缺乏有效的方法，只是将混合垃圾送至城郊外的市政垃圾场，并缴纳垃圾处理费。因此，在调研了国内铁路垃圾处理的情况下，研究提出了我国铁路垃圾应该走综合治理的路线：将铁路垃圾采用预处理技术，分离出塑料、剩余食品残渣等可燃性垃圾质，采用垃圾复合衍生燃料的方式，通过分选、干燥、破碎、成型做成具有一定热值、一定形状的燃料，在现有铁路供热取暖锅炉上燃烧。分离出的废塑料可以减少 HCl 的排放，减少尾部烟道的腐蚀，同时减少二噁英排放，使燃烧过程中的二噁英排放可以控制。分离出的塑料，通过回收、热解和气化技术综合利用其产生的能源。

在复合垃圾衍生燃料制备前，将垃圾进行了分选，去除了塑料、废纸和金属罐等包装物，选择将这些物质进行单独回收处理，而未将其作为制备垃圾衍生燃料的原料。这除了符合垃圾综合处理的基本模式外，也是循环经济所倡导的资源化处理模式，可最大限度地变废为宝，而且在大部分城市，纸和塑料的回收处理较其他废弃物更加成熟。

1. 垃圾综合处理理论

垃圾综合处理的概念可以从两个层次上分析。从广义上讲，它是指垃圾从源头收集到末端处置的全过程管理系统。从狭义上讲，它是指在某一区域（或场所）同时运用相互之间有串联关系的两种及以上处理方式，形成的相对独立的垃圾处理系统。事实上，垃圾综合处理系统是以达到社会、经济、环境可持续发展为目标，优化运用多种管理和技术手段构筑的垃圾处理系统工程。

由于垃圾处理模式具有区域特殊性，尤其是垃圾的组分存在很大差异，因此综合处理系统的方案不是唯一的，对整个系统的设计应该随着条件的变化而变化。各种处理方法在整个处理方案中所占的比例是由当时的经济、环境、地理、人文等诸多条件所决定，综合处理应具有自适应性、可伸缩性和兼容性等特点。然而从发达国家综合处理技术的演变及发展趋势上看，综合处理技术的应用总体上大致分为不同的优先等级：避免垃圾产生（reduce），资源重新利用（reuse），资源再生（recycle），回收能量的焚烧，填埋以外的其他处置方法，最后是填埋处理，优先级如图4-2所示。

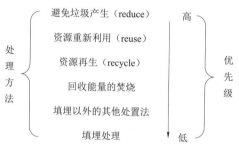

图4-2　综合处理技术应用优先级

在对铁路垃圾进行处理的过程中，研究借鉴了城市生活垃圾综合处理的思想，将废纸、废塑料等包装物提前分选出来，送至专业的回收处理公司，对其实现循环再利用。

2. 循环经济理论

循环经济是一种以资源的高效利用和循环利用为核心，以"减量化、再利用、资源化"为原则（"3R"原则），以低消耗、低排放、高效率为基本特征，符合可持续发展理念的经济增长模式，是对"大量生产、大量消费、大量废弃"的传统增长模式的根本变革。

循环经济"3R"原则的重要性不是并列的，处理废物的优先顺序是：避免产生—循环利用—最终处置。即首先，要在生产源头充分考虑节省资源，提高资源利用率；其次，要对使用过的包装废弃物、旧货等加以回收利用，使它们回到经济循环中；最后，只有当避免产生和回收利用都不能实现时，才允许将废弃物进行环境无害化处置。

而对于"资源化"一环，是要求将废弃物最大限度地转化为资源，变废为宝，化害为利，在减少自然资源消耗的同时减少污染物的排放。从目前情况看，资源化的途径主要有两种：一种是再生利用，如废铝变成再生铝，废纸变成再生纸；另一种是将废弃物作为原料，如塑料回收利用，电厂粉煤灰用于生产建材产品，城市生活垃圾用于发电等。

循环经济是符合可持续发展理念的经济增长模式，它抓住了当前我国资源相对短缺而又大量消耗的症结，对解决我国资源对经济发展的瓶颈制约具有迫切的现实意义。

3. 纸的循环使用

从环境负荷的角度考虑，将木材造纸和废纸造纸在能耗、大气污染、水污染、固废污染等方面进行比较，可以看出废纸造纸的优越性。

推广使用再生纸，不仅有利于节约资源、保护环境，而且有利于经济的良性循环。建设以废纸为原料的纸厂一次性投资比用原生浆为原料的纸厂投资可降低三分之一左右，这使纸的投资折旧和利息支付相对较低。用废纸造纸，单位原料成本较低，比如我国用废纸生产的新闻纸比用原木浆生产的成本可降低 300 元/吨，高质量的漂白脱墨木浆成本比原生漂白木浆成本低 500～750 元/吨。

4. 塑料的循环使用

塑料包装的种类繁多，在使用后有很多方法可使其得到再利用。依照绿色包装的内涵来对它们进行排序，首先是回收再利用，其次是焚烧获取能量或重获原料，最后是实行填埋。回收再利用是一种最积极的促进材料再循环使用的方法，是保护资源和生态环境最有效的回收处理方法，此方法分为回收循环复用、机械处理再生利用、化学处理回收再生等。获取能量的方法包括直接焚烧（城市生活垃圾焚烧炉）和使用燃料替代品等。

由我国铁路垃圾调研数据可知，铁路垃圾中塑料的含量大大高于城市生活垃圾中塑料的含量，约占垃圾总量的 20%。虽然塑料的热值高，有利于焚烧，但是塑料的可压缩性小，在制备燃料时成型性较差。此外，氯化型塑料在焚烧时不可避免地会产生二噁英类危险污染物，需要在焚烧时加以特别注意及控制，而制备 C-RDF 的目标是可以在现运行的车站锅炉直接利用。因此综合考虑以上因素，在制备 C-RDF 燃料前，将塑料进行了分选去除。

用包装废弃物这种再生资源重新加工成材料可以大大节约原生资源，降低能量消耗，减少对环境的污染。除了塑料和纸以外，每回收再造 1 t 玻璃，可节约纯碱 240 kg，节约能源 10% 左右；而用废铁、废铝罐等处理再造成钢材、铝材时，所能节约能源的比例以及空气和水污染降低的比例是相当惊人的，如表 4-30 所示。

表 4-30　能源节约比例及空气、水污染下降比例

	能源节约比例/%	空气污染降低比例/%	水污染降低比例/%
铁	65	85	75
铝	95～97	95	97
纸	70～75	74	35

以上数据充分显示包装废弃物的回收再造可以带来不可估量的经济效益和社会效益，在降低生产成本，减少污染的同时，还维护了生态平衡。

4.1.4　铁路垃圾预处理试验

铁路固体废弃物的预处理主要包括以下几个方面：① 分选；② 干燥；③ 破碎。具体流程如图 4-3 所示。为了验证破碎筛分机能否有效地对铁路垃圾进行破袋分选，本研究采用了垃圾综合处理系统对铁路垃圾进行测试。

1. 试验设备

本次试验在天津市武清区杨村的雍泰生活垃圾处理有限公司进行。

雍泰生活垃圾处理有限公司的垃圾综合处理系统采用江苏全能机械设备有限公司的 QN99 型生活垃圾拣选系统。QN99 型城市混装生活垃圾拣选系统的主要设备包括：板式给料机、胶带输送机、破袋机、磁选机、人工拣选平台、破碎筛分机等。其辅助设备包括：贮料漏斗装置、人工监视平台、除臭喷淋装置和抽排气装置等。设备主要参数如表 4-31、表 4-32 所示。

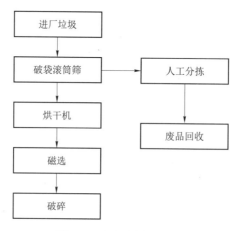

图4-3 垃圾预处理工艺

表4-31 1#筛的参数

转速/（r/min）	10～18
散重比/（t/m³）	0.55
进料尺寸/mm	500（max）
筛分尺寸/mm	50（max）
处理量/（t/h）	40
网格	不锈钢金属网
功率/kW	30
电压/V	380
频率/Hz	50（max）
外形尺寸/mm	Φ2 400×8 500

表4-32 2#筛的参数

转速/（r/min）	10～15
散重比/（t/m³）	0.3
进料尺寸/mm	500（max）
筛分尺寸/mm	30（max）
处理量/（t/h）	25
网格/mm	不锈钢金属网 30×30
功率/kW	15
电压/V	380
频率/Hz	50（max）

2. 试验方法

试验用的铁路垃圾采用天津临客站的铁路垃圾。

首先使用车辆将垃圾运送到天津雍泰生活垃圾处理有限公司，经过计量后，垃圾重940 kg。再将垃圾送入车间，等候处理。

系统启动后，垃圾经装载车送到步进机上，然后由步进机输送到1#破碎筛分机，1#破碎筛分机的电机采用30 Hz交流电。铁路垃圾分为筛上物与筛下物。筛上物经输送带送到压缩机处被压缩，筛下物经强磁除铁器去除垃圾中的铁质物后，被输送到 2# 破碎筛分机，再次进行筛分。2# 破碎筛分机的电机采用 35 Hz 交流电。1# 破碎筛分机的筛下物再次被筛分为筛下物与筛上物。处理结果如图 4-4、图 4-5 所示。

图 4-4　二次破碎筛分机的筛下物

图 4-5　二次破碎筛分机的筛上物

从图 4-4、图 4-5 可以看出，铁路垃圾经过一次破碎后，垃圾中的主要成分是生物质垃圾，满足了后续破碎处理的要求。

3. 试验结果

整个系统处理完铁路垃圾共需用时 10 min，系统参数如表 4-33 所示。

表 4-33　系统参数

系统电流/A	系统电压/V	系统功率/kW	1# 筛的转速/（r/min）	1# 筛的孔径/mm
60	380	5.6	15	80

按照该综合垃圾预处理系统的设计要求，二次破碎筛分机的筛下物用来做培养土，而筛上物要进行填埋。从图 4-4 可以看出，铁路垃圾二次破碎筛分机的筛下物与生活垃圾有较大的差异，而且其中的生物质垃圾含量更多。这说明铁路垃圾经过一次筛分即可以达到去除垃圾中塑料的目的，为后续的破碎处理做好准备。

根据现场观测，2# 筛的筛上物与筛下物的组成主要为生物质垃圾。铁路垃圾经过 1# 筛（孔径 80 mm）处理后，垃圾的中的塑料等成分大部分被去除。铁路垃圾只需要经过一次筛分即可以达到要求。则 1# 筛的筛下物为 400 kg，约占整个铁路垃圾的 42.55%。1# 筛的筛下物（主要成分是食物残渣与竹木）与 1# 筛的筛上物所占的比例与调查中的数据接近，结果如表 4-34 所示。

表 4-34　试验所用垃圾物理组分（按重量计）

	质量/kg	在全部铁路垃圾中的比例/%
1# 筛的筛上物	531.35	56.52
1# 筛的筛下物	400	42.55
铁质金属含量	1.35	0.143 6
瓶子	7.3	0.78

以上分析说明，破碎筛分机能够有效地对铁路垃圾进行分选，在未进行干燥的情况下，经过一次滚筒筛筛分即可分离出大部分的生物质垃圾，满足制备 C-RDF 的要求。破碎筛分机可以满足筛分系统对垃圾破袋的要求，不需采用专门的破袋机对袋装的铁路垃圾进行破袋。

由于分离出了塑料，降低了垃圾中的氯含量，从而减少了二噁英的排放。同时，将垃圾压制成型块燃料，具有统一的形状和规格，易实现成型时所需的添加固硫、脱氯剂及催化剂等要求。再为其配套合适的燃烧设备，既有利于高效燃烧，又能减少污染。该处理方式，可为国内铁路垃圾提供一条新型资源化解决途径。

4.2 铁路固体废弃物主要成分的热重分析研究

4.2.1 实验研究

铁路旅客列车垃圾经过分选，将纸张和塑料单独另做处理，这一部分需要研究的铁路固体废弃物主要成分为列车运行过程中产生的瓜果皮和食物残渣。将收集到的各种铁路旅客列车垃圾单个组分、分选后的铁路混合垃圾、煤粉以及 50% 煤粉与 50% 铁路旅客列车垃圾的混合样自然干燥后，放于烘箱中于 110 ℃下加热烘干 2 h，经过粉碎、碾磨和筛分制成直径小于 0.5 mm 的标准试样。

实验采用美国 TA 公司生产的 Q600TGA-DSC 型综合热分析仪，由计算机控制和采集数据，同步记录试样质量变化（TG 曲线）、DSC 曲线、试样在反应过程中的热量随时间和温度的变化（DTA 曲线）和质量变化率（DTG 曲线）4 条曲线。实验以干燥空气为工作环境，流量为 30 mL/min，使试样以 10 ℃/min 的升温速率由室温连续升温至 1 000 ℃，每个试样的重量约为 10 mg。结果见图 4-6～图 4-15，图中由上到下分别为 TG、DTG、DTA、DSC 曲线，即热重（Thermogravimetric Analysis，TG）、微商热重法（Derivation Thermogravimetric Analysis，DTG）、差热分析法（Differential Thermal Analysis，DTA）、示差扫描量热（Differential Scanning Calorimetry，DSC）曲线。

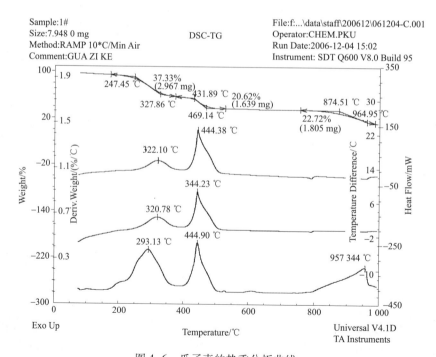

图 4-6　瓜子壳的热重分析曲线

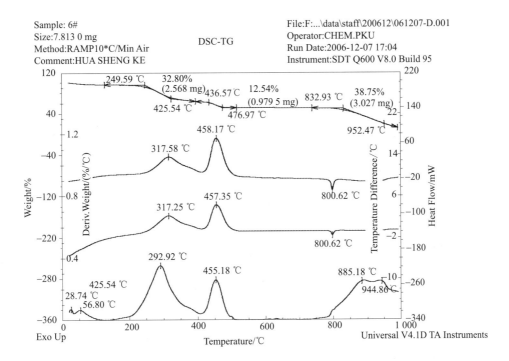

图 4-7　花生壳的热重分析曲线

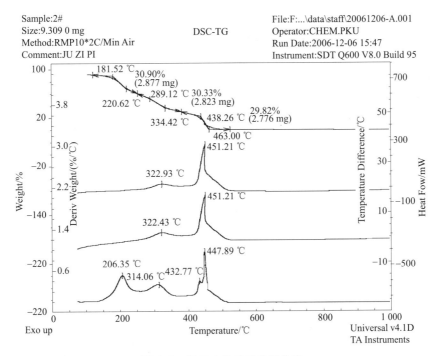

图 4-8　橘子皮的热重分析曲线

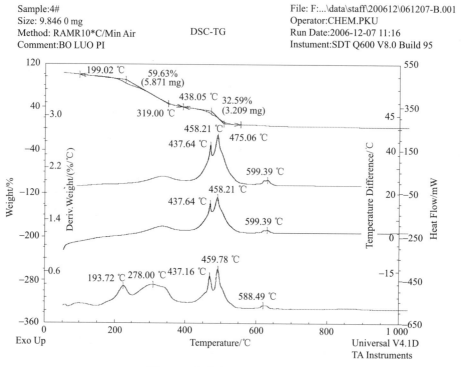

图 4-9　菠萝皮的热重分析曲线

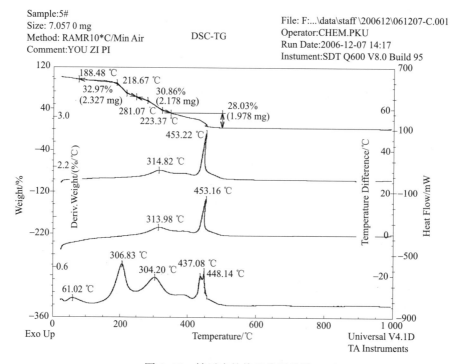

图 4-10　柚子皮的热重分析曲线

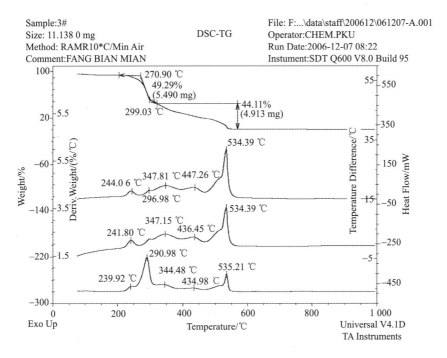

图 4-11　方便面的热重分析曲线

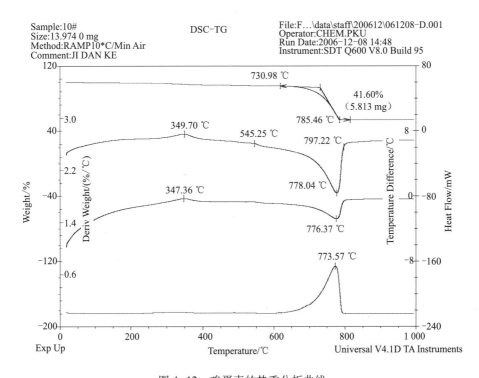

图 4-12　鸡蛋壳的热重分析曲线

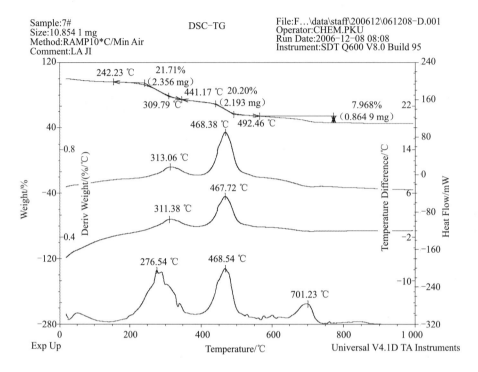

图 4-13　铁路垃圾的热重分析曲线

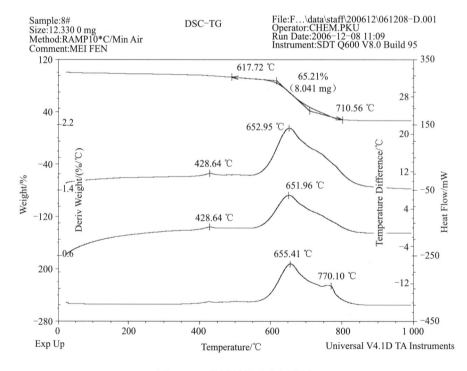

图 4-14　煤粉的热重分析曲线

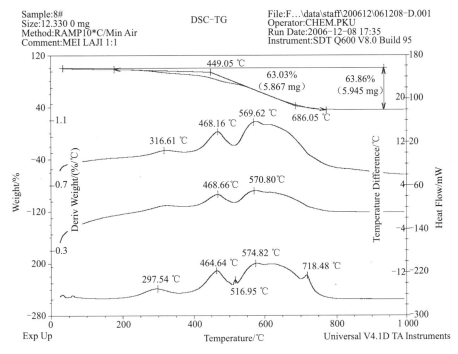

图 4-15　50% 铁路垃圾与 50% 煤粉混合样的热重分析曲线

4.2.2　分析与比较

1. 着火特性分析

采用 TG 曲线法确定着火点，将 TG 曲线上迅速失重的开始点作为着火点。在 TG 曲线突变的开始点和结束点各作一条切线，两切线的交点即定义为试样的着火点。热分析着火温度越高，说明着火越困难。实验中各样品的着火温度对比见表 4-35。

表 4-35　各样品的着火温度与燃尽温度

样品编号	样品	着火温度/℃	燃尽温度/℃	失重段
1	瓜子壳	247.45	961.95	3
2	橘子皮	181.52	463.00	3
3	方便面	270.90	540.39	2
4	菠萝皮	199.02	475.06	3
5	柚子皮	188.48	460.22	3
6	花生壳	249.49	952.47	3
7	铁路旅客列车垃圾	242.23	710.23	3
8	煤	617.72	710.56	1
9	铁路旅客列车垃圾：煤=1:1	449.05	686.05	3
10	鸡蛋壳	730.98	785.46	1

从表 4-35 可知，除煤与鸡蛋壳外，其余单个组分样品的着火点相近。其中，水果果皮在 200 ℃ 以下，为最小；而坚果壳与方便面稍高，为 250 ℃ 左右。且生物质的着火温度要比

煤以及煤与垃圾1：1的混合样品的着火温度低200 ℃以上。这与文献中关于生物质具有较低的着火温度的描述一致。同时可以看出，单纯煤粉的着火温度比铁路旅客列车垃圾的着火温度约高出350 ℃；而在铁路旅客列车垃圾和煤粉混烧时，着火温度比铁路旅客列车垃圾燃烧时高出100 ℃，但比单纯煤粉燃烧时要低约200 ℃。

在燃料燃烧的过程中，挥发分的析出特性直接影响燃料的着火燃烧。从DTG曲线上可以看出，在燃烧前期，铁路旅客列车垃圾燃烧时有一个很大的曲线峰，表明其挥发分释放剧烈集中。而单独的煤粉燃烧时在低温阶段（600 ℃以下）并没有明显的峰值；但在垃圾与煤粉混烧时，在约450 ℃就形成了一个明显的曲线峰，只是峰值较低。通常情况下，煤的着火点随着煤炭中挥发分的增高而降低。由于铁路旅客列车垃圾中含有大量的挥发分，并且挥发分在较低的温度下即可快速析出，即释放温度低，从而有利于煤的着火。铁路旅客列车垃圾的着火点低于煤的着火点，从而对煤有预先加热作用，促进煤中的挥发分释放，也有利于煤的着火。所以铁路旅客列车垃圾和煤混烧时的着火温度降低幅度较大。因此，在实际锅炉混烧煤和铁路旅客列车垃圾时，着火较容易。

2. 燃尽特性分析

燃尽特性是评价燃料燃烧性能的一个重要指标，它与燃烧速率有着密切的关系。

从表4-35可以看出，由于燃烧阶段的不同，单个组分样品的燃尽温度有很大差别。水果果皮与方便面的燃尽温度较低，在450～550 ℃之间；而坚果壳与鸡蛋壳类的燃尽温度都较高，在750 ℃以上，其中坚果壳类的燃烧过程持续时间较长。这主要是因为各组分中分子组成与结构的差别，从而造成燃烧过程和燃尽温度的不同。

对于铁路旅客列车垃圾来说，初始燃尽温度为650 ℃，在700 ℃以后，TG曲线趋于平直，DTG曲线于零值附近波动。而单纯的煤粉燃尽温度与铁路旅客列车垃圾相差不大，可见其燃烧持续过程很短，在一个很短的温度范围内即产生很大的失重。而铁路旅客列车垃圾与煤混合燃烧时，混合物的燃尽温度较煤的燃尽温度有所降低。

在煤中加入铁路旅客列车垃圾后，在较低的温度下即可获得较好的燃尽性。这是因为铁路旅客列车垃圾的加入使得煤的着火点提前，燃烧的最大速率有前移的趋势。因此，由于燃烧温度区间拉长，从而使得煤的燃尽特性变好。这说明铁路旅客列车垃圾与煤混烧有利于煤的完全燃烧，提高煤的利用率。

3. 燃烧速率与差热（DSC）曲线分析

各实验样品的燃烧速率及燃烧放热所对应的温度如表4-36所示。

表4-36　各样品燃烧速率及燃烧放热温度

样品编号	样品	DTG峰值对应温度/℃	DTG峰值/（g/min）	DSC峰值对应温度/℃
1	瓜子壳	444.90	0.437 7	444.38
2	橘子皮	447.89	0.983 9	451.21
3	方便面	290.98	1.42 9	534.39
4	菠萝皮	459.78	0.614 5	458.21
5	柚子皮	206.83	0.648 7	453.22
6	花生壳	292.92	0.35 2	458.17
7	铁路旅客列车垃圾	468.54	0.254 1	468.38

样品编号	样品	DTG 峰值对应温度/℃	DTG 峰值/（g/min）	DSC 峰值对应温度/℃
8	煤	655.41	0.501 8	652.95
9	铁路旅客列车 垃圾∶煤=1∶1	574.82	0.221 2	569.62
10	鸡蛋壳	773.57	0.726 8	778.04

由表 4-36 可知，对铁路旅客列车垃圾来说，燃烧的最大速率出现在 468 ℃左右；而对于煤来说，燃烧的最大速率出现的时间较晚，所处的温度较高，约为 655 ℃。铁路旅客列车垃圾和煤混烧的情形介于两者之间，燃烧的最大速率出现在 574 ℃左右。这主要是由于铁路旅客列车垃圾含有大量的挥发分而且其着火点低，铁路旅客列车垃圾先期着火后有利于煤的挥发分的释放和燃烧，而且对后期固定碳的燃烧也产生预先加热的作用，同时又由于其燃烧后形成的灰分对煤的燃烧有一定的催化作用，从而导致煤的最大燃烧速率前移，缩短了燃烧时间，改善了其燃烧性能。

各单个组分样品的 DSC 曲线峰值对应的温度大都在 450 ℃左右，对应于热重图可以看出，这些物质的放热量都比较低。铁路旅客列车垃圾 DSC 曲线峰值对应的温度与单个组分相差不大，也比较低。而垃圾与煤粉混合后，相应的温度则有所升高。

从 DSC 曲线可知，单纯的铁路旅客列车垃圾和煤与铁路旅客列车垃圾混烧时，DSC 曲线均出现两个放热峰，而单一的煤燃烧时只出现一个较大的放热峰。对于铁路旅客列车垃圾来说，挥发分含量高，但发热量低，燃烧的两个阶段均放热，但总的放热量低；当煤和铁路旅客列车垃圾混烧时，放热量增加，放热时间延长，可提高铁路旅客列车垃圾的利用率。而对于单纯煤粉来说，燃烧放热几乎全部集中于燃烧后期。这说明在煤中加入铁路旅客列车垃圾后，可以改善燃烧放热的分布状况，对于燃烧前期的放热有增进作用。

4. 动力学分析

（1）动力学模型

燃烧动力学分析采用 Freeman-Carroll（FC）微分法。这种方法利用一条非等温热分析曲线（这里采用 TG 曲线）的数据进行动力学分析，通过线性回归处理，并由直线斜率和截距求取表观活化能 E 和指前因子 A 的大小。

（2）结果与讨论

从动力学参数的计算结果可以看出（如表 4-37 所示），单个组分样品所对应的活化能大小顺序基本与它们各自的着火温度相对应。水果果皮的活化能为最低，淀粉类的活化能较高，而钙质的活化能为最高。这是由于着火温度是由环境温度和活化能共同决定的函数。随着活化能的增加，指前因子也在增加，这表明两者之间存在补偿效应。

对于铁路旅客列车垃圾来说，其三个阶段的活化能与煤相比要小得多，也就是说其反应活性高。煤中加入铁路旅客列车垃圾后，对提高煤与铁路旅客列车垃圾混合燃料的反应活性是有利的。计算结果也表明，铁路旅客列车垃圾与煤粉的混合样品的活化能比煤单独燃烧时的活化能要低。总的来说，活化能的计算结果与前面分析的铁路旅客列车垃圾与煤混合燃烧特性的变化规律是相一致的。

表 4-37 各样品的动力学参数

样品编号	温度范围/℃	a	b	相关系数	指前因子/min	活化能/（kJ/mol）
1#	222～351	-7.617 0	-3 490.0	0.980 7	17.171	29.002
	422～471	-8.614 1	-3 332.1	0.975 2	6.049	27.690
	881～981	-3.005 9	-12 323.0	0.938 8	6 099.169	102.404
2#	163～223	-5.465 3	-3 964.0	0.982 4	167.720	32.941
	273～343	-9.936 4	-1 785.3	0.992 9	0.864	14.836
	423～483	-2.108 5	-7 472.4	0.945 7	9 072.985	62.096
3#	264～304	6.966 9	-11 552.0	0.983 6	122 558 491.3	95.997
	514～554	3.621 1	-12 820.0	0.948 2	4 791 944.436	106.534
4#	179～219	-7.242 0	-3 152.3	0.976 8	22.567	26.196
	279～329	-9.564 1	-2 015.2	0.989 4	1.415	16.746
	419～499	-5.642 7	-5 056.0	0.980 1	179.149	42.015
5#	163～223	-3.642 3	-4 825.9	0.977 7	1 264.001	40.103
	283～343	-8.874 8	-2 328.4	0.981 9	3.257	19.349
	432～473	1.212 7	-9 729.8	0.968 9	327 169.516	80.855
6#	232～332	-6.081 2	-4 545.6	0.989 0	103.887	37.774
	432～482	-10.635	-2 150.6	0.974 0	0.517	17.871
	832～952	-6.654 8	-8 297.8	0.966 1	106.861	68.955
7#	221～311	-6.945 0	-3 803.7	0.991 5	36.646	31.609
	431～491	-7.347 6	-4 238.9	0.981 8	27.304	35.225
	651～721	-7.556 5	-4 969.4	0.936 7	25.975	41.296
8#	600～720	0.020 4	-13 285.0	0.991 7	135 587.972	110.398
9#	238～328	-10.582	-2 572.6	0.994 7	0.653	21.378
	438～478	-8.256 3	-4 490.8	0.998 8	11.659	37.319
	548～698	-7.055 9	-5 695.5	0.997 3	49.113	47.330
10#	725～780	18.470 0	-33 366.0	0.971 5	3.505E+13	277.272

4.2.3 结论

对铁路旅客列车垃圾来说，燃烧主要集中的阶段温度较低；铁路旅客列车垃圾与煤混合燃烧时，燃烧主要集中的阶段温度明显增加，整个燃烧过程受到平衡。

在煤中掺入铁路旅客列车垃圾后，可以改善煤的着火性能。铁路旅客列车垃圾和煤混烧时的着火温度降低幅度较大。

煤中加入铁路旅客列车垃圾后，在较低的温度下即可获得较好的燃尽性，而且燃烧温度区间拉长，从而使得煤的燃尽特性变好。这说明铁路旅客列车垃圾与煤混烧有利于煤的完全燃烧，提高煤的利用率。

铁路旅客列车垃圾与煤的混烧可以促使煤的最大燃烧速率前移，缩短燃烧时间，改善其燃烧性能；还可以改善煤燃烧放热的分布状况，对于燃烧前期的放热有增进作用，进一步提高铁路旅客列车垃圾的利用率。

铁路旅客列车垃圾燃烧活化能与煤相比要小得多,反应活性高。铁路旅客列车垃圾与煤混合燃烧的活化能比煤单独燃烧时的活化能要低。因此,煤中加入铁路旅客列车垃圾后,对提高煤的反应活性是有利的。

综上,在煤中加入经过分选的铁路旅客列车垃圾后,着火提前,可以获得更好的燃尽特性。同时,铁路旅客列车垃圾和煤混合后,发热量增加,提高了铁路旅客列车垃圾的利用价值。

4.3　铁路垃圾衍生燃料成型实验

复合垃圾衍生燃料(Compound Reuse-Derived Fuel,简称 C-RDF),它是指由至少两类可燃的废弃物,或者一类可燃废弃物与粉煤或泥煤压制成型块的固体燃料。针对二噁英的生成机理,采用预处理技术分离铁路垃圾中的塑料,从而达到脱氯效果的新工艺,有可能从根本上消除二噁英的产生,同时也能有效防止炉内的高温氯腐蚀,投资小,运行成本低。该工艺的关键环节之一,是制备出适合我国现有锅炉燃烧的新型垃圾衍生燃料。RDF 在制备过程中掺入一定量的煤,不仅有利于提高热值,均匀分配物料,同时还可以起到助黏的作用。

C-RDF 是我国铁路固体废弃物资源化处理的一条有效新途径,为了生产和应用 C-RDF,有必要进行 C-RDF 的成型机理、工艺、燃烧机理和特性规律的深入研究。

本研究根据探索实验,利用正交表 $L_9(3^4)$ 安排实验,以分析确定影响 C-RDF 的主要影响因素及最佳生产工艺参数,为大规模生产提供实验指导。

4.3.1　实验设备与材料

1. 实验设备

实验主要设备如下:PC05B 型环锤式破碎机,压力机,天平,马弗炉,GS-86 型电动振筛机。所用成型设备为自制成型机,其成型压力低于 150 MPa,成型模具可成型直径为 30 cm、高 20～40 cm 的柱状物。成型机及成型产品如图 4-16、图 4-17 所示。

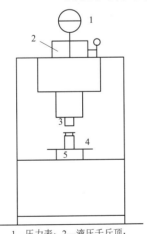

1—压力表;2—液压千斤顶;
3—推杆;4—活塞钢模;5—脱模装置

图 4-16　RDF 成型机示意图

图 4-17　成型产品示意图

2. 实验材料

采用北京西站产生的垃圾作为垃圾样，北京门头沟型煤厂的型煤原料作为煤样，垃圾样经手选、晾晒、人工分选、破碎、二次筛分至 3 mm 以下。

采用德国 Vario EL 全自动元素分析仪对分离塑料后的破碎垃圾和门头沟煤进行了元素分析。热值测定仪器为国营长沙仪器厂生产的 WGR-1 型微电脑热量计，测定方法参照 GB/T 474、212、476、214、213，采用氧弹热量计直接测定的发热量，近似作为干基高位发热值。元素分析及工业分析结果见表 4-38。

表 4-38　燃料的元素、工业分析表

燃料	工业分析（空气干燥基）/%				元素分析（空气干燥基）/%					低位发热量/（MJ/kg）
	挥发分 V_{ad}	灰分 A_{ad}	固定碳 FC_{ad}	水分 M_{ad}	C_{ad}	H_{ad}	N_{ad}	$S_{t,ad}$	O_{ad}	
垃圾	52.43	27.62	15.12	4.83	38.76	3.82	1.07	0.24	23.66	12.59
煤	10.39	27.74	58.49	3.38	66.40	1.03	0.14	0.29	1.02	20.01

4.3.2　实验方法

1. 正交实验设计

为了对不同配比的铁路垃圾衍生燃料的性能进行分析，得出最优化条件下燃料的配比，本书研究拟用正交实验来进行实验分析，以提高燃料的性能。根据探索实验，确定了影响 C-RDF 理化性质的主要因素包括成型压力、含水率、粒径及煤配比。将每个因素各取 3 水平，各因素水平如表 4-39 所示。采用正交表 $L_9(3^4)$ 安排实验，实验的分析结果见表 4-40。

表 4-39　影响因素和水平

实验考察的因素	实验比较的条件		
	1 水平	2 水平	3 水平
成型压力/MPa	50	80	120
含水率/%	9	15	20
粒径分布/mm	<13	<6	<3
煤配比/%	70	80	90

表 4-40　铁路 C-RDF 制备方案及结果

编号	成型压力/MPa	含水率/%	粒径分布/mm	煤配比/%	密度/（g/cm³）	落下强度/%	热稳定性/%
1	50	9	<13	70	1.44	91.07	0
2	50	15	<6	80	1.57	76.27	29.84
3	50	20	<3	90	1.71	84.43	97.38
4	80	9	<6	90	1.57	36.80	24.44
5	80	15	<3	70	1.53	98.74	0
6	80	20	<13	80	1.53	98.44	16.81
7	120	9	<3	80	1.61	84.14	14.72
8	120	15	<13	90	1.66	93.69	79.88
9	120	20	<6	70	1.48	83.75	11.42

2. RDF 的制备

按实验安排将分选除去塑料的铁路垃圾、煤样按不同配比混合后，分别加入一定计量的水，使之合乎实验要求，密封存放至少 48 h，中间不断翻动以确保物料中的水分布均匀。当装好试样、模子和活塞以后，放入压力机成型。当压力达到预定压力后，立即卸压。制备后的 RDF 在自然放置 7 d 后，分别进行各项性质的测定。

3. 各项性质的测定

（1）落下强度的测定

借鉴国家标准中型煤的测定方法，采用 MT/T 925—2004 标准测定其落下强度。在实验中，产品从 2 m 高处落至水泥地板上而不是标准中所说的钢板上。以实验后粒度大于 13 mm 试样的重量百分率作为产品的落下强度指标。

（2）热稳定性的测定

借鉴国家标准中型煤的测定方法，采用 MT/T 924—2004 标准测定其热稳定性。取一定量的 C-RDF 装入带盖的坩埚中，在预热到 850 ℃ 的马弗炉中加热 30 min 后取出，进行冷却、称重、筛分。以大于 13 mm 的残焦重量占总焦渣重的百分数，作为热稳定性指标。

（3）工业分析、元素分析及高位热值的测定

借鉴国家标准中煤的测定方法，进行工业分析、元素分析和测定 C-RDF 的高位热值。

4.3.3　实验结果分析

1. 落下强度和热稳定性直观分析

将铁路 C-RDF 的落下强度及热稳定性与 4 个因素（成型压力 A，含水率 B、粒径分布 C、煤配比 D）的关系点绘在图 4-18 中。

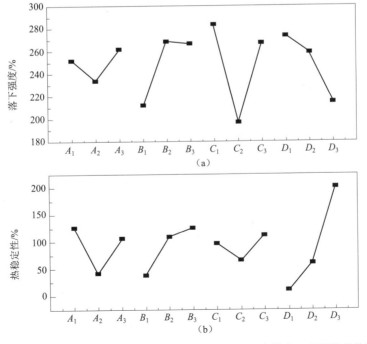

图 4-18　制备 7 d 后所测 C-RDF 的落下强度及热稳定性与 4 个因素的关系

由图 4-18 可以看出，影响落下强度各因素的主次顺序为 $C>D>B>A$，影响热稳定性的主次顺序为 $D>B>A>C$。

实验各因素在给定水平范围内对 C-RDF 的落下强度无显著性影响。实践表明，成型机压力越高以及含水率越低，生产成本就会相应越高。因此，综合各因素对 C-RDF 性质的影响，得到最佳的生产工艺参数为 $A_1B_3C_1D_3$，即成型压力为 50 MPa，含水率为 20%，粒径分布<13 mm，煤配比为 90%。

2. 结论

① 本实验以铁路站场产生的垃圾与煤为原料，利用活塞钢模制备出了高密度和机械强度的 C-RDF，并得出了在该原料下的最佳生产工艺参数：成型压力 50 MPa，含水率 20%，粒径范围<13 mm，煤配比 90%。

② 根据链条炉排锅炉用煤技术条件（GB/T 18342—2001）中的技术要求，所制备出的铁路垃圾衍生燃料中某些性能的测定结果表明：该燃料 CO、NO、NO_2 和 SO_2 污染物排放基本能满足工业链条炉燃料的要求，可为铁路站场大规模机械生产提供实验基础。

③ 利用自制燃烧炉在线监测了最优化工艺产品的燃烧排放特性，其中烟气中 NO_x 和 SO_2 的排放浓度很低，对大气环境影响较小。对制备出的 C-RDF 燃烧烟气污染物的监测结果表明，该燃料基本满足锅炉大气排放标准的污染物排放要求，这将为铁路复合垃圾燃料技术的大规模生产应用提供实验基础。

4.3.4　铁路复合垃圾衍生燃料炉前成型技术

铁路复合垃圾衍生燃料炉前成型是指直接使用煤场的动力配煤，在不添加或添加少量黏结剂的条件下，由置于锅炉旁的成型机成型后直接下落到炉排上，供锅炉燃用。

将垃圾衍生燃料利用生物质型煤生产工艺制成适合于链条炉燃烧的椭圆形球状颗粒后，由于颗粒尺寸的可控性和规格性，使烟气的粉尘浓度得以大幅度减少，同样也使燃料挥发分的释出速度可控，从而使锅炉排放烟气中的烟尘及 HC 类有害气体的排放浓度得以降低。

成型工艺在技术上是否可行主要需考查该工艺是否易于实现和采用该工艺生产的产品质量是否满足应用要求，能满足这两个条件便可认为该工艺可行。

垃圾衍生燃料成型工艺主要分为三个工序，即原料制备、搅拌成型和固结干燥。三个环节中的重点在于原料制备环节。

原料制备环节大致又可分为煤的制备和垃圾的制备两个环节。

煤的制备主要是指煤的破碎，可用一般型煤生产工艺的环锤式破碎机来实现这一过程，破碎机如图 4-19 所示。

垃圾制备环节包括垃圾的干燥、分选和破碎。垃圾干燥一般采用自然干燥和加热干燥两种方法。垃圾经分选后的剩余物质大部分为食物残渣、木筷等生物质垃圾，可经环锤式破碎机进行破碎。

可采用与链条炉燃烧的型煤成型工艺相同类型的对辊成型机进行成型过程，对辊压力达到 400 kg/cm² 即可，这在一般的工业条件下是易于实现的，成型机如图 4-20 所示。

图 4-19　PC05B 型环锤式破碎机

图 4-20　QG04 型煤球成型机

在 C-RDF 工业成型实验中，研究发现：

① 当垃圾掺混比例加大时（9%～27%），C-RDF 的冷热强度和热稳定性均呈减小趋势。在物料配比相同条件下，改变垃圾破碎粒度，对 C-RDF 的冷热强度影响均较大。这主要是由于垃圾粒度较大，使得颗粒的比表面积降低，从而降低了煤与垃圾颗粒之间的作用力。

② 必须对原料进行充分混合湿润，达到黏结剂分子与原料颗粒的充分均匀混合，并为它们之间产生机械结合和物理结合创造条件。如果不进行充分混合，致使黏结剂凝胶体于颗粒之间分布不均匀，会造成颗粒间结构松散，导致 C-RDF 的热强度和热稳定性变差。

③ 成型过程中，该黏结剂的使用对燃料的性质影响较大。同时，黏结剂只与特定的煤种亲和性比较好，而与某些煤种的亲和性效果会变差，造成燃料热稳定性与热强度变差。

4.4　C-RDF 的燃烧特性研究

我国铁路站、车垃圾成分相对简单，除去垃圾中的塑料后，主要以食物残渣、废纸、瓜子果核和木筷等生物质为主。此类生物质垃圾与煤以一定比例混合，在一定压力下成型可制成复合垃圾衍生燃料（C-RDF），从而将垃圾中的生物质能源进行再利用。由于生物质垃圾的特殊性，C-RDF 的燃烧过程必然有其独有的规律，因此有必要对 C-RDF 的燃烧特性进行研究，为在锅炉中使用 C-RDF 提供参考依据。

4.4.1　实验研究

1. 实验样品及特性

筛选出铁路站、车垃圾中的生物质成分（生物质垃圾），破碎至 1 mm 以下，再分别与大同烟煤及京西煤（无烟煤）在一定压力与一定比例条件下充分混匀，制成 C-RDF，样品组成如表 4-41 所示，原料分析如表 4-42 所示。

表 4-41　样品组成

煤种	样品号	C-RDF 中垃圾比例/%
大同烟煤	1	15
京西煤	2	15

续表

煤种	样品号	C-RDF 中垃圾比例/%
京西煤	3	20
京西煤	4	30

表 4-42　燃料原料工业和元素分析

燃料	工业分析（空气干燥基）/%				元素分析（空气干燥基）/%					低位发热量/ （kcal/kg）
	挥发分 V_{ad}	灰分 A_{ad}	固定碳 FC_{ad}	水分 M_{ad}	C_{ad}	H_{ad}	N_{ad}	$S_{t,ad}$	O_{ad}	
垃圾	52.43	27.62	15.12	4.83	38.76	3.82	1.07	0.24	23.66	3 012

2. 实验条件及结果

实验采用美国 TA 公司生产的 Q600TGA-DSC 型综合热分析仪。实验以干燥空气为工作环境，流量为 30 mL/min，使试样以 10 ℃/min 的升温速率由室温连续升温至 1 000 ℃。4 种样品颗粒的 TG-DSC 曲线如图 4-21～图 4-24 所示。

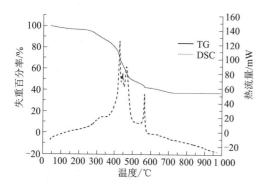

图 4-21　1#TG-DSC 分析曲线

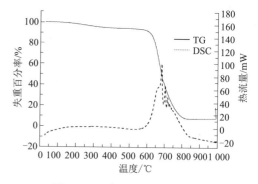

图 4-22　2#TG-DSC 分析曲线

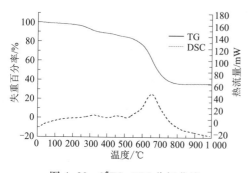

图 4-23　3#TG-DSC 分析曲线

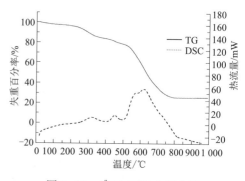

图 4-24　4#TG-DSC 分析曲线

4.4.2　分析与比较

1. 燃烧特性

从垃圾的工业分析和元素分析可见，垃圾的挥发分含量明显偏高，与煤掺混后，C-RDF 的挥发分含量明显提高，固定碳降低，这种组分结构也决定了其燃烧特性。

表 4-43 描述了 4 种样品的燃烧特性参数，其中 $W_1 \sim W_5$ 分别表示样品在燃烧的 5 个阶段的失重百分率。图 4-25 为 4 种样品的 TG 曲线。

表 4-43　4 种 C-RDF 样品燃烧特性参数

试样	$W_1/\%$	$W_2/\%$	$W_3/\%$	$W_4/\%$	$W_5/\%$
1#	3.060	9.409	39.80	10.194	37.43
2#	3.090	10.61	4.851	47.25	34.34
3#	2.330	9.321	4.210	48.91	36.10
4#	2.76	13.51	5.580	52.95	25.74

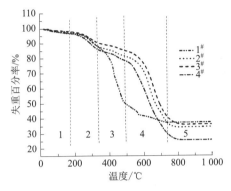

图 4-25　4 种样品的 TG 曲线比较

从图 4-25 中可以看出，C-RDF 的燃烧过程与所采用的煤种有较大的关系。1# 样品采用的是烟煤，其 TG 曲线与其他三个样品的 TG 曲线有明显的不同，整个曲线明显前移，最大的失重发生温度要低很多。这与烟煤的挥发分含量高，其燃烧过程与无烟煤有较大的区别有关。

从表 4-43 及图 4-25 可知，4 种 C-RDF 样品的燃烧具有相同的特点。4 种样品燃烧特性曲线相似，均可以分为 5 段，这与相关文献中报道的生物质 4 个燃烧阶段不同。可以认为这是由于生物质各燃烧阶段的起始温度与煤的各燃烧阶段的起始温度不同造成的，也就是说生物质与煤的燃烧阶段有所重叠。4 种 C-RDF 样品开始明显失重时的温度在 250 ℃ 左右，这与生物质的初始明显失重温度相似，而比煤的初始明显失重温度低，样品的燃烧放热更加均匀。2#、3#、4# 样品的失重主要集中于第四阶段，而 1# 样品主要集中于第三阶段。

2. 着火特性

着火特性主要由着火温度体现。本研究采用最常用的切线法来确定样品的着火温度，即把 DTG 曲线最高峰值点对应 TG 曲线上点切线与初始失重时的基线交点定义为着火温度。热分析着火温度越高，说明着火越困难。

按照上述定义方法，将 4 种样品的着火温度列于表 4-44 中。不难看出，样品的着火温度在 240～270 ℃ 之间。其中，1#、2# 样品的着火温度最高，而 4# 样品的最低，只有 242.95 ℃。1# 样品采用的是大同烟煤，其着火温度与生物质垃圾含量同为 15% 的 2# 样品相近，而高于 3#、4# 样品，且 2#、3#、4# 样品的着火温度随着生物质垃圾含量的提高而有所下降。这说明 C-RDF 着火温度主要与垃圾含量有关，随着垃圾含量的增加而降低。

表4-44　各样品的着火温度与燃尽温度

样品编号	着火温度/℃	燃尽温度/℃	剩余物百分率/%
1#	262.64	568.13	37.43
2#	263.02	698.72	34.34
3#	254.77	725.11	36.10
4#	242.95	714.98	25.74

3. 燃尽特性

燃尽特性是评价燃料燃烧性能的一个重要指标，它与燃烧速率有着密切的关系。

从表4-44可以看出，1#样品的燃尽温度要比其他样品的温度低，这说明采用烟煤制作的C-RDF燃烧均比较迅速，相对于纯煤而言，其燃尽温度较低，燃烧持续性下降。2#、3#、4#三种样品的垃圾含量依次增大，但燃尽温度却没有依次下降，这说明垃圾掺入量的变化不是C-RDF的燃尽温度改变的主要原因。

4. 燃烧速率与差热（DSC）曲线分析

各实验样品的燃烧速率及燃烧放热所对应的温度如表4-45所示。

表4-45　各样品燃烧速率及燃烧放热温度

样品编号	DTG峰值对应温度/℃	DTG峰值/（mg/min）	DSC峰值对应温度/℃
1#	428.33	0.6760	429.858
2#	633.30	0.1936	631.386
3#	656.91	0.219 0	655.168
4#	626.20	0.2456	625.416

从表4-45中可以看出，各单个组分样品的燃烧速率最大峰对应的温度会由于各样品中组分的不同而有差别。采用烟煤制作的C-RDF可以有着很高的失重速率，是无烟煤制作的C-RDF的1.5～3.5倍，且不到500℃就可以达到最大失重速率与放热。这说明烟煤制备的C-RDF要比无烟煤制备的可以更快地燃烧。

5. 综合燃烧特性

为综合分析C-RDF的燃烧特性，参照相关研究采用综合燃烧特性指数S来反映物质着火和燃尽特性，即：

$$S = \frac{\frac{(dm/dt)_{max}}{m_{max}}\left(\frac{dm/dt}{m_t}\right)_{mean}}{t_i^2 t_{end}} \qquad (4-12)$$

式中：$\frac{(dm/dt)_{max}}{m_{max}}$为最大燃烧速率；$\left(\frac{dm/dt}{m_t}\right)_{mean}$为从着火开始至燃尽时的平均燃烧速率；$t_i$为着火温度，℃；$t_{end}$为燃尽温度，℃；$m_t$为$t$时刻的质量；$m_{max}$为失重速率最大时的质量。

由式（4-12）计算得出的4种C-RDF的综合燃烧特性指数S如表4-46所示。

表 4-46　综合燃烧特性指数 S

样品	t_i /℃	t_{end} /℃	$\dfrac{(dm/dt)_{max}}{m_{max}}$	$\left(\dfrac{dm/dt}{m_t}\right)_{mean}$	$S/10^{11}$
1#	262.64	568.13	0.217 461	0.010 24	5.68
2#	263.02	698.72	0.068 515	0.011 07	1.57
3#	254.77	725.11	0.061 085	0.010 40	1.35
4#	242.95	714.98	0.058 048	0.013 83	1.90

从表 4-46 可知，1#、2#、3# 三个样品的平均燃烧速率相近，而与 4# 样品的平均燃烧速率动相差近 0.03 之多。这说明当 C-RDF 中含有较多的生物质垃圾（30%）时，C-RDF 的平均燃烧速率有较大的提高。同时，随着 C-RDF 中生物质垃圾的含量增加，2#、3#、4# 样品的最大燃烧速率下降，这表明在 C-RDF 中增加生物质垃圾的含量对于 C-RDF 的快速燃烧不利。采用无烟煤制作的 C-RDF（2#、3#、4#）的最大燃烧速率不到烟煤制作的 C-RDF 的三分之一。这说明，采用烟煤制备 C-RDF 可以获得理想的最大燃烧速率，而适当提高 C-RDF 中的垃圾含量可以改善 C-RDF 的平均燃烧速率。

从表 4-46 中还可知，1# 样品的综合燃烧指数最大，且是其他几个样品的 3~4 倍，这说明采用烟煤制备的 C-RDF 的燃烧性能最好。

4.4.3　结论

① C-RDF 燃料具有较低的着火温度，易于着火，燃烧过程平缓，放热更均匀。

② C-RDF 的着火温度与燃尽温度与所使用的煤种有关。当使用烟煤时，C-RDF 的着火点与燃尽温度比采用无烟煤制备的 C-RDF 低，放热峰出现得更早。

③ 垃圾掺入量存在一个最佳的掺入比例，使得 C-RDF 的综合燃烧特性达到最好。采用烟煤制备 C-RDF 会取得良好的燃烧性能；在采用无烟煤制备的 C-RDF 中，15% 的垃圾掺入量可以使 C-RDF 具有最好的综合燃烧特性。

4.5　铁路复合垃圾衍生燃料应用污染物排放监测分析

无论是将铁路垃圾直接制备成垃圾衍生燃料，还是将可燃物分选出后与煤掺混压制成复合垃圾衍生燃料后燃烧，对其燃烧后的烟气污染特性进行研究都是十分必要的。因此，本研究对垃圾衍生燃料燃烧过程中的污染物排放特征进行了在线监测。

本课题研究了铁路垃圾与煤混合成型后的燃烧过程中，各种污染气体的生成状况，并结合各气体的生成机理分析了其在不同条件下的生成特性，为确定铁路 RDF 中垃圾与煤的适当掺混条件奠定了基础。

4.5.1　实验研究

1. 实验装置

燃烧实验所用燃烧炉为居民生活用蜂窝煤炉，炉体经过适当的保温及防漏气等改造，如图 4-26 所示。下方为鼓风机进气口，燃烧产物通过炉体上方的管道排出。燃烧炉的炉膛用来盛装铁路 C-RDF 物料。为了对今后工程实际应用有良好的模拟，燃料的用量不能只是微量的。因此，炉膛的体积定位为 10 L 左右，每次使用实验样品燃料 3～4 kg。为了保护燃烧过程中热能的散失，要求燃烧炉炉壁材料要具有良好的绝热和耐高温性能。

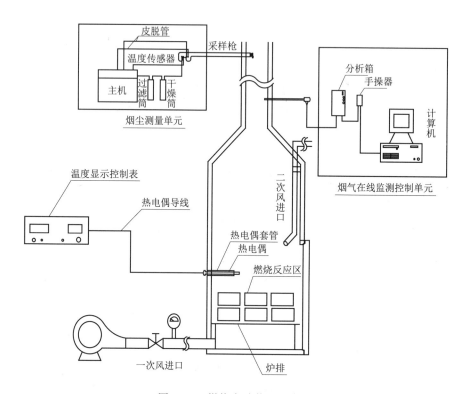

图 4-26　燃烧实验装置示意图

2. 实验原料

燃烧实验中，C-RDF 采用北京西站垃圾转运站收集的垃圾和门头沟生产的型煤原料制备。垃圾主要是经人工分选出塑料后，利用环锤式破碎机破碎。实验用煤为北京门头沟型煤。垃圾样品为已分离过塑料和纸张的铁路垃圾，主要成分为列车运行途中产生的瓜果皮和食物残渣。将煤与垃圾按不同配比混合（混合比例为质量比），并压制成蜂窝状型煤，以研究垃圾与煤在不同混合比例下燃烧的污染物质排放状况。

实验材料为本研究利用活塞钢模制备的具有高密度和机械强度的复合垃圾衍生燃料，原料为采集自北京西客站的垃圾和采集自北京门头沟的煤，原料性质如表 4-47 所示。

表 4-47　燃料工业和元素分析

燃料	工业分析（空气干燥基）/%				元素分析（空气干燥基）/%				
	挥发分 V_{ad}	灰分 A_{ad}	固定碳 C_{ad}	水分 M_{ad}	C_{ad}	H_{ad}	N_{ad}	$S_{t,ad}$	O_{ad}
垃圾	52.43	27.62	15.12	4.83	38.76	3.82	1.07	0.24	23.66
煤	10.39	27.74	58.49	3.38	66.40	1.03	0.14	0.29	1.02

3. 燃烧模拟

实验燃烧设备为自行改造的小型型煤燃烧炉及鼓风机。烟气检测设备采用德国德图（testo）XL-350 烟气分析仪，此仪器可以连续自动监测，精度为 1 ppm。

实验模拟了铁路 C-RDF 在自然通风和强制通风下的真实燃烧过程，并对铁路 C-RDF 的燃烧排放特性进行了研究。本实验利用自制燃烧设备和德图（testo）综合烟气分析仪在线监测了不同配比 C-RDF 的燃烧排放特性，实验燃烧时间为 30 min，燃烧过程中氧的过剩系数保持在 1.6 左右。整个过程确保实验条件的设定符合燃烧实验的要求，确保实验结果的科学性与可靠性。

4. 采样方法

燃烧产生的烟气和颗粒物按照中华人民共和国国家标准《固定污染源排气中颗粒物测定与气态污染物采样方法》（GB/T 16157—1996）的规定进行采集，采样点设置在竖直管道的管壁上。实验使用德国德图（testo）生产的 350XL 型烟气分析仪，对燃烧过程中产生的各种烟气成分浓度随时间的变化自动进行实时记录，数据由与之相连接的计算机采集保存以供分析使用。实验还使用青岛崂应生产的 3012H 型自动烟尘测试仪，分别采集各样品在燃烧开始阶段、燃烧中间阶段和燃烧末尾阶段生成的烟尘，每个样品的燃烧过程中采样 3 次，每次采样 12 min，设定采样流量为 20 L/min。数据采集装置如图 4-27 所示。

图 4-27　数据采集装置

烟尘采样所用滤筒为玻璃纤维滤筒。采样前用铅笔将滤筒编号，并在 105～110 ℃的烘箱内烘烤 1 h，取出后放入干燥器中冷却至室温。用感量 0.1 mg 的电子天平称量，两次重量之差不超过 0.5 mg，放入专用容器中保存。采样后的滤筒放入 105 ℃烘箱中烘烤 1 h，取出置于干燥器中，冷却至室温，用感量 0.1 mg 的电子天平称量至恒重。采样前后滤筒重量之差即为采取的烟尘颗粒物量。

实验中按照垃圾配比依次增加的顺序进行实验，每组样品燃烧测试时间为 30 min。

5. 燃烧炉内温度分布

图 4-28 给出了垃圾掺混比例为 80% 条件下，燃烧实验中炉内的温度分布。根据图中显示，在炉体底部为自然通风或强制鼓风区域。在燃料进入燃烧区后，由于燃料中固定碳和挥发分的燃烧，温度迅速升高并稳定在 990～1 170 ℃之间，这说明固定碳含量能够满足燃料的反应温度要求。由于本燃烧反应采用底部加热引燃方式，在反应区底部，燃料燃烧放热量和散热量基本达到区域平衡，温度下降不太明显。随着反应区高度的上升，温度迅速降低，

这主要是由于火焰反应区距离烟道口距离过近，造成局部散热增大和上部燃料的挥发分及烟气带走大量热量，以及产热和散热失衡所引起的。

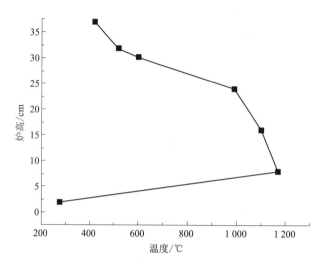

图 4-28　炉体温度分布图

通过对不同配比复合垃圾衍生燃烧炉温的监测发现，垃圾配比在 0～30% 左右时对燃烧装置炉体温度的影响不太明显。

研究发现，通过加大燃料上方反应区体积，鼓二次风使挥发分和未燃尽气体继续燃烧，充分燃烧燃料，可进一步提高 C-RDF 的燃烧效率。

6. 实验过程

在满足锅炉燃烧要求、燃尽率等条件的基础上，合理调整复合垃圾衍生燃料和颗粒煤的比例，使燃烧产生的 NO_x、SO_2 等大气污染物排放量达到环保要求，使之成为高效、洁净的复合颗粒燃料是本研究的实验目标。

因此，分别对纯煤样、纯 C-RDF 样以及 C-RDF 的掺混比例分别为 10%、25%、40%、50%、60%、80%、90% 的混合燃料进行了燃烧实验。进行实验的最佳场所应为正在运行的铁路燃煤锅炉中，但因条件所限，实验均在实验室进行。

分别将不同比例的混合燃料放进炉内进行燃烧，并以鼓风的形式为反应室内提供氧气，在烟气出口处，放置德图烟气分析仪的探头，仪器自动监测并记录 CO、SO_2、NO_x 的浓度，每组样品监测时间为 30 min 左右。

4.5.2　实验结果分析

1. 烟气实验结果

为说明混合燃料成分比例与污染物排放浓度的关系，选择垃圾配比分别为 0%、10% 和 50% 的三组样品进行比较分析。三组样品的污染物排放浓度实时监测数据图如图 4-29～图 4-31 所示。将每组样品的实验监测数据进行求平均数处理，结果见表 4-48。

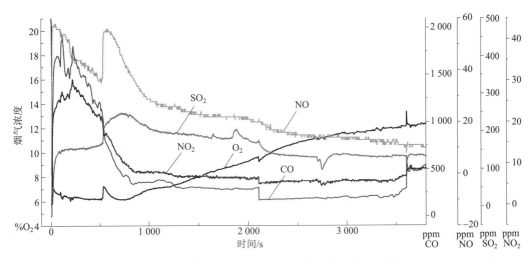

图 4-29　纯煤（垃圾配比 0%）燃烧污染物排放监测图

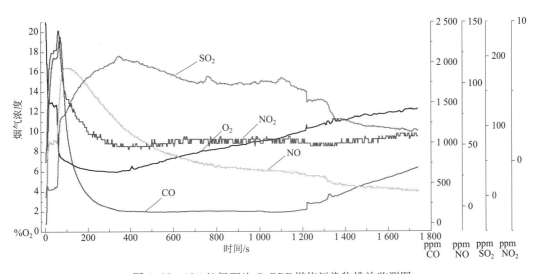

图 4-30　10% 垃圾配比 C-RDF 燃烧污染物排放监测图

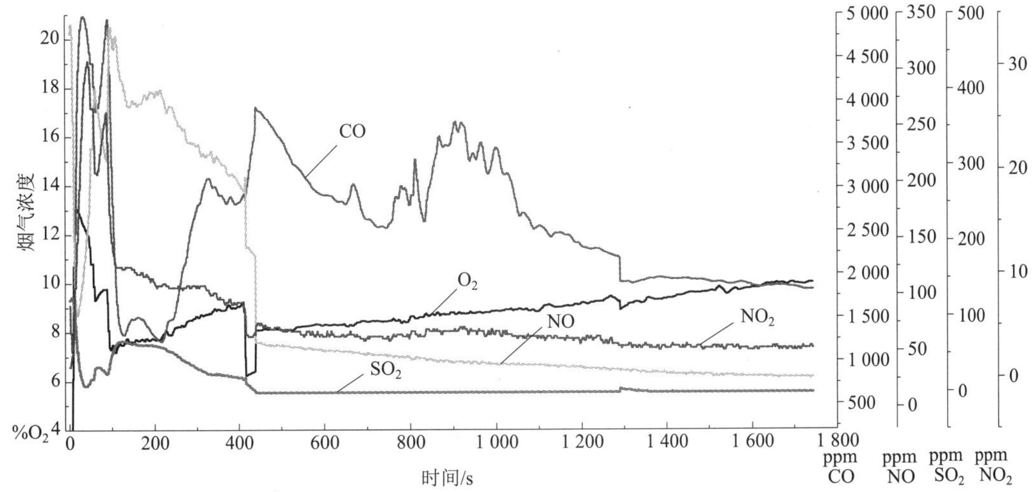

图 4-31　50% 垃圾配比 C-RDF 燃烧污染物排放监测图

表 4-48　大气污染物排放监测结果　　　　　　　　　　单位：mg/m³

污染物 ＼ 垃圾比例	0%	10%	25%	40%	50%	60%	80%	90%	100%
CO	14 124.67	909.70	3 838.00	5 168.63	5 907.86	7 333.58	8 563.35	3 311.58	13 173.65
SO₂	1 719.45	723.73	546.98	138.98	134.49	127.89	113.22	102.84	40.53
NOₓ	263.74	146.46	110.66	115.33	326.50	546.12	691.30	734.55	723.82

2. 烟气实验结果分析

（1）CO 排放特性

CO 是碳氢燃料和氧发生化学反应过程中的中间产物，当燃烧过程中氧含量不足时，CO 会以最终产物的形式排放至周围环境。在本实验中，影响 CO 浓度的因素主要有两个，一是混合燃料的成分比例，二是燃烧环境中氧的含量。

由表 4-47 中元素分析可知，垃圾原料中 C 元素含量比煤中的少。因此可以推论，当混合燃料中 C-RDF 的比例逐渐上升时，CO 浓度应呈下降趋势。然而在表 4-48 的实际监测结果中，并未发现此规律，因此可以表明影响 CO 浓度的主要因素为氧气的含量。

将图 4-29 和图 4-30 比较可知，当氧含量为 15% 左右时，CO 浓度在 1 500 ppm 左右；而当氧含量减少到 7% 左右时，CO 浓度则高达 5 000 ppm。因此，使炉膛内氧含量充足，有助于 C-RDF 的完全焚烧，CO 浓度会随空气比的增加而降低。

（2）SO₂ 排放特性

SO₂ 是含硫燃料在燃烧过程中被氧化的产物，因此 SO₂ 的排放浓度主要取决于混合燃料中硫的含量。由表 4-47 中元素分析可知，垃圾原料中 S 元素含量比煤中的少。因此，混烧时随着含煤比例的递减，SO₂ 排放浓度应呈下降趋势。表 4-48 中的实验结果验证了这一特征：C-RDF 比例为 10% 时，SO₂ 平均浓度为 723.73 mg/m³；而 C-RDF 比例为 90% 时，SO₂ 平均浓度为 102.84 mg/m³，减少了近 86%。

（3）NOₓ 排放特性

NOₓ 包括 NO 和 NO₂，燃烧时主要生成 NO，随后在废气流中 NO 被氧化成 NO₂。从图 4-29～图 4-31 中均可看到，随着时间推移，NO 浓度曲线呈下降趋势，而 NO₂ 浓度曲线呈上升趋势，并且两条曲线有交叉，即说明这一点。

NOₓ 的生成原理比较复杂，燃料中 N、O 以及挥发分的含量都会影响 N 的转化率。燃料中 N 含量的增加、O 含量的降低以及挥发分含量的升高，均会导致 N 转化率的降低，反之则会使 NOₓ 的生成量增加。元素分析表明，垃圾原料中 N、O 以及挥发分的含量分别是 1.07%、23.66% 和 52.43%，均比煤中含量高。

监测结果表明，在 C-RDF 掺混比例小于 50% 时，NOₓ 排放浓度呈下降趋势，之后浓度开始增加，并且上升的幅度大于下降的幅度，在 C-RDF 掺混比例为 90% 左右时出现极值。这主要是因为在垃圾含量较少时，垃圾中的高挥发分起主导作用。高挥发分使燃料着火速度快，烃类物质及含 N 的中间产物析出量高，炉内还原性气氛较强，利于中间产物向 N₂ 的转化。而当垃圾成分继续增加，其中的高 N 含量开始起主要作用，大量 N 和 O 的存在，必然使 NOₓ 的浓度增加。同时，由图 4-29～图 4-31 可以发现，NOₓ 的高浓度主要是由 NO 造成的，这与炉膛内空气含量偏低有关。

4.5.3　结论

通过本次实验证明了利用铁路客运站、车垃圾制成 C-RDF 是可行的，可以将其以 30% 的比例与煤进行混烧，既实现了废物资源化，又不会给车站造成燃烧尾气处理的负担。

4.6　铁路 C-RDF 燃烧飞灰颗粒微观形态特征及能谱研究

我国铁路站、车垃圾成分相对简单，除去垃圾中塑料后，主要以食物残渣、废纸、瓜子果核和木筷等生物质为主，不可燃物含量相对较少。由于垃圾成分的特殊性，以及在燃烧过程中与煤发生多种形态的物理和化学反应，因此对生物质垃圾与煤燃烧飞灰的微观形态特征和成分分析的研究就显得十分必要。国内目前对生物质垃圾与煤燃烧飞灰颗粒微观形态特征及其颗粒物表面、内部元素组成方面的研究报道极少。

本研究的实验在将垃圾经分选去除塑料后，干燥、破碎，并与煤掺混压制而成具有一定形状的生物质衍生燃料的基础上，收集了生物质衍生燃料燃烧飞灰，并对所采集的飞灰进行了扫描电镜和能谱分析。

4.6.1　样品采集及分析

1. 样品的采样

样品为生物质垃圾与煤混合压制燃料的燃烧飞灰。实验利用烟尘采样器在小型型煤炉上对不同掺混比例燃料的燃烧飞灰进行了收集。烟尘采样器为青岛崂山生产的 3012H 型自动烟尘气应用分析仪。整个采样过程分为燃烧初期、中期和后期 3 部分，每次采样 12 min。实验样品配方如表 4-49 所示。

表 4-49　实验样品配方

样品编号	1	2	3	4
垃圾掺混比例/%	10	50	90	100

2. 单颗粒样品的扫描电镜观察和能谱分析

利用扫描电镜（SEM）及能谱分析技术（EDX）直观地观察了单个颗粒物的大小、几何形状并进行了元素分析；对随机选定的单颗粒进行 X 射线能谱分析，并使用能谱仪自带的软件对获得颗粒物的元素成分和含量自动进行 ZAF 校正。

为增加样品的导电性，将样品表面进行喷金（引入 Pt 元素）处理。实验使用 Hitachi S-4700 扫描电镜，并配有 EDS 能谱仪。该电镜是冷场发射型扫描电子显微镜，它的加速电压是 0.5～30 kV，15 kV 下分辨率小于或等于 1.5 nm，1 kV 下分辨率小于或等于 2.1 nm，并配有 EDS 能谱附件。实验用该型号电镜观察了飞灰颗粒表面及断面的微观形态，并采用 EDX 分析了其组成元素和重金属。

4.6.2　实验结果分析

1. 不同掺比燃料燃烧飞灰特性分析

（1）10%垃圾掺比燃料燃烧飞灰颗粒分析

燃烧初期，飞灰颗粒以未燃尽炭粒为主，飞灰形态为多孔海绵状炭粒，如图 4-32 所示。随着燃烧过程的进行，海绵状炭粒逐渐减少消失，飞灰颗粒以粉煤灰为主。飞灰颗粒中出现了 K、Na 元素，但是没有发现 Cl 元素。在对飞灰中小球颗粒的能谱分析发现有大量 C 元素的存在，这可能是由于背景海绵状炭基质的影响。

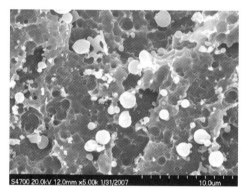

图 4-32　10%垃圾含量 C-RDF 飞灰颗粒扫描电镜图像

通过对上述飞灰颗粒的扫描电镜图片和能谱分析，发现当铁路垃圾掺混比例较小时，飞灰颗粒主要以海绵状空心炭粒和脱离的小球颗粒为主。这种脱离现象可能是由于煤中矿物质颗粒与炭粒密度不一（矿物质颗粒密度大于炭粒），并在燃烧过程中脱落所导致。

（2）50%垃圾掺比燃料燃烧飞灰颗粒分析

对 50%垃圾掺比燃料燃烧飞灰的电镜和能谱进行分析发现，粉煤灰与炭粒在颗粒形态上出现分离，粉煤灰以无定形絮状颗粒为主，炭粒以"金刚石"形态为主。（在纯煤燃烧飞灰颗粒中，也发现了上述现象，不同的是还发现了多孔小球状空心炭粒。）在燃烧初期，飞灰颗粒以未燃尽炭粒为主。扫描电镜图像如图 4-33 所示，各测点能谱分析如图 4-34 所示；不同测点元素组成及质量分数如表 4-50 所示。

图 4-33　50%垃圾含量 C-RDF 飞灰颗粒扫描电镜图像

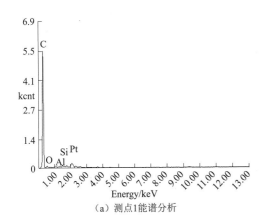
（a）测点1能谱分析

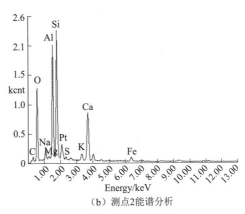
（b）测点2能谱分析

图 4-34　各测点能谱分析

表 4-50　不同测点元素组成及质量分数

元素	测点 1		测点 2	
	Wt%	At%	Wt%	At%
C	95.61	96.80	9.56	16.30
O	3.96	3.01	37.41	47.88
Na	0.20	0.09	2.04	1.82
Mg	0.23	0.10	0.43	0.36
Al			15.00	11.38
Si			19.94	14.54
S			0.39	0.25
K			1.55	0.81
Ca			11.40	5.83
Fe			2.26	0.83

（3）90%垃圾掺比燃料燃烧飞灰颗粒分析

当垃圾配比加大后，飞灰中出现了氯元素并显著增加。实验利用 EDX 的元素图谱（Element Mapping）技术，对 90%配比垃圾衍生燃料燃烧飞灰颗粒断面的主要组成元素进行了面分析测定。在利用元素图谱技术分析过程中，为了尽可能获取元素分布的图像信息，分析时间在 20 min 以上。扫描电镜图像如图 4-35 所示，能谱分析如图 4-36 所示，主要元素的质量分数如图 4-37 所示。

从飞灰颗粒断面元素分布可以看出（见图 4-38），K、Na、Cl、Mg 元素分布比较均匀，Fe、Al、Si、Ca 和 O 元素在局部出现富集现象。对照飞灰颗粒扫描电镜图像，发现这些元素富集的位置正好与图中球状颗粒位置对应。根据与其他元素面分析元素分布状况，推测该断面存在硅铝质、钙质、铁质和炭粒 4 种基质颗粒，颗粒表面吸附有 KCl、NaCl。

205

图 4-35   90%垃圾含量 C-RDF 飞灰颗粒扫描电镜图像

图 4-36   飞灰颗粒断面的能谱分析   图 4-37   主要组成元素的质量分数

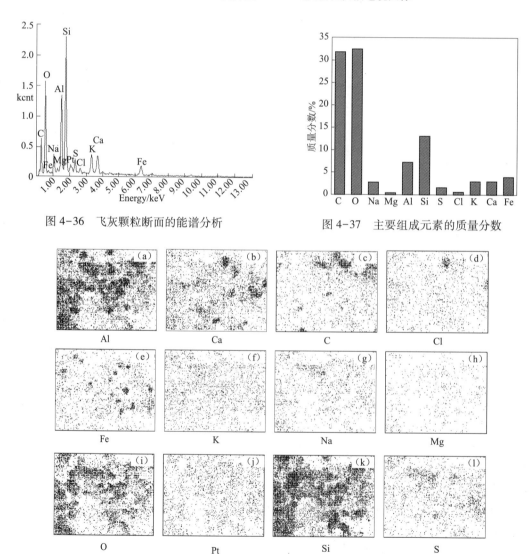

图 4-38   飞灰颗粒断面组成元素分布

（4）100%垃圾燃料燃烧飞灰颗粒分析

实验观察了纯生物质垃圾燃烧飞灰的表面扫描电镜图像，如图 4-39 所示。从该图可以看出，颗粒形状为絮状集合体，飞灰颗粒是由大量不规则的粒径范围为 50～100 nm 左右的密实球状颗粒堆积组成。

图 4-39 RDF 飞灰颗粒扫描电镜图像

2. 不同配比垃圾衍生燃料燃烧飞灰的对比分析

4 种不同配比铁路垃圾衍生燃料燃烧飞灰的主要组成成分分析结果如表 4-51 所示。

表 4-51 不同配比燃料燃烧飞灰组成成分对比分析

垃圾掺比	元素	C	O	Na	Mg	Al	Si	S	Cl	K	Ca	Fe
10%	Wt%	83.89	9.76			1.72	4.63					
	At%	89.28	7.8			0.81	2.11					
50%	Wt%	83.01	9.33	0.68		1.52	2.11	1.42	0.38	0.83	0.71	
	At%	89.18	7.52	0.38		0.73	0.97	0.57	0.14	0.27	0.23	
90%	Wt%	31.85	32.5	2.78	0.43	7.24	13.08	1.61	0.61	2.95	2.98	3.96
	At%	45.38	34.76	2.07	0.3	4.59	7.97	0.86	0.29	1.29	1.27	1.21
100%	Wt%	34.27	5.67	12			0.82	3.08	28.08	16.08		
	At%	56.41	7	10.32			0.57	1.9	15.66	8.13		

关于垃圾飞灰化学成分的研究，一些研究成果普遍认为生活垃圾焚烧飞灰主要由 SiO_2、Al_2O_3 和 Fe_2O_3 组成，其中 SiO_2 和 Al_2O_3 占的比例较大。表 4-51 的数据显示，构成生物质与煤混制燃料飞灰的主要元素有 C、Si、Ca、Al、Fe、K、Na、Cl 等，尤其是 Si、Ca、Al、Fe 4 种元素构成了燃料飞灰的主体。飞灰中 Cl 的含量较高则主要是和铁路垃圾中的食物残渣有关。

4.6.3 结论

① 铁路 C-RDF 燃烧飞灰的主要组成元素有 Si、Ca、Al、Fe、K、Na、Cl 等，本研究所选 4 种不同掺比 C-RDF 燃烧飞灰样品的主要组成成分差异较大，样本具有较好的代表性。随着生物质比例的加大，研究发现飞灰颗粒有细化的现象。

② 电镜图片中炭粒基质表面开有许多圆状小孔，这可能是由于燃烧过程中矿物质颗粒与炭粒密度不一（矿物质颗粒密度大于炭粒），从炭基质中脱落所导致。

③ 通过对生物质垃圾燃烧飞灰颗粒的电镜和能谱分析发现，不同粒径颗粒之间存在逐级吸附的现象，即粗颗粒（粒径>2.5 μm）表面吸附细颗粒，而细颗粒表面吸附粒径更小的颗粒物。这些细颗粒物在储存或利用过程中极易飞扬，进入大气环境，从而对环境造成一定的危害。

④ 生物质燃烧颗粒物的一个主要特征是 K 含量高，人们把 K 作为其示踪元素。在本实验观察的所有飞灰颗粒的能谱分析中，也大量发现了 K 元素的存在。实验发现，生物质复合垃圾衍生燃料燃烧排放 K 的主要存在形式是 KCl。

4.7 C-RDF 高温管式电阻炉燃烧实验

本研究根据热分析实验得出 C-RDF 的着火温度、燃尽特性及活化能等，对 C-RDF 的燃烧性能有了直接的了解，优化出了性能较好的 C-RDF 配比。

研究还利用高温管式炉对克级的 C-RDF 进行燃烧实验，通过对燃烧的烟气分析，进而对 C-RDF 的燃烧过程进行跟踪分析，同时分析 C-RDF 燃烧烟气的污染。

4.7.1 实验研究

1. 实验装置

燃烧实验所用燃烧炉为高温管式电炉，如图 4-40 所示。整个燃烧实验装置采用自然通风，盛满 C-RDF 的瓷舟直接放在燃烧管中，而燃烧管的两端不封闭，让燃烧产生的烟气自然向燃烧管两端扩散，并将采样枪置于燃烧管的一端。整个燃烧系统示意图如图 4-41 所示。

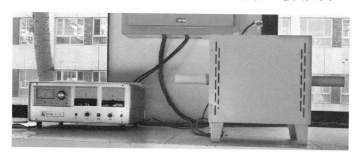

图 4-40　实验用高温管式电炉

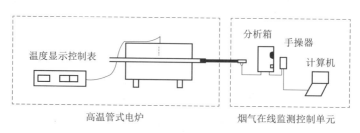

图 4-41　燃烧实验装置示意图

2. 采样方法

燃烧产生的烟气和颗粒物参考中华人民共和国国家标准《固定污染源排气瑟气态污

染物采样方法》（GB/T 16157—1996）的规定进行采样。根据高温管式电炉的实际情况，采样点直接放在靠近燃烧管一端，采样枪与瓷舟及燃烧管端口都有一定的距离，在保证燃烧烟气充分扩散的同时，确保其不受燃烧管外空气影响而稀释。分析仪器采用德国德图（testo）生产的 350XL 型烟气分析仪，对燃烧过程中产生的各种烟气成分浓度进行实时分析，数据由计算机保存。并使用青岛崂山生产的 3012H 型自动烟尘测试仪分别采集样品燃烧过程生成的烟尘，每个样品的燃烧过程中采样 3 次，每次 10 min，设定采样流量为 20 L/min。

瓷舟在使用前置于 105～110 ℃的烘箱内烘烤 1 h，取出后冷却至室温。使用前采用感量 0.1 mg 的电子天平进行称量，记录数据，然后再加入一定量的 C-RDF，每次加入的 C-RDF 量相近，且都为小块状，称量瓷舟与 C-RDF 的重量，并由此算出 C-RDF 样品的重量。烟尘采样所用滤筒为玻璃纤维滤筒，采样前用铅笔将滤筒编号，并置于 105～110 ℃的烘箱内烘烤 1 h，取出放入干燥器中冷却至室温。采样后的滤筒放入 105 ℃的烘箱中烘烤 1 h，取出置于干燥器中，冷却至室温，用感量 0.1 mg 的电子天平称至恒重。采样前后滤筒重量之差即为采取的烟尘颗粒物量。C-RDF 样品组成如表 4-52 所示。

表 4-52　样品组成

煤种		样品号	垃圾掺混比/%	生产单位
烟煤	大同烟煤	1	15	北京煤炭机械厂
		2	15	北京煤炭机械厂
无烟煤	京西煤	3	10	北京威鹰型煤有限公司
		4	15	北京威鹰型煤有限公司
		5	20	北京威鹰型煤有限公司
		6	30	北京威鹰型煤有限公司

4.7.2　实验结果分析

将高温管式电炉的温度设定在 1 200 ℃，在这个温度下 C-RDF 可以彻底燃烧。样品采样记录如表 4-53 所示。

表 4-53　C-RDF 烟气分析采样记录

采样编号	初始瓷舟重量/g	瓷舟+样品/g	样品/g	瓷舟+灰分/g	灰分/g	灰分比例/%
1	13.869 2	14.953 8	1.084 6	14.237 0	0.367 8	0.34
2	12.334 3	13.519 6	1.185 3	12.704 6	0.370 3	0.31
3	12.768 5	13.795 0	1.026 5	13.154 9	0.386 4	0.38
4	13.785 0	14.832 0	1.047 0	14.437 6	0.652 6	0.62
5	13.416 5	14.548 2	1.131 7	14.033 3	0.616 8	0.55
6	12.545 1	13.668 0	1.122 9	13.267 2	0.722 1	0.64

1. 实验结果

各样品的烟气曲线如图 4-42～图 4-47 所示。

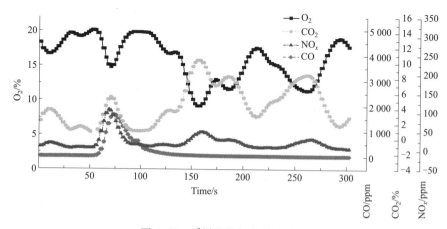

图 4-42 1#样品的烟气排放曲线

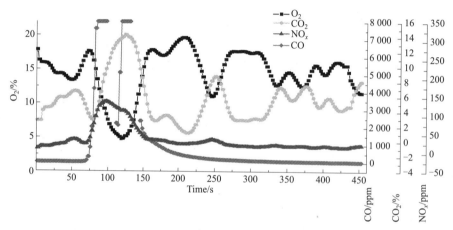

图 4-43 2#样品的烟气排放曲线

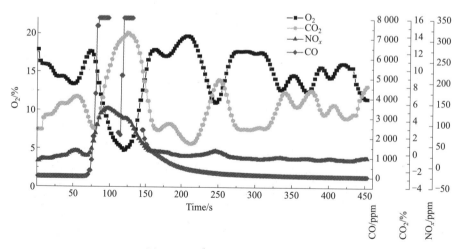

图 4-44 3#样品的烟气排放曲线

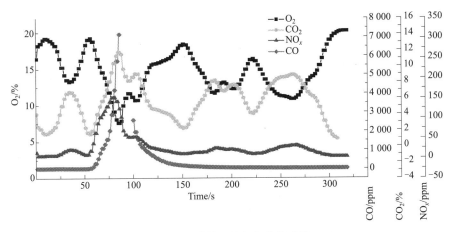

图 4-45　4# 样品的烟气排放曲线

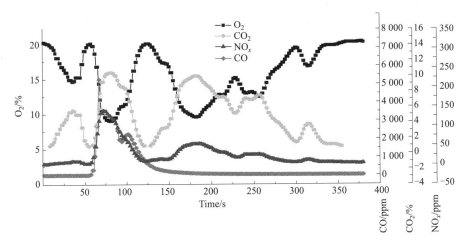

图 4-46　5# 样品的烟气排放曲线

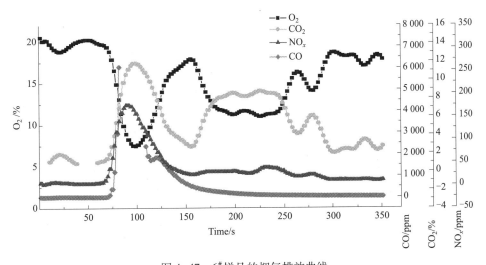

图 4-47　6# 样品的烟气排放曲线

2. 烟气成分动态特性分析

样品的烟气成分中，SO_2 只在燃烧开始的阶段时检出，在 3～22 ppm 之间变化，这说明 C-RDF 燃烧带来的 SO_2 污染问题比较低。而大多数煤种有机硫的分解反应在 490 ℃ 左右即可结束，但某些特殊煤种的硫元素以芳香硫的形式存在，反应温度在 900 ℃ 以上。硫铁矿的氧化在 400 ℃ 左右开始，580 ℃ 左右结束，反应生成 SO_2 和 Fe_2O_3。高温管式电炉的中心温度为 1 200 ℃，将瓷舟放入燃烧管后，温度迅速升高，达到 1 200 ℃。与此同时，煤中的硫分完成氧化，释放出 SO_2。随着燃烧的持续，煤中的硫释放完毕，后期就检测不到 SO_2。

由于每次取样在 1 g 左右，试样量少，将瓷舟送入燃烧管后，瓷舟与样品的温度迅速升高，样品中的挥发分迅速析出。随着样品中垃圾比例的增大，燃烧管中会出现一些烟，然后样品迅速燃烧。随着燃烧的持续进行，样品进入了固定碳燃烧阶段，此时烟气中的氧气浓度上升，氮氧化物与硫化物呈现出下降趋势。

从图 4-42～图 4-47 可以看出，烟气中的 CO、CO_2、NO_x 的极值都对应 O_2 的极值点，这说明反应是受 O_2 扩散控制。

不同配比 C-RDF 燃烧排放的烟气污染物平均浓度如表 4-54 所示。从表 4-52～表 4-54 可知，随着 4#、5#、6# 样品中垃圾含量的依次提高，燃料产生的各种污染物的浓度也依次提高。因此，在生产 C-RDF 时，适当降低垃圾的含量，有利于降低 C-RDF 燃烧时产生的污染物浓度。

表 4-54 不同配比 C-RDF 燃烧排放的烟气平均浓度

样品编号	CO/ppm	NO/ppm	SO_2/ppm	NO_2/ppm	NO_x/ppm
1#	171.0	20.3	3.8	0.46	20.7
2#	391.2	34.5	1.3	0.48	35.0
3#	127.2	14.2	8.5	0.05	14.3
4#	374.6	27.6	3.8	0.05	27.6
5#	292.4	26.8	2.9	0.31	27.1
6#	343.8	34.1	1.1	0.58	34.7

（1）O_2 的变化

从图 4-42～图 4-47 可以看出，实验开始的时候，O_2 浓度都低于 21%，这是由于燃烧管两端受加热区域的影响。随着燃烧进程的持续，O_2 浓度出现了一个先下降后上升的趋势，这与燃烧实验所用的 C-RDF 量有关系。为了模拟 C-RDF 的成型燃烧，样品是从 C-RDF 上切下的，且保持块状，由此使得样品取样量偏少，造成整个燃烧过程偏短。

从图 4-42～图 4-47 还可看出，C-RDF 燃烧时，O_2 含量从开始时的过剩，逐步下降到低的剩余氧（燃烧消耗的 O_2 接近燃烧方程的化学计量值），再到剩余氧含量增加三个阶段，氧含量的变化符合燃烧的一般规律。同时，当 O_2 出现极低值时，各种污染物的浓度迅速增加，特别是在燃烧的初期。这表明，在实际燃烧 C-RDF 时，应当适当控制空气的供应量。

（2）NO_x 的变化

从图 4-42～图 4-47 可以看出，NO_x 只是在燃烧的初期出现过一次比较大的峰值。在后面的燃烧过程中，NO_x 的浓度趋向于稳定。这表明，由燃料产生的 NO_x 污染主要产生于燃烧的初期。

　　分析发现，不同烟气成分的动态特性之间存在一定的相互关系，同时 NO 又受到 CO 浓度变化的影响，表现为两个方面：① 当 CO 浓度十分稳定且含量接近于 0 时，NO 几乎不受其影响；② 当 CO 浓度波动剧烈时，NO 则受其强烈影响，并且呈现出与 CO 浓度高低峰谷完全相反的趋势。

3. 燃烧残渣的形态

　　从图 4-48 可以看出，除 5#、6# 样品的煤渣结焦外，其他几个样品的煤渣均比较松散。从样品组成上看，1#、2# C-RDF 为烟煤，垃圾比例均为 15%；4#、5#、6# 为无烟煤，垃圾比例依次为 10%、15%、20%。5#、6# 样品出现结焦现象，表明以无烟煤制备的 C-RDF 中的垃圾比例不可过高，当比例达到 15% 时，应当注意 C-RDF 的结焦现象，采取相应的措施，减少对锅炉的影响。而烟煤制备的 C-RDF，当比例达到 15% 时，没有出现结焦，有利于 C-RDF 在锅炉中的燃烧。

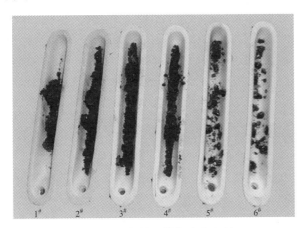

图 4-48　各样品燃烧残渣比照

　　1）炉膛结焦的危害

　　① 降低了锅炉的热效率。受热面结焦后，受热面内的汽水混合物吸热效果下降，造成烟温升高，排烟损失加大。如果燃烧室出口结焦，会使烟气通道局部被堵塞，通风受到影响，以致炉膛内空气量不足，燃烧不完全。如果燃烧器出口处结焦，则影响煤粉及气流的正常喷射，化学不完全燃烧损失和机械不完全燃烧损失增加。

　　② 降低了锅炉的产汽能力。水冷壁上结焦，降低了水冷壁的吸热，也就降低了锅炉的蒸汽产量。

　　③ 造成停炉事故。水冷壁管结焦后，就会使管壁受热不均，容易造成水冷壁损坏。除焦时打开炉门，大量冷空气进入炉内，降低了炉膛温度，容易使炉膛灭火。炉膛出口大部分被堵，冷灰斗被封死打不开，以及大渣块被打落时砸破水冷壁管等均会被迫停炉。

　　2）结焦原因分析

　　（1）煤对结焦的影响

　　当煤颗粒在高温下，会熔化成液态或软化状态。当瓷舟从管式电炉取出后，瓷舟与灰渣迅速冷却，煤灰粒黏结在壁上成焦。所以灰熔点低，是煤容易结焦的关键。

煤粉炉的煤粉粒过粗，会使炉膛内燃烧不尽，当燃烧中心后移时，炉膛出口温度高，造成炉膛出口结焦。

（2）生物质对结焦的影响

结焦与灰的化学性质、灰和床料的相互反应有关，相关研究表明：灰分中的碱金属是引起炉内结焦的主要原因，可以通过灰熔点和灰球抗压法来预测灰的熔融特性。研究还表明：碱金属存在的形式是关系到生物质在气化炉内结焦表现的关键，而碱金属存在形式与灰中的Si、Ca、Cl元素的含量有关。

4.7.3 烟尘分析

由于生物质含灰量较低，与煤混合燃烧时通常会降低含尘量。然而，混合灰中包括大量非常细的悬浮微粒。生物质与煤混烧时，烟尘浓度随着垃圾掺混比的增加而增加，因此有必要对 C-RDF 燃烧产生的飞灰进行源分析。

对 1#、3#、4#三个样品进行烟尘实验，利用扫描电镜 X 射线能谱（SEM-EDX）技术将收集的飞灰进行颗粒物的形貌和化学组成方面的观察和分析，并利用富集因子法及元素相关性对颗粒物中的各元素来源进行判别。

1. 实验结果

（1）1#样品

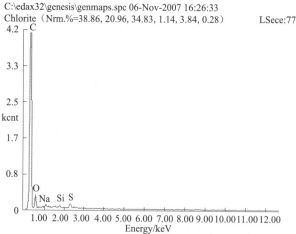

Element	Wt%	At%
CK	93.54	95.26
OK	5.84	4.46
NaK	0.20	0.11
SiK	0.13	0.05
SK	0.30	0.12
Matrix	Correction	ZAF

图 4-49　1#样品烟尘颗粒的微区能谱分析及扫描电镜图像

（2）3#样品

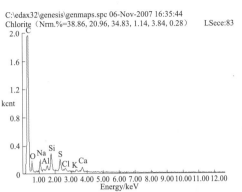

C:\edax32\genesis\genmaps.spc 06-Nov-2007 16:35:44
Chlorite（Nrm.%=38.86, 20.96, 34.83, 1.14, 3.84, 0.28）　　LSece:83

Element	Wt%	At%
CK	91.66	94.98
OK	4.21	3.27
NaK	0.89	0.48
AlK	0.28	0.13
SiK	1.04	0.46
SK	0.87	0.34

图 4-50　3#样品烟尘颗粒的微区能谱分析及扫描电镜图像

（3）4#样品

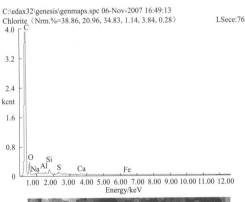

C:\edax32\genesis\genmaps.spc 06-Nov-2007 16:49:13
Chlorite（Nrm.%=38.86, 20.96, 34.83, 1.14, 3.84, 0.28）　　　LSece:76

Element	Wt%	At%
CK	93.07	95.11
OK	5.75	4.41
NaK	0.17	0.09
AlK	0.12	0.05
SiK	0.36	0.16
SK	0.27	0.10

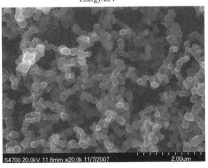

图 4-51　4#样品烟尘颗粒的微区能谱分析及扫描电镜图像

2. C-RDF 燃烧飞灰颗粒污染特性分析

比较图 4-49~图 4-51 可知，烟尘颗粒的主要成分为 C，含量约为 90% 以上，其次是 O、Na、Si、Al。

（1）元素富集

元素富集系数如表 4-55 所示。

表 4-55　不同掺混比例 C-RDF 燃烧颗粒物的元素富集系数

富集元素＼样品编号	1#	3#	4#
C	6 384.313	8 849.886	31 421.94
O	4.998 161	7.249 537	17.084 63
Al	0.800 741	0.899 769	0.813 253
S	171.346 2	165.159 6	385.714 3
Cl	422.802 2	400.076	34.438 78
Ca	1.397 929	1.657 119	

从表 4-55 可知，主要污染元素是 C、S、Cl。三个样品中 Al 的富集系数均小于 3，富集程度不显著，属于地壳的正常组成部分，不会对环境造成危害。而 Cl 的富集系数大于 10，属于污染元素，富集程度高，这是由于人类活动所造成的。

（2）元素的相关性

颗粒物化学组成之间的相关关系，在一定程度上反映了它们的共同来源，或来源于同一种化合物的组成。根据相同的污染源成分比例相似的原理可以推论，相关系数较高的组分可能来源于相同或相似的污染源。对颗粒物中测得的各元素浓度分别两两进行线性相关分析，得出它们之间的相关系数如表 4-56 所示。

表 4-56　颗粒物中各元素成分间的相关系数

	C	O	Al	S	Cl	Ca	Si
C	1						
O	0.956	1					
Al	0.334 3	0.206	1				
S	0.098 4	0.230 9	0.007 4	1			
Cl	0.072 7	0.146 8	0.001 1	0.005 5	1		
Ca	1.00E-05	0.002 2	0.138 8	0.162 1	0.507	1	
Si	0.657 8	0.512 1	0.918 8	0.004 5	0.000 7	0.074 8	1

从表中可看出，Si、O、Al 等元素相关系数较高，燃烧颗粒物中硅铝质是较普遍的组成之一；Cl 和 Ca 的相关系数较高，为 0.507，极有可能来源于铁路食品垃圾中的食盐及固硫剂。

4.7.4　结论

① C-RDF 在燃烧开始时，挥发分大量析出，产生浓烟。因此在使用时需要加大燃烧室的体积，提高空气的过剩系数，以保证挥发分充分燃烧。

② C-RDF 的燃烧初期是污染大量产生的阶段，这个阶段产生的污染占整个燃烧过程的一半以上，烟气中各种污染成分随着 C-RDF 中垃圾含量的提高而增加。

③ C-RDF 在高温下燃烧有可能结焦。

4.8　本章小结

随着我国铁路事业的蓬勃发展，铁路客运量连年快速增长，因此铁路站、车生活垃圾大量产生，已经成为铁路重要的环境污染源，正日益引起相关部门的重视。由于铁路站、车生活垃圾产生环境的特殊性，其组分较为简单，以食品残渣及包装物为主，其中包括大量可以回收利用的物质。因此加强对铁路站、车生活垃圾资源化管理，对实现铁路建设的可持续发展具有重要意义。

复合垃圾衍生燃料技术（C-RDF）是目前国际上最为先进的垃圾能源化处理方式，正在成为垃圾利用领域新的增长点。我国铁路站、车生活垃圾成分简单，热值较高，具备发展 C-RDF 的条件，但是有关铁路 C-RDF 技术的研究几乎没有开展。

本章研究内容主要包括铁路站、车生活垃圾理化特性分析、资源化处理方式对比分析、燃烧及污染特性分析以及管理对策研究等几个方面。研究发现在不同条件下，铁路站、车生活垃圾的治理要采取不同方式。在大城市里，将垃圾进行分选回收后，可以将剩余垃圾移交市政环卫系统统一处理；而在卫生处理设施薄弱的地区，可以将分选后的铁路站、车生活垃圾与煤制备成复合垃圾衍生燃料。

通过对 C-RDF 烟气监测分析，发现由于供氧不足致使 CO 超标，但是在实验室规模下，NO_x 及 SO_2 的排放均符合标准。通过对燃烧飞灰的扫描电镜（SEM）和能谱（EDX）分析发现，生物质中的 Ca、Mg 等对 SO_2 的固定起到了积极的作用，而且由于分选处理，未见重金属污染问题。通过富集因子法的计算和相关性分析，推断飞灰中主要富集元素除 C 外，以 S 和 Cl 为主，S 主要来自煤中的黄铁矿，而 Cl 则主要来自食物中的食盐成分。因此为保证清洁燃烧，应在制备时对这两种元素做好源头控制工作。

将铁路垃圾制备成垃圾衍生燃料进行燃烧，能很好地达到垃圾减容减量的目的，并可将其产生的能量用于发电、供热等，为国内铁路垃圾提供一条新型资源化解决途径。本研究为开展铁路站、车生活垃圾的控制和处理措施规划奠定了基础并提供了依据，为铁路垃圾能的实际应用奠定了一定的理论和实验基础。

铁路复合垃圾衍生燃料研究的重点是开发低成本、高固硫率和防潮抗水型且适用于工业锅炉燃用的铁路复合垃圾衍生燃料，可以适量加入黏结剂或根据生物质具体性能对其进行生物化学预处理以适当提高其黏结力；可将铁路复合垃圾衍生燃料的灰分、水分、挥发分、发热量、燃料比、粒径大小、焦渣特性、热变形特性等调整到有利于燃烧的最佳值，这样便可大幅度降低生产成本，使之发展成先进的高效清洁燃料。今后在这些方面均需要继续深入研究。

此外，为了能使铁路垃圾衍生燃料技术更好地应用起来，还需要从以下几方面做足工作。

（1）垃圾分类问题

垃圾资源化潜力会随着生活水平和经济的发展不断增长。在垃圾成分中，纸类、塑料、金属、玻璃被视为可直接回收利用的资源。在铁路垃圾中，它们所占的比例在50%左右，可直接回收利用率不低于33%。因此制作C-RDF前需要先做好垃圾分类回收，提高这些资源的利用率。

（2）制定相关标准

从技术和经济角度，C-RDF与煤混烧作为铁路垃圾处理的新途径是可行的，而可能存在的问题是没有可以参考执行的混烧国家排放标准。目前一般参照《生活垃圾焚烧污染控制标准》（GB 18485—2001），该标准中有较多的限制项目，其中对SO_2的排放限值比燃煤锅炉的排放限值要严格得多。虽然RDF焚烧排放的污染物浓度基本小于市政垃圾焚烧排放的污染物浓度值，但如果要求混烧RDF的燃煤锅炉按照这一标准执行排放，可能需要增加脱硫设备，从而增加运营成本。

（3）添加剂的研究

虽然用来制备C-RDF的铁路垃圾成分较为简单，但是通过研究发现，即便找到了最佳的混烧比例，还是不可避免地会产生SO_2、HCl等污染物，因此需要对这些污染物进行控制。最佳的控制方法是在成型时加入合适的添加剂，将这些大气污染物固定在燃烧飞灰中，这样就可以避免对原锅炉系统进行改造和增加相应的处理设备，从而降低成本。但是如何选择一种来源广、性质稳定、控制效果好的添加剂，如何控制添加量，这些都是要继续研究的问题。

（4）工业实验研究

毕竟实验室规模的实验研究和实际应用还有很大的距离，因此有必要对铁路C-RDF进行现有铁路锅炉燃烧的工业实验研究，而且还需根据不同站场的锅炉设置和实际情况采取相应的措施。总之，为了早日实现我国铁路站、车生活垃圾的C-RDF化，还有漫长的路要走，需要科研人员继续努力。

第 5 章

铁路建设碳排放评价技术研究

5.1 国内外研究现状及评价机制

5.1.1 国内外研究现状

21 世纪以来，以全球变暖为主要特征的全球气候问题日益成为社会关注的焦点。自《联合国气候变化框架公约》及《京都议定书》制定以后，特别是在后京都时代二氧化碳气体减排的国际新协议谈判中，不同国家包括发达国家和发展中国家存在激烈的争论。争论的焦点包括气候变暖及其影响与二氧化碳气体贡献的不确定性，各国温室气体排放量的评估，二氧化碳减排义务的合理公平分配等，焦点集中在如何科学评价各国的二氧化碳排放历史及现状。

当前国际上有关二氧化碳排放的定量评价主要从人均、国别、单位 GDP 等层次分析二氧化碳排放现状。但是这些二氧化碳排放评价指标各有侧重点，因此存在较大争议。开展二氧化碳气体排放的评价研究，既要考虑到各国的二氧化碳排放现状，又要考虑到排放历史，对排放评价提出科学公正合理的指标。

1. 国内研究现状

交通运输行业是国民经济发展的先行产业，又是用能大户，从宏观大环境看，无论是落实科学发展观、转变发展方式，还是应对全球气候变化，都要求加大力度实行节能减排、走低碳发展的道路。"低碳"意指较低或更低的温室气体（主要是二氧化碳）排放。"低碳经济"是以低能源、低污染、低排放为基础的经济模式，是利用能源技术创新、制度创新和人类生存发展观念根本性的转变，以高效利用能源来推动经济的清洁增长，促进产品的低碳开发和维护全球的生态平衡。

2009 年 11 月，中国宣布了控制温室气体排放的目标，决定到 2020 年国内生产总值二氧化碳排放比 2005 年下降 40%左右。同年，中国政府出台了《中长期铁路网规划》调整方案，到 2020 年营业里程的规划目标由 10 万公里调整为 12 万公里，铁路建设投资总规模将突破 5 万亿元。铁路二氧化碳排放量是公路运输行业的一半，是短途航空的四分之一，被公认为是低耗能、环境污染小的绿色交通工具。在"十一五"和"十二五"期间，大规模客运专线建设、新建线路是研究铁路建设二氧化碳排放的重点。因此，有必要开展铁路建设行业能源消耗与环境影响的变化规律研究，分析铁路建设行业节能和减少二氧化碳排放的效果。

对铁路建设过程中的碳排放建立科学评价体系，对促进建设项目碳减排工作有着重要的指导意义。铁路建设低碳施工涉及与可持续发展密切相关的社会与经济发展、资源与能源利用、生态与环境保护等问题，需要以社会环境和经济发展、资源与能源利用和生态与环境为子系统建立铁路建设碳排放评价指标体系。

评估铁路建设的发展对二氧化碳气体排放的具体影响，对铁路的二氧化碳排放水平进行全面审计，研究铁路在规划、设计、施工等阶段和二氧化碳排放的关系，制订相应碳减排目标，将是未来铁路发展低碳经济、制订低碳发展规划的基本要点。因此，亟须探索适合我国铁路层面的二氧化碳排放评价分析方法，以使各个铁路低碳发展水平可供比较，从而为探索铁路建设层面二氧化碳排放规律提供有效借鉴。

当前，铁路统计部门尚无二氧化碳排放量的直接观测数据，其中所涉及的二氧化碳排放数据多为根据已有能源数据进行的折算，这其中多是基于直接能源需求（最终能源消费）进行的折算。但最终能源的使用因受制于各部门的能源使用结构、使用效率等因素制约，不能客观全面地反映铁路建设过程中所带来的所有碳压力。从全生命周期角度，考核铁路建设过程中直接二氧化碳排放与间接二氧化碳排放中相关二氧化碳的排放量，对客观认识我国铁路建设二氧化碳排放水平将提供有益帮助。

铁路建设过程中的二氧化碳排放科学评价体系的建立，对促进建设项目二氧化碳减排工作有着非常重要的指导意义。通过研究，提出铁路建设过程中二氧化碳排放的主要控制因素，建立评价指标，可以完成铁路建设行业节能减碳评价体系及技术措施研究，解决铁路迅速发展带来的节能减碳的紧迫问题。通过该研究成果向铁路建设行业推广与转化，完善铁路行业节能减排和低碳发展的现行政策，制定相关管理办法和项目审查办法，将为管理部门提供科学的方案和理论依据。建立铁路建设行业的二氧化碳排放考核评价技术体系和低碳管理体系，分析现阶段我国铁路建设行业向低碳水平发展的限制因素，研究提出我国铁路建设向低碳方向发展的途径。

2. 国外研究现状

在减排低碳的考核、监测和评价方面，部分发达国家做得比较完善，碳减排工作除了有明确的可量化指标体系外，还配备了相应的设备、技术、组织、人员、制度来保证碳减排的考核、监测和评价工作的顺利进行。

比较而言，节能减排做得比较成功的国家主要有日本、德国、英国等国家。尤其是日本和德国，在减排低碳的立法、统计与标识方法，以及在执行层面的控制与治理领域都取得了比较好的成效。

（1）日本统一碳排放计算方法

日本于 1990 年制订了阻止全球气候变暖行动计划，设立了减少温室气体排放的国际目标。为了加强《京都议定书》的执行力度，日本加强了整个气候变化政策框架。1999 年生效的《应对全球变暖措施促进法案》，规定了政府、地方组织、行业和公民在开发和执行减少温室气体排放计划方面的任务。

在执行层面，日本环境省已建立国家排放清单和国家排放报告，并成立认证委员会负责核查，核查技术标准主要来自国际标准规范。

日本经济产业省将拟定统一的碳排放量计算与标识方法，分别提供各个生命周期阶段的碳排放量信息。该项标签与英国政府的试行碳标签制度相比较，标示信息更为详细，有效避免了各家厂商采用不同的计算方法而导致的不公平竞争。政府将研究和公布统一的碳排放量计算方法。

（2）德国节能及指标体系

德国在节能减排的考核、监测、评价方面做得比较完善，节能减排工作有明确的、可量化的指标体系，并有相应的设备、技术、组织、人员、制度，保证节能减排的监测、统计和考核工作顺利进行。从监督制度看，德国政府成立了独立的监管机构，对企业的生产和运输等环节的环保情况进行全方位的监督。

德国坚持能源统计信息为社会服务，重视能源统计信息共享、公开，建立联邦各州的环境报告体制。从分析评估来看，统计数据整理完成后，统计部门由专业人员对数据进行分析评估。之后，信息主要通过每日的新闻通报、月统计报告和互联网等方式向社会免费提供，企业和用户随时都可通过以上方式了解所需信息。

（3）美国节能及指标体系

美国环保署从技术上开发了一系列抵偿项目方法学，用标准化手段来设定监测方法和计算减排量，以保证抵偿项目的真实性。此外，还开发完成了针对个人和家庭的碳排放计算工具。

作为对减排量承担法律约束力的先驱组织，芝加哥气候交易所聘请具有温室气体减排量审核资质的独立第三方机构，定期测量温室气体排放量，定期出具核查报告，并以此报告为基础，确定每个会员可出售或购进的减排量规模。

加州碳标签计划测量碳排放的方法是使用环境输入与输出生命周期分析（EIO-LCA），与生命周期评估方法（LCA）的折中方法。

由美国碳基金（Carbon Fund）组织所推动的碳标签制度，使用其自行推出的碳足迹协议对碳排放进行验证。

（4）英国节能及指标体系

英国在 2008 年通过的《气候变化法案》提出碳预算体系要求，以 5 年作为一个预算周期，每个周期要做 3 个预算，以设定英国直到 2050 年时的减排路线。这个体系有比较完备的能源监测管理系统和能源统计系统，政府据此针对具体情况，在不同阶段制订科学合理的节能减排指标，并加以严格执行，以促使节能减排整体目标的实现。该法案还规定建立新的温室气体排放报告机制，对温室气体减排进展情况进行监督。

英国于 2008 年年底发布的《产品与服务生命周期温室气体排放评估规范》，用于计算产品和服务在整个生命周期内（从原材料的获取，到生产、分销、使用和废弃后的处理）温室气体的排放量。这项新标准是英国第一部统一的产品和服务的碳足迹测量标准，采用了英国标准协会严格的会议程序制定而成的，包括非政府组织、学术界、企业界和政府部门代表在内的近 1 000 位业内专家参与了该项标准的制定。

（5）国际组织指标体系

国际原子能机构（IAEA）建立了可持续发展能源指标体系（EISD），该指标涉及社会、经济和环境三大领域，包含 30 个核心指标。世界能源理事会（WEC）建立了能源效率指标体系，包括测度能源效率的经济性指标和测量子行业、终端用能的能源效率技术经济性指标，共包含 23 个指标。

在综合可持续发展指标体系中，对于能源与排放指标，联合国建立的指标体系中包括人均年能源消耗、能源使用强度、可再生能源消耗份额、温室气体排放量、二氧化硫排放量和二氧化氮排放量等。经济合作与发展组织（OECD）建立的指标体系中包括能量强度、无铅汽油的市场份额、能源供给和结构。欧盟（EU）建立的指标体系包括电力价格、天然气价格、温室气体排放、经济能源密度、可再生能源所占份额。

3. 国际二氧化碳排放标准

在推进节能减排和发展低碳经济时，应该关注国际相应标准的演变、转化和发展以及中国标准体系的建立和完善。二氧化碳排放的标准和环境质量中其他污染物质排放量的标准不同，需要结合被评价组织的自身进行清算。

对于二氧化碳排放的来源，目前为止，全球已有 10 余种不同的计划、方案来进行评估，如 ISO、世界资源研究所（WRI）和世界可持续发展工商理事会（WBCSD）的温室气体核算体系、法国的 ADEME、英国的 PAS 2050 等。

ISO/TC 207 环境管理技术委员会从 2002 年着手制定温室气体管理方面的标准。关于组织、项目层面温室气体排放量化、监测、报告及审定与核查方面的系列标准（ISO 14064-1、14064-2、14064-3）于 2006 年正式发布。ISO/TC 207 制定的标准见表 5-1。

表 5-1　ISO/TC 207 制定的标准

标准编号	标准名称
ISO 14064-1：2006	温室气体：第一部分，温室效应气体的释放及去除定量报告 组织水平的交易规范
ISO 14064-2：2006	温室气体：第二部分，温室效应气体的释放及去除定量报告 企业水平的交易规范
ISO 14064-3：2006	温室气体：第三部分，温室效应气体主张及验证用交易规范
ISO 14065：2007	温室气体：认证承认的其他形式用温室气体证实和验证机构要求
ISO/WD 14066	温室气体确认与验证机构的能力要求
ISO 14067-1	产品的碳足迹置化（CD 文件）
ISO 14067-2	产品的碳足迹沟通（CD 文件）
ISO/TR 14069	组织用温室气体排放的量化和报告 ISO 14064-1 应用指南

纵观各国开展的碳足迹评估工作，碳排放来源评估依据的标准主要是 ISO 制定的 ISO 14060 系列，世界资源研究所（WRI）和世界可持续发展工商理事会（WBCSD）联合制定的《温室气体协定》系列，以及英国标准协会制定的 PAS 2050 及其导则等。

能源二氧化碳排放因子是指消耗单位质量能源伴随的二氧化碳气体的排放量，是表示某种能源二氧化碳排放特征的重要参数，也是计算二氧化碳排放的基础数据，它将有关活动的数据和二氧化碳排放量联系起来。

通过收集能源等方面的研究成果，从而获得能源二氧化碳排放因子。以下介绍了主要权威机构的研究特点。

① DOE/EIA（美国能源部）的目的是解决至关重要的能源问题，统一管理各类能源的勘探、研究、开发和利用。其主要负责研究、开发和示范能源技术，调控能源生产、使用定

价和分配，以及开展一个中央能源数据的收集和分析计划。其在能源二氧化碳排放因子的研究上具有较高的权威。

② IPCC（联合国政府间气候变化专门委员会）是在人类意识到气候变化会造成严重的或不可逆转的破坏风险，并认为缺乏充分的科学确定性不应成为推迟采取行动的借口下建立起来的。IPCC 对世界上有关全球气候变化最好的现有科学、技术和社会经济信息进行评估，这些评估吸收了世界上所有国家和地区的数百位专家的工作成果。其主要工作是评估气候系统和气候变化的科学问题，针对气候变化导致社会经济和自然系统的脆弱性，气候变化的正负两方面后果及其适应方案开展研究，评估限制温室气体排放和减缓气候变化的方案，进行国家温室气体清单专题研究。IPCC 是国际上最权威的温室气体研究组织。

5.1.2　建筑的碳排放评价

建筑领域一直是全世界能源消耗和 GHG 排放的主要领域。根据 UNEP（联合国环境规划署）的统计，在世界范围内，建筑领域的能耗大约占到全社会总能耗的 30%～40%。根据 IPCC 第四次评估报告，无论是在低速还是高速的经济增长情形下，2030 年建筑领域温室气体的排放都将占到全世界总量的 30% 左右。

建筑中温室气体的排放情况，主要与电气化水平、城市化率、人均建筑面积、气候等因素有关。同时，建筑碳排放的水平与经济发展水平之间具有一定的相关关系。关于建筑的碳排放，通常采用的碳排放测算指标有碳排放总量、单位建筑面积碳排放量、人均碳排放量、碳生产率（单位 GDP 的碳排放量）、碳减排效率等。

我国影响碳排放的最大的因素是人均 GDP 的增长和能源强度。1990—2002 年间，排放总量的变化与 GDP 增长呈正相关关系，与能源强度呈负相关关系，说明在这段时间，我国能源强度下降很大，但其带动 CO_2 下降的作用被 GDP 的高速增长抵消，最终仍然使 CO_2 排放总量达到 49% 的上升比例。

建筑使用过程的碳排放主要来自用能设备的能源消耗。建筑用能设备能源消耗的碳排放主要分成两个部分：

（1）能源供应

一是城市能源（煤、天然气、石油）直接驱动用能设备，会直接产生碳排放。

二是使用火力发电的电力，间接产生碳排放。

三是利用区域或楼宇分布式能源系统就地驱动用能设备，分布式能源中又包括了可再生能源（如太阳能和风能）和热电冷联产（利用天然气或生物质气）。前者在使用过程中没有碳排放，但在这些产能设备的寿命周期中有"隐含碳排放"，即设备制造中"预支"的碳排放；后者在能量转换过程中仍然有直接碳排放。

（2）建筑用能设备

其能源效率的高低取决于最终碳排放的多少。

建筑设备的碳排放评价是一个投入产出分析过程，即投入"隐含碳"、间接碳和直接碳，产出"避免碳排放量"的效率，定义评价建筑用能过程的碳减排效率为：

$$ECM = \frac{100\% \times ACE}{EC + IC + DC} \tag{5-1}$$

式中：ECM 为碳减排效率；ACE 为避免碳排放量，kg；EC 为隐含碳排放量，kg；IC 为间接碳排放量，kg；DC 为直接碳排放量，kg。

其中，间接碳排放量主要来自于电力。我国发电平均碳（CO_2 当量）排放强度为 0.86 kg/（kW·h）。

建筑领域的节能，往往难以通过单一技术实现，通常是多种技术的集成，难以符合 PCDM（规划方案下的清洁发展机制）一种基准方法学和一种技术的要求。同时，PCDM 要求减排量是可测量的、可报告的和可验证的，而由于建筑项目实施过程中程序化和标准化的水平很低，也导致建筑耗能量、减排量的核准成为很大的问题。

目前，经核准的建筑领域的 PCDM 方法学主要是绿色照明，单一设备的能源效率提升（水泵、风机、电机等）及锅炉改造等并不足以支持复杂的建筑节能改造技术体系。因为方法学（被国际社会认可的项目开发方式）尚不完备，短期内也会成为诸领域 PCDM 发展的约束条件。尽管建筑领域具有巨大的温室气体减排潜力，CDM（清洁发展机制）或 PCDM 在建筑领域的发展仍然很缓慢。

判断建筑的碳排放水平，也需要有基准线，从而在该基准线上实现减碳或低碳排放。建筑能耗水平并不能完全代表建筑的碳排放水平，建筑碳排放更强调建筑用一次能源和能源的转换效率。建筑的碳排放水平也与大能源系统有关，如公共电力用一次能源和发电效率决定了电力的碳排放水平，也决定了低碳建筑技术的取舍。

一些研究已经证明，建筑材料在生产制造中产生的碳排放，即隐含碳排放（Embodied Carbon Emission）高于其在运行期内产生的碳排放（按建筑寿命 50 年计）。且建筑一旦建成，即使通过改造优化，减少其运行使用中的碳排放，也很难改变其隐含碳排放，因此其会成为一个永久、持续的碳排放源。

在定义建筑的碳排放水平时，从寿命周期的角度分析 CO_2 排放是非常重要的。根据 CEN/TC 350 标准"建筑可持续"（Sustainability of Construction Works）中的建议，建筑寿命周期分析需考虑 4 个阶段：① 生产阶段，包括原材料的供应、运输和制造；② 建设阶段，包括运输、现场建设与安装；③ 使用阶段，包括运行、维护、修缮、更新；④ 建筑废弃与处理阶段，包括拆除、运输、再利用和废弃处理。

事实上，目前关于建筑废弃与处理过程的能耗和 CO_2 排放等数据很少，而建筑建设过程的能耗与 CO_2 排放量都很少（建筑建设过程中的能耗约占建筑寿命周期总能耗的 1%，按建筑 50 年寿命周期计）。因此，大多数建筑寿命周期的 CO_2 排放分析仅包括建筑材料的生产制造和建筑运行两个阶段。

建筑运行期内的 CO_2 排放可以根据建筑一次能源的消耗量乘以各类能源的 CO_2 转换系数得到，但建筑材料生产制造过程的复杂性却会造成计算建筑材料 CO_2 排放时的不确定性。因此，在确定建筑的寿命周期碳排放时，最重要的是必须有经国家权威机构核准的标准碳排放数据库，该数据库必须包含各类建筑材料的生产、运输过程中的碳排放数据或详细的计算方法。

目前，大多数国家都没有设定建筑碳排放的基准线。其中，英国在这方面的成果在国际上居于领先地位。英国在公布建筑的碳排放基准值和目标时，采用了两种方式：第一是利用统计数据分析得到一些基准指标；第二是建立参考建筑，通过经核准的标准软件模拟计算而得到建筑碳排放水平。

英国皇家楼宇设备工程师学会 CIBSE 自 1997 年开始，在其 CIBSE Guide F 里加入了各种建筑类型单位建筑面积能耗与单位建筑面积碳排放的基准性指标（Bench Mark），最新的基准性指标是 2008 年公布的 TM 46，包含了 29 类建筑的能耗与碳排放基准。其中，碳排放基准是从能耗基准数值乘以能源的 CO_2 排放强度转化而来的。按照 CIBSE 2008 年的指南，电力与天然气的 CO_2 转换系数分别是 0.550 kg/（kW·h）和 0.190 kg/（kW·h）。具体的基准性指标见表 5-2。

表 5-2　英国 CIBSE TM46 建筑能耗与碳排放基准指标（非住宅建筑）

建筑类型	电耗指标/（kW·h/m²）	化石燃料热耗指标/（kW·h/m²）	电耗碳排放指标 CO_2/（kg/m²）	热耗碳排放指标 CO_2/（kg/m²）	总碳排放指标 CO_2/（kg/m²）
一般办公	95	120	52.3	22.8	75.1
一般零售	165	0	90.8	0	90.8
大型非食品商店	70	170	38.5	32.3	70.8
小型食品店	310	0	170.5	0	170.5
大型食品店	400	105	220	20	240
餐厅	90	370	49.5	70.3	119.8
酒吧俱乐部	130	350	71.5	66.5	138
酒店	105	330	57.8	62.7	120.5
文化活动	70	200	38.5	38	76.5
娱乐场所	150	420	82.5	79.8	162.3
游泳中心	245	1 130	134.8	214.7	349.5
保健中心	160	440	88	83.6	171.6
休闲健身	95	330	52.3	62.7	115
有盖停车场	20	0	11	0	11
使用较少的公共建筑	20	105	11	20	31
学校和季节性公共建筑	40	150	22	28.5	50.5
大学校园	80	240	44	45.6	89.6
诊疗所	70	200	38.5	38	76.5
医院（诊疗和科研）	90	420	49.5	79.8	129.3
常住住宅	65	420	35.8	79.8	115.6
一般宿舍	60	300	33	57	90
急救服务	70	390	38.5	74.1	112.6
图书馆或演出现场	160	160	88	30.4	118.4
公共等候区	30	120	16.5	22.8	39.3
客运站	75	200	41.3	38	79.3
车间	35	180	19.3	34.2	53.5
仓储设施	35	160	19.3	30.4	49.7
冷藏	145	80	79.8	15.2	950

CIBSE 设定上述基准性指标的意图仅是为大多数建筑提供设计时的参考基准，上述指标并非建造高能效、低排放建筑的目标值。英国的实践证明，对于一些应用被动式技术的建筑而言，单位面积碳排放指标甚至可以达到 20～28 kg/（m²·a）。而在中国，由于使用习惯和气候条件不同，这些指标仅能作为数量级上的参考。

碳排放的测算与碳排放基准线一样，目前在国际上的研究都很少。除了英国，欧盟也在其最新的 EPBD 中规定必须建立统一的计算建筑最低能耗和碳排放的方法学。而我国在这方面的工作非常欠缺，任重而道远。

5.2　铁路建设项目二氧化碳排放评价技术

5.2.1　铁路建设碳减排考核、监测、评价指标体系

1. 铁路建设碳减排指标体系

铁路工程建设部门在建设铁路或其他相关设施时所消耗的能源，称为铁路建设能耗。铁路建设能耗发生于确定铁路选线、建设铁路的路基工程、桥梁工程、隧道工程、站场设施等施工过程机械设备能耗、施工材料所含的制造过程的能耗等。在建设方面，可以通过新能源和可再生能源的推广来实现低碳建设。在"十一五"和"十二五"期间，大规模客运专线建设、新建线路是研究铁路建设能耗的重点方向。铁路建设企业的能耗评价内容主要包括：对企业取得的节能成效和节能进展的评价，对企业采取的措施和作出努力进行的评价，对节能管理和技术装备变化跟踪监测的评价，对指标校核和验证能力的评价。

铁路建设碳减排考核、监测、评价指标体系应当分层次分系统建立，对铁路建设采用定性和定量相结合的综合节能指标评价方法，同时采用层次分析法确定碳减排考核、监测、评价指标体系中各分项指标的权重，通过权重分配汇总，从而对铁路的建设进行考核、监测和评价。

铁路建设碳减排考核一般包括下列内容和方法：

① 铁路建设部门碳减排基本情况。首先要了解铁路建设过程中生产建设概况，其次要了解能源供求情况。

② 考核铁路建设的综合数据报表。对重点数据的真实合理性进行校核，计算关键指标，如总能耗、主要材料的用量、机械使用量等，从而确定建设部门投入使用的能源量。

③ 分析评价，提出要求。根据铁路建设的特点，建设过程中主要是材料消耗、机械使用、人员配置等，为此建议铁路建设碳减排考核指标初步选定能源消耗总量、机械工作量综合能耗等指标。

2. 铁路建设碳评价研究内容

（1）筛选并整合铁路建设低碳关键技术

广泛调研应用于铁路建设的节能减排技术，包括适用的新技术、新工艺、新设备等，筛选并整合铁路建设的低碳关键技术。

针对铁路建设项目低碳关键技术研究，主要从以下方面开展工作。

把主要施工现场、拌和站、制梁场设置在工程附近有水源的地方，尽可能减少对耕地的占用。开挖土方就近处理填埋，或者让附近工厂、村民开挖土方，降低施工运输费用。

坚持自主创新，建立节能减排新标准。铁路建设大幅提高桥隧比例，可节约土地；大量采用无砟轨道，可有效减少开山采石对山林植被的破坏和对自然生态环境的影响。

在满足设计要求的情况下，积极寻找节能材料代替以往高耗能、不环保材料。在混凝土生产过程中，用粉煤灰代替部分水泥；在路基填方时，用碎石土替代粉土，可减少对

耕地的破坏。

（2）数据分析铁路建设期的二氧化碳排放现状

铁路建设二氧化碳排放量作为分析的研究目标，需要分析材料、机械、人员及施工方式对碳排放的影响。需要考虑的因素主要包括：铁路建设施工材料，即铁路工程实施过程中选择的施工材料、材质；施工机械运行的能源消耗；施工对象，即该次施工所采用的铺设轨道种类，比如隧道或者高架桥；施工人员数；施工单位，即施工的规模大小；施工计划，包括施工的日期及持续时间。将所有影响因素统一于研究对象，建立量化模型，计算铁路建设二氧化碳排放量。

（3）提出适合铁路建设的二氧化碳减排评价指标体系

研究提出适合我国铁路建设的二氧化碳减排评价内容和方法，拟定铁路建设期二氧化碳减排评价的工作框架，明确评价内容、评价程序和主要技术方法，建立铁路建设二氧化碳减排评价指标体系，为最终形成我国铁路建设行业节能减排评价技术指导或工作指南奠定基础。

3. 铁路建设碳排放研究方法

二氧化碳排放量的计算方法同污染物排放量计算方法相似，其方法主要有三种，即实测法、物料衡算法和经验计算法。

将铁路建设过程中材料和燃烧消耗的用量折算成二氧化碳排放量，需要将各个模型中的影响因素乘以它们各自的二氧化碳排放因子，得到二氧化碳排放量化模型公式：

$$A = A_1 + A_2 + A_3 \tag{5-2}$$

式中：A 表示铁路建设二氧化碳排放总量；A_1、A_2、A_3 分别表示施工材料、施工机械、施工人员引发的二氧化碳排放量。

$$A_i = \sum B_i C_i \tag{5-3}$$

式中：A_i 为能源或材料 i 的二氧化碳排放量；B 为材料或能源 i 的消费量；C 为材料或能源 i 的二氧化碳排放系数；i 为材料或能源种类。

通过对铁路建设过程中能源消耗及其机械设备的现状和未来发展进行详细描述，获得铁路建设中施工材料、施工机械和施工人员数量。通过 IPCC 方法计算出各个因素二氧化碳排放量因子，获得基础数据，并形成数据库。计算出铁路建设过程中二氧化碳排放总量，并以此为前提和基础，对铁路建设的二氧化碳排放进行综合评价。以此为我国铁路建设行业的减排对策提供支持。

5.2.2　实现铁路建设项目节能减排的途径

目前，在铁路建设领域正进一步深入以下方面的研究：对铁路建设交通制式的研究和开发，如低速磁浮交通、大容量地铁车厢等；轨道交通噪声振动控制技术的研究与开发，如浮置板道床、声屏障、轨道吸声板、纵向减振轨枕、新型弹性扣件等；铁路交通噪声振动的仿真计算及预测评价方法的研究；站场污水收集与排放系统开发研制；铁路交通综合试验技术的研究；施工工艺和方法的研究等。节能环保是一项系统工程，需要在不同阶段采取相应的技术措施。

1. 铁路建设项目设计阶段节能减排

铁路建设是一项占地面积大、范围较广、建设过程复杂的项目，包括线路（路基和桥梁）、隧道、客运站等各方面的建设。

① 线路是为了进行铁路运输所修建的固定路线，是铁路固定基础设施的主体。分为正线、站线及特别用途线。正线是连接并贯穿分界点的线路。站线包括到发线、调车线、牵出线、装卸线、段管线等。线路一般是由碎石和钢轨。

② 隧道为修建在地下或水下并铺设铁路供机车车辆通行的建筑物。

③ 客运站的主要任务是安全、迅速、有秩序地组织旅客上车、下车，方便旅客办理一切旅行手续，是为旅客提供舒适候车条件的大型建筑物。

在前期路网规划和可行性研究阶段，主要开展基础性调研、项目立项、专题评价、工程设计等工作。虽然不涉及具体的施工环节，但此阶段是后期各项工作的重要基础，应慎之又慎。在环境保护和节约能源方面，应更多地关注如何从源头上减少能源消耗，主要以现场环境调查和环境报告评估为依据，对环境敏感点尽量绕避，做到与城市、环境规划相符，不违背法律条款的规定和要求。在规划和设计过程中，应始终遵循"主动控制、源头削减"的原则，选用减振性能优良的材料，必要时进行特殊设计，采取科学的施工方法，合理设计桥隧及轨道结构形式，增加线路与敏感建筑物的距离，对车站等地面建筑物进行景观设计。

在规划设计过程中优化曲线半径，尽量减少因曲线阻力大而增加的电能消耗。优化线路坡道，设置合理的进出站坡度，使列车进站时上坡，将动能转化为势能；列车出站时下坡，再将势能转化为动能。或者在进站前设置曲线路径，使列车依靠轨道自身制动，减少列车本身的能量消耗，尽可能地减少牵引能耗。线路纵坡设计还应综合考虑泵站位置等设备布置，以达到优化、合理、经济、节约能源的目的。优化车站空间和车站形式，满足轨道交通功能需求为主，合理确定与车站功能匹配的空间规模，尽量避免设置不必要的地下空间。优化车站规模，控制车站主体和附属设施的总面积，以减少车站动力及照明用电。地下车站由于完全深埋于地下，与外部的冷热交换相对较弱，设计中应尽可能合理地利用空间，减少车站规模和埋深，从而降低建设成本。而对企业而言，倡导低碳经济最重要的是在产品研发中应用低碳技术，例如采用高效节能空调、LED 照明、清洁能源等。

在铁路建设项目规划设计过程中，妥善处理温室气体排放问题变得尤为重要。因此，在可行性研究及环境影响评价中，都应考虑实际铁路建设项目对能源消耗和二氧化碳排放的影响，并提出相应的改进措施。铁路建设项目促进节能减排的主要改进措施包括：

① 提供可行的方法，用于评估铁路建设项目不同方案的节能效果，进而提出适合该项目的主要节能措施；

② 在铁路建设项目的可行性研究报告中，增加"节能篇（章节）"，专题分析化石能源消耗及节能措施；

③ 在铁路建设项目环境影响评价中，增加二氧化碳排放测算及其减缓措施的相关内容。

在铁路建设项目"节能篇"（章节）编制框架如下：

1 项目自身能耗的节能评价

1.1 主要耗能环节（或子项目）的确定

其中包括项目（路基、桥梁、隧道、站场、办公用房等）的照明、供电、空调通风等内容。采用桥梁、隧道等线路形式缩短里程，节约土地和牵引能耗的降低。

1.2 主要节能措施

提出应遵循的节能规范或标准，主要节能措施包括站场、办公用房等公共建筑的建筑节能、机电设备选择、采取可再生能源等。

1.3　对当地能源供应的影响

包括需要新建相应的供电设施等。

2　运营能耗的影响因素

每年与铁路建设相关的能耗和碳排放包括三个部分。

第一，包括为铁路站场、公共建筑及辅助设施提供采暖、空调、照明、热水等各种服务所消耗的能源。通过推行低碳设计，可以有效降低能耗。

对低碳技术进行总结，将建筑中可能采用的低碳节能技术分为了 11 项子系统：室内热环境控制系统、室内光环境控制系统、室外热环境控制系统、绿色环保材料与技术、节水技术、节材技术、节能技术应用、节地技术、可再生能源应用、智能化控制系统、供水系统，各子系统可分别采用不同技术实现不同的功能。

第二，新建铁路项目所用建设材料的隐含能（隐含碳），指的是当年竣工的铁路项目所用建设材料的生产和运输的能耗。这部分隐含碳虽然在整个城市或国家层面的碳排放计入时，归为工业生产领域中而不列入铁路建设范畴，为避免重复，建设领域内不再计入。但是，为保证建筑单体碳排放计入和比较的完整性，应列入该部分碳排放。为满足低碳铁路建设全空间的要求，还应监督铁路建设过程中的建材选用，因此本课题选用计入该部分碳排放量。同时，在国家层面，铁路建设强有力地拉动了建材行业的生产和国家碳排放量的增加。该部分采用铁道第四勘察设计院按照不同线路等级亿元投资材料消耗定额算出，以此方法计算出了近三年我国铁路建设二氧化碳排放量。

第三，铁路项目的施工能耗。其计算方法可参考铁路建设消耗定额，对各种施工机械台班进行统计，分别按单耗乘以台班得到能源消耗量。根据各种能源的二氧化碳排放因子乘以能源消耗量，得到一种机械的二氧化碳排放量。

二氧化碳减排量的计算主要包含减排资源量和减排强度的计算。以燃油节约量计算为基础，分析、评价项目的节能（减碳）效果。对于不同规模、不同设计、不同等级的铁路项目，应综合考虑项目的化石能源消耗和二氧化碳排放的影响。

据相关研究，同时考虑经济、技术进步和能源改善因素，能够在保证 GDP 稳定增长的同时实现二氧化碳的减排。因此，铁路建设设计阶段要优先考虑技术进步、可再生能源、节能技术的使用，从而实现节能减排。

2. 铁路建设项目施工阶段节能减排

铁路交通工程属于大型的、线性的基础设施。在施工过程中，主要涉及施工现场的环境保护和节能工作，体现在机械车辆、施工人员、生产作业等方面。施工机械和车辆的使用会产生燃油尾气和噪声污染，施工人员临时定居点会产生污水、油烟，生产作业会产生大量废弃建设材料、泥浆、土石渣、废水等。通过对不同施工场地的走访调研，在铁路交通尤其是地铁施工中除了上述问题外，还会普遍遇到诸如施工降水、地面沉降、交通干扰等棘手问题，在一定程度上会引起安全事故，影响正常出行。因此，施工期间需采取优化场地设计方案，减少影响范围；加强施工管理，严控大机具作业；文明施工，减轻人为噪声；在处理水、大气、固体废弃物等污染物时，应使之达标排放。施工过程中要采取先进的施工工艺和施工方法，合理高效地利用施工材料，避免不必要施工材料的浪费。同时合理使用各施工机械，最大程度提高机械的工作效率，降低施工机械的能耗。

5.2.3 铁路建设生命周期评价方法的研究

1. 生命周期评价（LCA）

国际化学学会对生命周期评价（LCA）的定义是：生命周期评价是一种通过对产品的物质、能量的利用而进行环境负荷评价和造成的环境排放进行量化的过程，是对评价对象改善其环境影响的机会进行识别和评估的过程，也是对评价对象能量和物质消耗及环境排放进行环境影响评价的过程。生命周期评价包括产品、工艺过程或活动的整个生命周期，即原材料的开采、加工，产品制造、运输以及最终处理。

其他组织或者机构也对 LCA 做出过描述。如美国环保局的定义为：从地球上最初获得原材料开始，到最终所有的残留物质归还地球结束的任何一种产品所带来的污染物排放及其环境影响进行评估的方法。此外，美国 3M 公司对它的定义为：从制造到加工、处理直至最终处置的过程中，如何减少和消除废弃物的方法。

生命周期评价作为一种评价方法，主要被用于衡量某一产品在其从原材料到废弃的全过程造成的环境负荷。这一评价方法自 1990 年起就已经被用于建筑部门，并且成为了评价建筑环境影响的一个重要工具。

国外对于建筑物生命周期评价的研究开展较早，也取得了一定的成果。其主要是对建筑物生命周期的能耗、物耗和二氧化碳气体的排放进行分析。在这方面英国的 BRE 和美国的 BEES 进行了研究，并开发出了一些比较全面的评价系统。荷兰的 SIMA 等机构也对建筑物材料利用和其他影响进行了研究，并针对特定项目进行了实例分析。

根据研究目的和研究内容的不同，建筑全生命周期的划分也各不相同。

在国内的研究中，刘念雄等认为住宅建筑的全寿命周期可以分为建材准备、建造施工、建筑使用和维护、建筑拆卸 4 个阶段。一些研究学者将建筑的全生命周期分为了建设施工装修、室外设施建设、运输、废物处理、拆卸和废弃物的处置共 6 个阶段，并对每个阶段碳排放的来源进行了分析。张智慧等将建筑的生命周期概括为物化阶段、使用阶段和拆除处置阶段，并列出了各阶段碳排放的来源。

在国外的研究中，Leif 等将建筑的全生命周期分为了原材料生产、建设、拆除及材料处理共 4 个阶段。Cole 在将建筑的生命周期分为原材料生产、利用原材料建成建筑雏形、建筑的装修和维护、废弃及拆除 4 个阶段的同时，还将第 1 阶段划分为人工运输、材料运输、大型设备运输、定点施工设备消耗共 4 个部分，以研究不同性质建筑的碳排放构成。Gerilla 等在研究时忽略了原材料的生产阶段，主要考虑了建设施工、维护、废弃处理共 3 个阶段。Bribian 等根据住宅建筑的使用过程，将生命周期分为了生产、建设、使用和废弃 4 个阶段，并且为了更简便地操作生命周期分析，将其直接概括为了建设和使用两大部分。

2. 铁路建设的评价范围和对象

铁路建设过程包括原材料开采、建设材料、设备生产、配件加工、建设施工安装等阶段。建筑生命周期，即建筑产品的整个过程包括原材料开采、建设材料、设备生产和构件加工制造、建筑工程施工安装、运行维护及拆除处置等阶段。

对比铁路建设行业和建筑行业的各自特点，发现它们在某些方面具有相似性，比如施工前原材料的生产、材料运送、建设施工过程等。而且材料类型和能源消耗也颇为相似，比如重要的混凝土、钢材、柴油、汽油、电力和人员配置等。通过对比二者各自特点，基于生命周期评价法对铁路建设过程中的碳排放做出一个评价体系是可行的，据此建立铁路建设生命周期二氧化碳排放评价框架和方法。

铁路建设生命周期的二氧化碳排放是指把它的全生命周期看成一个系统，该系统由于消耗能源、资源会向外界环境排放二氧化碳。铁路建设生命周期的二氧化碳排放来源如图 5-1 所示。

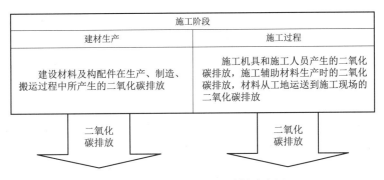

图 5-1　铁路建设二氧化碳排放来源

铁路建设生命周期碳排放评价范围和对象位于铁路建设生命周期系统边界内部，应包含形成工程实体的一系列中间产品和单元过程组成的集合，包括材料生产和构配件加工、运输、施工与安装，如图 5-2 所示。

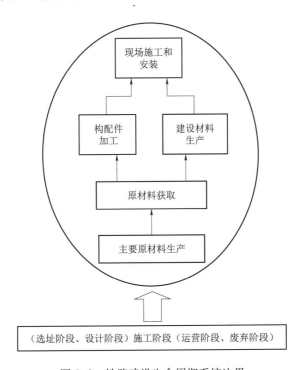

图 5-2　铁路建设生命周期系统边界

铁路建设规划设计阶段不产生实物二氧化碳排放，使用阶段的二氧化碳排放属于铁路运营部分，铁路建设分为建材生产和施工阶段两个部分。其中，建设材料的碳排放并非是建设材料在使用过程中会释放二氧化碳气体，而是由于建设材料的生产过程消耗电力、煤、石油、天然气等能源而释放出大量的气体。这部分隐含碳虽然在整个城市或国家层面的碳排放计入时，归为工业生产领域中而不列入建筑范畴，为避免重复，建设领域内不再计入。但是，在就建设产品单体的碳排放计量和对比时，为保证建设产品单体碳排放比较的完整性，也应列入该部分碳排放，便于满足低碳建设全过程的内涵要求，还可监督铁路建设过程中的建材选用。

3. 铁路建设生命周期的功能单位

铁路等级标准不一，地区不同，材料使用与运送距离、机械器具的使用量相差很大，直接导致二氧化碳排放量差别很大。与此同时，技术等级标准不同，铁路的种类对评价结果影响很大，因此仅给出一条铁路建设过程总的二氧化碳排放量缺乏可比性，需要建立一个横向可比较的评价机制。用每公里铁路建设产生的二氧化碳排放量作为评价指标，可以有效消除由于铁路规模、地区不同带来的影响，可使评价结果之间具有一致性和可比性。因此，铁路建设生命周期二氧化碳排放的功能单位为单位公里的二氧化碳排放量。

4. 铁路建设评价的计算流程

铁路建设工程规模大、参建单位多、战线长、人员结构复杂、工期有不确定性、线路施工程序繁多，如何从中找出一条清晰明了的主线来为二氧化碳排放评价提供数据来源依据，使结果不多算、不漏算则需要开展一定的研究。研究基于《铁路工程概预算定额》按单项概（预）算、综合概（预）算、总概（预）算三个层次逐步完成，在评价铁路建设过程二氧化碳排放时，也可以按照分项工程、单位工程、单项工程三个层次这条主线来逐步进行计算。比如一条铁路可以分为几个标段，标段下面分为多个单位工程；比如一座桥梁又可以分为桥墩、简支梁等分项工程。《铁路工程概预算定额》编制内容包括人工费、材料费、施工机械使用费、运杂费等，铁路基本建设工程的概（预）算费用，按不同工程和费用类别划分为 4 部分，共 16 章 34 节，编制概（预）算采用统一的章节表。根据《铁路工程概预算定额》利用已经编制好的人工费、材料费、施工机械使用费和运杂费，推算出分项工程的人工量、材料量、机械使用量和运杂消耗量，进而计算各自二氧化碳排放。推算过程如图 5-3 所示。

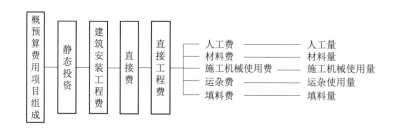

图 5-3　项目概预算费用

根据编制好的章节表格对分项工程、单位工程顺序进行计算和汇总，这样一来，分部分项工程的二氧化碳排放均可实现有数据依据，主线清晰明了，计算框架流程如图 5-4 所示。

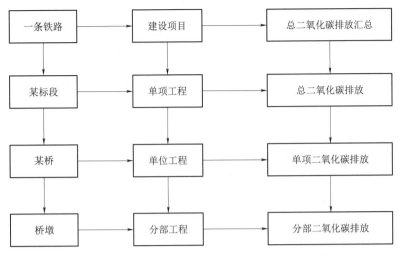

图 5-4　铁路建设计算流程图

5. 数据来源

（1）二氧化碳排放核算范围的确定准则

符合下述准则之一的材料、设备计入二氧化碳排放评价范围。

① 质量准则。将施工过程消耗的所有材料按质量大小排序，累计质量占总体材料质量 80% 以上的材料计入评价范围。

② 造价准则。将建设工程消耗的所有材料按造价大小排序，累计造价占总体材料造价 80% 以上的材料计入评价范围。

③ 能耗准则。将建设工程各阶段所有机械、设备按能源消耗大小排序，累计达到相应阶段能源消耗 80% 以上的机械、设备计入评价范围。

（2）数据清单

数据来源于施工方案和工程量清单，按照上述确定的准则，主要二氧化碳排放来源包括材料（水泥、钢材）使用、运输，以及大型机械（架桥机、回旋钻、混凝土罐车）。

6. 清单分析

清单分析是生命周期过程物质和能量的一般化阶段，是对产品在其整个生命周期的资源、能源进行的数据量化分析。清单分析方法主要有三类：基于过程的清单分析、基于经济投入产出分析的清单分析和混合清单分析。本书结合铁路施工特点采用基于过程的清单分析。

基于过程的清单分析以过程分析为依据，将研究产品在其边界范围内划分为一系列过程，通过对各个单元过程的输入、输出分析，建立相应的数据库，并按照研究产品与各个分单元过程的内在关系，建立以功能单位表示的系统清单。清单分析的内容与步骤如图 5-5 所示。

图 5-5 中各种量的含义及计算方法如下。

（1）人工量

人工量是指直接从事建筑安装工程施工的生产需要的工人数量，还包括机械司机、材料采购人员、施工管理人员及企业管理人员。

$$人工量 = \sum (定额人工消耗量_i \times 人均二氧化碳排放)$$

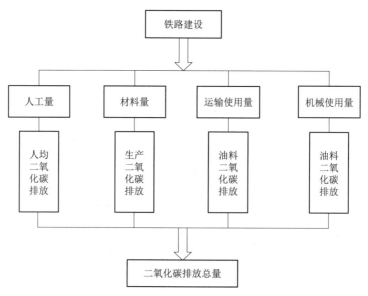

图 5-5　清单分析的内容与步骤

（2）材料量

材料量是指按施工过程中耗用的构成工程实体的原材料、辅助材料、构配件、零件和半成品的用量。

$$材料量 = \sum（定额材料消耗量_i \times 单位材料二氧化碳排放）$$

（3）运输使用量

指材料自来源地（生产厂或指定交货地点）运至工地所发生的二氧化碳排放，包括运输过程、装卸过程及其他有关运输过程等，主要包括水泥、木材、钢材等材料的运输。

单项材料运输量分析如下：

$$某材料厂\begin{pmatrix}火车数 \times 公里数 \times 每公里二氧化碳排放量\\汽车数 \times 公里数 \times 每公里二氧化碳排放量\end{pmatrix}施工现场$$

（4）机械使用量

机械使用量包括进出场量及燃料动力量。

$$机械使用量 = \sum（燃料动力定额消耗量_i \times 单位燃料二氧化碳排放量）$$

7. 铁路建设二氧化碳排放量计算

能源消耗排放清单采用政府间气候变化专门委员会提出的环境排放因子，因此根据 2006 年《IPCC 国家温室气体清单指南》中能源部分所提供的基准方法，选用计算方法如下：

$$A_i = \sum B_i C_i \tag{5-4}$$

式中：A_i 为材料能源 i 的二氧化碳排放量；B 为材料能源 i 的消费量；C 为材料能源 i 的二氧化碳排放系数；i 为材料能源种类。

8. 铁路建设项目二氧化碳排放因子选择方法

从收集的资料看，较多机构对四大主要能源二氧化碳排放因子进行了测定，但每个机构提出的二氧化碳排放因子，因其实验条件、实验方法等不同而存在差别。以下介绍了三种选择能源二氧化碳排放因子的方法。

第一，查看机构提供的常用或主要能源的二氧化碳排放因子，从这些机构中选择一个权威机构，使用该机构测定的全部数据。这种方法的优点是简便且不用进行数据处理，缺点是选择机构的权威性及测定数据来源的准确性很难判断。该方法适用于提供因子较多且测定方法比较详细的权威机构。

第二，一种能源二氧化碳排放因子由多个不同机构提供，对提供该能源二氧化碳排放因子的所有机构的数据进行分析比较，去掉离散性较大的数据，其余数据求和后求取平均值，用平均值作为该种能源的二氧化碳排放因子。由于取的是全部机构的平均值，可减少不同机构测定结果的偏差。

第三，对于一种能源，研究国内项目时，将国内权威研究机构测定结果的平均值作为该能源的二氧化碳排放因子；研究国外项目时，按国际机构测得的平均值来计算。

以上列出了选择二氧化碳排放因子的三种方法，并分析了其优、缺点。在评价某个以具体建设项目二氧化碳排放量来选择二氧化碳排放因子时，可权衡以上方法的优、缺点，并根据具体情况，具体选择使用，力求计算的合理性和准确性。

依据以上的数据来源综述和选择方法介绍，本研究采用如下选择方法：数据来源单一的因子直接取原始数据为计算因子；数据来源达到两个或两个以上的，取它们的平均值作为计算因子。以此得出了铁路建设过程中所需材料和能源的二氧化碳排放因子，如表 5-3 所示。

表 5-3　各种材料和能源的二氧化碳排放因子

材料和能源	计算排放因子	排放因子	单位	数据来源
人	14.405		kg/（人·日）	《联合国千年发展目标 2011 报告》
汽油	0.554		kg/kg	《IPCC 国家温室气体清单指南》
柴油	0.592		kg/kg	《IPCC 国家温室气体清单指南》
原煤	0.756		kg/kg	《IPCC 国家温室气体清单指南》
木材	0.200		kg/kg	《一种改进的环境影响评价方法及应用》
土地	1.600		kg/m²	《土地利用对生态系统碳源的影响研究》
电	0.273	0.26	kg/（kW·h）	中国工程院
		0.269	kg/（kW·h）	DOE/EIA
		0.29	kg/（kW·h）	日本能源经济研究所
水泥	0.616	0.653	kg/kg	《水泥生产企业二氧化碳排放量的计算》
		0.507	kg/kg	IPCC 联合国政府间气候变化专门委员会
		0.8	kg/kg	《绿色奥运建筑评估体系》
		0.502	kg/kg	《GHG Protocal 温室气体盘查议定书》
钢材	1.427	1.06	kg/kg	IPCC 联合国政府间气候变化专门委员会
		1.22	kg/kg	《GHG Protocal 温室气体盘查议定书》
		2	kg/kg	《绿色奥运建筑评估体系》

5.2.4　铁路工程定额的二氧化碳排放量计算

《铁路工程预算定额》是标准轨距铁路工程专业性的全国统一定额。铁路工程定额体系由专业定额、工期定额和费用定额构成，其中专业定额包括预算定额、概算定额、概算指标和估算指标。该定额适用于新建和改建铁路工程，该定额按专业内容分为13个分册：第1册为《路基工程》，第2册为《桥涵工程》，第3册为《隧道工程》，第4册为《轨道工程》，第5册为《通信工程》，第6册为《信号工程》，第7册为《电力工程》，第8册为《电力牵引供电工程》，第9册为《房屋工程》，第10册为《给排水工程》，第11册为《机务、车辆、机械工程》，第12册为《站场工程》，第13册为《信息工程》。

为避免重复，属专业间通用的定额子目，只编列在其中一个分册内，使用时可跨册使用。各册定额工程的划分，不涉及专业分工。

所谓"站前工程"，主要包括路基、桥涵、隧道、轨道及站场建筑设备工程。其余专业工程，简称为站后工程。

铁路工程预算定额把铁路工程项目分为13个章节，每个章节详细列出了不同单体工程的材料用量、机械用量和人员用量等。铁路建设项目二氧化碳排放评价主要考虑的也是施工材料量、机械量和人员量等，依据定额中的基础数据结合铁路建设项目二氧化碳排放因子和公式可以计算出每个单体工程的二氧化碳排放。这说明根据工程预算定额中的数据，对铁路建设过程的各个分项进行二氧化碳排放量计算是有依据的，是可行的。各个单体工程二氧化碳量的计算，建立在基础数据的日积月累上，进而将整个铁路工程定额13个章节中分部分项工程的二氧化碳排放一一算出。随着国家对二氧化碳排放的重视，铁路行业作为二氧化碳排放来源的一部分，也应制定相应的二氧化碳排放评价管理体系，铁路工程定额和评价管理体系的主要控制因子是材料量、机械量和人工量。把各个单体工程的二氧化碳排放量写入到定额中，就形成了铁路工程项目二氧化碳排放评价管理体系，利于管理部门监督、考核施工企业在施工过程中的二氧化碳排放情况。由于铁路工程预算定额数据量比较庞大，这里只选取了章节中的一个分项工程进行二氧化碳排放计算，举例说明方法的可行性。

根据以上计算方法，选取了《铁路工程预算定额》第1章"下部工程"第1节"挖基及抽水"第一个分项"挖基坑"，选取了机械方式挖基坑，表5-4中的原始数据来源于铁路工程预算定额中，根据能源二氧化碳排放量公式和表5-3中的基础数据计算，得到机械挖土方二氧化碳排放量，结果如表5-5所示。

表5-4　机械挖土方 10 m³ 定额

机械挖土方、淤泥、流砂				
工作内容：挖运至基坑外20 m，包括近坑底标高0.5 m以内的土方以人工挖运，坑壁及坑底修整				
定额编号		QY-17	QY-18	QY-19	QY-20
项目	单位	挖土方　基坑深<6 m		机械挖淤泥	机械挖流砂
		无水	有水		
基价	元	43.72	49.05	58.35	58.9
人工费		9.35	10.46	2.45	2.89
材料费		0.11	0.12	0.24	0.24
机械使用费		34.26	38.47	55.66	55.77
重量	t	0	0	0	0
人工	工日	0.42	0.47	0.11	0.13

续表

项目	单位	挖土方　基坑深<6 m		机械挖淤泥	机械挖流砂
		无水	有水		
其他材料费	元	0.11	0.12	0.24	0.24
履带式液压挖掘机	台班	0.05	0.05	0.08	0.9
履带式推土机机	台班	0.03	0.04	0.05	0.04

表 5-5　机械挖土方 10 m³ 二氧化碳排放量

机械挖土方、淤泥、流砂

工作内容：挖运至基坑外 20 m，包括近坑底标高 0.5 m 以内的土方以人工挖运，坑壁及坑底修整

定额编号		QY-17	QY-18	QY-19	QY-20
项目	单位	挖土方　基坑深<6 m		机械挖淤泥	机械挖流砂
人工小时数	h	3.36	3.76	0.88	1.04
机械 1 消耗柴油量	kg	1.684	1.684	2.694	30.312
机械 2 消耗柴油量	kg	1.01	2.159	2.699	2.159
人工二氧化碳排放量	kg	6.050	6.77	1.584	1.872
机械 1 二氧化碳排放量	kg	5.009 3	5.009	8.014	90.167
机械 2 二氧化碳排放量	kg	3.005 5	6.424	8.03	6.424
总的二氧化碳排放量	kg	14.065	18.203	17.62	98.464

5.3　铁路建设项目二氧化碳计算与宏观预测

5.3.1　铁路建设占用土地计算

土地利用/覆盖变化（Land Use/Cover Change，LUCC）是除了工业化以外，人类对自然生态系统的最大影响。铁路建设主要的碳排放源来源于人员、机具和材料的使用，同时建设用地也有相当大的贡献。铁路项目建设，使大量原来作为碳汇的植被损坏，使原来能够作为碳中和的农田被占后不能复原。我国建设用地的碳排放强度达到 204.6 t/hm² （CO_2 等量）。

根据现行有关铁路路基设计规范，单线 I 级铁路路基宽度一般为 7～9 m，每千米路基占地一般为 0.67～0.87 hm²，按用地界宽度计算并计入附属工程后的占地为 2.3～2.7 hm²；双线 I 级铁路路基宽度一般为 11～14 m，每千米路基占地一般为 1.1～1.4 hm²，按用地界宽度计算并计入附属工程后的占地为 3.0～3.4 hm²；时速 200 km 及以上客运专线路基宽度一般为 12～14 m，每公里路基占地一般为 1.2～1.4 hm²，按用地界宽度计算并计入附属工程后的占地为 3.0～4.0 hm²。由于铁路建设实际占用土地数量与其经过地区的地形地貌、线路形式（路基或桥隧）密切相关，且站场、机务、车辆、工务、电务等段所设施的布点和占地情况千差万别，因此很难对不同铁路建设项目测算出统一的土地占用指标。一般而言，桥梁、隧道占用土地较少，高填路堤、深挖路堑占地较多；山区铁路桥隧比重大，平原地区桥隧相对较少；快速客运专线、城际铁路桥梁高架线路多，

普通客货混跑铁路桥梁相对较少。综合考虑线路形式不同、占用土地差别以及站段等设施额外占地的因素，单线Ⅰ级铁路占地可按 2.5～3.5 hm²/km 计算，双线Ⅰ级铁路占地可按 3.2～4.0 hm²/km 计算，时速 200 km 及以上客运专线占地可按 3.2～4.2 hm²/km 计算。从项目实际征用土地情况看，京沪、武广、郑西、沪宁、广珠、昌九、甬温、温福、合武、合宁、浦东铁路等客运专线、城际铁路综合用地均为 3～4 hm²/km，井冈山铁路、龙厦铁路综合用地为 3～3.7 hm²/km。

按铁路"十一五"规划确定的五年铁路建设规模计算：新建客运专线、城际铁路 10 000 km，将占用土地约 37 000 hm²；建设其他新线 10 000 km，将占用土地约 33 600 hm²；既有线复线建设 8 000 km，将占用土地约 24 000 hm²。加上既有线电气化改造、集装箱运输系统建设和点线能力配套建设需占用的土地，完成铁路"十一五"规划需要的土地资源总量计算结果为 100 000～110 000 hm²。需要引起注意的是，近年来由于铁路噪声、振动环境影响突出，铁路建设项目环境影响评价中普遍提出了对铁路沿线环境敏感点进行拆迁的措施。拆迁虽解决了部分敏感点的噪声、振动污染，但由于腾出的土地无法有效利用，可能造成大量土地闲置、浪费。沿铁路线每增加 10 m 拆迁宽度，即需多占用土地 1 hm²/km；增加 30～40 m 拆迁宽度将使铁路建设用地总量翻倍，对土地资源造成巨大损失。

5.3.2　铁路建设能耗、物耗二氧化碳排放量计算

根据近年若干铁路建设项目的工程数量和物资消耗设计估算，不同类别铁路建设的能耗、物耗水平差别较大。表 5-6 列出了各类铁路建设项目每亿元投资的主要能耗和物耗，根据能源二氧化碳排放量公式和表 5-6 中的基础数据计算出了各类铁路建设项目每亿元投资的主要能耗和物耗的二氧化碳排放量，如表 5-7 所示。

表 5-6　铁路建设能耗、物耗

建设类别	物资种类						
	钢材/t	水泥/t	木材/m³	汽油/t	柴油/t	原煤/t	电/（10⁶ kW·h）
客运专线	5 700	43 400	790	20	770	3	7.3
城际客运铁路	3 100	16 550	100	2	130	1	6.2
新建铁路	2 050	28 150	310	30	600	3	6.7
既有线复线	1 150	13 100	580	15	490	12	2.7
既有线电气化	550	5 100	30	50	210	10	0.6
枢纽建设	1 200	16 700	180	10	340	10	1

表 5-7　铁路建设的碳排放量

建设类别	物资种类						
	钢材碳排放量/t	水泥碳排放量/t	木材碳排放量/t	汽油碳排量/t	柴油碳排量/t	原煤碳排放量/t	电碳排放量/t	总的碳排放量/t
客运专线	8 133	26 734	79	11	455	2.2	1 992	37 409
客运铁路	4 423	10 194	10	1.1	76	0.75	1 692	16 399
新建铁路	2 925	17 340	31	16.6	355	2.26	1 829	22 499

建设类别	物资种类							
	钢材碳排放量/t	水泥碳排放量/t	木材碳排放量/t	汽油碳排放量/t	柴油碳排量/t	原煤碳排放量/t	电碳排放量/t	总的碳排放量/t
既有线复线	1 641	8 069	58	8.31	290	9.07	737	10 813
既有线电气化	784	3 141	3	27.7	124	7.56	163	4 252
枢纽建设	1 712	10 287	18	5.54	201	7.56	273	12 504

根据得到的数据结果，对每一个类型的铁路建设进一步进行数据处理，其中水泥、钢材和电所占的比重较大，把它们一一单列出来；煤、汽油和柴油所占比例略小，把它们归结为其他能源碳排放，使结果清晰可见、一目了然。

（1）客运专线

分析客运专线的建设情况，其中水泥碳排放量占总量的 71%，钢材碳排放量占 22%，电力碳排放量占 5%，其他能源碳排放量仅占 3%。从中得到，在客运专线建设过程中，碳排放主要是水泥和钢材的二氧化碳排放，约占总量的 93%。

（2）城际客运铁路

分析城际客运铁路的建设情况，其中水泥碳排放量占总量的 62%，钢材碳排放量占 27%，电力碳排放量占 10%，其他能源碳排放量仅占 1%。从中得到，在城际客运铁路建设过程中，碳排放主要是水泥和钢材的二氧化碳排放，约占总量的 89%。

（3）新建铁路

分析新建铁路的建设情况，其中水泥碳排放量占总量的 77%，钢材碳排放量占 13%，电力碳排放量占 8%，其他能源碳排放量仅占 2%。从中得到，在新建铁路建设过程中，碳排放主要是水泥和钢材的二氧化碳排放，约占总量的 90%。

（4）既有线复线

分析既有线复线的建设情况，其中水泥碳排放量占总量的 75%，钢材碳排放量占 15%，电力碳排放量占 7%，其他能源碳排放量仅占 3%。从中得到，在既有线复线建设过程中，碳排放主要是水泥和钢材的二氧化碳排放，约占总量的 90%。

（5）既有线电气化

分析既有线电气化的建设情况，其中水泥碳排放量占总量的 74%，钢材碳排放量占 18%，电力碳排放量占 4%，其他能源碳排放量仅占 4%。从中得到，在既有线电气化建设过程中，碳排放主要是水泥和钢材的二氧化碳排放，约占总量的 92%。

（6）枢纽建设

分析枢纽建设的建设情况，其中水泥碳排放量占总量的 82%，钢材碳排放量占 14%，电力碳排放量占 2%，其他能源碳排放量仅占 2%。从中得到，在枢纽建设过程中，碳排放主要是水泥和钢材的二氧化碳排放，约占总量的 96%。

根据以上六种不同类型铁路形式的数据分析，得到主要的二氧化碳排放量来自于水泥和钢材，两者占总量的 90% 左右；电力和其他能源二氧化碳排放量约占 10%。所以说在铁路建设过程中，水泥和钢材的选材和使用是节能减碳的研究重点和关键步骤。

图 5-6 给出了不同类型铁路建设形式每投资一亿元产生总的二氧化碳排放量，纵向对

比了各个类型铁路建设形式的总体二氧化碳排放量，其中：客运专线建设总的二氧化碳排放量为 37 409. 39 t，城际客运铁路建设总的二氧化碳排放量为 16 399. 92 t，新建铁路建设总的二氧化碳排放量为 22 499. 93 t，既有线复线建设总的二氧化碳排放量为 10 813. 21 t，既有线电气化建设总的二氧化碳排放量为 4 252. 83 t，枢纽建设总的二氧化碳排放量为 12 504. 98 t。其中客运专线基础建设设施较多，水泥和钢材等材料能源用量多，二氧化碳排放量最多；与之相反，既有线电气化建设二氧化碳排放量最少。

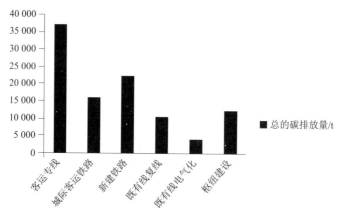

图 5-6　不同类型铁路总的碳排放量

在纵向分析数据的同时，对单项材料能源的二氧化碳排放量与总体的二氧化碳排放量进行横向分析对比，比较单项与总体的相关性与联系。从图 5-7 中可以看出，水泥的二氧化碳排放量与总的二氧化碳排放量相关性比较一致。从图 5-8～图 5-10 中可以看出，钢材、电力和其他能源的二氧化碳排放量与总的二氧化碳排放量相关性比较弱。这说明在铁路建设过程中，建设类型不同，总体二氧化碳排放量不同，各个单项的二氧化碳排放量亦不相同。在铁路建设节能减碳的研究中，水泥的用量比较多，二氧化碳排放量也比较大。因此做好水泥单项的节能减碳工作对铁路建设总体的二氧化碳减排工作有实质性的作用，在今后的研究中要重点关注。

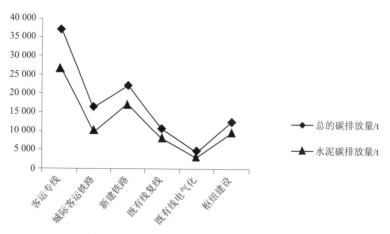

图 5-7　水泥与总的碳排放量的线性分析

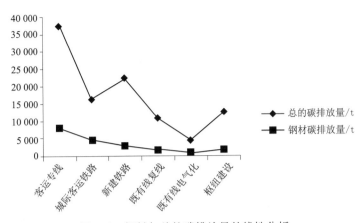

图 5-8　钢材与总的碳排放量的线性分析

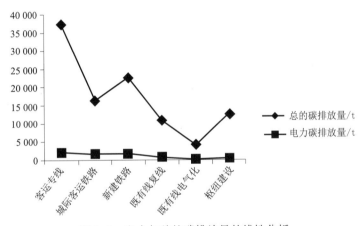

图 5-9　电力与总的碳排放量的线性分析

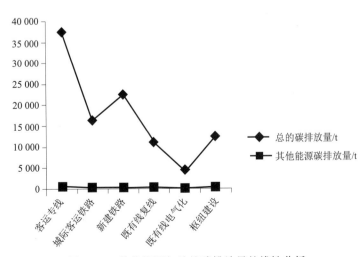

图 5-10　其他能源与总的碳排放量的线性分析

5.3.3 我国近三年铁路建设项目二氧化碳排放量计算

1. 2011 年铁路建设项目二氧化碳排放量计算

根据 2011 年铁道部铁道统计公报公布的数据，得到了 2011 年全国新建铁路共完成投资 4 610.84 亿元。路网大中型项目 310 个，完成投资 4 594.12 亿元。其中，新建铁路完成投资 3 899.05 亿元，既有线扩能改造完成投资 695.07 亿元，分别占总投资的 84.9% 和 15.1%。基本建设全年共投产新线 2 167 km。

（1）新线建设

新建铁路完成投资 3 899.05 亿元。建成京沪、广深等高速铁路共 1 421 km；张家口至集宁、黄桶至织金铁路建设完成；新开工拉萨至日喀则、成都至兰州、吉林至珲春等铁路，建设规模 1 079 km。

（2）既有线改造

既有线增建复线和电气化改造完成投资 392.55 亿元。西格、嘉红、京九等电气化改造项目部分投产。

（3）枢纽建设

枢纽及客站建设完成投资 302.52 亿元。成都新客站、贵阳改貌货运中心建成投产，新开工 11 个项目。

根据近年若干铁路建设项目的工程数量和物资消耗设计估算和铁路建设形式的土地占用情况分析，结合能源与材料的碳排放因子计算出 2011 年我国开通高速铁路建设的二氧化碳排量总体情况。表 5-8 是 2011 年中国高速铁路建设开通情况，根据能源二氧化碳排放量公式和基础数据计算，得到计算结果如表 5-9～表 5-12 所示，最终得到 2011 年铁路建设总的二氧化碳排放为 108 253 956 t。

表 5-8 2011 年开通高速铁路情况

高速铁路线路	通车线路	时速/(km/h)	全长/km	总投资/亿元	主要能耗物耗碳排放量/t	耕地碳排放量/t
京沪高速铁路	北京—上海	350	1 318	2 209	88 603 709	8 435.2
哈大高速铁路	哈尔滨—大连	350	904	923	37 021 830	5 785.6
京石高速铁路	北京—石家庄	350	281	438.7	17 596 399	1 798.4
石武铁路客运专线	石家庄—武汉	350	840.7	1 167.6	46 832 816	5 380.4
广深高速铁路	广州—深圳	350	145	205	8 222 616	928
津秦客运专线	天津—秦皇岛	350	257.4	338	13 557 290	1 647.3
宁杭客运专线	南京—杭州	350	248.9	313.8	12 586 620	1 592.9
杭甬客运专线	杭州—宁波	300	149.9	166.3	6 670 347	959.36
汉宜高速铁路	武汉—宜昌	200	291	200	8 022 065	1 862.4
合蚌客运专线	合肥—蚌埠	300	130.67	97.5	3 910 756	836.28

表 5-9 2011 年高速铁路总碳排放量

线路形式	全长/km	总投资/亿元	能耗物耗碳排量/t	耕地占用/hm²	耕地碳排放量/t	总的碳排放量/t
客运专线	4 627	6 164	247 256 090	18 511	29 618	247 285 708

表 5-10　2011 年铁路建设能耗、物耗碳排放量

线路形式	总投资/亿元	主要能耗、物耗碳排量/t
新建铁路	3 899.05	98 315 639.43
既有线复线	392.55	5 313 461.41
枢纽建设	302.52	4 610 988.664

表 5-11　2011 年铁路建设耕地碳排放量

线路形式	全长/km	耕地占用/hm^2	耕地碳排放量/t
客运专线	2 167	8 668	13 868.8

表 5-12　2011 年铁路建设总的碳排放量

新建铁路 碳排放量/t	既有线复线 碳排放量/t	枢纽建设 碳排放量/t	耕地 碳排放量/t	总的 碳排放量/t
98 315 639	5 313 461	4 610 988	13 868	108 253 956

2. 2010 年铁路建设项目二氧化碳排放量计算

根据 2010 年铁道部铁道统计公报公布的数据，得到了 2010 年全国铁路共完成投资 7 074.59 亿元，比 2009 年多出 1 070.12 亿元，增长 17.8%。其中，新建铁路完成投资 5 612.89 亿元，既有线扩能改造完成投资 1 392.44 亿元，分别占总投资的 79.3% 和 19.7%。基本建设全年共投产新线 4 908.4 km、复线 3 792.4 km、电气化铁路 6 029.7 km；完成新线铺轨 7 514 km、复线铺轨 6 794.4 km，分别比上年增长 38.6% 和 61.3%。

（1）新线建设

新建铁路完成投资 5 612.89 亿元，其中高速铁路项目（含收尾和筹建项目）完成投资 4 415.9 亿元，占路网大中型项目完成投资的 63%。建成投产沪宁、沪杭、广珠、长吉、昌九等高速铁路共 1 554.3 km；新开工沪昆、合福、大西、云桂、兰新等高速铁路，建设规模 8 100 km；太（中）银、包西通道、宜万铁路等区际大能力通道相继于年底建成通车。

（2）既有线改造

既有线增建复线和电气化改造完成投资 753.92 亿元，比 2009 年多出 17.2 亿元，增长 2.3%。南同蒲、新菏充日、蓝烟、达万、长荆等电气化改造和南疆线库轮段、通霍线等复线扩能改造项目建成投产。

（3）枢纽建设

枢纽及客站建设完成投资 638.51 亿元，比 2009 年多出 109.13 亿元，增长 20.6%，29 个枢纽客站项目开工。石家庄货运系统迁建、成都货车外绕线、满洲里国际货场等枢纽建成投产。成都、杭州东、深圳福田、哈尔滨西等客站以及昆明枢纽加快建设。2010 年铁路新开工项目情况如表 5-13 所示。

表 5-13　2010 年铁路新开工项目情况

项目	项目/个	投资总规模/亿元	建设总规模/km		
			Ⅰ线	Ⅱ线	电气化
高速铁路	18	8 974.0	8 129.0	7 933.2	8 213.2
新建铁路	28	2 250.4	4 390.7	2 328.1	3 703.6
复线	21	995.7	631.1	2 045.3	1 818.5
电气化	1	9.9			156.8
枢纽	29	558.9	181.8	173.2	203.2
总计	97	12 788.9	13 332.6	12 479.8	14 095.3

根据近年若干铁路建设项目的工程数量和物资消耗设计估算和铁路建设形式的土地占用情况分析,结合能源与材料的碳排放因子计算出 2010 年我国开通高速铁路建设的碳排量总体情况。表 5-14 是 2010 年中国高速铁路建设开通情况,根据能源二氧化碳排放量公式和基础数据计算,得到计算结果如表 5-15～表 5-18 所示,最终得到 2010 年铁路建设总的二氧化碳排放为 161 499 009 t。

表 5-14　2010 开通高速铁路线路情况

高速铁路线路	开通时间	时速/km	全长/km	总投资/亿元	主要能耗、物耗碳排量/t	耕地碳排量/t
郑西客运专线	2010 年 1 月	350	457	501	20 095 273	2 924.8
福厦铁路	2010 年 4 月	250	273	144.2	5 783 908	1 747.2
成灌高速铁路	2010 年 5 月	200	66	69.87	2 802 508	422.4
沪宁城际铁路	2010 年 7 月	350	300	394.5	15 823 523	1 920
昌九城际铁路	2010 年 9 月	250	131	65	2 607 171	838.4
沪杭城际铁路	2010 年 10 月	350	160	440	17 648 543.22	1 024
长吉城际铁路	2010 年 12 月	250	108	96	3 850 591.248	691.2

表 5-15　2010 年高速铁路碳排放量汇总

线路形式	全长/km	总投资/亿元	主要能耗、物耗碳排量/t	耕地占用/hm²	耕地碳排放量/t	总的碳排放量/t
客运专线	1 495	1 710.57	68 611 520	5 980	9 568	68 621 088

表 5-16　2010 年铁路建设主要能耗、物耗碳排放量

线路形式	总投资/亿元	主要能耗、物耗碳排放量/t
新建铁路	5 612.89	141 530 595.8
既有线复线	753.92	10 204 877.92
枢纽建设	638.51	9 732 124.724

表 5-17　2010 年铁路建设耕地碳排放量

线路形式	全长/km	耕地占用/hm²	耕地碳排放量/t
客运专线	4 908.4	19 633.6	31 413.76

表 5-18　2010 年铁路建设总的碳排放量

新建铁路 碳排放量/t	既有线复线 碳排放量/t	枢纽建设 碳排放量/t	耕地 碳排放量/t	总的 碳排放量/t
141 530 595	10 204 877	9 732 124	31 413	161 499 009

3. 2009 年铁路建设项目二氧化碳排放量计算

2009 年抓住中央加大基础设施投资建设力度、扩大国内需求的难得机遇，相关部门拓宽融资渠道，加大投资力度，加快建设步伐，使铁路建设取得前所未有的显著成绩。全国铁路固定资产投资（含基本建设、更新改造和机车车辆购置）完成 7 013.21 亿元，比 2008 年增加 2 865.79 亿元，增长 69.1%，为"九五"和"十五"投资总和的 80.3%，创历史最高水平，为促进国民经济增长发挥了重要作用。

（1）基本建设投资成效卓著

全国铁路共完成投资 6 005.64 亿元，比 2008 年增加 2 630.1 亿元，增长 77.9%。国家铁路（不含控股合资公司）和合资铁路完成投资 5 971.36 亿元，比 2008 年增加 2 621.66 亿元，增长 78.3%。其中，路网建设大中型项目完成投资 5 966.14 亿元，比 2008 年增加 2 630.69 亿元，增长 78.9%。新建铁路完成投资 4 695.34 亿元，既有线扩能改造完成投资 1 270.80 亿元，分别比 2008 年增长 79.9% 和 75.3%；地方铁路完成投资 34.28 亿元。

（2）一批项目建成投产

武汉至广州、宁波至温州、温州至福州等客运专线，武汉至安康、安康至重庆、乌西至精河增建二线、达成线、黔桂线扩能，重庆、青岛、成都集装箱中心站，那曲物流中心，大同至包头、包头至惠农、洛阳至张家界、横峰至南平及武九和京九铁路电气化，武汉北编组站、北京动车段、大理至丽江、精伊霍、洛湛铁路永州至岑溪、岑溪至玉林、乐坝至巴中、伊敏至伊尔炮、临河至策克铁路等项目建成投产，改善了路网结构和质量，提高了运输能力。全年共投产新线 5 557.3 km、复线 4 128.8 km、电气化铁路 8 448.3 km，分别比上年增长 2.2 倍、1.1 倍和 3.3 倍，均为历史最高。完成新线铺轨 5 461.4 km、复线铺轨 4 063.2 km，分别比上年增长 94.5% 和 83.8%。

（3）一大批项目开工

新开工建设总规模 Ⅰ线 6 612.7 km、Ⅱ线 5 035.1 km、电气化 8 287.6 km，投资总规模 5 278.0 亿元。其中客运专线 14 条，总里程 2 283.8 km，总投资 2 949.9 亿元。

（4）客运专线建设加快

截至 2009 年年底，已累计完成投资 7 875.6 亿元，建成投产 10 条客运专线共计 3 459.4 km。其中 2009 年完成投资 3 774.9 亿元，建成投产武广、甬台温、温福等 5 条客运专线 2 318.9 km。新开工宁安、宁杭、杭甬、成绵乐、柳南等客运专线，建设规模 2 283.8 km。2009 年 12 月 26 日开通运营的武汉至广州客运专线，全长 1 068.6 km，是世界上里程最长的高速铁路，最高时速达 350 km，武汉至广州间 3 小时即达。累计完成投资 1 298.8 亿元（含武汉天兴洲大桥和新广州站），其中 2009 年完成投资 348 亿元。京沪高速铁路（含南京大胜关长江大桥及南京南站相关工程）取得全面攻坚胜利，累计完成投资 1 225.2 亿元，占总投资的 52.6%，其中 2009 年完成投资 640.7 亿元。

（5）推进区际大通道建设

兰渝、南广、太（中）银、包西通道、宜万铁路等区际大能力通道项目建设进度加快。兰渝铁路累计完成投资 141.16 亿元，其中 2009 年完成投资 129.86 亿元，路基土石方、特大中桥、隧道累计完成设计量的 16.8%、15.2% 和 20.5%。太（中）银铁路累计完成投资 281.09 亿元，其中 2009 年完成投资 70.1 亿元，正线铺轨完成设计量的 48.9%。宜万铁路累计完成投资 230 亿元，其中 2009 年完成投资 43.5 亿元，线下工程全部完成，正线铺轨完成 47.1%。

（6）既有线扩能改造效果显著

武安、安重、达成、乌精复线和京九北京至向塘西段、武九、洛张、横南电气化等一批扩能改造项目建成投产，提高了既有线运输能力，缓解了运能不足的压力。沪汉蓉通道达成段是西南地区北部的重要干线，扩能改造累计完成投资 142.43 亿元，经过增建双线和电气化后，与遂渝线共同构成成渝快速客运通道，实现成渝间 2 小时左右到达。京九铁路北京西至向塘电气化段，历时 1 年 5 个月，累计完成投资 90.8 亿元，于 2009 年年底开通，对于提高南北通道的运输能力和服务质量作用明显。全年既有线增建复线和电气化改造完成投资 736.73 亿元，比 2008 年多出 312.83 亿元、增长 73.8%。

（7）枢纽建设取得成效

武汉北编组站、北京动车段、贵阳南编组站、上海动车段、广州动车基地、武汉动车基地等项目全部或部分建成投产，武汉、长沙南等新客站交付使用，缓解了通道"瓶颈"制约。武汉北编组站作为华中地区重要铁路枢纽，投资 36 亿元建成现代化编组站并投入使用，为提高路网运输效率，加快中南与华东地区人员往来和物资交流发挥重要作用。全年枢纽及客站建设共完成投资 534.07 亿元，比 2008 年增加 236.94 亿元，增长 79.7%。

根据近年若干铁路建设项目的工程数量和物资消耗设计估算和铁路建设形式的土地占用情况分析，结合能源与材料的碳排放因子计算出 2009 年我国开通高速铁路建设的碳排量总体情况。表 5-19 是 2009 年中国铁路建设开工情况，根据能源二氧化碳排放量公式和基础数据计算，得到计算结果如表 5-20～表 5-24 所示，最终得到 2009 年铁路建设总的二氧化碳排放为 136 542 336 t。

表 5-19 2009 年铁路新开工项目情况

项目	项目/个	投资总规模/亿元	建设总规模/km		
			I 线	II 线	电气化
复线	26	888.6	631.1	2 375.5	1 753.6
电气化	7	142.9	44.6	0	2 162.2
枢纽	22	421.2	166.5	220.7	204.7
客运城际	14	2 949.9	2 283.8	2 267.6	2 283.8
新建铁路	30	875.3	3 486.7	171.3	1 883.3
总计	99	5 277.9	6 612.7	5 035.1	8 287.6

表 5-20　2009 年开通高速铁路情况

高速铁路线路	开通时间	时速/km	全长/km	总投资/亿元	主要能耗、物耗碳排放量/t	耕地碳排放量/t
石太客运专线	2009 年 4 月	250	190	130	5 214 342	1 216
合武客运专线	2009 年 4 月	250	356	168	6 738 534	2 278.4
甬台温铁路	2009 年 9 月	200	282	155.3	6 229 133	1 804.8
温福铁路	2009 年 9 月	200	298	174.8	7 011 284	1 907.2
武广客运专线	2009 年 12 月	394	1 069	1 166	46 768 639	6 841.6

表 5-21　2009 年高速铁路碳排放量汇总

线路形式	全长/km	总投资/亿元	主要能耗、物耗碳排量/t	耕地占用/hm²	耕地碳排放量/t	总的碳排放量/t
客运专线	2 195	1 794.1	71 961 935	8 780	14 048	71 975 983

表 5-22　2009 年铁路建设能耗、物耗碳排放量

线路形式	总投资/亿元	主要能耗、物耗碳排量/t
新建铁路	4 695.34	118 394 315.1
既有线复线	736.73	9 972 198.255
枢纽建设	534.07	8 140 257.555

表 5-23　2009 年铁路建设耕地碳排放量

线路形式	全长/km	耕地占用/hm²	耕地碳排放量/t
客运专线	5 557.3	22 229.2	35 566.72

表 5-24　2009 年铁路建设总的碳排放量

新建铁路碳排放量/t	既有线复线碳排放量/t	枢纽建设碳排放量/t	耕地碳排放量/t	总的碳排放量/t
118 394 315	9 972 198	8 140 257	35 566	136 542 336

5.3.4　铁路建设项目二氧化碳排放宏观预测方法研究

能源生产（或消费）弹性系数 K 的定义为：K 是能源生产量（或消费量）年均增长率与国内生产总值（GDP）年均增长率的比值。该比值（K）的大小反映能源生产（或消费量）增长与 GDP 增长之间的关系，是衡量能源与环境匹配关系的一项指标，是衡量能源与环境和谐程度与和谐水平的一项指标，也是反映能源与大气环境污染宏观控制的

一项指标。能源生产（或消费）弹性系数 K 值越大，反映能源增长速度快、能源消耗量高，相应地反映排放到大气中的污染物 CO_2 排放量越大，对大气环境的污染就越严重，能源与环境发展越不和谐。相反，能源弹性系数 K 值越小，环境污染越轻，能源与环境发展越和谐。因此，可以选择能源弹性系数 K 作为区域能源与大气环境污染宏观控制的一项指标。

能源弹性系数的计算公式为：

$$K=a_1/a_2 \tag{5-5}$$

式中：K 为能源弹性系数；a_1 为能源年平均增长速度；a_2 为 GDP 年平均增长速度。

能源生产（或消费）弹性系数正常值是 0.5，也就是通常所说的 GDP 翻两番，能源消耗量翻一番。我国 1985—2000 年的能源生产弹性系数除 1985 年为 0.75、1989 年为 1.48 外，其余年份基本上是在 0.5 左右浮动。我国能源消费弹性系数正常值基本上也位于 0.5。

铁路建设项目投资作为 GDP 的一部分，它的增长速度需要与 GDP 的增长速度保持线性一致，才是铁路建设投资健康发展的方向。铁路建设项目每年的发展情况不同，每年的投资额度也在浮动变化，由于每年的 GDP 在不断变化，每年的能源弹性系数也随之改变。依据每年的能源生产弹性系数的变化趋势和 GDP 的变化趋势，预测铁路建设项目的投资发展规模，使铁路建设项目的增长与 GDP 的增长速率一致。

根据铁道部每年公布的铁路建设项目的投资总额数据，结合铁道第四勘察设计院列出了各类铁路建设项目每亿元投资的主要能耗和物耗，可以计算出未来铁路建设项目的二氧化碳排放情况。对比过往几年的建设项目情况，可以指导决策管理部门做出准确的投资额度和建设规模，使整个铁路建设工程朝着健康、安全的方向发展；使铁路建设项目的二氧化碳排放情况得到控制；也使铁路建设项目每年投资额度既不冒进，也不保守，在宏观上有一定的把握。

据相关研究，经济技术进步方案在保证 GDP 年均增长率 5.19% 的基础上对二氧化碳的减排效果较为显著。在经济技术进步条件下，中国近五年的二氧化碳排放强度将集中于（0.85~1.01）万吨/亿元 GDP，均小于基年 1.06 万吨/亿元 GDP 的排放强度，且呈逐年下降趋势。同时采用能源改善方案，减排效果几乎是线性可加的，同时考虑经济技术进步和能源改善因素，能够在保证 GDP 稳定增长的同时实现二氧化碳的减排。因此，铁路建设设计阶段要优先考虑技术进步和可再生能源、节能技术的使用，从而实现低能耗减排。

5.4 郑州至开封城际铁路工程二氧化碳排放量计算

郑州至开封城际铁路郑州东（不含）至宋城路站（含），线路全长约 49.973 km。郑州东站上行联络线，线路长度约 2.524 km。近期开设郑州东、郑信路、绿博园、运粮河、宋城路共 5 个车站。

5.4.1　工程概况

1. 线路地理位置和径路

郑州至开封城际铁路（简称"郑开城际"，下同）位于河南省中原城市群的东部，西起河南省省会郑州市，东至七朝古都开封市。线路西起郑州枢纽的郑州东站，与石武、徐兰客运专线、机场城际铁路衔接，东至开封地区宋城路站，正线线路全长 49.973 km。

2. 线路在国民经济与铁路网中的意义和作用

（1）线路在国民经济中的意义和作用

郑开城际铁路是郑汴一体化的重要基础设施，对郑汴新区规划的实现具有积极的支撑和引导作用，是实现郑州、开封两市功能和产业互补的发展轴，是开封旅游资源开发的催化剂。

修建郑开城际铁路，可大力提升郑州市作为河南省的首位城市和中原城市群核心城市的地位，对于构筑河南省乃至中部地区强劲集聚效应和辐射带动作用的核心增长极，带动中原崛起，进而促进中部崛起，具有十分重要的现实意义和深远的历史意义。

（2）线路在路网中的意义和作用

郑开城际铁路是中原城市群城际铁路网的主骨架之一，该项目的建设，对尽快构建中原城市群城际铁路网，带动铁路技术创新，加快铁路现代化进程具有重要意义。

修建郑开城际铁路，大力发展多线并行的城市群城际铁路交通，使城际铁路、普速铁路、城市轨道交通以及其他运输方式相互衔接和配合，为旅客提供多样化的出行方式，满足多层次的出行需求，是适应全面建设小康社会，满足区域经济一体化快速发展，改善城市群内旅客运输格局，体现运输"以人为本"，实现国家可持续发展战略的需要，也是落实铁路实现跨越式发展思路的需要。

3. 主要技术标准

郑开城际铁路主要技术标准如表 5-25 所示，地理位置如图 5-11 所示。

表 5-25　郑开城际铁路主要技术标准

铁路等级	正线数目	速度目标值/(km/h)	轨道类型	最小曲线半径/m	正线线间距/m	最大坡度/‰	到发线有效长度/m	牵引种类	机车类型	列车运行方式	调度指挥方式
客运专线	双线	200	有砟轨道	2 800（始发站附近行车检算可采用小半径曲线）	4.4	20	450/650	电力	动车组	自动控制	综合调度集中

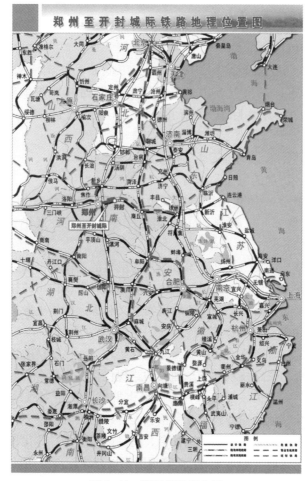

图 5-11　郑开线地理位置

5.4.2　路基单体工程二氧化碳排放量计算

1. 主要工程内容和数量

郑开线路基主要工程内容及数量见表 5-26 和表 5-27。

表 5-26　路基工程数量汇总

序号	工程名称			单位	数量	平均每公里数量	附注
1	路基	路基土石方	普通土	万 m³	0.97	0.55	含过渡段
2			改良土	万 m³	6.75	3.84	
3			级配碎石	万 m³	3.36	1.91	含过渡段
4			AB 组土	万 m³	10.17	5.78	含过渡段
5		边坡加固与防护	合计	万 m³	21.25	12.07	
6			圬工	万 m³	2.42	1.38	含脚墙、支挡工程
7		地基处理	干砌片石	万 m³	0.66		
8			CFG 桩	根	874		
9			搅拌桩	根	43 700		
10			土工格栅	万 m³	20.22		
11			碎石垫层	万 m³	3.4		

表 5-27　路基工程的施工设备

设备名称	规格型号	数量	国别产地	额定功率/kW	生产能力	用于施工部位
挖掘机	R450LC-3	4	中国常州	239	2.1 m³/斗	路基
履带式推土机	TY220	3	中国山东	162	6.4 m³	路基
平地机	PY185A	2	中国成都	136	3.66	路基
振动碾压机	YZ25	4	中国长沙	141	72 t	路基
冲击式压路机	XSM250	2	中国徐州	136	65 t	路基
装载机	ZL50C	16	中国柳州	158	3.0 m³/斗	路基
摊铺机	WTD9500C	3	中国天津	142	9.5 m	路基
填料拌和站	WCZ700	1	中国潍坊	90	600 t/h	填料拌制
空压机	3L-10/8	25	中国襄樊	55	10 m³/m	路基
自卸汽车	沃尔沃	30	瑞典	213	20 t	路基
洒水车	EQ1092F	2	中国一汽	103	8 000 L	路基
长螺旋钻机	ZLK800LK	45	中国武汉	130	400 m/d	CFG 桩
深层搅拌桩机	SZB	30	中国广西	45	18 m	搅拌桩
振动压路机	YZS01A	5	中国洛阳	5.91	1 t	路基
碎石破碎筛	150 m³/h	2	中国上海	110	150 m³/h	路基
液压碎土机	YST600	2	中国陕西	118	600 t/h	路基
砂浆拌和机	UJZ-200	12	中国太原	7.4	20 m³/h	路基附属
砂浆搅拌机	HJ250	4	中国成都	5.5	4 m³/h	路基附属
灰浆搅拌机	JZ-350	6	中国太原	5.5	15 m³/h	路基附属

郑开城际铁路正线线路全长 49.973 km，其中路基长 1.76 km，占全线长度的 3.5%。

本线路基设计工点类型主要有：路堤边坡防护、浸水路堤、特殊土路堤（软土及松软土路堤、地基不良低路堤）、不良地质路基（地震液化）、侵限路基等。

2. 路基工程特点

郑开铁路路基全部为填方，路基工程主要有以下特点。

① 所占比重小，正线路基长 1.76 km，占全线长度的 3.5%，工点类型较多。

② 质量标准要求高。高速铁路的高平顺性、稳定性要求路基工程高稳定性、小沉降和沉降匀质性。

③ 路基相关工程施工与四电专业接口协调复杂，需要加强组织和协调，保证接口合理、有序施工。

④ 本线路基全部为填方，借土土源必须采取有效的工程措施，作好环境保护工作。本线部分借土需要改良后方可填筑，改良土施工应尽可能减小对环境的影响。

3. 路基工程重难点工程施工方案

1）工程概况

郑开城际铁路线路路基基床由表层和底层组成，表层采用级配碎石或级配砂砾石填筑，底层采用 A、B 组填料或改良土，总厚度为 2.5 m。基床表层设置干砌片石护肩。全线共设的取土场，实际临时占地预计 283 亩。根据本线路的路基分布情况，在官渡站附近设置集中拌和站 1 处，拌和站租地范围宜为 40 亩左右。

本线路基设计工点类型主要有：路堤边坡防护、浸水路堤、特殊土路堤（软土及松软土路堤、地基不良低路堤）、不良地质路基（地震液化）、侵限路基等。主要工程内容有：路基边坡加固防护、地基加固及路基支挡工程。

本线主要路基为官渡站，里程范围 DK28+235～DK29+948，工点类型为软土、松软土、浸水及液化土路基。地基采用多向搅拌桩结合土工格栅进行加固，路基边坡采用脚墙结合干砌片石或拱形截水骨架防护。

2）施工方法、顺序、措施

（1）路基施工方案

郑开线工程工期紧，质量标准高，工程规模较大，系统接口多，对后续工程影响大，必须采用先进的施工技术，应用科学的组织方法，合理安排施工顺序和选择施工方案，保证技术装备投入，采用机械化施工，保证工期和质量。

路基工程、综合接地、沟槽管线、电化立柱基础、声屏障基础等相关工程由路基工程施工单位统一施工，由相关专业单位进行验收，以减少专业接口，保证系统工程质量。

基床表层以下路堤填筑按"三阶段、四区段、八流程"的施工工艺组织施工；基床表层按验收基床底层、搅拌运输、摊铺碾压、检测整修"四区段"，拌和、运输、摊铺、碾压、检测试验、修整养护"六流程"的施工工艺组织施工。

填料摊铺使用推土机进行初平，再用平地机进行平整。级配碎石的摊铺采用摊铺机或平地机进行，顶层采用摊铺机摊铺。

过渡段级配碎石和与其连接段的 A、B 组填料填层、相邻的路堤及锥体同时施工，并将过渡段与连接路堤的碾压面按相同的分层高度同步填筑、均匀压实。路基施工完成后留有6～12 个月的调整期及沉降观测期，进行工后沉降分析。

路基变形监测分四阶段进行。第一阶段：路基填筑期间的监测，主要监测路基填筑期间地基沉降及路堤坡脚边桩位移，控制填筑速率；第二阶段：路基填筑完成后，自然沉落期及堆载预压期的变形监测，直到工后沉降分析可满足轨道铺设要求为止，利用实测数据推算最终沉降量；第三阶段：铺设轨道施工期间的监测；第四阶段：铺设轨道后及试运营期的监测。

（2）施工组织顺序

路基工程一般工序流程：施工准备→基底处理→基床下路基和基床底层填筑→堆载预压→基床表层级配碎石填筑→路基相关工程（声屏障基础、接触网立柱基础、电缆槽）施工→沥青混凝土防水层施工→整理验收。

具体工点的施工计划安排须根据运架梁时间安排及轨道施工时间安排综合考虑。通过运架梁的路基地段，应"先架后压"，控制运架梁的路基地段应优先安排施工。表 5-28～表 5-31 为路基施工各种资源的消耗量。

表 5-28　路基施工中机械消耗的能源量

柴油消耗量/kg	电力消耗量/（kW·h）	汽油消耗量/kg
1 179 153	4 304 695	3 692.31

表 5-29　路基施工中钢材的消耗量

序号	种类	消耗量/kg
1900005	圆钢 Q235-A Φ 6～9 mm	7 899.29
1900012	圆钢 Q235-A Φ 10～18 mm	96 992.64
1962001	型钢	673 058.7
2031054	合金工具钢空心	179.676
2130012	镀锌低碳钢 Φ 0.7～5 mm	1 809.369
2810023	组合钢模板	3 441.376
2810024	组合钢支撑	1 166.81
2810025	组合钢配件	892.227
2811011	铁拉杆	10 364.55
2811012	铁件	2 258.413

表 5-30　路基施工中材料和能源消耗总量

人工/工日	汽油/kg	柴油/kg	木材/kg	电力/（kW·h）	水泥/kg	钢材/kg
371 837	3 692	1 179 153	419 729	4 304 695	53 554 480	798 063

表 5-31　路基施工中材料和能源的碳排量

人工/kg	汽油/kg	柴油/kg	木材/kg	电力/kg	水泥/kg	钢材/kg
5 356 311	2 044	698 176	83 945	1 175 181	32 989 559	1 138 835

　　根据表 5-28～表 5-31 的计算数据，最终整理得到路基施工过程中总的二氧化碳排量为 89 567 428.16 kg。

5.4.3　桥梁工程重难点工程施工方案

1. 桥梁主要工程

郑开线桥梁主要工程内容及数量见表 5-32。

表 5-32　桥梁主要工程内容及数量

设备名称	规格型号	数量	额定功率/kW	生产能力
回旋钻机	KP1500	100	70	Φ1.25～2.0 m
旋转钻机	BG22H	6	20	Φ1.25～2.0 m
泥浆泵	BW-200	50	22	200 L/min
挖掘机	CAT320C	17	103	1 m³
污水泵	150WL130	15	18	
塔吊	TC5015	20	46	80 kN
轮胎式起重机	QLY25	20	164	25 t
制、运、架梁设备				
轮胎式移梁机	ML900-43	2	460	900 t

续表

设备名称	规格型号	数量	额定功率/kW	生产能力
门式提梁机	DQ450 t/36 m	4	160	450 t
900 t 架桥机	DF900	2		900 t
轮胎式运梁车	DCY900	2	448	900 t
轮胎式运梁车	CCJX160	2		160 t
龙门吊	100 T	4		100 t
T 梁架桥机	DF160	1		160 t
龙门吊	DF150	1		150 t
蒸汽锅炉	4 T	3	12.5	4 t
锅炉	2 T	6	7.4	2 t
真空压浆泵	UB4	8	3	
灰浆搅拌机	JZ-350	6	5.5	15
现场制梁设备/套		26		

正线全长 49.973 km，共有特大桥 2 座 47 788.623 延米，联络线特大桥 1 座 2 327.15 延米，合计桥长 50 115.773 延米，其中涵洞 6 座 101.36 横延米。

2. 桥梁工程特点

郑开铁路桥梁主要为跨越河流及道路而设，合计桥长 50 115.773 延米。特大桥所占比重极高，分布密度大，具有工程量大、技术含量高、施工复杂的特点。全线共有连续梁结构约 34 处，1～128 m 提篮拱 1 孔，（11.5+16+16+11.5）m 钢构 1 联。本线属黄淮冲积平原区，跨越多条河渠、城市道路、立交群及公路。

桥梁基础主要采用钻孔桩，桥墩以圆端形实体桥墩为主。跨度大于或等于 20 m 的梁部结构，较多采用双线整孔预应力钢筋混凝土简支箱梁，部分大跨度桥梁采用了预应力混凝土连续箱梁、提篮拱等结构形式。桥梁上部结构简支箱梁的制造、运输、架设是施工组织的关键问题。

由于该项目梁型多样，施工方法有多种选择。本项目大量采用 32 m、24 m 双线整孔箱梁，除架桥机难以到达区段的梁、特殊梁型的梁以及运距较大的梁采用造桥机或支架现浇之外，均采用在制梁场整孔预制、运梁台车梁上运输、架桥机或运架一体机架设的方法施工。

本线重点工程为郑州特大桥及开封特大桥。郑州特大桥（DK14+578.09），桥起点里程 DK000+924.400，终点里程 DK028+235.195，桥梁全长 27 311.2 m。沿线与既有城市道路及郑开大道并行，沿途多处跨越既有城市道路、规划道路及立交群；跨越的河渠主要有东风渠、贾鲁河、石沟等；本桥布设有多孔简支梁及连续梁，合计桥梁孔数 826 孔。开封特大桥（DK40+242.02），起点里程 DK029+947.72，终点里程 DK050+425.14，桥梁全长 20 477.42 m。沿线与郑开大道及既有城市道路并行，沿途多处跨越规划道路及立交群、既有城市道路；跨越的河渠主要有运粮河、马家河、西干渠等；本桥布设有 631 孔简支梁及连续梁。

全线桥梁大量采用双线 32 m、24 m 标准跨简支箱梁，本段线路共有 1 351 孔整孔箱梁，其中 1 313 孔需要采用架桥机架设，其余 38 孔采用现浇法施工。除小半径上简支箱梁和非标准跨简支梁采用支架现浇之外，标准跨简支箱梁均采用区段设场集中预制、运梁车运输、大吨位架桥机或运架一体机架设的施工方法。由于箱梁截面大、自重重，对施工机械的要求较高；预制、运输、安装困难，且工期紧、工程量大，架设作业的时间集中，施工组织难度较大。因此，桥梁上部结构简支箱梁的制作、运架是施工组织的关键问题。

3. 控制工程施工方案

（1）郑州特大桥

本桥沿线属黄淮冲积平原区，桥址范围内地势平坦开阔，多辟为绿化带、农田、果园、鱼塘、村舍等，现规划为郑州开发新区，既有、规划道路众多。桥位紧邻金水东路、郑开大道，交通便利。本桥跨越的主要河流为贾鲁河，该河是郑州市区工业、生活用水第二水源。

施工方法：本桥直线、大半径（半径 $R \geqslant 2\,800\,\text{m}$）$24\,\text{m}$、$32\,\text{m}$ 简支箱梁采用预制架设，靠近本线终点小半径（半径 $R < 1\,000\,\text{m}$）区段直曲线梁以及区间非标梁共 26 孔采用支架现浇。

主跨 $>48\,\text{m}$ 的连续梁采用悬浇施工，主跨 $\leqslant 48\,\text{m}$ 的连续梁采用满堂支架施工，跨越道路采用钢板桩防护，跨既有线悬臂施工采用防电板、搭设防护棚等防护措施。

本桥的施工安排如下：下部工程及早开工，$100\,\text{m}$ 悬浇连续梁在 10 个月内完成。该桥共 735 孔简支箱梁，由中牟箱梁制梁场供梁，架梁工期为 12 个月。为确保工期，中牟箱梁制梁场设置 12 个制梁台座、88 个存梁台座，以保证本桥供梁。

本桥布设有多孔简支梁及连续梁，合计桥梁孔数 826 孔，具体统计如表 5-33 所示。

表 5-33　梁的孔数统计

孔跨类型	孔/联	数量
$32\,\text{m}$ 简支梁	孔	689
$24\,\text{m}$ 简支梁	孔	46
非标简支梁	孔	24
$1 \sim 128\,\text{m}$ 提篮拱	孔	1
（32+48+32）m 连续梁	联	3
（32+48+48+32）m 连续梁	联	1
（40+64+40）m 连续梁	联	2
（40+72+40）m 连续梁	联	2
（48+80+48）m 连续梁	联	2
（58+100+58）m 连续梁	联	1
（75+106+106+75）m 连续梁	联	1
（11.5+16+16+11.5）m 刚构连续梁	联	1
双线变四线 6～32.7 m 道岔区连续梁	联	2

（2）开封特大桥

施工方法：本桥直线、大半径（半径 $R \geqslant 2\,800\,\text{m}$）$24\,\text{m}$、$32\,\text{m}$ 简支箱梁采用预制架设，靠近本线终点附近小半径（半径 $R < 1\,000\,\text{m}$）区段直曲线梁、道岔连续梁以及区间非标梁共 12 孔采用支架现浇。本桥连续梁均采用悬浇施工。

本桥的施工工期安排如下：下部工程及早开工，悬浇连续梁在 10 个月内完成。该桥共 578 孔简支箱梁，由仓寨箱梁制梁场供梁，架梁工期为 9 个月。为确保工期，仓寨箱梁制梁场设置10个制梁台座、90个存梁台座,以保证本桥供梁。

本桥布设有多孔简支梁及连续梁,合计桥梁孔数631孔,具体统计如表5-34所示,桥梁施工如图5-12所示。

表5-34 梁的孔数统计

孔跨类型	孔/联	数量
32 m简支梁	孔	513
24 m简支梁	孔	47
非标简支梁	孔	26
(32+48+32) m连续梁	联	10
(32+48+48+32) m连续梁	联	1
(40+56+40) m连续梁	联	1
(48+80+48) m连续梁	联	1
二线变四线 (4×32) m道岔区连续梁	联	1
二线变四线 (5×32) m道岔区连续梁	联	2
四线 (3×32) m岔区连续梁	联	1

(a)桩基施工

(b)桥墩施工

(c)桥墩施工

(d)架梁施工

图5-12 桥梁施工

5.4.4 桥梁单体碳排放量计算

郑州特大桥单体工程碳排量计算见表5-35～表5-38。

表 5-35 郑州特大桥施工中机械消耗的能源量

柴油消耗量/kg	电力消耗量/kg	煤消耗量/kg	汽油消耗量/kg
3 635 211	93 649 759	13 531	347 916.85

表 5-36 郑州特大桥施工中钢材的消耗量

钢材种类	数量/kg
圆钢 Q235-A Φ 6～9 mm	5 299 742.37
圆钢 Q235-A Φ 10～18 mm	41 222 185.54
圆钢 16Mn Φ 18 mm 以下	17 315 298
螺纹钢 Φ 10～18 mm	39 857 940.75
扁钢 Q235-A	2 572.63
工字钢 Q235-A	2 937.46
槽钢 Q235-A	53 564.20
角钢 Q235-A	2 017 492.15
型钢	155 809.15
预应力钢绞线	7 617 655.97
钢板 Q235-A δ=7～40 mm	1 565 552.06
不锈钢板 δ≤8 mm	917.09
钢丝绳	113 209.64
镀锌钢绞线	5 925.51
镀锌低碳钢丝 Φ 0.7～5 mm	498 997.02
焊接钢管	976 722.36
组合钢模板	350 806.74
组合钢支撑	183 240.23
大钢模板	221 723.43
定型钢模板	1 171 154.21
钢配件	2 965 716.91
钢拱架	33 519.18
钢护筒	3 628 740
钢板桩 16 Mn	2 687 000
铁拉杆	712 075.75
铁件	302 931.92
万能杆件紧固件	29 225
冲钉及辅助铁件	51 222.08
总计	129 043 877.35

表 5-37　郑州特大桥施工中材料和能源消耗总量

汽油/kg	柴油/kg	木材/kg	电力/（kW·h）	水泥/kg	钢材/kg	煤/kg
351 769	3 847 048	4 431 868	93 649 759	423 835 138	129 536 459	13 695

表 5-38　郑州特大桥施工中材料和能源的碳排量

汽油产生/kg	柴油产生/kg	木材产生/kg	电力产生/kg	水泥产生/kg	钢材产生/kg	原煤产生/kg
194 810	2 277 837	886 373	25 566 384	261 082 445	184 848 527	10 352

　　根据表 5-35～表 5-38 的计算数据，最终整理得到郑州特大桥施工过程中总的二氧化碳排量为 787 426 641.4 kg。

5.5　评价指标体系的建立

　　铁路建设工程分四大阶段：（预）可行性研究、初步设计、工程招投标、项目实施。
　　项目（预）可行性研究阶段，主管部门为发展计划司；初步设计阶段，主管部门为工程设计鉴定中心；项目工程招投标、项目实施阶段，主管部门为建设管理司。
　　项目建设单位是建设项目碳排放控制的责任主体，项目设计单位是全过程碳排放控制的基础，项目施工单位依据设计图纸组织施工并按照合同控制碳排放，项目监理单位对工程施工和验工碳排放实施监理，铁道部有关部门按职责分工对全过程碳排放进行审批和监管。铁路工程的建设程序与碳排放环节如图 5-13 所示。

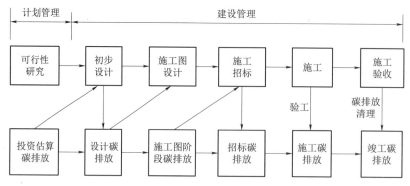

图 5-13　铁路工程碳排放体系框架

　　工程决策是整个碳排放管理的源头，需要科学决策；设计阶段是碳排放管理的基础，需要优化比选，合理选择方案；施工建设阶段是工程碳排放管理的重点，必须精打细算，严格控制。整个工程的碳排放控制过程如图 5-14 所示。

图 5-14　铁路工程碳排放流程

　　关于碳排放控制的程序，国家和铁道部的有关法律、法规和制度中需有明文规定，主要有三个层面：

① 基本建设程序，比如立项、相关的资源环境评审评估，等等，这些主要由部建设司牵头来办；

② 需要报部批准的相关事项，比如初步设计、招标计划、变更设计，等等；

③ 建设单位管理权限内有关事项的办理程序，比如验工，等等。

铁路工程碳排放管理体系主要内容如下。

（1）建设前期

建设前期包括铁路建设工程的预可行性研究、可行性研究和设计阶段（包括初步设计和施工图设计）。

在建设前期，应建立以工程定额和单位碳排放为基础的工程碳排放控制体系，主要适用于铁路建设工程预可行性研究、可行性研究阶段和设计阶段中的碳排放估算和设计碳排放，其作用为初步确定和有效控制工程碳排放。

（2）工程交易期

工程交易期主要指施工图设计完成后，组织招标、投标、评标、定标及签订施工合同的阶段。

在工程交易期，建立以工程量清单碳排放规范为核心的工程交易体系，主要用于规范市场交易行为，便于市场碳排放评定的形成。

（3）工程实施期

工程实施期是指施工合同签订后开始施工到竣工验收的阶段。在工程实施期，要建立以合同管理为重点，以验工为方法的碳排放确定体系。

构建铁路工程碳排放管理体系的指导原则主要包括：

① 编制办法开放稳定；

② 工程定额动态管理；

③ 单位碳排放信息及时发布；

④ 前期后期有机衔接。

根据这些指导原则逐步形成"政府宏观调控，市场形成统一"的格局，使铁路工程碳排放管理体系的建立有据可依。

评价是通过一些归类的指标按照一定的规则与方法，对评判对象的某一方面或综合状况做出优劣的评定。为了使评价结果尽可能的客观、全面、科学，铁路建设低碳排放评价应把社会、经济、生态、资源等作为统一的范畴，从人类社会经济活动同环境相互作用的角度出发来研究问题。

评价指标体系的建立是进行预测或评价研究的前提和基础，建立铁路低碳排放评价指标体系的最终目的是让决策者及时掌握铁路建设和发展的态势。因此，低碳指标的选择应从项目规划、设计施工等阶段综合考虑，针对铁路工程建设所包括的资源、能源的合理利用及环境保护等方面的内容。

5.5.1　碳排放评价指标体系的构建

1. 碳排放指标的选取原则

碳排放指标的选择应建立在以下基础上。

（1）体现污染预防思想

碳排放评价指标的范围不仅要涵盖所有的环境、社会、经济等指标，还需要反映出铁路建设项目实施过程中使用的资源量以及产生的废物量，包括使用能源、水或其他资源的情况。通过对这些指标的评价，能够反映出铁路建设项目通过节约和更有效的资源利用来达到保护自然资源的目的。

（2）容易量化

碳排放评价指标是反映铁路建设项目上马后对环境的影响，指标涉及面比较广，有些指标难以量化。为了使所确定的碳排放指标既能够反映建设项目的主要情况，又简便易行，在设计时要充分考虑到指标体系的可操作性。因此应尽量选择容易量化的指标项，这样可以给碳排放指标的评价提供有力的依据。

（3）数据易得

碳排放指标体系已经纳入"十二五"规划，是为落实 2020 年控制温室气体行动目标而制定的，是一套非常实用的体系。所以在制定的时候，既要考虑到指标体系结构的整体性，又要考虑到体系在使用时是否已获得较全面的数据支持。

同时碳排放指标能够准确反映施工期环境因素的变化和达标情况，具有比较成熟的监测技术；检测的指标简单易行，且具有较高的检测效率。总之，碳排放指标需要具有简洁性、代表性、可量性、可操作性等特点。

为了建立有效的低碳施工评价指标体系，还应遵循下述原则。

（1）简明科学性原则

指标体系的设计必须建立在科学的基础上，客观、如实地反映建筑低碳施工各项性能目标的构成，指标繁简适宜、实用。

（2）整体性原则

构造的指标体系应全面真实地反映低碳建筑在施工过程中资源、能源、环境、管理、人员等方面的基本特征。每一个方面由一组指标构成，各指标之间既相互独立，又相互联系，共同构成一个有机整体。

（3）可比可量原则

指标的统计口径、含义、适用范围在不同施工过程中要相同，保证评价指标具有可比性。可量化原则是要求指标中定量指标可以直接量化，定性指标可以间接赋值量化，易于分析计算。

（4）清洁生产原则

符合清洁生产的思路，即通过生产全过程控制，减少甚至消除污染物的产生和排放，强调在污染产生之前就予以削减，体现污染预防的思想，指标体系的设置完全不考虑末端治理。

（5）科学性与实践性相结合原则

在选择评价指标及构建评价模型时，要力求科学，能够真实地反映低碳施工"四节一保"（节能、节地、节水、节料和环境保护）等诸多方面。评价指标体系的繁简也要适宜，不能过多过细，避免指标之间相互重叠、交叉；也不能过少过简，导致指标信息不全面而最终影响评价结果。目前，施工方式的特点是粗放式生产，资源和能源消耗量大、废弃物多，对环境、资源造成严重的影响，建立评价指标体系必须从这个实际出发。

（6）针对性和全面性原则

这里的针对性原则体现在两个方面：首先，指标体系的确定必须针对整个施工过程，并联系实际因地制宜，适当取舍；其次，针对典型施工过程或施工方案设定评价指标。

（7）指标体系结构要具有动态性

把铁路建设碳排放评价看作一个动态的过程，评价指标体系结构的内容应有不同工程、不同地点、评估指标、权重系数、计分标准发生变化的特性。同时，随着科学进步，不断调整和修订标准或另选其他标准，并建立定期的重新评价制度，使评价指标体系与技术进步相适应。

（8）前瞻性、引导性原则

铁路建设碳排放评价指标应具有一定的前瞻性，与铁路建设碳排放技术经济的发展方向相吻合。评价指标的选取要对铁路建设碳排放未来的发展具备一定的引导性，尽可能反映出铁路建设碳排放今后的发展趋势和发展重点。通过这些前瞻性、引导性指标的设置，引导承包商施工的发展方向，促使承包商、建设单位在施工过程中重点考虑"四节一保"。

（9）可操作性原则

指标体系中的指标一定要具有可度量性和可比较性，以便于比较。一方面，对于评价指标中的定性指标，应该通过现代定量化的科学分析方法使之量化。另一方面，评价指标应使用统一的标准衡量，尽量消除人为可变因素的影响，使评价对象之间存在可比性，进而确保评价结果的准确性。此外，评价指标的数据在实际中也应方便易得。

总之，在进行铁路建设碳排放评价时，必须选取有代表性、可操作性强的要素作为评价指标。所选择的单个评价指标，虽仅反映铁路建设碳排放的一个侧面或某一方面，但整个评价指标体系却能够细致反映低碳施工水平的全貌。

铁路建设碳排放评价是推广铁路建设碳排放工作中重要的一环，只有真实、准确地对铁路建设碳排放进行评价，才能了解铁路建设碳排放的状况和水平，发现其中存在的问题及薄弱环节。在此基础上进行持续改进，使铁路建设碳排放的技术和管理手段更加完善。当然，每个工程所在地点不同、特点不同，其评价指标体系可能会有所不同。如何建立一个完整的、全面反映铁路建设碳排放水平的指标体系，还有待于进一步的研究以及在实际工程的施工评价中继续完善。

2. 铁路建设碳排放分类

铁路建设碳排放评价指标是根据铁路建设的过程和铁路建设的特点确定的，根据建设各部分来分，主要包括线路（路基和桥梁）建设过程、隧道建设过程、客运站建设工程、建设总体人员、施工材料（制造过程消耗能源）、设备机器（燃料消耗）、建设的异地生产和物资的运输几个方面的碳排放指标。

① 路基建设过程的碳排放，主要包括铁路线路建设过程中的混凝土、土石方等生产材料以及压路机、运输车和设备机器等燃料消耗的碳排放。

② 桥梁建设过程的碳排放，主要包括桥梁施工过程中的混凝土、钢材等生产材料，以及机械挖土和架桥机、运梁车等产生能源消耗的碳排放。

③ 隧道建设过程的碳排放，主要包括隧道线路过程中的混凝土、钢材等生产材料，以及机械挖土和照明产生能源消耗带来的碳排放。

④ 客运站建设工程的碳排放，这部分和建筑过程碳排放相同，主要是水泥和钢材等建材的碳排放。

⑤ 建设总体人员，参与建设项目的总体人员基本生存排放量，主要指用于满足基本的

生活和生理需求的碳排放量。

如果按照铁路建筑领域运行区域划分,则包括以下几个部分。

① 建材生产,整个铁路建设过程中使用的水泥、钢材等其他建材生产过程的碳排放。

② 建材及物资的交通运输,可用下式进行计算:

$$D = \sum E_j F_j H_j \qquad (5-6)$$

式中:D 为运输过程 CO_2 总排放量;E_j 代表不同运输类型、不同燃料类型的排放因子;F_j 代表不同运输类型、不同燃料类型交通工具的总换算周转量;H_j 代表不同运输类型、不同燃料类型交通工具单位运输工作量能耗;j 代表交通类型。

③ 施工场地能源消耗,包括线路的路基建设、桥梁建设、隧道建设、客运站建设工程中的能源消耗,计算公式为:

$$A = \sum B_i C_i \qquad (5-7)$$

式中:A 为能源或材料 i 的二氧化碳排放量;B 为材料或能源 i 消费量;C 为材料或能源 i 的二氧化碳排放系数;i 为材料或能源种类。

④ 施工场地的废弃物堆砌及回收,包括线路的路基建设材料和维护,桥梁建设材料和维护,隧道建设、客运站建设工程施工场地的废弃物的碳排放量。

⑤ 能源和燃料的逸散,根据橡树岭国家实验室提出的方法对化石能源燃烧释放的碳排放量进行计算。首先是将省域不同种类化石燃料消耗规模折算成标准煤单位,折算系数采用《中国能源统计年鉴》规定的标准;之后乘以不同类型化石燃料的有效氧化分数及含碳率;最后是以煤燃烧释放 CO_2 的量为基数,乘以相应倍数得到其他类型化石燃料燃烧释放 CO_2 的规模。

⑥ 施工材料的制造过程消耗能源,施工材料主要是水泥释放 CO_2 的量。

⑦ 铁路单位长度碳排放指标,反映的是能源利用效率,可以很好地引导施工单位提高能源利用效率,向低碳转型,但是不能反映各生产部分的能源消耗。

3. 低碳施工评价指标体系的选择和确定

评价指标体系的选择和确定是评价研究内容的基础和关键,直接影响到评价的精度和结果。评价指标体系的建立是进行预测或评价研究的前提和基础,建立低碳铁路评价指标体系的最终目的是让决策者及时掌握铁路建设和发展的态势。因此,低碳指标的选择应从项目前期、设计施工等阶段综合考虑。

目前,国内外进行的碳排放综合评价及其发展标准还存在很多问题和困难,如:社会发展和科技水平悬殊,相关统计资料严重欠缺,或者缺乏相应的计量手段,关于碳排放的统计方法和统计标准严重不一等。这些问题严重制约着当前低碳经济评价研究领域的进一步发展。

低碳施工评价需要加强的措施如下。

① 定性和定量测定材料消耗量、能源消耗量、水资源消耗量、"三废"排放量、对周边环境安全影响、噪声及振动 6 个评价指标。

② 建立低碳施工评价指标体系,包括节地、节能、节约材料与节约资源、节水以及环境保护 5 个一级指标,并进一步细分为施工临时用地选址等 17 个二级指标。根据该指标体系的结构特点,采用二级模糊综合评价方法进行低碳施工评价,评价结论分为 4 个等级。

针对铁路工程建设所包括的资源、能源的合理利用及环境保护等方面的内容,结合铁路工程的特点，设计如表 5-39 所示的铁路建设项目碳排放评价指标体系框架。

表 5-39　铁路建设项目碳排放评价指标体系框架

目标层	准则层	子准则层	指标层
铁路建设项目碳排放评价指标体系	资源利用指标	材料消耗量指标	钢材、水泥
		能源消耗量指标	电、柴油、汽油
		水资源消耗指标	水
		占用土地指标	永久占地、临时用地
		能源的节约指标	电能的节约、燃油的节约、燃煤的节约
		土地的节约指标	土地的节约
		材料的节约指标	钢材、水泥的节约
		水资源的节约指标	水资源的节约
	环境保护指标	投资额度指标和碳排放指标	投资额度，单位 GDP CO_2 排放量，地均 CO_2 排放量，人均 CO_2 排放量
	低碳施工与管理指标	低碳施工指标	人员数量，人员组织，新技术、新工艺的应用，低碳施工组织设计 人员、材料、运输、现场建设废弃物再利用

铁路建设低碳排放评价体系是一个较为复杂的系统工程，本研究采用较为成熟的决策分析方法——层次分析法，对铁路建设低碳排放进行评价分析。该评价体系的特点为多层次、多指标综合评价，根据铁路建设低碳排放的评价指标选取要基于资源、能源的合理利用及环境保护等诸多因素，最终将指标体系分为目标层、准则层和指标层三部分。以低碳建设为目标层，以二氧化碳排放量为目标层的数量考核目标；以资源利用（节能、节地、节材、节水）、环境保护、低碳施工与管理（施工组织）等为准则层，即第二指标；以人员、材料、运输、现场建设废弃物再利用为指标层（第三指标）。采用层次分析法构成三级指标体系，由专家组系统给出各个指标权重，以实际加权得分考核优、良、中、差等级。该监测、考核体系有待在实践中验证其科学性、合理性。

（1）资源与能源利用指标

① 材料消耗量指标，主要考虑节约材料、材料选择及就地取材三个方面。这里的材料包括建设材料、安装材料、装饰材料及临时工程用材。

② 能源消耗量指标，主要考虑能源节约和能源优化。这里所说的能源包括电、油、气、燃气等。

③ 临时用地指标，主要考虑节约施工临时用地指标。

④ 投资额度指标，根据铁道第四勘察设计院给出的各类铁路建设项目每亿元投资的主要能耗和物耗标准，来衡量各个施工企业亿元投资的能耗量和物耗量。

⑤ 水资源消耗指标，主要考虑在施工过程中水资源的节约和用水效率的提高，如：工地应检测水资源的使用，安装小流量的设备和器具。

（2）资源综合利用指标

① 建设垃圾的综合利用。该指标中将重点考察施工现场是否建立了完善的垃圾处理制度，以及对可重复利用建设垃圾的再利用情况。

② 水资源的再利用。在可能的场所采取一定的措施重新利用雨水或施工废水，使工地废水和雨水资源化，进而减少施工期间的用水量，降低水费用。

（3）生态与施工环境指标

① 先进机械装备指标。采用的施工机械将直接影响施工过程对环境的影响，如采用低能耗、环境友好型机械，不但可以提高施工效率，而且能直接为低碳施工做出贡献。在本指标体系中主要考虑在施工中采用的环境友好型机械及一体化作业工程机械的使用情况。

② 低碳施工新技术、新工艺指标。施工新技术的推广应用不仅能够产生较好的经济效益，而且往往能够减少施工过程对环境的污染，创造较好的社会效益和环保效益。

③ 施工现场管理技术。该技术能够从根本上解决施工过程中具体的噪声、粉尘等环境因素的污染问题，主要包括施工工艺选择、工地围栏、防尘措施、防治水污染、大气污染、垃圾回收处理等。

④ 施工废弃物分类处理指标。施工废弃物分类处理能够从根本上解决施工过程中废弃物乱堆、乱放等问题，废弃物分类处理使可再生资源重复利用，不可再生资源及时处理，不污染环境，做好了低碳施工过程中的收尾工作，全方位地落实了低碳施工的应用。

（4）低碳施工环境管理指标

① 环境管理机制。在工程施工过程中，建设单位和施工单位都具有低碳施工的责任。建设单位应该在施工招标文件和施工合同中明确施工单位的环境保护责任，并采用现场环境管理人员、制度与资金多重保障。施工单位应积极运用 ISO 14000 环境管理体系，把低碳施工的创建标准分解到环境管理体系目标中去，建立完善的环境管理体系，并在工程开工前和施工过程中制订相应的环保防治措施和工程计划。

② 供应商认证达标率。主要以承包商、相关的材料及设备供应商是否通过 ISO 14000 认证进行评价。

③ 生态环境恢复。建设施工活动对生态环境会造成一定的负面影响，该评价指标体系将生态环境复原也作为环境管理的指标之一，主要考察竣工后是否采用土地复垦、植被恢复等生态环境复原方法。

（5）社会评价指标

该指标主要考虑工地所在社区居民对工地的评价。

4. 低碳施工指标权重的确定

针对铁路工程建设所包括的资源、能源的合理利用及环境保护等方面的内容，结合铁路工程的特点，设计如表 5-40 所示的指标体系。

表 5-40　低碳施工评价指标体系及权重

指标项			指标权重	
一级指标	权重	二级指标	单项指标权重	总权重
施工技术	0.21	施工机械装备	0.42	0.09
		低碳施工新技术	0.25	0.05
		施工现场管理技术	0.33	0.07

指标项			指标权重	
一级指标	权重	二级指标	单项指标权重	总权重
环境污染	0.2	"三废"处置率	0.17	0.03
		碳排放总量	0.25	0.05
		单位产品碳排放量	0.13	0.03
		碳减排率	0.12	0.02
		单位 GDP CO_2 排放量	0.12	0.02
		生态环境	0.22	0.04
资源消耗	0.23	材料消耗量	0.38	0.09
		能源消耗量	0.25	0.06
		水资源消耗量	0.25	0.06
		临时用地	0.13	0.03
资源再利用	0.15	建设垃圾的综合利用	0.50	0.08
		水资源的再利用	0.50	0.08
低碳施工环境管理	0.13	环境管理机制	0.42	0.05
		有关认证达标率	0.25	0.03
		生态环境恢复	0.33	0.04
社会评价	0.08	工地所在社区居民的评价	1.00	0.08

指标的权重代表着该指标在指标体系中所起的作用，各指标权重值大小的确定是建立评价指标体系工作中的重要一环。目前，确定指标权重的方法有主观赋权法和客观赋权法。在考察了用于综合评判的各种方法后，根据低碳施工指标体系的特点，本课题建议采用专家打分法进行权重的确定，确定过程如下。

（1）选择专家

为了增加权重确定的客观性和科学性，专家成员应该包括从事低碳建设、房地产经济领域的研究学者、开发商、施工企业的管理人员，可以选择 10～15 名。

（2）专家评分

评分的方法有很多种，为了体现出本指标体系中各个指标之间的相对重要关系，可采用 04 评分法。指标的权重代表该指标在指标体系中所起的作用，各指标权重值大小的确定是建立评价指标体系工作中的重要一环，指标项权重计算结果如表 5-41 所示。

表 5-41　资源消耗指标项权重计算结果

	一对一比较结果				得分	权重
	材料消耗量	能源消耗量	水资源消耗量	临时用地		
材料消耗量		3	3	3	9	0.38
能源消耗量	1		2	3	6	0.25
水资源消耗量	1	2		3	6	0.25
临时用地	1	1	1		3	0.13
合计					24	1

（3）指标标准值确定

要对低碳施工进行评价，根据各项指标评价的目的和要求，必须合理地确定各评价指标的标准值或临界值。指标的标准值是评价各单体指标实际状况的参照或标尺，只有确定了合理的标准值，才能将实际发生值与标准值进行对比，考察它们之间的差异，从而对建设过程的低碳施工状况进行评价。目前关于指标体系标准值的确定，并没有统一的方法。本课题在选定单体指标标准值时，遵循以下四个原则：

① 凡已有国家标准的指标，尽量采用规定的标准值，如一些环境指标、废水排放达标率、雨水利用率等；

② 国家没有控制标准的，参考国内较好工地的一些现状值做趋势外推，确定标准值；

③ 参考发达国家的具有良好特色工地现状值或通过专家咨询来确定；

④ 依据现有环境与社会、经济协调发展的理论，力求定量化作为标准值。

5. 指标分值的计算方法

由于各个指标的计量单位大多不相同，各指标体系的权重值和标准值确定后，首先要进行综合评价；其次还要将各类指标的属性值进行无量纲化，转换为评价分值；接着再根据指标体系的评价模型，计算出各指标体系的综合评分值；最后再根据评分值的高低来对低碳施工水平进行评价。

1）单项指标指数计算

单项指标指数（N_i）的计算方法：以该单项指标的标准值为参照值，将其现状值与其相比计算出单项分值。有些单项指标，当指标值越大时，反映低碳施工工作在这个侧面开展得越好，$N_i = X_i / S_i$；而有些指标则相反，越小越好，$N_i = S_i / X_i$。式中：X_i 为指标的现状值，S_i 为指标的标准值。任何指标的最高分值为 1。

2）综合评价指数

根据专家打分法得到的各指标的权重和各项指标值，利用综合评价指数 q 来评价低碳施工的水平，综合评价指数按下式计算：

$$q = \sum N_j W_j \tag{5-8}$$

式中：W_j 为某指标的权重值。q 值的大小反映低碳施工的水平，若 $q \geq 1$，则表明高于或等于评价标准，即低碳施工目标得到了很好的实现；若 $q < 1$，则表明低于评价标准。q 值越小，则说明低碳施工开展得越差。还可以根据 q 值的大小评出达到低碳施工水平的不同等级。

每个工程所在地点不同、特点不同，其评价指标体系可能会有所不同。如何建立一个完整的、全面反映低碳施工水平的指标体系，还有待于进一步的研究以及在实际工程的施工评价中继续完善。

低碳施工管理体系中应该有自评估体系，根据编制的低碳施工管理方案，结合工程特点，对低碳施工的效果及采用的新技术、新设备、新材料与新工艺进行自评估。自评估应该由专门的专家评估小组执行，分阶段对低碳施工方案、实施过程直至项目竣工，进行综合评估，根据评价结果对方案、低碳施工技术进行改进、优化。

3）评价等级

铁路建设项目评价可以分为定性评价和定量评价两大类。设备机器的原材料指标和施工材料的能源消耗在目前的数据条件下难以量化,属于定性评价,可粗分为 3 个等级;人员碳排放、客运站建筑的资源指标易于量化,可做定量评价,可细分为 5 个等级。

（1）定性评价等级

① 高：表示使用原材料的碳排放量大。

② 中：表示使用原材料的碳排放量中等。

③ 低：表示使用原材料的碳排放量小。

（2）定量评价等级

① 清洁建设：有关指标达到本行业的国际先进水平。

② 较清洁：有关指标达到本行业的国内先进水平。

③ 一般：有关指标达到本行业的国内平均水平。

④ 需改进：有关指标达到本行业的国内中下水平。

⑤ 需停止建设：有关指标达到本行业的国内较差水平。

4）评价方法

在铁路建设项目的评价中,定量评价采用标准指数（P_i）法,按评价因子逐项计算出指数值之后,再根据数值的大小评价其排放水平。评价模式如下:

$$P_i = \frac{C_i}{C_s} \tag{5-9}$$

式中：C_i 为碳排放因子实测值；C_s 为评价标准值。

而对于定量评价,可按照等级评分标准分别进行打分,然后分别乘以各自的权重值,最后累计起来得到总分。

根据铁路建设碳排放评价过程的定性评价和定量评价两个部分的均值,基本可以判定建设项目整体所达到的碳排放程度,另外各项分指标的数值也能反映出该建设项目所需改进的地方。

5）评价标准

碳排放评价依据标准体系还在逐渐建立和形成,国际上通常使用和参考的标准为 ISO/TC 207/SC 7 环境管理技术委员会温室气体管理标准化分技术委员会制定的系列标准,以及英国制定的产品碳排放评价标准 PAS 2050。ISO/TC 207/SC 7 从组织、项目和产品的碳排放评价计量方法学以及评价机构能力要求等方面,制定了温室气体排放系列标准,对于铁路建设项目,宜选取 ISO/TC 207/SC 7 制定的系列标准。

为了确保对碳排放量相关信息进行真实和公正的说明,应当遵守下列原则。这些原则既是标准所规定要求的基础,也是应用本标准的指导原则。① 相关性,选择适应目标用户需求的碳源、碳汇、碳库、数据和方法。② 完整性,包括所有相关的碳排放和清除。③ 一致性,能够对有关碳信息进行有意义的比较。④ 准确性,尽可能减少偏见和不确定性。⑤ 透明性,发布充分适用的碳信息,使目标用户能够在合理的置信度内做出决策。

6）铁路建设的低碳施工评价与管理措施

为了能够更好地实现铁路建设的低碳发展,主要给出以下几点建议。

① 政策上来讲,组织有关专家研究铁路建设低碳综合评价指标体系和评价方法,建立健全碳排放的统计标准,加大低碳经济科研力度。

② 研究新兴科学的机械设备、施工材料,以减少铁路和设备修养维护的碳排放。

③ 考虑碳排放控制的多种运输方式组合或者碳排放控制的施工材料和机械设备。采用低固碳、低能耗的绿色建设材料，降低铁路建设全寿命周期内的固碳量。

④ 鼓励就地取材，减少材料在运输过程中的能源消耗及碳排放量。

⑤ 加强国际合作，要多在铁路技术领域开展国际环保合作项目。以新型能源、节能环保材料、环保设备生产、环保技术咨询和研发为重点，吸引不同国家的知名环保企业入驻铁路建设，为铁路建设的低碳发展提供资金、技术、人才等，争取尽快促使我国铁路建设碳排放评价和相关标准规范出台。

5.5.2　铁路建设企业低碳经济发展综合评价体系

铁路建设企业通过低碳经济措施的实施，能够实现能源的节约、环境负荷的降低，给企业带来经济效益和环境效益的双丰收。但对于如何评价企业低碳经济发展水平及状态，以及采用什么评价指标和评价方法，到目前为止，还没有形成统一的见解。基于此，本书对铁路建设企业低碳经济发展的综合评价进行了初步研究，研究结论包括如下几个方面。

① 通过对国内外低碳经济评价方法及现状的分析，总结出企业低碳经济发展评价体系的建立过分依赖于财务指标，评价体系不够"量体裁衣"，评价指标不科学健全，评价目标不够明确，评价指标的制定缺乏社会责任和生态责任的承担。

② 初步构建铁路建设企业低碳经济发展评价体系。基于铁路建设企业的基本生产特征，分别从能源消耗与利用、环境污染与碳排放、经济效益、综合协调、低碳可持续发展潜力五个角度构建铁路建设企业低碳经济发展的综合评价指标。

③ 确定铁路建设企业低碳经济发展综合评价指标体系（如表5-42所示），包括1个目标层、5个准则层和20个指标层。依据铁路建设企业特点、专家经验构造出科学有效的判断矩阵，应用层次分析法构建铁路建设企业低碳经济发展综合评价方法模型。

表5-42　铁路建设企业低碳经济发展综合评价指标体系

目标层	准则层	指标层	指标取值方向
铁路建设企业低碳经济发展综合评价指标体系 A	能源消耗与利用指数 B1	单位产品能耗 C1	−
		单位产品的能源成本额 C2	−
		能源利用率 C3	+
		新能源占总能源比重 C4	+
	环境污染与碳排放指数 B2	"三废"处置率 C5	+
		碳排放总量 C6	−
		单位产品碳排放量 C7	−
		碳减排率 C8	+
	经济效益指数 B3	工业总产值 C9	+
		利润总额 C10	+
		总资产贡献率 C11	+
		成本费用利润率 C12	+

目标层	准则层	指标层	指标取值方向
铁路建设企业低碳经济发展综合评价指标体系 A	综合协调发展指数 B4	单位产值能耗 C13	-
		单位产值的能源成本 C14	-
		单位产值的碳排放量 C15	-
		单位能源的碳排放量 C16	-
	低碳可持续发展潜力指数 B5	低碳技术利用 C17	+
		节能环保标准执行率 C18	+
		低碳经济发展规划 C19	+
		碳排放、统计及检测体系 C20	+

相关指标的含义及计算公式如下。

① 单位产品能耗（单位：吨/件）。单位产品能耗指单位产品所耗费的能源量。计算公式为：单位产品能耗=能源消耗量/产品总产量。单位产品能耗评价的是工业企业在生产经营中能源的使用强度。因为工业企业能源的种类繁多，单位不统一，所以先将各能源消耗转换成标准煤，再进行计算。这里的能源消耗只计算一次能源（包括外购的和自产的），不包括利用一次能源生产出的二次能源。

② 单位产品的能源成本额。这个指标是指每单位产品所消耗的能源成本额。计算公式为：单位产品能源成本投入额=能源投入成本额/总产量。从成本角度分析工业企业能源的投入情况。因为成本等于资源数量与价格的乘积，所以不仅可以将各类资源采用货币单位统计计算，同时也可以从实物量和货币两方面综合评价资源的投入情况。

③ 能源利用率。能源利用效率是指一个体系（国家、地区、企业或单项耗能设备等）有效利用的能量与实际消耗能量的比率。它是反映能源消耗水平和利用效果，即能源有效利用程度的综合指标。计算公式为：能源利用率（%）= 有效能源/实际能源消耗量×100%。

④ 新能源占总能源比重。新能源占总能源比重是指生物质能、水能、风能、太阳能、地热能、潮汐能等可再生能源在消耗能源总量中所占的比例。其计算方法为：生物质能、水能、风能、太阳能、地热能、潮汐能等各种可再生能源之和与能源消耗总量之比。一般而言，可再生能源在能源消耗结构中占比越大，低碳化程度越高，反之则越低。

⑤ "三废"处置率。"三废"处置率是指报告期废水、废气及固体废弃物等的处置量占产生总量的比重。处置量包括了回收利用以及最终处置的、未向自然环境排放的量。计算公式为："三废"处置率=废水、废气及固体废弃物等回收处置量/产生总量×100%。

⑥ 碳排放总量。碳排放总量是指单位区域在某一时期内所排放二氧化碳的总和。按照日本学者茅阳一的 Kaya 公式，即碳排放总量 = 人口×人均 GDP（单位 GDP）的能源用量（能源强度）×单位能源用量的碳排放量（碳强度）。在工业企业内部，则可统计求得。

⑦ 单位产品碳排放量。该指标是指在生产、运输、使用及回收每单位企业产品时所产生的平均温室气体排放量。计算公式为：单位产品碳排放量=企业碳排放总量/企业产品产量。

⑧ 碳减排率。该指标是指企业每年度（单位时间段）二氧化碳排放的减少量与排放总

量的比值。计算公式为：碳减排率＝（上一年度碳排放量-本年度碳排放量）/本年度碳排放总量。

⑨ 工业总产值。工业总产值是以货币表现的工业企业在报告期内生产的工业产品总量。根据计算工业总产值的价格不同，工业总产值又分为现价工业总产值和不变价工业总产值。不变价工业总产值是指在计算不同时期工业总产值时，对同一产品采用同一时期或同一时点的工业产品出厂价格作为不变价。采用不变价计算工业总产值，主要是用以消除价格变动的影响。

⑩ 利润总额。利润总额是一家企业在营业收入中扣除成本消耗及营业税后的剩余。它与营业收入间的关系为：营业利润＝营业收入-营业成本-营业税金及附加-期间费用-资产减值损失+公允价值变动收益-公允价值变动损失+投资收益（-投资损失）。

⑪ 总资产贡献率。该指标反映企业全部资产的获利能力，是企业经营业绩和管理水平的集中体现，是评价和考核企业营利能力的核心指标。计算公式为：总资产贡献率（%）＝（利润总额+税金总额+利息支出）/平均资产总额×12/累计月数×100%。

⑫ 成本费用利润率。该指标反映生产投入与实现利润的对比关系，反映工业投入的生产成本及费用的经济效益，同时也反映企业降低成本所取得的经济效益。计算公式为：成本费用利润率（%）＝利润总额/成本费用总额×100%。

⑬ 单位产值能耗。该指标即能源强度（Energy Intensity），是主要反映技术水平、能源效率的重要指标。单位产值能耗指单位产值或利润所耗费的能源量。计算公式为：单位产值能耗＝能源消耗量/总产值。该指标结合了财务指标评价工业企业能源使用强度，说明企业每单位总产值所消耗的能源量。产业不同，其能源强度不同；行业不同，其能源强度也不相同。指标值越小越好。

⑭ 单位产值的能源成本。计算公式为：单位产值的能源成本-企业能源总成本/企业工业总产值。

⑮ 单位产值的碳排放量。计算公式为：单位产值的碳排放量＝企业碳排放总量/企业工业总产值。

⑯ 单位能源的碳排放量，即碳强度（Carbon Intensity）。计算公式为：单位能源的碳排放量＝碳排放总量/能源消耗量。总量能源种类不同，碳强度差异很大。化石能源中，煤的碳强度最高，石油次之；可再生能源中，生物质能源有一定的碳强度，而水能、风能、太阳能、地热能、潮汐能等都是零碳能源。

⑰ 低碳技术利用。反映低碳技术水平类指标，主要评价核心低碳技术数、R&D从业人员等。可定量评价，也可定性评价。低碳技术水准越高，对低碳产业的支撑力度越大，低碳经济发展的实力与潜力也越强。

⑱ 节能环保标准执行率。该指标反映了企业执行低碳经济的核心能力。一个企业节能环保标准执行得力，则企业低碳经济发展较为顺利；若执行不得力，则低碳经济发展流于形式和口头标语，无法有效地促进企业的可持续发展。

⑲ 低碳经济发展规划。反映企业低碳经济发展的战略及方向，该指标主要是企业为发展低碳经济而制定的政策、文件及规划等。企业低碳经济发展规划越翔实、越明确，则企业低碳经济发展潜力越大。

⑳ 碳排放、统计及检测体系。该指标主要反映企业低碳经济发展检测的健全程度。全

面、合理、有效的碳排放、统计及检测体系是企业发展低碳经济的基本保障。

各分指标权重的确定如表 5-43 所示。

表 5-43　铁路建设企业低碳经济发展综合评价指标体系评价指标权重

目标层	准则层	指标层	权重
铁路建设企业低碳经济发展综合评价指标体系 A	能源消耗与利用指数 B1（0.478）	单位产品能耗 C1（0.528）	0.025
		单位产品的能源成本额 C2（0.201）	0.010
		能源利用率 C3（0.206）	0.010
		新能源占总能源比重 C4（0.065）	0.003
	环境污染与排放指数 B2（0.063）	"三废"处置率 C5（0.549）	0.035
		碳排放总量 C6（0.129）	0.008
		单位产品碳排放量 C7（0.232）	0.015
		碳减排率 C8（0.090）	0.006
	经济效益指数 B3（0.074）	工业总产值 C9（0.103）	0.008
		利润总额 C10（0.140）	0.010
		总资产贡献率 C11（0.480）	0.035
		成本费用利润率 C12（0.277）	0.020
	综合协调发展指数 B4（0.215）	单位产值能耗 C13（0.520）	0.112
		单位产值的能源成本 C14（0.097）	0.021
		单位产值的碳排放量 C15（0.201）	0.043
		单位能源的碳排放量 C16（0.183）	0.039
	低碳可持续发展潜力指数 B5（0.621）	低碳技术利用 C17（0.477）	0.296
		节能环保标准执行率 C18（0.092）	0.057
		低碳经济发展规划 C19（0.227）	0.141
		碳排放、统计及检测体系 C20（0.204）	0.106

环境问题是当今人类社会面临的一个非常严峻的问题，随着环境的日益恶化，越来越多的人开始重视对环境及可持续发展问题的探讨。而以"节能减排"为核心的低碳经济模式是社会可持续发展的必经途径。

由于目前低碳经济发展综合评价还没有一个统一的标准，本研究仅简单地提出一个评价体系，而没有考虑到企业发展的不同时期及类型等问题，没有依据某一类企业的具体情况制定低碳经济发展综合评价体系。因此，所建立的指标体系不可避免地会有遗漏和偏差，指标还需要在实践中进一步地进行校验与修正，以求在理论上有所突破。

低碳经济发展的综合评价还处于萌芽状态，本书对铁路建设企业低碳经济发展综合评价指标体系的构建，以及数学模型的建立尚处于初探阶段，对指标体系进一步丰富和完善，以及对数学模型研究的进一步深入还任重道远。

5.5.3　能源的节约与新技术应用对铁路建设项目低碳评价的影响

铁路建设项目二氧化碳排放评价体系主要依据铁路建设消耗定额，确定各单体工程的人员、材料、机械消耗。把消耗定额作为基准，设置满分为100分，根据各个施工企业的实际能源和材料消耗量，打分评价它们的低碳施工程度。施工企业实际消耗量超过定额的50%，该项不得分；施工企业材料消耗量低于定额的10%，该项亦不得分。施工过程中有可再生资源的利用（如生产混凝土时加入部分粉煤灰替代水泥）和节约材料（在满足施工质量的前提下，尽量降低材料的使用量和需求可替代绿色产品），这样施工企业的评分就相对高些，乘以相应指标的权重值后得分也会相应提高。这说明施工企业的低碳施工水平比较高，管理部门应该适当奖励或者鼓励，利于整个行业二氧化碳减排工作的开展。

郑州至开封城际铁路施工项目，根据现场调研和了解，研究发现了施工过程中的低碳材料替换和新型机械的使用，这些都对铁路建设二氧化碳排放做出了贡献。这样该企业在施工过程中的二氧化碳排放评价得分就相应提高，符合可持续发展的要求。

低碳施工主要体现在最大限度地节约资源（节能、节地、节水、节材）和保护环境、减少污染上，它的推广采用能带来巨大的低碳效应。根据相关资料刊载：北京南站采用的太阳能光伏发电技术，每年可利用太阳能发电18万千瓦时，减排170 t废气，替代65 t标准煤；在太原南站的建设中，中铁建工集团仅一项低碳焊接工艺的使用，就节约钢材337 t，节省成本近200万元，同时还减少了607 t的CO_2排放。另外，中铁十五局集团在郑开城际铁路工程路基施工过程中，设计路基土石方填方用粉土，在满足设计要求的情况下，找到了一种碎石替代普通土作为填方，节约了耕地开挖，保护了土地资源。

在铁路施工过程中，水泥材料使用量非常庞大，研究人员以硅酸盐水泥熟料（含石膏3%～5%）和工业加工过程CO_2排放因子为基本参数，分别换算出4种不同水泥产品CO_2综合排放因子，如表5-44所示。由表中结果可知，掺加了混合材料的普通水泥粉煤灰水泥和矿渣水泥CO_2排放因子相对于硅酸盐水泥减少了20%、40%和60%，每吨水泥分别减少了0.105 t、0.211 t和0.316 t CO_2的排放。郑州至开封城际铁路施工过程中，采购粉煤灰水泥28 791 t。根据这项水泥材料替代技术，根据计算可得，替代后可减少二氧化碳排放量为6 075 t。在保证满足设计要求强度的情况下，可以选择粉煤灰水泥和矿渣水泥替代硅酸盐水泥。在制造混凝土过程中加入粉煤灰和矿渣，粉煤灰和矿渣本身是工业废料，可以进行二次利用，在减少环境污染的同时，降低了混凝土造价成本。

表5-44 不同产品品种CO_2综合排放因子

水泥品种	熟料+石膏	综合因子/（t/t）
硅酸盐水泥	100%	0.527
普通水泥	80%	0.422
粉煤灰水泥	60%	0.316
矿渣水泥	40%	0.211

在桩基开挖过程中，可以采用先进的新工艺、新设备，例如旋挖钻机在国际上的发展已经有几十年的历史，在中国也是在最近四五年才被逐渐认识和应用，成为近年来发展最快的一种新型桩孔施工方法。旋挖钻孔灌注桩技术被誉为"绿色施工工艺"，其特点是工作效率高、施工质量好、尘土泥浆污染少，在施工条件合适的情况下采用旋挖钻机可提高工作效率。郑州至开封城际铁路位于河南省中原城市群的东部，西起河南省省会郑州市，东至七朝

古都开封市。正线线路全长 49.973 km；桥梁比重高，占线路长度的 95.15%。郑开城际铁路全路段桥墩共计 1 528 个，每个桥墩下面需要 8 根桩基作为支撑。如果在施工条件适合的情况下，应当考虑用旋挖钻机替代回旋钻机，根据表 5-45 中数据计算可得，替代后可减少二氧化碳排放量为 1 588 t。

表 5-45　设备比较

设备名称	规格型号	耗油量/（kg/h）	单桩作业时间/h
回旋钻机	KP1500	11.25	23
旋转钻机	BG22H	11.25	3.5

因此，低碳施工的推广不仅能降耗减碳，为人类提供更加舒适的生活空间，而且能够带动诸多相关行业对生产和使用低碳产品的追求。

低碳施工评价是推广低碳施工工作中的重要一环，只有真实、准确地对低碳施工进行评价，才能了解低碳施工的状况和水平，发现其中存在的问题及薄弱环节，并在此基础上进行持续改进，使低碳施工的技术和管理手段更加完善。

5.5.4　铁路工程项目的碳排放控制与管理

铁路工程项目碳排放的控制与管理是一个动态过程，应根据铁路工程项目建设的不同阶段，有重点地实施全过程的控制与评价。通过对铁路工程项目建设各阶段的控制与评价，促进决策部门、设计单位、建设单位、施工单位等加强对铁路工程项目碳排放的控制与管理，使铁路工程项目碳排放确实得到有效的控制，从而不断提高铁路工程项目建设的管理水平。

大规模铁路建设正在全面进行，铁路工程项目建设的监督和管理受到国家和铁路各级管理部门的高度重视，也受到全国各个方面的高度关注。铁路有关管理部门为了加强对铁路工程项目建设的管理，对每个大中型工程项目分别成立了专门管理机构；铁路各级管理部门对建设碳排放进行严格控制；国家、铁路各级建设、审计部门每年分别对铁路工程项目的建设情况，包括对每个项目的工程质量和安全施工情况、建设碳排放的管理等进行检查或控制。

加强工程碳排放的控制与管理，一方面，要求建设单位对工程碳排放的控制与管理贯穿于工程建设的全过程，要在项目决策、项目设计、招标及订立合同、工程施工及工程结算等主要阶段加强对工程碳排放的控制与管理；另一方面，审计部门也应按照各个阶段的不同特点，对工程碳排放的控制和管理进行全过程的审计监督。

一个铁路建设项目，从提出到建成投产使用，一般要经过前期决策阶段、设计阶段、施工阶段和验收使用阶段，其工程碳排放具体体现为初步设计阶段、可行性研究阶段及工程施工阶段。

1. 初步设计阶段碳排放估算

在可行性研究阶段的估算，是在初步可行性研究成果的基础上进行的，是对初步研究的成果更进一步的分析及研究，为建设项目碳排放决策提供依据。

可行性研究阶段是铁路建设项目的关键阶段，并且是工程碳排放控制的先导和关键阶段。同时还应重视工程投资估算的内容是否全面，各项估算的技术经济指标是否正确。然后运用科学研究的成果，对拟建项目的碳排放进行综合分析、论证和决策。通过对与项目有关的市场、经济、技术和风险等各方面进行研究、分析、比较和论证，考察项目建设的必要性、技术的先进性、市场的可容性和适用性以及对社会和环境的影响等，从而对项目的可行性做出全面的判断和评价。

2. 设计阶段碳排放概算

建设项目的设计概算，是根据初步设计方案的内容和范围进行编制，其工程量计算是根据给定的主体布置图和方案图、阐述主要方案的说明书、原理图等进行编制。设计碳排放是项目碳排放控制的最高限额。概算和估算虽然都属于预算的范畴，但二者主要的区别在于占有的依据不同、阶段性不同和作用不同，因此要达到的精确度也不同。

设计概算应是碳排放控制的最高限额，一般不得突破。它是将来实施工程投资划块包干的依据。对于铁路建设工程的初步设计阶段，业主应向设计单位明确地表达其碳排放管理的办法和思路。例如，业主在大型工程初步设计阶段就向设计单位提供"初步设计概算编制原则"，明确在初步设计阶段工程概算编制的定额依据，准确确定机械使用量、人工量、材料量。

3. 工程施工阶段

工程施工阶段是整个工程碳排放控制的实施阶段，它的重心是掌握完整、全面的资料。根据设计阶段的碳排放进行施工和控制，努力在过程中采取先进措施及技术减少碳排放。

在工程建设过程中，对于投资额大、施工周期长的工程，可以根据施工的先后顺序，对工程碳排放的控制分为前期、中期和后期三部分。前期碳排放部分工程管理部门可通过招标及合同条件等手段来进行控制；后期通过竣工结算来控制；进行中期控制可以起到工程施工中碳排放控制的目的。

工程碳排放的控制与管理是一个从决策阶段到竣工阶段的全过程，任何环节都缺一不可。为了实现预期的碳排放目标，充分发挥环境效益，只有在对工程进行全过程碳排放控制的同时抓住其中的关键和重点，并采取灵活必要的措施，才能达到目的。控制工程碳排放不仅是防止投资突破限额，更积极的意义是要促进建设、施工、设计单位加强管理，使人力、物力、财力等有限的资源得到充分的利用，减少或避免建设碳排放的随意增加，最终取得最佳的经济效益、环境效益和社会效益。

4. 组织管理

建立低碳施工管理体系就是低碳施工管理的组织策划设计，能够制定系统、完整的管理制度和低碳施工的整体目标。在这一管理体系中有明确的责任分配制度，项目经理为低碳施工第一责任人，负责低碳施工的组织实施及目标实现，并指定低碳施工管理人员和监督人员。

（1）管理体系

施工项目的低碳施工管理体系是建立在传统的项目结构基础上的，融入了低碳施工目标，并且能够制定相应责任和管理目标以保证低碳施工开展的管理体系。目前的工程项目管理体系依照项目的规模大小、建设特点以及各个项目自身特殊要求的不同，分为职能组织结构、线性组织结构、矩阵组织结构等。低碳施工思想的提出，不是采用一种全新的组织结构形式，而是将其当作建设项目中的一个待实施的目标来实现。这个低碳施工目标与工程目标、成本目标及质量目标一样，都是项目整体目标的一部分。

（2）具体措施

在项目部下设一个低碳施工管理委员会，作为总体协调项目建设过程中有关低碳施工事宜的机构。委员会中可以包括建设项目其他参与方人员，以便吸纳来自项目建设各个方面的低碳施工建议，并发布低碳施工的相关计划。

在各个部门中任命相关低碳施工联系人，负责该部门所涉及的与低碳施工相关的任务的处理。在部门内部指导员工具体实施，对外履行和其他部门及低碳施工管理委员会的沟通。

以低碳施工管理委员会各部门中的低碳施工联系人为节点，将位于各个部门的不同组织层次的人员都融入低碳施工管理中。

（3）责任分配

低碳施工管理体系中，应当建立完善的责任分配制度。项目经理为低碳施工第一负责人，由其将低碳施工相关责任划分到各个部门负责人，再由部门负责人将本部门责任划分到部门中的个人，保证低碳施工整体目标和责任分配。具体做法如下。

在项目组织设计文件中应当包含低碳施工管理任务分工表，编制该表前应结合项目特点对项目实施各阶段的与低碳施工有关的质量控制、进度控制、信息管理、安全管理和组织协调管理任务进行分解。管理任务分工表应该能够明确表示各项工作任务由哪个工作部门负责，由哪些工作部门参与，并在项目进行过程中不断对其进行调整。主要低碳施工管理任务的表格形式，如表 5-46 所示。

表 5-46　低碳施工管理任务

部门 任务	项目经理部	质量控制部	进度控制部	信息管理部	安全管理部
低碳施工目标规划	决策与检查	参与	执行	参与	参与
与低碳施工有关的信息收集与整理	决策与检查	参与	参与	执行	参与
施工进度中的低碳施工检查	决策与检查	参与	执行	参与	参与
低碳施工质量控制	决策与检查	执行	参与	参与	参与

（4）管理职能分工

管理职能主要分为四个，即决策、执行、检查和参与。应当保证每项任务都有工作部门或个人负责决策、执行、检查及参与。

针对由于低碳施工思想的实施而带来的技术上和管理上的新变化和新标准，应该对相关人员进行培训，使其能够胜任新的工作方式。

在责任分配和落实过程中，项目部高层和低碳施工管理委员会应该有专人负责协调和监控，同时可以邀请相关专家作为顾问，保证实施顺利。

（5）项目内外交流方式

低碳施工管理体系还应当具有良好的内部和外部交流机制，使得来自项目外部的相关政策信息以及内部的低碳施工执行情况和遇到的问题等信息能够有效传递。交流过程中，各个部门提供和吸收有效信息，并由低碳施工管理委员会统一指导和协调。

5. 规划管理

（1）编制低碳施工方案

低碳施工方案策划属于施工组织设计阶段的内容，分为总体施工方案策划及独立成章的低碳施工方案策划，并按有关规定进行审批。

（2）总体施工方案策划

建设项目施工方案设计的优劣直接影响到工程实施的效果，要实现低碳施工的目标，就必须将低碳施工的思想体现到方案设计中去。同时根据建设项目的特点，在进行施工方案设计时，应该考虑到如下因素。

① 建设项目场地上若有需拆除的旧建设物，设计时应考虑到对拆除材料的利用。对于可重复利用的材料，拆除时尽量保持其完整性，在满足结构安全和质量的前提下运用到新建设项目中去。对于不能重复使用的建设垃圾，也应当尽量在现场进行处理，如利用碎砖石混凝土铺设现场临时道路等。实在不能在现场利用的建设废料，应当联系好回收和清理部门。

② 主体结构的施工方案要结合先进的技术水平和环境效应来优选。对于同一施工过程有若干备选方案的情况，尽量选取环境污染小、资源消耗少的方案。分项施工应当积极采用目前不断涌现出的具有显著节能环保效果的施工技术，例如钢筋的直螺纹连接方式、新型模版形式等。

③ 积极借鉴工业化的生产模式。把原本在现场进行的施工作业全部或者部分转移到工厂进行，现场只进行简单的拼装，这是减少对周围环境干扰最有效的方法，同时也能节约大量材料和资源。建设项目可以根据自身的工程特点，采用不同程度的工业方式，比如叠合楼板和叠合梁等。

④ 吸收精益生产的概念，对施工过程和施工现场进行优化设计。精益思想倡导的是"无浪费、无返工"的管理理念，通过计划和控制来合理安排建设程序，达到节约建设材料的目的。这与低碳施工的可持续发展是高度一致的，因此在设计施工过程中可以吸纳这样的精益思想，实现节材和节能的目的。

（3）低碳施工方案策划

除了建设项目整体的施工方案策划之外，施工组织设计中的低碳施工方案还应独立设计，将总体施工方案中与低碳施工有关的部分内容进行细化。其主要内容如下：

① 明确项目所要达到的低碳施工具体目标，并在设计文件中以具体的数值表示，比如材料的节约量、资源的节约量、施工现场噪声降低的分贝数等；

② 根据总体施工方案的设计，标示出施工各阶段的低碳施工控制要点；

③ 列出能够反映低碳施工思想的现场专项管理手段，如图5-15所示。

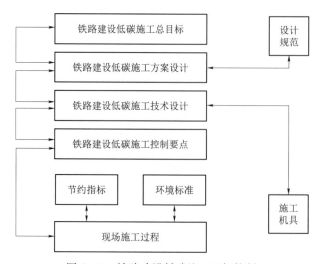

图5-15　铁路建设低碳施工目标控制

因此，在施工过程中减少场地干扰，尊重场地原有资源，减少环境污染，提高环境品质，保护生态平衡具有重要的现实意义和深远的历史意义。

其中，施工准备通常包括：技术准备，施工现场准备，物资、机具及劳动力准备以及季节施工准备，此外也有思想工作方面的准备等。

5.6　本　章　小　结

依据生命周期评价理论，初步界定铁路建设生命周期二氧化碳排放的评价范围，并对铁路建设二氧化碳排放的来源进行了分析；确定主要的数据来源，提出了铁路建设生命周期二氧化碳排量的评价框架和方法；提出新技术、新设备和新材料在建设施工中的低碳应用。建立铁路建设生命周期二氧化碳排放评价体系是一项非常复杂的工作。铁路在建设施工过程中使用的材料、机械和设备种类繁多，施工过程复杂，都给铁路生命周期的二氧化碳排放评定带来一定的操作难度。不过相信随着各类数据的收集与积累，铁路生命周期的二氧化碳排放评价工作将越来越科学化和程序化，最终成为一份管理文件落实到铁路施工的二氧化碳评价中，为管理部门以后监测铁路施工中的二氧化碳排放提供基础资料。

碳排放量化是铁路建设低碳研究中首要解决的问题，它是监督、评价、审核的基础与参考。应围绕铁路低碳建设（包括设计、施工）的内涵开展，建立量化时空矩阵、分阶段、分量化空间、分碳源讨论计算方法，最终形成一套灵活可操作的铁路建设二氧化碳气体排放量化体系。

得出的主要结论有。

① 提出以生命周期理论为原理，结合铁路施工特点，把铁路施工过程中的人工量、材料使用量、机械消耗量、运输过程使用量等转化为二氧化碳排放量，作为铁路建设过程中二氧化碳排放评价的基础数据。

② 依据郑开城际铁路施工的现场调研实时数据，分部、分项算出了路基工程和桥梁工程的二氧化碳排放情况。首次提出把一个铁路建设分为路基施工、桥梁施工、隧道施工及站场建设施工，分别算出各个分项的二氧化碳排放，最终算出整条线路的二氧化碳排放量，思路清晰、明了。

③ 选取其中一个章节，即机械开挖土石方，根据定额中的数据计算得到了机械开挖 $10 \, \text{m}^3$ 土石方的二氧化碳排放量。首次验证根据铁路工程概预算新定额的基础数据，可以计算出每个分步、分项工程二氧化碳排放量。管理部门根据铁路工程概预算新定额，可以把二氧化碳排放评价写入到定额的数据库中，作为以后监督、考核施工企业施工过程中的二氧化碳排放情况，最终成为一份管理文件。

④ 铁路建设低碳排放评价体系是一个较为复杂的系统工程，本研究采用较为成熟的决策分析方法——层次分析法，对铁路建设低碳排放进行评价分析，该评价体系的特点为多层次、多指标综合评价，根据铁路建设低碳排放的评价指标选取要基于资源、能源的合理利用及环境保护等诸多因素，最终将指标体系分为目标层、准则层和指标层三部分。本研究以低碳建设为目标层，以二氧化碳排放量为目标层的数量考核目标；以资源利用（节能、节地、节材、节水）、环境保护、低碳施工与管理（施工组织）等为准则层，即第二指标；以人员、材料、运输、现场建设废弃物再利用为指标层（第三指标），采用层次分析法构成三级

指标体系。由专家组系统给出各个指标权重，以实际加权得分考核优、良、中、差各等级。该监测、考核体系有待在实践中验证其科学性、合理性。

⑤ 在铁路建设低碳评价方法和审计标准方面，按设计阶段、施工阶段划分时间，按单体工程性质（路基、桥梁、隧道、站场）划分空间，从材料、机械、人员、土地（临时和永久）等分资源、能源分项计算。为设计单位、施工企业、投资方等提供低碳指引，推动新型的低碳设计策略及技术评价体系的形成，督促铁路建设行业的减排行动，以实现整个铁路建设行业领域二氧化碳排放量的削减。

⑥ 引用铁道部第四勘察设计研究院对不同线路等级和线路性质，亿元投资所消耗各种材料消耗量、能源消耗量等数据，铁道部 2009 年、2010 年、2011 年三年的统计年报数据，算出了铁路行业近三年的碳排放量。这种从宏观方面的算法，对国家层面二氧化碳减排工作非常有借鉴价值和指导意义。

⑦ 建设建材的碳排放并非是建材在使用过程中会释放温室气体，而是由于建材的生产过程消耗电力、煤、石油等能源以及生产工艺环节之中的物化反应而释放出大量的温室气体。除了用微观的生命周期方法计算，从铁路建设空间上的单体工程及线路形式算出一个或部分工程的碳排放量，也可算出一条线路的碳排量。依据这条路线，以郑州到开封城际铁路客运专线为例做了尝试，总结可以得到：不论施工组织先进，还是机具革新、材料替代，最终还是落实到人、机械、材料、运输等的定额上，所以从实际消耗定额的管理入手，在设计、施工各个环节，紧抓消耗定额，就可以实现低碳铁路建设监测、评价和考核的目的。

第 6 章

总结与展望

（1）污染减排是国内外改善环境质量、解决区域性环境问题的重要手段。总量控制是指以控制一定时段和一定区域污染物排放总量为核心的环境管理体系。环境监测是环境管理最为重要的基础性和前沿性工作，是铁路环境管理工作中的重要组成部分，它既是环境管理工作的重要手段，又是量化反映环境管理水平的"标尺"。环境管理必须依靠环境监测，环境监测也必须为环境管理服务。

通过对国家近年来在环境监测方面的标准、规范、管理办法等文件进行全面梳理，对铁路主要环境污染源和污染物进行筛选和识别。研究提出以石油类、COD_{Cr}、氨氮、BOD_5、LAS、P、二氧化硫、氮氧化物、烟尘等组成具有铁路行业特征的污染物监测指标，提出铁路环境监测站监测因子和频次的建议。

为确保铁路主要污染物排放指标考核能正常、有序地实施，建立了一套科学适用的（有效的）、透明的、可操作的研究铁路主要污染物排放数据分布规律的统计分析方法及模式。使用 SPSS 20.0 软件工具，将数理统计方法在铁路环境保护领域成功地应用并实践。通过分析近 5 年我国铁路运输行业主要污染物排放的总体情况，对各铁路局同一年度数据进行横向比较并对同一铁路局不同年度数据进行纵向比较，开展铁路主要污染物排放量与总换算运输周转量之间规律的研究。提出以 COD 排放量等指标均除以总换算运输周转量构成单位运输量的各种主要污染物的排污系数，作为铁路主要污染物监测管理体系指标，通过频数分析和 K-Means 快速聚类法确定上级部门监管铁路主要污染物排放的警戒上限值。结合"十二五"铁路发展规划及环保规划目标，预测"十二五"铁路污染物排放趋势。

今后要以科学监测为主题，以提高环境监测质量为主线；紧紧围绕环境保护工作需要和公众需求，逐步完善环境监测法规制度和体制机制；着力强化监测基础能力，不断加强人才培养和队伍建设；建立健全的环境监测技术体系，加快建设先进的环境监测预警体系；努力提高环境监测公共服务水平，客观反映环境质量、考核环境状况、预测环境风险，为主动超前开展环境监测、先行引领环境污染防治奠定基础，努力开创环境监测工作的新局面。

（2）针对国家最新修改并于 2008 年 6 月 1 日开始施行的《水污染防治法》，将污水排放控制指标由单纯的有机物、SS、石油类，拓展到氨氮、总磷等。各项污染指标排放标准值相对于国家标准《污水综合排放标准》（GB 8978—1996）提高很多。因此，车站污水的处理工艺也应由传统的地埋一体化为主，逐步过渡到物化、生化有机结合，互为补充的综合工艺，使出水水质由达标排放逐步升级为中水回用。通过对国内外中小站区生活污水处理工艺、设施、出水水质和运行成本的现状分析，提出对污水处理工艺按地区、车站规模、污水排放量及排放径路进行分类。根据各铁路站段所在地的气候、位置、水质、水量特点，提出适合用于处理铁路中小站段生活污水的处理技术（技术条件及组合方案）。

（3）通过对北京地区车站、隧道、检修机务段大气环境的影响进行监测分析，并且根据颗粒物富集原理，对其产生原因进行了分析。在此基础上提出控制内燃机车的污染排放措施，以改善北京市铁路站场的大气环境质量，特别是对通过燃料改质降低内燃机车有害排放进行了深入的研究。

现代柴油机有害排放物控制技术是综合的、系统的工程，即采取以改进柴油机设计技术为核心的机内净化措施、燃料改质和排气净化后处理措施相结合。控制废气排放是当前柴油机研究中的重要课题。影响柴油机排放的因素很多，分为发动机结构、工作条件及燃料诸多方面。发动机结构和工作条件对排放的影响与燃料的影响相比，前两者处于主导地位，所以以往柴油机排放控制技术的研究突出了改进发动机结构设计和调整发动机工作参数。大量研究证明燃料性质和成分对柴油机排放也会产生直接影响。这样一个结论已促使了发达国家对燃料成分实施立法。随着现代柴油机工业的迅猛发展，柴油机排放标准将日趋严格，为了达到未来严格的排放要求，改善燃料品质具有重要意义。

今后在这方面拟开展的研究工作建议主要如下。

① 随着测试技术的发展及化学反应动力学研究的深入，在污染物生成机理方面的研究已显得很活跃。目前碳烟微粒生成机理的研究比较困难，典型的方法是将碳烟的生成分成若干子过程单独研究，通过对内燃机变参数情况下的取样分析，与按子过程研究结果建立的模型预测结果相对照，检验子过程研究方法的正确性以探索内部因素相互作用的影响。

② 每种燃料的内燃机燃料特性是评价该物质能否作为内燃机良好燃料的重要指标，也是影响排放的关键因素。燃料不同，燃烧后排气成分也将不同。对常规燃料的改质处理及加入添加剂方面的研究，目前仍具有较大的吸引力。

③ 我国催化裂化柴油比例很高，芳烃含量比烯烃含量高，排放规律不同于国外。对芳烃含量和碳烟发生之间建立关联方程，预测芳烃含量与碳烟、NO_x 排放的关系，为控制排放提出依据。

④ 建立站、场机动车排放的大气扩散模型，预测低速状态下站、场环境污染程度，提出改进模型，特别是从改善站、场环境角度提出改进方案。

⑤ 机车使用柴油用量占全国总量的 10%，立项研究降低污染方法，探讨燃料组分对污染排放的影响，进行污染预测，有利于从源头控制污染，改进燃料品质，改善环境。

（4）铁路固体废弃物是指在铁路部门运营过程中产生的站、车、场生活固体废弃物。旅客列车固体废弃物理化及污染特性监测是综合治理和利用系统的重要组成部分，是开展旅客列车废弃物控制及车站处理措施规划的基础和依据，对制定综合治理规划，选择适宜的收运和处理方式，选择治理工艺和相关设施设备，具有重要的作用。根据铁路站、车生活垃圾产生和管理的特点，对铁路垃圾基本特性展开研究：调查铁路垃圾的产生、组成、性质和变化特征及其影响因素，应用理化分析方法，测定垃圾的组成；分析垃圾中 C、H、O、N、S 的含量，测定垃圾的水分、可燃成分和灰分含量的 3 组分构成及发热量，为铁路垃圾制备衍生燃料提供预处理、成型及污染控制方面的依据；对铁路固体废弃物衍生燃料（C-RDF）的制备、成型机理和工艺参数、燃烧的污染机理及其控制方法进行研究；研究各种因素对

C-RDF 性质的影响，通过实验室和现场实验验证，提出 C-RDF 的适用范围和应用条件；开展污染机理及其控制方法的研究，采用 Q600TGA-DSC 型综合热分析仪、燃烧测试等方法，对铁路 C-RDF 的燃烧机理、烟气污染特征进行研究；采用电镜（SEM）及能谱分析技术（EDX）对燃烧飞灰颗粒的污染排放特性进行研究。

今后要加强铁路固体废弃物处理方式的对比研究，比较铁路垃圾各种处理方式的成本、衍生燃料的技术、经济和环境的合理性，探索旅客列车垃圾的减量化、无害化、资源化途径并提供技术支持，为管理部门决策提供依据。

（5）在碳排放定量分析评价中，能源强度、能源结构及经济增长是影响二氧化碳排放的显著因素。碳排放情景分析结果各异，但对制定碳减排目标具有重要的指导意义。碳排放及能源消费的因素分解研究近年来一直是能源领域研究的热点问题，指标分解分析是国际上能源与环境问题的政策制定中被广泛接受的一种方法。

铁路节能减排将面临许多新情况和新问题，需要认真研究、积极应对，比如京沪高铁在建设过程中，每天有数以万计施工人员、数万吨材料（水泥、钢材）、大量施工机械投入和使用，碳排放量相当大。因此，铁路建设节能减排评价体系的建立和研究具有重要的现实意义。

当前铁路统计部门尚无碳排放量的直接观测数据，其中所涉及的碳排放数据多为根据已有的能源数据进行的折算。但最终能源的使用因受制于各部门的能源使用结构、使用效率等因素制约，不能客观、全面地反映铁路建设过程中所带来的所有碳压力。从全生命周期角度考虑铁路建设过程中的碳排放量，对客观认识我国铁路建设碳排放水平将提供有益帮助。

依据生命周期评价理论，初步界定了铁路建设生命周期二氧化碳排放的评价范围，并对铁路建设二氧化碳排放的来源进行了分析，确定了主要的数据来源，提出了铁路建设生命周期二氧化碳排量的评价框架和方法。引用铁道部第四勘察设计研究院对不同线路等级和线路形式等工程性质，根据每亿元投资各种材料消耗量、能源消耗量等数据，结合铁道部 2009年、2010 年、2011 年三年的统计年报数据，计算出铁路行业近三年建设项目的碳排放量。确定根据能源弹性系数对今后铁路建设项目碳排放量宏观方面预测的算法，这对在国家层面上实现二氧化碳减排工作有重要价值和指导意义。

提出铁路建设过程中碳排放的主要控制指标，并建立评价指标。通过铁路建设行业节能减碳评价指标体系及技术措施的研究，解决铁路迅速发展带来的节能减碳的紧迫问题。完善铁路行业节能减排和低碳发展的现行政策，制定相关管理办法和项目审查办法，将为管理部门提供科学的方案和理论依据。

参 考 文 献

[1] 王金南，田仁生，吴舜泽，等.“十二五”时期污染物排放总量控制路线图分析 [J].中国人口资源与环境，2010，20（8）：70-73.

[2] 环境保护部环境影响评价工程师职业资格登记管理办公室.交通运输类环境影响评价（上）[M].北京：中国环境科学出版社，2011.

[3] 周克钊，周赦.城市污水处理厂设计进水水质确定和出水水质评价 [J].给水排水，2006，32（9）：34-38.

[4] 冯启言，肖昕.环境监测 [M].2 版.徐州：中国矿业大学出版社，2012.

[5] 国家环保总局.空气和废气监测分析方法 [M].4 版.北京：中国环境科学出版社，2006.

[6] 李宇斌.环境系统工程概论 [M].北京：中国环境科学出版社，2010.

[7] 环境保护部环境监测司.“十二五”环境监测工作手册 [M].北京：中国环境科学出版社，2012.

[8] 中国环境监测总站.环境监测质量管理工作手册 [M].北京：中国环境科学出版社，2012.

[9] 沈阳市环境监测中心站.环境监测数据质量管理与控制技术指南 [M].北京：中国环境科学出版社，2010.

[10] 文毅，李宇斌，胡成.辽河流域水污染总量控制管理技术研究 [M].北京：中国环境科学出版社，2009.

[11] 文毅，韩文程，毕彤.辽宁中部城市群大气污染总量控制管理技术研究 [M].北京：中国环境科学出版社，2009.

[12] U. S. CFR. National primary and secondary ambient air quality stanards, final rules [J]. Code of Federal Regulations, 1997, 40：50-53.

[13] 国家环境保护总局.HJ/T 194—2005 环境空气质量手工监测技术规范 [S].北京：中国标准出版社，2005.

[14] 国家环境保护总局，国家质量监督检验检疫总局.GB 18918—2002 城镇污水处理厂污染物排放标准 [S].北京：中国标准出版社，2002.

[15] 闫超.铁路废水的污染危害及处理工艺 [J].资源节约与环保，2012，2：44-46.

[16] 程紫华，卢建敏.铁路运输企业污水主要污染物产排污系数的研究 [J].铁道劳动安全卫生与环保，2004（3）.

[17] 铁道部卫生保护司.TB/T 3006—2000 铁路企业环境保护指标考核监测及考核监测技术规定 [S]，2000.

[18] 韩国刚，韩振宇，姜华，等.中国二氧化硫减排控制指标体系及应用案例研究 [M].北京：中国环境科学出版社，2012：18-22.

[19] 凯纳兹.水的物理化学处理 [M].李维音，等，译.北京：清华大学出版社，1982，

319-331.

[20] 王建华，吴季平，徐伟．太阳能应用研究进展［J］．水电能源科学，2007，25（4）：155-158.

[21] 王成瑞．低成本污水处理技术及工程实例［M］．北京：化学工业出版社，2008.

[22] METCALF，EDDY．Wastewater engineering treatment and reuse［M］．4th ed. McGraw-Hill，NewYork，2003.

[23] 唐亮，左玉辉．我国小城镇水污染控制战略的思考［J］．重庆环境科学，1998，20（5）：9-13.

[24] 孙铁珩，周启星．污水生态处理技术体系及应用［J］．水资源保护，2002（3）：6-9.

[25] 杨健，施鼎方．城镇污水处理绿色技术及其进展［J］．环境污染与防治，2001，23（3）：107-110.

[26] U. S. Environmental Protection Agency（EPA）. Design manual constructed wetlands and aquatic plant systems for municipal wastewater treatment［R］. Center for Environmental Research Information，Cincinnati，Ohio，1998.

[27] U. S. Environmental Protection Agency（EPA）. Manual constructed wetlands treatment of municipal wastewaters［R］. Office of Research and Development，Cincinnati，Ohio，2000.

[28] 夏汉平．人工湿地污水处理机理与效率［J］．生态学杂志，2002，21（4）：51-59.

[29] 高拯民，李宪法．城市污水土地处理利用设计手册［M］．北京：中国标准出版社，1990.

[30] 环境保护部污染物排放总量控制司．城镇分散性水污染物减排实用技术汇编［G］．北京：中国环境科学出版社，2009.

[31] 陆煜康．水处理新技术与能源自给途径［M］．北京：机械工业出版社，2008.

[32] 孙铁珩，李宪法．城市污水自然生态处理与资源化利用技术［M］．北京：化学工业出版社，2005.

[33] 王成瑞．低成本污水处理教程［M］．北京：化学工业出版社，2008.

[34] 周正立，张跃．污水生物处理应用技术及工程实例［M］．北京：化学出版社，2006.

[35] 李海．城市污水处理技术及工程实例［M］．北京：化学工业出版社，2002.

[36] 侯立安．小型污水处理与回用技术装置［M］．北京：化学工业出版社，2003.

[37] 崔理华，卢少勇．污水处理的人工湿地构建技术［M］．北京：化学工业出版社，2009.

[38] 陈亮，卢少勇，陈心红．人工湿地的运行和管理［J］．环境科学与技术增刊，2005，28：141-146.

[39] 陈晓东，常文越，王磊，等．北方人工湿地污水处理技术应用研究与示范工程［J］．环境保护科学，2007，33（2）：25-29.

[40] 郑兴灿．城市污水处理技术角色与典型案例［M］．北京：中国建筑工业出版社，2007.

[41] 中国环境保护产业协会水污染治理委员会．小城镇污水处理技术装备实用指南［M］．北京：化学出版社，2007.

[42] 朱静平，王中琪．污水处理工程实践［M］．成都：西南交通大学出版社，2010.

［43］胡洪营，张旭，黄霞，等．环境工程原理［M］．北京：高等教育出版社，2005．

［44］张维佳．水力学［M］．北京：中国建筑工业出版社，2008．

［45］向连成，李平．稳定塘的数学模型和技术参数［J］．环境科学研究，1994，7（5）：7-11．

［46］章非娟．水污染控制工程实验［M］．北京：石油化工出版社，2003．

［47］周善生．水力学［M］．北京：人民教育出版社，1980．

［48］杨少武．铁路车站污水处理工艺选择初探［J］．铁路建筑技术，2011（8）：101-103．

［49］尹军．城市污水二级处理系统费用函数研究［J］．水处理技术，1988，14（4）：224-229．

［50］国家环境保护总局．GB 3095—1996 环境空气质量标准［S］．北京：中国环境出版社，1996．

［51］彭力，潘世忠．车用柴油发动机排放治理技术措施［J］．山东农机，2003（4）：11-14．

［52］陈文彬．车用柴油机排放污染物生成机理及控制技术［J］．广东交通职业技术学院学报，2004（4）：85-89．

［53］JOHN H J，SUNSAN T B，LINDA D G，et al. A review of diesel particulate control technology and emissions effects. Horning Memorual Award Lecture［J］. SAE 940233，1992．

［54］唐孝炎，张远航，邵敏．大气环境化学［M］．北京：高等教育出版社，2006．

［55］SUTHERLAND R A. Bed sediment-associated trace metals in an urban stream，Oahu，Hawaii［J］. Environmental Geology，2000，39（6）：611-627．

［56］金学易，陈文英．隧道通风及隧道空气动力学［M］．北京：中国铁道出版社，1983：94-96．

［57］李人宪．车用柴油机［M］．北京：中国铁道出版社，1999：199-200．

［58］张立军，姚春峰，廖祥兵．燃油品质对柴油机颗粒及多环芳烃形成影响的研究［J］．内燃机工程，2000（4）：35-39．

［59］宁智，资新运．内燃机车柴油机的排放及其控制［J］．内燃机，2000（5）：26-30．

［60］王贤．改善机车柴油机排放的试验研究［J］．内燃机车，2006（4）：1-4．

［61］王贤．机车柴油机排放污染物的测量与评定［J］．内燃机车，1996（11）：45-49．

［62］铁道部．TB/T 2783—1997 铁路牵引用柴油机排放污染物限值及测试规则［S］．中华人民共和国铁道部，1997．

［63］王贤．机车柴油机排放污染物的测量与计算［J］．内燃机车，2004（12）：11-13．

［64］FRITZ S G，CATALDI G R. 机车柴油机的气体和颗粒排放物［J］．国外内燃机车，1993（1）：24-33．

［65］毛倞杰．车用柴油机排放控制的现状和发展趋势［J］．内燃机车，1995（7）：14-19．

［66］NIVEN M. 内燃机车的排放控制［J］．沈一林，译．国外内燃机车，1996（6）：27-36．

［67］郭和军，刘治中，姚如杰．控制柴油机废气排放的燃料技术与措施［J］．环境工程，1998（6）：40-44．

［68］FRITZ S G. 两种城市间客运内燃机车的废气物（上）［J］．国外内燃机车，1995（9）：35-41．

［69］НОвИкОВ Л А. 降低内燃机车有害排放物［J］．国外内燃机车，1998（6）：40-43．

［70］ 尧命发，许斯都. 柴油机有害排放物控制技术的新发展［J］. 内燃机工程，1997，18（3）39-45.

［71］ 曹明让. 柴油机有害排放物及其影响因素［J］. 车用发动机，1999（3）：51-54.

［72］ 何学良，李疏松. 内燃机燃烧学［M］. 北京：机械工业出版社，1990.

［73］ 蒋德明. 内燃机原理［M］. 2版. 北京：机械工业出版社，1988.

［74］ 童澄教. 内燃机排放和净化［M］. 上海：上海交通大学出版社，1994.

［75］ RANNEY M W. 内燃机燃料添加剂［M］. 李奉孝，徐谦，等，译. 北京：烃加工出版社，1985.

［76］ 冯明志，肖福明，刘贵喜，等. 柴油机多效燃油助燃剂的研究及应用［J］. 内燃机学报，1995（1）：90-95.

［77］ 梁荣光，翁仪壁，简弃非. 燃油添加剂对内燃机性能影响的试验研究［J］. 华南理工大学学报：自然科学版，1999（6）：20-24.

［78］ 简弃非，梁荣光，翁仪壁. 环保型高效柴油添加剂的研制［J］. 华南理工大学学报：自然科学版，1999（7）：30-37.

［79］ 资新运，宁智，贺宇，等. 柴油机排气微粒物理特性及生成机理的研究［J］. 燃烧科学与技术，2000，6（4）：300-303.

［80］ 资新运. 柴油机微粒捕捉器的研究现状及发展趋势［J］. 车用发动机，2000（2）：1-4.

［81］ 陈丽娟，许斯都. 6102BQ柴油机排放特性的研究［J］. 内燃机学报，1993，11（1）：45-50.

［82］ 彭美春，季雨，刘巽俊. 柴油机排气微粒物理特性的研究［J］. 内燃机学报，1987，5（1）：23-33.

［83］ 刘忠长，刘巽俊. 柴油机排气微粒中有机物的分离方法［J］. 吉林工业大学学报，1997（1）：20-23.

［84］ TAKEDA Y，NIIMURA K. 柴油机采用多喷油器系统时的燃烧和排放特性［J］. 国外内燃机，1998（2）.

［85］ HIKOSAKA N. 向净化和高效柴油机提出的挑战［J］. 国外内燃机，1997（5）.

［86］ 张付生，王彪，谢慧专，等. 原油的族组成对原油加降凝剂处理效果的影响［J］. 油田化学，1999，16（2）：171-174.

［87］ 王彪. 原油降凝剂的发展概况［J］. 精细石油化工，1989，5：43-53.

［88］ 胡军，张立国，戴迎春. 新型降凝剂的分子设计、合成及作用机理［J］. 石油学报，1996，12（2）：73-80.

［89］ 李术元. 化学动力学在盆地模拟生烃中的应用［M］. 东营：石油大学出版社，2000.

［90］ 杨保安，刘荣杰. 柴油降凝剂的研究进展［J］. 现代化工，1997（6）：19-21.

［91］ 李克华. 降凝剂及其降凝机理［J］. 石油与天然气化工，1993，1（10）：44-49.

［92］ 成跃祖. 胶渗透色谱法的进展及其应用剂［M］. 北京：中国石化出版社，1993.

［93］ 张景河. 现代润滑油与燃料添加剂［M］. 北京：中国石化出版社，1991.

［94］ 赵学庄. 化学反应动力学原理：上册［M］. 北京：高等教育出版社，1984.

［95］ 胡荣祖，史启祯. 热分析动力学［M］. 北京：科学出版社，2001.

［96］任福民. 基于燃料改质的内燃机车有害排放的控制理论与技术［D］. 北京：北方交通大学，2002.

［97］樱井俊男. 石油产品添加剂［M］. 翻译组，译. 北京：石油工业出版社，1980：363-366.

［98］商红岩，王洛秋，江少明，等. 柴油低温流动性改进剂的研制及评价［J］. 燃料化学学报，2000，28（1）：63-66.

［99］刘同春. 含蜡原油添加流动性改进剂的研究［J］. 石油学报，1992，13（4）：121-125.

［100］任福民，汝宜红，许兆义，等. 旅客列车垃圾理化及污染特性的研究［J］. 铁道学报，2002，24（4）.

［101］郭广寨，朱建斌，陆正明. 国内外城市生活垃圾处理处置技术及发展趋势［J］. 环境卫生工程，2005，13（4）：19-23.

［102］蒋旭光，杨家林，严建华，等. 煤与生活垃圾流化床混烧试验研究［J］. 煤炭学报，2000，25（2）：186-189.

［103］李蕾，胡文清，潘俊. 垃圾衍生燃料焚烧污染物排放研究［J］. 环境卫生工程，2004，12（3）：164-167.

［104］李震，陈秀彬. 城市生活垃圾处理新方式：垃圾衍生燃料［J］. 发电设备，2004（5）：259-262.

［105］秦成，田文栋，肖云汉. 中国垃圾可燃组分 RDF 化的探索［J］. 环境科学学报，2004，24（1）：121-125.

［106］汝宜红. 我国铁路客车垃圾发生特性分析及治理对策［J］. 铁道学报，1999，21（3）.

［107］宋志伟，吕一波，梁洋，等. 新型复合垃圾衍生燃料的制备及性能分析［J］. 环境工程学报，2007，1（6）：114-117.

［108］苏铭华，陈晓华. 衍生燃料 RDF-5 技术应用前景展望［J］. 中国资源综合利用，2004（5）：7-8.

［109］孙红杰，赵明举，王亮，等. 煤与垃圾衍生燃料的流化床混烧试验研究［J］. 现代化工，2006，26（1）：28-33.

［110］陶渊，黄兴华. 城市生活垃圾综合处理导论［M］. 北京：化学工业出版社，2006.

［111］孙学信. 燃煤锅炉燃烧试验技术与方法［M］. 北京：中国电力出版社，2002.

［112］徐盛建，高宏亮，余以雄，等. 垃圾衍生燃料的制备及应用［J］. 节能环保，2004，4：27-29.

［113］赵明举，孙红杰，赵不凋. 煤与垃圾衍生燃料的混烧技术［J］. 现代化工，2003，23（8）：50-53，61.

［114］闵凡飞，张明旭. 生物质燃烧模式及燃烧特性的研究［J］. 煤炭学报，2005，30（1）：104-108.

［115］AYHAN D. Combustion characteristics of different biomass fuels［J］. Progress in Energy and Combustion Science，2004，30：219-230.

［116］王惺，李定凯，倪维斗，等. 生物质压缩颗粒的燃烧特性［J］. 燃烧科学与技术，2007，13（1）：87-89.

[117] 李永华，傅松，陈鸿伟，等. 混煤热重试验研究 [J]. 锅炉技术，2003，34（1）：8-10.

[118] 闫凡飞，张明旭. 生物质与不同变质程度煤混合燃烧特性研究 [J]. 中国矿业大学学报，2005，34（2）：237-241.

[119] 陈建原，孙学信. 煤的挥发分释放特性指数及燃烧特性指数的确定 [J]. 动力工程，1987，7（5）：13-18，61.

[120] 王峰. 中国碳排放增长的驱动因素及减排政策评价 [M]. 北京：经济科学出版社，2011.

[121] 张志强，曲建升. 温室气体排放科学评价与减排政策 [M]. 北京：科学出版社，2009：57.

[122] 国内外碳排放标准组织及相关标准. 低碳排放标准化专题.

[123] 国内外碳排放政策简介. 低碳排放标准化专题.

[124] 聂祚仁. 碳足迹与节能减排 [J]. 中国材料进展，2010（2）：60-62.

[125] 庄智. 国外碳排放核算标准现状与分析 [J]. 生态建材，2011（4）：42-45.

[126] 曹东. 中国交通二氧化碳研究 [J]. 气候变化研究进展，2011，3（7）：197-200.

[127] 高军波，王义民. 河南省化石能源利用及工业生产过程碳排放的估算 [J]. 国土与自然资源研究，2011（5）：48-50.

[128] 吴军伟. 道路工程碳排放量计算与分析模型的发展与应用 [J]. 城市道桥与防洪，2011，7（7）：248-250，274.

[129] 王琴，曲建升. 生存碳排放评估方法与指标体系研究 [J]. 开发研究，2010，146：17-19.

[130] 段志洁. 国内外碳排放方法浅析 [J]. 认证技术，2007（7）：25.

[131] 赵敏，张卫国，俞立中. 上海市能源消费碳排放分析 [J]. 环境科学研究，2009，8（22）：984-989.

[132] 范英. 温室气体减排的成本、路径与政策研究 [M]. 北京：科学出版社，2011.

[133] 蒋家超，李明，赵由才. 工业领域温室气体减排与控制技术 [M]. 北京：化学工业出版社，2009.

[134] 何建坤. 作为温室气体排放衡量指标的碳排放强度分析 [J]. 清华大学学报，2004，44（6）：740-743.

[135] 田萃，刘兴华. 城市基础设施全寿命期控制碳排放集成管理 [J]. 上海管理科学，2011，33（3）：111-113.

[136] 龚志起. 建筑材料生命周期中物化环境状况的定量评价研究 [D]. 北京：清华大学，2004：37-72.

[137] 刘念雄，汪静，李嵘. 中国城市住区 CO_2 排放量计算方法 [J]. 清华大学学报：自然科学版，2009，49（9）：1433-1436.

[138] 张智慧，尚春静，钱坤. 建筑生命周期碳排放评价 [J]. 建筑经济，2010（2）：44-46.

[139] 铁路工程概预算定额，2010.

[140] IPCC 2006. IPCC 国家温室气体清单指南 [M]. 东京：日本全球战略研究所，2006.

［141］尚春静，张智慧. 建筑生命周期碳排放核算［J］. 工程管理学报，2010.

［142］刘源，张元勋. 民用燃煤含碳颗粒物的排放因子测量［J］. 环境科学学报，2007（9）：1409-1416.

［143］汪澜. 再论中国水泥工业 CO_2 的减排［J］. 中国水泥，2008（2）：36-39.

［144］IPCC 2007. Climate Change 2007：Synthesis Report［C］//Contribution of Working Groups I, II and III to the Fourth Assessment Report of the Intergovernmental Panel on Climate Change. Geneva, 2007.

［145］李新，石建屏，吕淑珍，等. 中国水泥工业 CO_2 产生机理及减排途径研究［J］. 环境科学学报，2011，31（5）：1115-1120.

［146］张春霞，张蓓蓓，黄有亮，等. 建筑物能源碳排放因子选择方法研究［J］. 建筑经济，2010（10）：106-109.

［147］国家环境保护总局环境影响评价管理司. 《战略环境影响评价案例》讲评（第一辑）［M］. 北京：中国环境科学出版社，2006：78-79.

［148］江勇，付梅臣. 土地利用变化对生态系统碳汇、碳源的影响研究：以河北武安市为例［J］. 安徽农业科学，2010，38（24）：67-69.

［149］刘念雄，汪静，李嵘. 中国城市住区 CO_2 排放量计算方法［J］. 清华大学学报：自然科学版，2009，49（9）：1433-1436.

［150］刘沐宇，欧阳丹. 桥梁工程生命周期碳排放计算方法［J］. 土木建筑与环境工程，2011，33（1）：125-129.

［151］张春霞，张蓓蓓，黄有亮，等. 建筑物能源碳排放因子选择方法研究［J］. 建筑经济，2010（10）：106-109.

［152］2011 年铁道部铁道统计公报.

［153］2010 年铁道部铁道统计公报.

［154］2009 年铁道部铁道统计公报.

［155］任福民，汝宜红，许兆义，等. 铁路旅客列车垃圾中重金属元素调查及防治对策的研究［J］. 中国安全科学学报，2002（3）：45-49.

［156］任福民，郭鑫楠. 铁路建设生命周期二氧化碳排放评价［J］. 北京交通大学学报，2013，37（1）.

［157］任福民，郝惠明，尹守迁，等，铁路运输行业主要污染物的控制管理体系［J］. 北京交通大学学报，2014，38（1）.

［158］任福民，高明，陶若虹，等. 铁路复合垃圾衍生燃料（C-RDF）的燃烧特性研究［J］. 北京交通大学学报，2012（4）：72-75.

［159］任福民，燕艳，宋贺强，等. 铁路垃圾衍生燃料燃烧特性分析［J］. 北京交通大学学报，2012（1）：82-86.

［160］李占文，任福民，陶若虹，等. MBR 技术在朔黄铁路污水处理中的应用［J］. 环境卫生工程，2011（06）：50-51.

［161］燕艳，任福民. 生物燃料与交通碳减排的研究［J］. 环境与可持续发展，2010（04）.

［162］REN Fumin, YUE Feng, GAO Ming, et al. Combustion characteristics of coal and refuse from passenger trains［J］. WASTE MANAGEMENT, 2010, 30（7）：1196-1205.

[163] 蒋鑫, 蒋大明, 任福民. 铁路旅客列车垃圾与煤的燃烧特性 [J]. 铁路采购与物流, 2010 (05): 57-58.

[164] 蒋鑫, 蒋大明, 任福民. 铁路内燃机车用柴油质量现状的研究 [J]. 铁路采购与物流, 2010 (02): 41-43.

[165] 李仙粉, 史伟伟, 李保山, 等. 异辛酸稀土型柴油清净剂的合成和应用研究 [J]. 中国稀土学报, 2010 (01): 38-42.

[166] 任福民, 高明, 张玉磊, 等. 生物质垃圾与煤混烧飞灰颗粒的微观形态特征及能谱研究 [J]. 太阳能学报, 2009 (11): 1551-1553.

[167] 任福民, 张玉磊, 牛牧晨, 等. 生物质垃圾与煤混烧污染特征的研究 [J]. 北京交通大学学报, 2009 (03): 88-92.

[168] 任福民, 张玉磊, 牛牧晨, 等. 铁路站车垃圾衍生燃料制备工艺的正交试验研究 [J]. 北京交通大学学报, 2008, 32 (4): 75-77.

[169] 刘鲲, 于敏, 任福民. 复合垃圾衍生燃料在铁路垃圾焚烧中的应用 [J]. 环境科学与管理, 2008 (07).

[170] 李薇, 汝宜红, 任福民. 汽车燃油添加剂: 清净分散剂排放影响研究 [J]. 交通节能与环保, 2008 (02).

[171] 任福民, 牛牧晨, 周玉松, 等. 铁路内燃机车不同工况下废气排放的影响研究 [J]. 铁道学报, 2008 (02).

[172] 任福民, 于敏, 张玉磊, 等. 机车柴油机有害排放试验与预测 [J]. 内燃机车, 2008 (01).

[173] GAO Ming, REN Fumin. Study on emission factor of internal combustion locomotive [C] //The Proceedings of The China Association for Science and Technology. Science Press, 2008, 4 (3): 168-171.

[174] 牛牧晨, 任福民. 北京市铁路站场大气颗粒物的特征与来源分析 [J]. 环境工程, 2007, 25 (5): 78-81.

[175] REN Fumin. Exhaust emission test and forecast for railway diesel traction engine [C] // International Symposium on Environmental Science and Technology, Progress in Environmental Science and Technology. Science Press, 2007, 1: 355-360.

[176] YU Ming, REN Fumin. The application of compound reuse derived fuel in railway passenger waste incineration [C] //Chemical Engineering in Sustainable Development, Clean Energy Technology. University of Dalian Science and Technology Press, 2008, 1.

[177] REN Fumin, GAO Ming. Combustion properties of coal and garbage from passenger train [C] //Chemical Engineering in Sustainable Development, Clean Energy Technology. University of Dalian Science and Technology Press, 2008, 1.

[178] REN Fumin, GAO Ming. Combustion properties of C-RDF [C] //Chemical Engineering in Sustainable Development, Clean Energy Technology. University of Dalian Science and Technology Press, 2008, 1.

[179] 张玉磊, 任福民. 铁路煤扬尘抑尘试验研究 [J]. 环境科学与管理, 2008, 32 (12): 88-90.

[180] REN Fumin, RU Yihong, Xu Zhaoyi, et al. Investigation and countermeasures on heavy metal in passenger trains garbage [C] //The Proceedings of The China Association for Science and Technology. Science Press, 2004, 1 (2): 339-341.

[181] 任福民，许兆义，李仙粉. EVA 对燃料性质及其排放的影响 [J]. 农业机械学报，2004 (4): 24-27.

[182] 李仙粉，任福民，许兆义，等. 环烷酸铈消烟助燃剂改善内燃机有害排放的研究 [J]. 中国稀土学报，2003 (3).

[183] 李仙粉，任福民，许兆义，等. 柴油清净剂改善内燃机有害排放的研究 [J]. 石油学报，2002 (6).